U0169307

- A Brief History of Food -

食物简史

浓缩在 100 种食物里的人类简史

林江/编

中信出版集团|北京

图书在版编目（CIP）数据

食物简史：浓缩在100种食物里的人类简史 / 林江
编. -- 北京：中信出版社, 2020.3
ISBN 978-7-5086-9950-9

Ⅰ.①食… Ⅱ.①林… Ⅲ.①食品—历史—世界
Ⅳ.①TS2-091

中国版本图书馆CIP数据核字(2019)第014817号

食物简史：浓缩在100种食物里的人类简史

编　　者：林江
出版发行：中信出版集团股份有限公司
　　　　　（北京市朝阳区惠新东街甲4号富盛大厦2座　邮编　100029）
承 印 者：鸿博昊天科技有限公司

开　　本：787mm×1092mm　1/16　　印　张：26.25　　字　数：320千字
版　　次：2020年3月第1版　　　　　印　次：2020年3月第1次印刷
广告经营许可证：京朝工商广字第8087号
书　　号：ISBN 978-7-5086-9950-9
定　　价：138.00元

CONTENTS
目录

·本书使用指南·

01 食物的"名片"

每种食物的江湖印象、中英文名称、
起源时间、起源地点、关键人物。

长相奇怪的水中鲜

虾 & 蟹 / Shrimp & Crab

史前	
起源	不明
人物	马库斯·加维乌斯·阿皮基乌斯

几乎所有的地球生物繁衍都离不开海洋，人类也是如此，从海洋中获取富含蛋白质的食物是一项必需的生存技能。到今天，虾、蟹、贝类等仍是餐桌上重要的鲜味食材。

人类食用海产品的历史可以追溯到旧石器时代。科学家发现，距今13万—19万年前，气候急速变化，人类祖先成了地球上仅余数千人口的濒危物种。不过，这种局面通过食用贝类而逐渐被扭转。贝类能够在同样气候条件下的水环境中大量繁殖，不仅成为人类充足的食物来源，还为大脑的发展和进化提供了丰富的蛋白质。

距今4万年前，东亚现代人的祖先开始利用各种工具捕捞水生动物，其中可能也包括贝类和虾类。旧石器时代晚期，北京山顶洞人除了在河边捡河鲜来吃之外，还会用这些贝壳作为饰品。在5000多年前的新石器时代的位于太湖流域的良渚文化和位于上海地区的崧泽文化遗址中，考古学家发现了大量蟹壳，证明了淡水蟹已经成为当时人类喜爱的食物。

龙虾沉浮史

虽然没有史前烹饪虾、蟹等水中生物的文字记录，但我们仍然可以从西方世界最古老的食谱中窥见虾、蟹、贝类等食材在公元前9世纪后的地位。

"squilla"是拉丁文字中与虾相对应的单词，在古罗马美食家马库斯·加维乌斯·阿皮基乌斯（Marcus Gavius Apicius）的《论烹饪》（De Re Coquinaria）这本记录上层阶级者佐饮食的食谱中，墨鱼、扇贝、牡蛎等通常为前菜，主菜中会有煮熟的龙虾和碎的虾尾肉。食谱中还写道："普通虾子或被煮熟、切碎，混合着香料与其他海鲜、肉类一同夹入馅饼里食用，或与鱼露混合做成虾球。"相传阿皮基乌斯听说利比亚有更大、更肥美的虾时，立即租了一艘船去实地勘察，结果却令他大失所望。后来，这位狂热的食谱作者因为没有钱继续吃美食，选择了毒死自己。

根据多种历史文献记载，由于靠近地中海，古希腊人、古罗马人普遍喜爱虾（包括龙虾）料理。比起讲究的上层阶级，普通百姓更多用烤和煎的烹饪方式。例如，古希腊人会将虾肉

- Shrimp & Crab -

02 食物的历史

从一种食物的历史故事中，探寻人类社会的发展与变化。
了解食物，就是了解自己。

03. 食物的"肖像"

100种食物，100张精美图鉴，
在黑白线条里重新理解食物的美感与故事。

1 半山类型平行贝形纹彩陶壶，距今 4 700—
4 300 年，广河喇子坪出土。现收藏于甘肃省
博物馆 | 三级 (CC BY-SA 4.0)
2 中国扬州的吃蟹八件套
3 捕捉龙虾的笼子。詹姆斯·阿博特·麦克尼
尔·惠斯勒绘制。现存于美国大都会艺术博物馆
(Metropolitan Museum of Art)

RECIPE 食谱

大虾牛油果意粉
1 小时 | 2 人份

食材
意大利面 / 180 克
牛油果 / 1 个
虾 / 中等大小 12 只
圣女果 / 12 个
洋葱 / 1 个
大蒜 / 1 瓣
酸橙汁 / 少许
白兰地 / 少许
盐 / 少许
黑胡椒粉 / 少许
橄榄油 / 适量

做法
① 将牛油果去核，和洋葱、圣女果一起切块。
② 将切好的食材一起放入酸橙汁中，再向其中加入少
许黑胡椒粉、盐和 2 汤匙橄榄油进行调味。
③ 煮熟意大利面，控干水分后备用。
④ 将虾剥壳后清理干净，切成小块。
⑤ 在锅中加入少许橄榄油，烧热后炒香蒜末，将切碎
的虾和白兰地一起加入锅中，稍微煮至酒精蒸发后
取出。
⑥ 将炒好的虾倒入沥干的意大利面中搅拌均匀。
⑦ 与②中的调味食材混合均匀后即可食用。

04. 食物的吃法

每篇介绍一道简单、好吃的食谱，
阅读之余，亲自下厨感受这种食物
的魅力。

序言
Preface

生活如此美好

赵世瑜

（北京大学历史学系教授，博士生导师）

不知出于什么原因，本书的编者找到我，要我为本书写序。

尽管我很喜欢美食，对食物比较挑剔，偶尔也会下厨露一手，但编者对这些并不了解，我揣摩他们只是因为本书事关食物的历史，于是要找一个研究人类生活的历史学者来对本书略作品评。其实最为重要的事情在于我们是否热爱生活，如果是，那么无论历史还是现实，都必在其所爱之列。

过去在小说里经常看到这样的话：想要抓住男（女）人的心，要先抓住他（她）的胃。这话，在某种意义上说，表明了爱食物或爱生活与爱人的关系。在我看来，这也应了那句老话：话糙理不糙。

有个挺奇怪的现象。在现实生活中，大家都知道"民以食为天"的道理。国家一再强调"粮食安全"的重要性，在中美贸易摩擦中，农产品的进出口问题也占据相当的比重，但是，在对少年儿童的历史教育中，关于食物生产的内容寥寥无几。这样的话，孩子们不仅"五谷不分"，而且除了背诵之外，不会理解"谁知盘中餐，粒粒皆辛苦"的道理何在，更不会明白中国的二十四节气为什么会被列入世界"非遗"名录和国家设立"中国农民丰收节"的意义。

我们的历史教育把历史和现实分割成了两个不相干的世界。

我们的历史书里讲了很多伟大人物，却忘了如果吃不饱肚子就一事无成，忘了古人说的"衣食足"才能"知荣辱"；讲了许多战争，却忘了"兵马未动，粮草先行"；还讲了许多农耕民族与游牧民族的冲突，却忘了这冲突在本质上是为了食物的冲突。所以，即使是在那个历史世界里，我们也是知其然，不知其所以然。

很多人不明白，为什么2018年修订的《普通高中历史课程标准》要求专门设立一门课程讲经济与社会生活，而且开篇就要讲食物的起源与生产；很多人不理解，为什么课程标准要求学生具备的历史学习的核心素养第一条就是"唯物史观"。很多人以为唯物史观就是讲讲历史发展的不同社会形态，却没意识到唯物史观就是要从人及其生产实践讲起，更忽视了恩格斯的这段话：

"正像达尔文发现有机界的发展规律一样，马克思发现了人类历史的发展规律，即历来为繁芜丛杂的意识形态所掩盖着的一个简单事实：人们首先必须吃、喝、住、穿，然后才能从事政治、科学、艺术、宗教等等。"（《马克思恩格斯选集》第3卷，人民出版社1995年版。）

看看我们以往的历史教科书，"然后"的部分至少占了90%。我们的编写者们愿不愿意让"首先"的部分，占到哪怕50%呢？

从严格意义上说，本书不是一本历史书，而是一本关于食物的书，或者说，它不是一本传统意义上的历史书。也正因此，这本名为《食物简史》的书才会吸引读者：我们一定是先被"吃"吸引，然后对"做"产生兴趣，最后才会爱屋及乌地想到这一切的历史等等。这既是人的天性，也是历史事实。

世界上的经典美食可谓不胜枚举，想想电视纪录片《舌尖上的中国》连拍数季，每季数集，每集中又有数种美食呈现，都不敢说将中华美食尽现于观众眼前，本篇仅列出100余味，且包括了甜品、点心、饮料、主食等各类，自然难免挂一漏万。所以读者千万不要将本书视为"食物大全"，否则需要吐槽的地方就多了。

我所感兴趣的，是本书的写法。例如关于大米，编者不仅介绍了稻米起源和传播的历史，还通过文字和漂亮的图片展示了舂米和包括制作米粉、米糊等食品的技术。此外，通过介绍某个具体的人物精心烹制米饭的故事展现了稻作文化传统的不息传承。更吸引我的是，编者还给出了制作金枪鱼芝士饭团的菜谱，让我们在通过10分钟的阅读了解大米的历史与现状之余，再花上20分钟做出美食，于品尝特定的食物的同时，慢慢咀嚼精神上的收获。

还是让我们回到历史上来。

虽然本书是有选择地介绍各种食物，或许会让某些希望在书中找到有关特定食物知识的读者感到失望，但这种选择性满足我对以往不甚了解的食物之历史的求知欲，因为对我来说，书中选择的多数食物的历史都是陌生的。比如曾在安第斯山脉为印加人食用的藜麦，我就是首次听说，特别是书中谈到，16世纪西班牙人征服印加之后，认为藜麦与印加人的宗教仪式有关，因此下令严禁，强迫原住民改种小麦。在文化征服中强制宗教改信在历史上曾多次发生，但祸及食物的不多见，这对我们认识历史上欧洲天主教保守势力或许有所帮助。

既然说到宗教与食物的关系，当然与仪式中的祭品有关。在传统中国，不仅具有久远历史的祭社要以肉为祭品，儒家礼仪中也详细规定了各种食物祭品的类别和数量，配合不等的礼器，构成区分身份等级的标志。今天我们到乡下看到迎神或祭祖的仪式，各种奉献给神祇或祖先的食物琳琅满目，但可惜的是少有这方面的研究，其实这是一个很好的历史人类学的主题。本书也提到鲑鱼曾是太平洋原住民心目中神赐的生命之源，也是古代爱尔兰神话中智慧与尊严的象征，不知是否因为鲑鱼丰富的蛋白质和脂肪含量，以及其集体洄游的生活习惯，给先民带来了联想。不过我也困惑于祖先选择祭品或神圣性食物时的心理，比如书中也谈到了龙虾和螃蟹，其食用历史也颇久远，但古人是否同样赋予其神圣性呢？如果不是很普遍，是因为其不能构成人们赖以存活的主要食物吗？或者是审美的原因，认为它们长相奇特甚至丑陋？

无论如何，食物绝不只是满足口腹之欲的存在。"朱门酒肉臭，路有冻死骨"的诗句，就说明了饥馑、温饱以及脑满肠肥等都是社会样态的风向标。书中讲到的鹅肝就是贵族食品的典型。据说早在4 500年前古埃及人便有了通过喂饲获取肥大鹅肝的方法，不过绘制在法老墓室里的图像说明，这多半不是平民百姓享用得起的美食。后来渐次传入欧洲，成为罗马贵族们的喜好。待罗马帝国崩解，食用鹅肝之风便销声匿迹，在中古时期多于犹太人中流行。今天虽多有动物保护主义者反对食用鹅肝，但其依然存在于比较奢侈的餐桌之上。似鹅肝这类食品，显然不是但求温饱的人们所能奢望的。

在历史上，最为人们关注的是能够度过荒年的食物，因为灾荒和战乱使许多人一饭难求，甚至造成严重的社会动荡。在中国古代，有许多类似《救荒本草》之类的书籍，告诉人们在缺乏常用食物的年月，可以找到哪些食物的代用品，如本书提到的昆虫就是其中一类。但昆虫毕竟不能满足吃饱的需要，所以植物类代用品还是多数人的首选。曾听过吉首大学杨廷硕老师讲到对葛根的研究，知道这种纤维很粗的淀粉类块茎植物并非只被当作药物，而是东南、西南等山区度过荒年的代用或者辅助食品。后来较大程度上解决了饥荒问题的马铃薯和红薯，也是这种淀粉类块茎植物，只是纤维更细、水分或糖分更高，因此更易为人接受。至于我们现在食用的多种野菜（或蔬菜），在历史上都曾被视为度荒食物。从备用食物到常用食物的变化，实际上是人们对自然的认识逐步深化的一个历史过程。

说到食物的历史，可以讲的话题太多了，只是除了研究自然科学史（农史）和饮食人类学的学者外，在中国的历史学界还是少人问津。比如香菇的培育，书中讲到了一个与明史有关的传说，还提到浙江龙泉、庆元、景宁等地的菇农在清乾隆年间曾达到15万人。这使我想起以前在龙泉的季山头村访问一位90多岁的菇农，听到他在江西、安徽一带山区种香菇的经历，还观看了他们当年为了防范当地人偷盗香菇而发展起来的武术，包括拳术、棍术，甚至使用板凳的搏击术，可知食物的历史牵扯到人类生活与生存的方方面面，不是三言两语可以说清的。但是，我们的年轻人对此一无所知也是万万不行的。

读了本书，除了增长饕餮般的欲望，更重要的是，要想想人类是怎样通过艰苦的努力而生存、发展和壮大的，要想想品味人生如同品尝美食，需经历怎样的酸甜苦辣。

"谁知盘中餐，粒粒皆辛苦！"

2018年10月2日

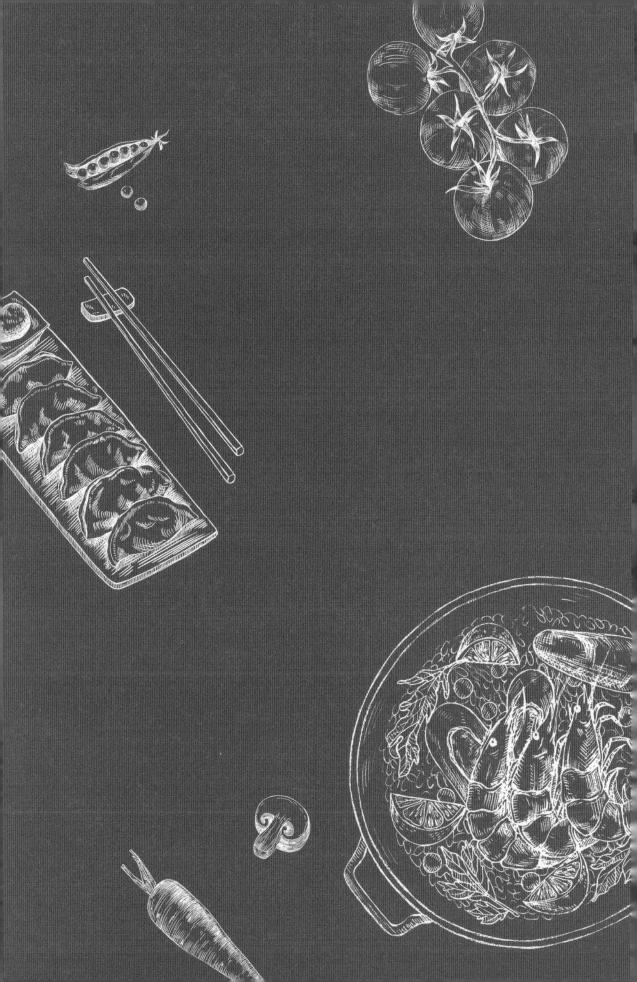

长相奇怪的水中鲜

虾 & 蟹 / Shrimp & Crab

	史前
起源	不明
人物	马库斯·加维乌斯·阿皮基乌斯

几乎所有的地球生物繁衍都离不开海洋，人类也是如此，从海洋中获取富含蛋白质的食物是一项必需的生存技能。到今天，虾、蟹、贝类等仍是餐桌上重要的鲜味食材。

人类食用海产品的历史可以追溯到旧石器时代。科学家发现，距今 13 万—19 万年前，气候急速变化，人类祖先成了地球上的濒危物种。不过，这种局面通过食用贝类而逐渐被扭转。贝类能够在同样气候条件下的水环境中大量繁殖，不仅成为人类充足的食物来源，还为大脑的发展和进化提供了丰富的蛋白质。

距今 4 万年前，东亚现代人的祖先开始利用各种工具捕捞水生动物，其中可能也包括贝类和虾类。旧石器时代晚期，北京山顶洞人除了在河边捡河蚌来吃之外，还会用这些贝壳作为饰品。在 5 000 多年前的新石器时代的位于太湖流域的良渚文化和位于上海地区的崧泽文化遗址中，考古学家发现了大量蟹壳，证明了淡水蟹已经成为当时人类喜爱的食物。

龙虾沉浮史

虽然没有史前烹饪虾、蟹等水中生物的文字记录，但我们仍然可以从西方世界最古老的食谱中窥见虾、蟹、贝类等食材在公元前 9 世纪后的地位。

"squilla"是拉丁文字中与虾相对应的单词，在古罗马美食家马库斯·加维乌斯·阿皮基乌斯（Marcus Gavius Apicius）的《论烹饪》（*De Re Coquinaria*）这本记录上层阶级奢侈饮食的食谱中，墨鱼、扇贝、牡蛎等通常为前菜，主菜中会有煮熟的龙虾和剁碎的虾尾肉。食谱中还写道："普通虾子或被煮熟、切碎，混合着香料与其他海鲜、肉类一同夹入馅饼里食用，或与鱼露混合做成虾球。"相传阿皮基乌斯听说利比亚有更大、更甜美的虾时，立即租了一艘船去实地考察，结果却令他大失所望。后来，这位狂热的食谱作者因为没有钱继续吃美食，选择了毒死自己。

根据多种历史文献记载，由于靠近地中海，古希腊人、古罗马人普遍喜爱虾（包括龙虾）料理。例如，古希腊人会将虾肉裹在无花果树叶中，古罗马人还喜欢用虾来做酱汁。比起讲

究的上层阶级，普通百姓更多地用烤和煎的烹饪方式。

1世纪，北美东南部已经有人类捕捞海鲜的考古学证据，考古学家在人类的下颌骨中发现了虾的痕迹。在同一时期的庞贝古城[1]遗迹中，科学家们也发现了黏土器皿上画有虾的纹饰。

14世纪，英国人发明了拖网捕鱼的方法，可以直接扫荡海床底部，收获大量的虾。但1376年，英国国王爱德华三世以拖网具有破坏性为由，禁止拖网的捕捞方式。

到了16世纪，西班牙瓦伦西亚（Valencia）人发现海鲜与饭同煮能带来前所未有的鲜香。起初，他们将菜、肉、大米混合在平底锅内炖煮，后来又将各种海鲜（主要有虾肉、贝类、墨鱼等）加入其中。到了1840年，平底锅"paella"一词正式指代海鲜饭。

欧洲进入大航海时代后，第一批欧洲移民来到了物质条件富饶的北美洲。但是这些来自英国的清教徒[2]并不敢碰美洲大陆上的任何陌生物种，比如龙虾。身为欧洲贵族的殖民地官员约翰·温斯罗普[3]（John Winthrop）在一封家信中抱怨这里没有他常吃的羊肉，只有英国人不愿吃的生蚝、鲑鱼、龙虾等。然而当又一批欧洲殖民者抵达美洲时，这位贵族却窘迫到只能用龙虾招待他们。

同一时期，北美洲海边的龙虾多如牛毛，传说海边巨浪来袭后，这些长相奇怪的大虾堆积如山，可达2尺（1尺约等于33.33厘米）之高。在美洲的原住民——印第安人看来，龙虾根本不能算是食物，他们用龙虾施肥，用龙虾肉作为鱼饵，他们更愿意把其他的虾和蟹作为日常食物，比如用海藻将虾、蟹包裹起来直接放在热岩石上烘烤，这种烹饪形式进而发展成为新英格兰的传统海鲜美食。后来印第安人开始尝试着将龙虾一起烘烤，据推测，这可能与此后的炭烤龙虾之间存在一定的关系。

18世纪早期，由于龙虾数量丰富、价格便宜，常常被当作囚犯、奴隶和贫民的食物，其"贫民食物"

的身份正式确立。在美国马萨诸塞州，甚至曾有仆人请求主人在雇佣合同中列明不在伙食中出现太多龙虾。

19世纪60年代中期，龙虾的地位随着美国内战结束、奴隶制被废除而发生变化，过去持歧视态度的人们开始喜欢上它鲜甜的口感。尤其是在波士顿和纽约，龙虾渐渐摆脱了"贫民"标签，价格也上涨不少。

第二次世界大战开始前，美国经济不断走高，有钱的美食爱好者愿意花更多的钱吃虾、蟹等海鲜，致使龙虾价格飞涨。

究竟谁是第一个吃螃蟹的人？

如果说龙虾属于西方世界，那么螃蟹一定属于东亚。中国人认为螃蟹长相奇特，第一个吃它的人需要勇气，所以将"第一个吃螃蟹的人"用于比喻那些勇于开创新局面的人。不过，恐怕我们永远都无法知道究竟谁是第一个吃螃蟹的人了，只能不断向前追溯各类考古学证据和文字记载以确定大致时间。

东亚最早关于吃蟹的文字记录可追溯到中国的先秦时期（前21世纪—前221），《周礼》[4]中记载了周天子在现今山东潍坊一代吃海蟹的方法："青州之蟹胥。"即将蟹去壳后剁碎，腌制成蟹酱后用来搭配主食。东汉（25—220）郭宪所撰的《汉武洞冥记》记载了西域进贡螃蟹的情况："善苑国尝贡一蟹，长九尺，有百足四螯，因名百足蟹。煮其壳胜于黄胶，亦谓之螯胶，胜凤喙之胶也。"

到了唐朝（618—907），气候变化与战乱使唐朝的中心向南迁移，由于沧州稻田中有许多河蟹，于是沧州成了吃蟹胜地。撰写《中国食物》的尤金·N.安德森（Eugene N. Anderson）认为，安史之乱（755—763）结束后，中国人偏向食用河鲜、海鲜等水产，蒸煮是主要料理方式。

宋以后淡水蟹风靡至今，中国上海甚至因许多渔民将竹枝编成栅栏插到水里捕蟹而得其简称——沪。

1.庞贝古城始建于公元前6世纪，79年毁于维苏威火山大爆发，但由于被火山灰掩埋，街道房屋保存得比较完整。从1748年起，考古发掘持续至今，为了解古罗马社会生活和文化艺术提供了重要资料。

2.清教徒是从流亡于欧洲大陆的英国新教团体中分离出的一部分，于1620年乘船赴美洲，在美国马萨诸塞州建立英国殖民地。

3.1630年春，约翰·温斯罗普率领大批英国人离开英国，移居建立于1628年的马萨诸塞湾殖民地，此后他曾先后担任12次马萨诸塞湾殖民地总督、3次副总督、4次殖民地参事会参事，撰有《温斯罗普日记》《新英格兰历史：1630—1649》等反映当时殖民地面貌以及个人生活的书。《纽约书评》发表文章称此人为"美利坚第一伟人"，认为他是美国历史上伟大的人物之一。

4.《周礼》是儒家经典，十三经之一。与《仪礼》和《礼记》合称"三礼"，是古代华夏民族礼乐文化的理论形态，对礼法、礼义做了最权威的记载和解释，对历代礼制的影响最为深远。《周礼》共分为6类官职篇，分别是天官冢宰、地官司徒、春官宗伯、夏官司马、秋官司寇和冬官考工记。其中天官主要负责宫廷事务。

LOBSTER POTS.

1 半山类型平行贝形纹彩陶壶，距今 4 700—4 300 年，广河寨子坪出土。现收藏于甘肃省博物馆 | 三猎 (CC BY-SA 4.0)
2 中国扬州的吃蟹八件套
3 捕捞龙虾的笼子。詹姆斯·阿博特·麦克尼尔·惠斯勒摄，现存于美国大都会艺术博物馆 (Metropolitan Museum of Art)

RECIPE 食谱

大虾牛油果意粉

1 小时 | 2 人份

食材

意大利面 / 180 克

牛油果 / 1 个

虾 / 中等大小 12 只

圣女果 / 12 个

洋葱 / 1 个

大蒜 / 1 瓣

酸橙汁 / 少许

白兰地 / 少许

盐 / 少许

黑胡椒粉 / 少许

橄榄油 / 适量

做法

① 将牛油果去核，和洋葱、圣女果一起切块。

② 将切好的食材一起放入酸橙汁中，再向其中加入少许黑胡椒粉、盐和 2 汤匙橄榄油进行调味。

③ 煮熟意大利面，控干水分后备用。

④ 将虾剥壳后清理干净，切成小块。

⑤ 在锅中加入少许橄榄油，烧热后炒香蒜末，将切碎的虾和白兰地一起加入锅中，稍微煮至酒精蒸发后取出。

⑥ 将炒好的虾倒入沥干的意大利面中搅拌均匀。

⑦ 与 ② 中的调味食材混合均匀后即可食用。

穿越古今的危机救星

昆虫 / Edible insects

	史前
起源	不明
人物	亚里士多德

比起那些听起来就很美味的食物，昆虫可能会令世界上大部分食客措手不及，甚至反胃。一些野外生存类的节目更是常以"食虫"做噱头，给观众展示生吃昆虫等令人作呕的画面。然而，这并不是食用昆虫的正确方式。从比例来看，目前全世界食用昆虫的群体占总人口的三成左右，在他们的手中，昆虫其实可以被烹制成各种美味佳肴。

食用昆虫的历史可以追溯到史前，猎人们在长期的野外生存中通过观察野生动物进食，学会了分辨可食用的昆虫，并学会了如何从中获得丰富的蛋白质和能量。同其他重要的人类生存法则一样，辨别、食用昆虫的方法从此世代相传：距今 400 万年前，南方古猿制造出挖掘白蚁的工具；190 万年前，直立人进化出更发达的大脑来寻找昆虫和肉类，并进一步学会了用火煮食物；距今 25 万年前，随着早期现代人开始冰川探险，昆虫消失在食物列表中；直到现代人穿过冰盖抵达辽阔的美洲，食用昆虫的场景才再次上演。

从"贵族小菜"到"世界美食"

古罗马人和古希腊人都吃昆虫。1 世纪时，古罗马吞并古希腊（前 800—前 146）后，古罗马自然科学家老普林尼（Pliny, the Elder）编写的《博物志》[1]（*Nauralis Historia*）一书中记载了古罗马贵族们爱吃的一种昆虫：用葡萄酒和面粉培养的甲虫幼虫。此外，还有一种被称为树皮蛆（cossus）的虫子，只有在最奢华的宴会上才能吃到这种木蠹蛾的幼虫，足见当时昆虫菜肴的地位之高。

如果非要给古希腊著名哲学家、科学家亚里士多德再安上一个头衔，那么也许不会有比"奇怪的美食家"更为恰当的了。4 世纪时，亚里士多德写下了自己吃蝉的经验。他认为第一次脱壳前的蝉蛹最嫩，而刚交配完的母蝉的肚子里充满了白色的虫卵，美味多汁。

不同于在欧洲贵族中的矜贵地位，昆虫在 10 世纪的北美洲墨西哥一带是司空见惯的日常食物。阿兹特克文明将昆虫作为主要食物之一，蚱蜢、蝗虫、龙舌兰虫、蚂蚁等都是他们

1.《博物志》（又译《自然史》）是古罗马学者老普林尼在 77 年写的一部著作，被认为是西方古代百科全书的代表作。全书共 37 卷，分为 2 500 个章节，引用了古希腊 327 位作者和古罗马 146 位作者的 2 000 多部著作。在书成后 1 500 年间，共出了 40 多版。

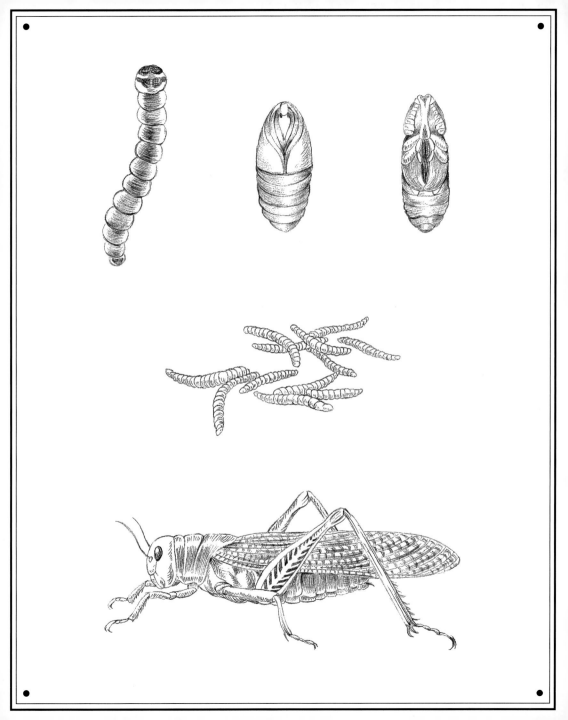

的盘中餐。直到现在，这些昆虫仍然被视作墨西哥的特色美食。在伊达尔戈、恰帕斯、瓦哈卡、格雷罗、普埃布拉和尤卡坦等州，蟋蟀会被清洗、煮熟，制作成墨西哥玉米卷；烤蚱蜢会用来配酒；一些自身具有强烈气味的昆虫则被烤成粉末，与不同香草和香料混合在一起食用。

昆虫在我国的食用历史也是相当久远，相关记录可以追溯到先秦儒家经典《周礼》以及《礼记》，里面出现的"蚊子酱"等食品都是献给达官显贵的贡品。根据晋朝《古今注》中的记载，人们从那时开始将蜉蝣作为盘中餐。唐朝温庭筠曾在其传奇小说集《干𦠆子》中描写了食用椿象的情景，刘恂所著的地理杂记《岭表录异》中也有采集和烹饪胡蜂的具体方法。到了宋朝，《图经本草》中出现了"今处处有之，即蜜蜂子也。在蜜脾中如蚕蛹而白色，岭南人取头足未成者油炒食之"的描写，很多地方吃蜂蛹，以及从元朝起食用蚕蛹的习惯，可能都是由那时发展而来的。

发展至近代，由于人类已经不需要通过狩猎就可以获取足够的肉类，昆虫也就从非摄入不可的食物名单中被去除了。但是，这并没有影响人们对于其作为食材及食品加工原料的重视。1988 年，《食品昆虫时事通讯》（*The Food Insects Newsletter*）在美国创刊，随后日本也陆续出版了多本食用昆虫的书。同时，食品工业从印第安人用虫子做面粉的案例中受到启发，继于 20 世纪 90 年代将整虫嵌入糖果中销售后，又将其制成色素等添加剂，混入面粉、肉酱当中。

发展至今日，经鉴定可以食用的昆虫种类多达 1900 种，可以说昆虫已经深深渗入食品行业之中，为世界创造着美味。

减轻全球食品危机的救星？

随着地球人口不断增加，日益突出的蛋白质缺乏问题成为联合国粮食及农业组织（以下简称"联合国粮农组织"）持续关注的焦点。早在 1980 年的第五届拉丁美洲营养学家和饮食学家代表大会上，就有人提出：为了补充人类食品不足，应该把昆虫作为食品来源的一部分。

同时，目前大多数国家富含动物蛋白的饮食结构也是造成全球变暖的重要原因之一，畜牧业造成了大量的温室气体排放。据联合国粮农组织发布的报告显示，预计到 2050 年，地球人口将从目前的 70 亿增加到约 90 亿；目前畜牧业占全球农业用地的 70%，

33% 的耕地将被用来种植牲畜饲料，届时这一比例将上升到 50%，这一切均使得来自环境和人口的压力变得越发沉重。

纵观人类历史，解决此类问题最主要的方案就是扩大农耕面积，但这种方式显然已经不适合如今的形势。于是，食用昆虫这件事被重新提到台面上讨论。

伦敦自然历史学会的一位学者认为，培育昆虫需要更少的空间和饲料，有利于减少温室气体的产生；随着未来食品消费所需的能源和土地紧缺状况的加剧，吃昆虫将会成为大势所趋。另外，作为冷血动物的昆虫需要用来维持体温的能量非常少，因而利用食物的转化率非常高，可以在能耗更少的情况下提供更为充沛的蛋白质。有研究显示，如果将一半的肉类以蟋蟀等可食用昆虫替代，那么对耕地的需求将会减少近 1/3 的面积，无疑更为经济环保。

目前，在美国旧金山湾区的米其林三星餐厅"Saison"可以享受到包括蟋蟀甜酱、烤蟋蟀、蟋蟀粉、蟋蟀能量棒等一系列的蟋蟀料理和零食。随着人们在烹饪和食用昆虫上变得越来越大胆，生态环境的改善也指日可待。

1

1 16 世纪晚期《佛罗伦萨药典》（*Florentine Codex*）中的一幅插画，描绘了昆虫卵的丰收以及用其制作玉米饼的过程
2 在墨西哥瓦哈卡市场到处都在售卖可食用的昆虫 | Erwin Verbruggen (CC BY-SA 2.0)
3 寄生在非洲油棕树干上的可食用昆虫，在非洲中部尤其受欢迎，因为它们对非洲中部的高蛋白饮食及烹饪有很大的贡献 | T.K. Naliaka (CC BY-SA 4.0)

RECIPE 食谱

爆炒蚕蛹

20 分钟 | 3 人份

食材

蚕蛹 / 100 克
食用油 / 少许
盐 / 少许

做法

① 将蚕蛹用清水洗净、煮开。

② 5 分钟后，捞出蚕蛹晾干。

③ 锅内放食用油烧热，倒入蚕蛹爆炒，加盐，至蚕蛹开裂即可。

杀戮带来的舌尖快感
鹿肉 & 马肉 & 野味 / Venison & Horsemeat & Game

	史前
起源	不明
人物	多米尼克·让·拉尔雷

21 世纪，曾任《纽约客》驻京记者的美国非虚构作家何伟 [彼得·海斯勒（Peter Hessler）]
写过关于中国人吃野味[1]的文章，讲述了中国广东鼠味餐厅的故事。餐厅老板认为老鼠肉有
百利而无一害，甚至能够让中国人的头发"变黑变浓"。文章在读者中激起了强烈的不适感，
被认为是一种饥不择食、怪异的野味迷恋。

吃老鼠虽只是一个极端的例子，食用野味却并不稀奇。人类作为位于食物链顶端的生物
之一，鸟瞰倒立的"金字塔"，野味的弥足珍贵的背后或许潜伏着这个星球前所未有的危机。

古人曾为了有足够的肉食而驯养动物，然而进化出发达的大脑的现代人却再也无法满足
于驯养带来的丰衣足食。当小众、稀少的野味成为不少食客的新追求后，杀戮便成了获得舌
尖快感的手段。

野味的起源要从古人狩猎说起。人类还没有开始食用牛肉、羊肉、猪肉时，鹿是猎人最
重要的狩猎对象；在旧石器时代，野马也是人类的主要食物来源；从中国第一个有文字记载
的时代——商朝后期（前 1300—前 1046）的都城殷墟遗址出土的兽骨中包括了麋鹿、獐等
动物。据《殷墟书契后编》中记载，当时一次捕获的麋鹿多达 348 只。

从遍布树林到绝迹
食物链顶层的生物数量过多会导致资源匮乏，反之则成灾，周朝的鹿就是如此。《诗经·大雅》
中记载了周厉王时期（前 904—前 829 年）镐京（今陕西省西安市，黄河流域）附近的树林
中群鹿出没的情形："瞻彼中林，甡甡其鹿。"然而由于周厉王认为山林川泽是王室的财产，
任何人都不得傍山林经商贸，这就意味着平民须高价购买"许可证"才可进林打猎。制肉成
酱是周朝时期惯用的肉类处理方式，鹿肉也被制作成鹿肉酱供王室食用。据说当时周朝王室
人口一共 200 人左右，于是鹿渐渐泛滥成灾。据《左传·庄公十七年》中记载，到了冬天，
漫山遍野都是麋鹿，"麋多则害五稼，故以灾书"。

汉朝麋鹿仍不绝于野外，但鹿肉作为副食品和祭品在民间变得常见。《史记·淮阴侯列传》

---

1. 虽然野味要包括各类野菜，但在此文中的"野味"指的都是肉类。

中曾以"秦失其鹿，天下共逐之"比喻群雄争夺天下。马王堆汉墓遣策[1]记载了西汉时期（前202—8）鹿肉作为祭品的烹调方式，例如将鹿肉熬成羹汤再加入碎米后制成的白羹，可分为鹿肉鲍鱼笋白羹、鹿肉芋白羹、小豆鹿胁白羹等多种；将去除毛皮的鹿肉用竹签穿成串，悬于明火上烧烤，称为"鹿炙"；也可将鹿肉切细生食，谓曰"鹿脍"；此外，还有将鹿肉制成咸肉、干肉片等的"鹿脯"。研究者认为，由于汉朝时祭品与民间日常饮食相近，因此可以据此推测出当时民间的鹿肉食品也大致如此。

唐朝之后，野生鹿的数量急剧减少，民间放养、猎苑圈养变得普遍。契丹一族曾向宋朝敬献鹿肉，从此鹿肉便成为皇室钦点的贡品。宋、元两朝以后，由于大量捕杀，野生麋鹿越发稀有。清朝袁枚所著的《随园食单》中提到，因其鲜、嫩程度都在獐肉之上，"烧食可，煨食亦可"，乾隆年间鹿肉已是不可多得之物。同时皇室还在南苑围场中圈养麋鹿，供狩猎用。后来八国联军洗劫南苑，中国麋鹿自此消失踪迹。

不得已而食之

不同于鹿，早在公元前5000—前3000年，野马就已经逐渐为人类所驯化。在旧石器时代晚期，野马是一种重要的食物来源。虽然到了732年，罗马教皇颁布禁食马肉的法令，但异教徒仍然用马肉作为宗教仪式的食物。欧洲进入大航海时代后，马从欧洲重新进入美洲[2]，安第斯山脉附近的土著人将马肉晒干后保存，这种肉干被称为"charqui"。

19世纪初，拿破仑建立了法兰西第一帝国，贵族阶级在战争与革命中倒台，象征着贵族威望的马匹也随之沦为饥饿的贫民和士兵的盘中餐。在1807年的一场围城战役中，拿破仑大军的军医长多米尼克·让·拉尔雷（Dominique Jean Larrey）男爵便提议用马肉煮羹汤、制作法式烤肉[3]等。到了法兰西第二帝国后期，高昂的生活成本让法国平民百姓根本无法负担包括猪肉、牛肉在内的肉类，马肉便开始流行起来。

第二次世界大战期间，美国曾允许肉店售卖马肉以弥补牛肉供应不足，但第二次世界大战结束后，在美国西部牧场主的压力下，马肉被禁止出售。2007年美国《时代》杂志上，一篇关于马肉的评论文章认为马肉味道甘甜而口感丰富，是一种又瘦又软的奇怪肉类，比鹿肉更接近牛肉。

在亚洲，吃马肉则更为普遍，其中以位于中亚地区的游牧民族及东亚的日本人为主。

日本人认为马肉是营养丰富的肉食。5世纪前后，鹿肉、马肉从中国传入日本。日本战国时代熊本初代藩主加藤清正曾在朝鲜被敌军围困，为了固守城池不失、解决粮草运输遭敌军切断的问题，只能杀战马为食。据说正是以此为契机开启了熊本吃马肉的习惯。

后来日本的天武天皇（631—686）下令，马匹只能作为役畜使用，食用马肉的风俗暂告终结。直到江户时代末期（19世纪前后），随着肉食令的放宽，食用马肉的传统才重新恢复并流传至今。

由于新鲜的马肉呈粉红色，且最为肥美的时节正是每年樱花盛开的四五月，因此又被称为"樱肉"。在日本有许多马肉料理，其中以"马肉刺身"最为出名。

对于中亚游牧民族来说，马肉更是一种重要的食物来源。约15世纪，处于中亚地区的草原游牧民族哈萨克族逐渐形成，他们以牛肉、羊肉、马肉等肉食为主。至今仍是该族特色食物的熏马肉选材于膘肥体壮的马驹，先将马肉剁成块状，撒上盐，再用绳子串起来挂在一座土房的木架上，点燃天山雪松枝，暗火熏蒸至肉干即可。

---

1. 遣策是古人在丧葬活动中记录随葬物品的清单，以简牍为主要书写材料。

2. 马被认为最早起源于北美，但后来传入欧洲、南美后，美洲的马匹突然灭绝。随后，欧洲的马匹又来到了美洲。

3. 法语为"Boeuf à la mode"，这本是一道炖牛肉的菜，先需要将牛眼肉用葡萄酒、白兰地腌制，随后在牛油、猪油等动物油中将牛眼肉煎熟，混合牛肉和大蒜、芹菜、胡萝卜、洋葱、百里香、番茄，加入已经熬制好的牛肉汤。还有一种老派的做法是把牛腿肉或牛骨汤加入菜中，并加一些明胶使汤汁变稠。

1 在中世纪的欧洲，鹿肉是贵族才能吃到的美味 |
Anne Cobbett (1795—1877)
2 玛丽亚·埃莉萨·朗德尔的作品《家庭烹饪新体系》
（A New System of Domestic Cookery）中的食
谱：令羊肉吃起来像鹿肉的肉汁 |"A Lady"（Mrs
Rundell）
3 第二次世界大战期间，美国曾允许肉店售卖
马肉以弥补牛肉供应不足 | 美国国家档案和记
录管理局（National Archives and Records
Administration) (College Park, MD)

RECIPE 食谱

鹿脯

1.5 小时 | 1 人份

食材

鹿肉 / 250 克

黄酒 / 20 毫升

白酒 /20 毫升

白糖 / 30 克

老抽 / 5 毫升

清水 / 少许

盐 / 少许

白胡椒粉 / 少许

鸡精 / 少许

香油 / 少许

做法

① 用清水把鹿肉洗净后，将其切片，再剁成细腻的
肉馅。

② 加入白糖、黄酒、白酒、老抽、清水、盐、白胡椒
粉、鸡精和香油。

③ 用筷子顺时针使劲搅拌，至肉馅上劲有黏性；面板
上铺一层保鲜膜，放上一部分肉馅，再盖上一层保鲜
膜；用擀面杖将肉馅均匀擀至成薄薄的肉片，把上下
覆盖保鲜膜的薄肉片放入冰箱冷冻 1 小时左右取出；
放入预热至 180℃的烤箱中层，每隔 10 分钟翻一次面，
至两面微焦后关闭烤箱。

④ 取出肉脯稍稍放凉后剪成小块。

多次引发战争的货币香料

胡椒 / Piper

	史前
起源	印度马拉巴尔地区
人物	老普林尼

胡椒是世界三大调味品之一，被中世纪的威尼斯人称为"天堂的种子"。胡椒源于印度马拉巴尔地区（喀拉拉邦），是一种热带藤蔓植物，一株胡椒藤可缠绕在其他树上生长达5~10米。

约公元前9世纪，胡椒的名字已经出现在当时印度的婆罗门经文中。公元前3世纪的抒情诗《罗摩衍那》（*Prince Rama's Adventure*）中也记载了"用盐和胡椒吃食物"，意味着胡椒在当时的印度社会已经普及。

这种香料很快就被雅利安人注意到，并传到了欧洲，在古希腊和古罗马盛行。胡椒的拉丁文"piper"是梵语的派生，取自雅利安人对它的发音"pippeli"。

不过胡椒在传入欧洲后起初并没有被作为调味料。公元前5世纪，古希腊医学家希波克拉底（Hippocrates）[1] 把胡椒称为"药物之父"，和蜂蜜、醋混合后用于治疗妇科病症。

从"植物货币"到"国王的赎金"

胡椒在古罗马时期最为"活跃"，古罗马人将它与葡萄酒、鱼露（用鱼制成的调料）混合在一起，用来给菜肴调味。

由于气候条件所限，胡椒并不适合在古罗马这种不太暖和的地方生长，所以高价买卖胡椒很平常，而它的持有量也一时间被看作权力和财富的象征。

在罗马帝国早期，特别是公元前30年前后（罗马征服埃及时期），穿越阿拉伯海抵达南印度马拉巴尔海岸的贸易航线开始繁忙起来。根据希腊地理学家斯特拉博[2] 的记录，早期的罗马帝国每年会派遣一支约有120艘海船的舰队与印度展开贸易。舰队每年定期穿过阿拉伯海，以赶上当年的季风。从印度返航时，舰队会停靠在红海港口，并通过陆路或运河抵达尼罗河，进而从尼罗河行至亚历山大港，最后装船运返意大利半岛与罗马帝国。在新航线被发现前，胡椒等香料所走的路线与此条路线大体相同。

---

1. 希波克拉底（前460—前370）为古希腊伯里克利时代的医师，被西方尊为"医学之父"，西方医学奠基人。
2. 斯特拉博（拉丁字母转写：Strabo），公元前1世纪古希腊学者、旅行家、作家。

现存年代最久远的古罗马烹饪书籍《论烹饪》中一共收录了大约 500 种食谱,其中有 482 种需要用到胡椒,足见古罗马人对胡椒的喜爱。不过,这时消费的仍大多是印度本土的胡椒,还没有用到胡椒粉。

77 年,自然学家老普林尼在《博物志》中写道:"胡椒流行的程度着实让人惊讶,看看我们用的其他物品,有的是因为它们的芳香,有的是因为它们的外表才吸引了我们的注意。然而,胡椒与其他果实和浆果相比没有任何值得推荐的优点,它唯一合人们意的地方便是那股辛辣味。而为了这点我们就不远万里地将它从印度引入!谁是第一个把它当成食品的人?而谁又会只为满足一时口腹之欲而不惜忍饥挨饿?"

他同时记录了胡椒的时价:在古罗马货币系统中,白胡椒为 7 迪纳厄斯[1],黑胡椒为 3 迪纳厄斯。

直到 1 世纪,从古罗马前往印度的商船还都是用真金白银交换胡椒,当时每 320 克胡椒的价格相当于现在的 88 美元左右。

408 年,罗马城因拒绝西哥特部落索取黄金、胡椒的要求而被包围。西哥特部落酋长阿拉里克率领本族人及东哥特部落族人西攻,西罗马帝国献出 100 斤黄金、3 000 斤胡椒求和,阿拉里克满足而退。

为了胡椒开辟新航线

到了中世纪,胡椒的价格愈加高涨,这些小而辛辣的香料被用来烹饪昂贵的食材,消除酒中因窖藏时间短而带有的苦涩味,或肉类因缺乏冷藏保鲜技术而生的腐臭味等。15 世纪,格洛斯特公爵汉弗莱·不兰他日奈(Humphrey Plantagenet)率先支持英国的人文主义者,他的礼仪官约翰·罗素也是胡椒的忠实拥护者:大蒜或芥末加酸葡萄汁,撒上胡椒粉,这是鳐鱼、石鳗鲡、新鲜青鱼、鲱鱼、干鳕鱼、黑线鳕和牙鳕最好的调料。

德国在中世纪时期用胡椒来支付官员的工资、缴税或罚款,甚至将其作为嫁妆的现象都非常普遍。无独有偶,英国的地主也曾要求用胡椒支付租金,至今"peppercorn rent"(象征性租金)一词仍在英语中使用,指代极低的或象征性收取的租金。

从 1200 年起的近 300 年时间里,意大利威尼斯人几乎垄断了整个欧洲的胡椒贸易,这种垄断成为葡萄牙人寻找印度新航线的重要动力。1498 年,瓦斯科·达·伽马(Vasco da Gama)率船从里斯本到达印度西南部的卡利卡特城(Calicut)。当地会说西班牙语和意大利语的阿拉伯人问其为何而来时,达·伽马答道:"我们为寻找基督徒与香料而来。"

达·伽马成功带回一箱胡椒与肉桂等香料的航行,打开了葡萄牙与卡利卡特城之间的贸易,此后大量葡萄牙人开始蜂拥而入阿拉伯海,用海军的强大炮火攫取了阿拉伯海贸易的绝对控制权。这是欧洲国家第一次将势力扩张至亚洲地区,而 1494 年签订的《托尔德西里亚斯条约》[2]更让这次势力扩张拥有了合法性(至少从欧洲的观点来看是这样的)。

然而好景不长,葡萄牙人很快便发现自己无法控制香料贸易。除了沿非洲的新航线外,亚历山大港和意大利间原有的路线依然活跃,阿拉伯人和威尼斯人成功走私了大量香料。到了 17 世纪,荷兰发动香料战争(Spice Wars)夺取了葡萄牙作为欧洲"胡椒大王"的地位。1661 年,荷兰与葡萄牙在乌特勒支(Utrecht)签署和约,两国冲突落下帷幕。至 1663 年,马拉巴尔海岸的胡椒港悉数落入荷兰人手中。

随着输入欧洲的胡椒数量的不断增加,胡椒价格开始下降。在中世纪早期为富人所独享的胡椒开始进入普通人家成为日常调味品,胡椒在世界香料贸易中的比重也提高到了 1/5。

相比之下,中国获得胡椒则非常方便,胡椒在张骞出使西域时被带回中国,据马可·波罗记载,杭州是中国胡椒的产地之一。即使这样,由于唐宋时期中国肉食以羊肉为主,能去膻味的胡椒也依然地位极高,价格昂贵。

---

1. 迪纳厄斯(denarius,复数形式:denarii)是从公元前 211 年开始铸造的小银币,是当时流通中最常见的硬币。
2. 《托尔德西里亚斯条约》:1494 年 6 月 7 日,西班牙和葡萄牙在西班牙托尔德西里亚斯签订的一份旨在瓜分新世界的条约。

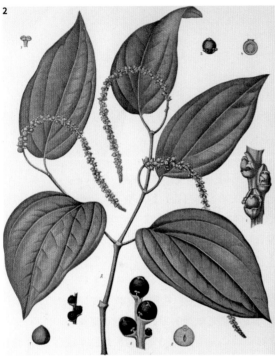

1 去皮前后的干胡椒果实 | 图卢兹博物馆（Muséum de Toulouse），摄影师迪迪埃·德库恩斯（Didier Descouens）(CC BY-SA 4.0)
2 《胡椒》。插画来自鸟与自然（*Birds and Nature*）(1901)

RECIPE 食谱

胡椒饼

2.5 小时 | 4 人份

食材

馅料 -

牛肉或五花肉 / 200 克

黑胡椒粉 / 10 克

酱油 / 1 汤匙

蚝油 / 1 汤匙

五香粉 / 2 克

糖 / 2 汤匙

盐 / 2 克

葱花 / 适量

面皮 -

面粉 / 250 克

温水 / 110 毫升

酵母 / 3 克

糖 / 15 克

盐 / 1 克

油 / 2 汤匙

白芝麻 / 少许

做法

① 用温水化开酵母，和除白芝麻之外的所有面皮材料拌在一起，揉成光滑的面团，发酵 1 小时。

② 牛肉或五花肉剁成肉馅，和除葱花外的所有馅料材料拌匀，放入冰箱冷藏半小时；把发好的面团平均分成 8 份，馅料也分成 8 份。

③ 取一份面团擀成中央较厚、周围稍薄的圆形面皮，然后包入馅料与葱花，收口捏紧、向下，表面沾少许水，再蘸裹一层白芝麻。

④ 烤箱预热至 180℃，将面饼放入烤箱中层烤 25 分钟即可。

高能超级零食

坚果 / Nuts

▶	250 万年前
起源	中国
人物	亚伦和摩西

2011 年，英国著名的青春偶像剧《皮囊》（*Skins*）第五季一开场，演员芙瑞雅·美弗（Freya Mavor）从坚果储藏箱里抓了一把坚果粒塞进嘴中，然后一天都不再进食。这个镜头生动地表现出在现代生活中，食用坚果是一件多么平常又重要的事情。

坚果是古老的食物，外有硬壳，内含一粒或多粒植物种子。在吃肉前，人类的祖先已经开始通过食用高热量的坚果补充身体所需的能量。

同样在 21 世纪，纽约大学阿尔巴尼分校的人类学家发现，距今 250 万年前，南方古猿就已进化出可以咬破坚果壳的牙齿，并认为坚果在当时是一种应急食物，能够在环境突变导致食物匮乏时提供所需的能量，这也是目前已知人类祖先最早食用坚果的考古学证据。随着新工具的不断发明，更多品种的坚果开始成为人们的食物。

桃、杏之辨

约公元前 10000 年，中石器时代 [1] 开启，早期农业应运而生。考古学家在约旦河流域距今 1.2 万年前的人类遗址中发现了野生巴旦木仁，当时的人类把巴旦木仁同其他豆类一起储存。

也许是偶然的机遇，早期农民发现巴旦木仁不只有苦味的，还有甜味的。科学家在研究甜味巴旦木仁的起源时，在埃及法老图坦卡蒙（前 1342—前 1323）的陵墓中，发现有人工栽培的痕迹。有人推测这可能是青铜时代（约公元前 3000 年）人工栽培出的苦味巴旦木的改良品种 [2]。

巴旦木（almonds）这个名字起源于波斯（现在的伊朗）。《圣经》中曾数十次提到巴旦木，还有关于犹太教首位祭司长亚伦的手杖发芽开花，结出了可食用的巴旦木，从而表明神认可亚伦和他的弟弟摩西做以色列合法领袖的故事。18 世纪以后，西班牙殖民者将甜巴旦

---

1. 中石器时代（Mesolithic），是位于旧石器时代和新石器时代之间的年代，它开始于约 1 万年前的更新世末期，结束于农业的出现。

2. 苦味巴旦木有毒性，毒性来自杏仁苷水解后释放出的氢氰酸，这种物质可以阻断细胞的呼吸链，妨碍 ATP（腺苷三磷酸，所有生命活动的直接能量来源）的产生。野生巴旦木都有强烈的苦味，而栽培的巴旦木仁大多数是甜的。有研究人员认为，可能是某个基因变异，导致巴旦木丢失了苦杏仁苷。

木带入美国加利福尼亚州，由于当地气候湿润、凉爽，加利福尼亚州甜巴旦木的产量骤增，一跃成为甜巴旦木的主要产区，垄断了整个巴旦木市场，也是因此，甜巴旦木被世人称为"美国大杏仁"。

然而，巴旦木并不是杏子的果核。巴旦木的波斯语为"Badam"，意为扁桃，其果核英文为"Almond"，严格来说是桃仁；杏仁英文为"Apricot"。从植物学的角度来讲，扁桃和杏是两种完全不同的植物。2012 年，中国食品工业协会坚果炒货专业委员会正式发布声明，俗称的"美国大杏仁"应正式更名为"巴旦木"或者"扁桃仁"，用以区别杏仁与桃仁。

传言，巴旦木于公元前 139 年被张骞从西域带回汉朝，杏树的栽培技术也通过这条路线从汉朝传至了波斯、希腊、罗马以及地中海沿岸国家。

食用杏仁究竟起源于何处目前还没有定论。考古学家曾在湖北、江苏等地发掘的汉朝墓葬中，发现作为陪葬品的杏核。

不过有一点可以肯定，中国对于杏树的人工栽培历史悠久，栽培技术的相关记载可追溯至 6 世纪时的《齐民要术》，而最早关于杏的文字记载则出现在殷墟甲骨文[1]中。

坚果的加工

人类当然不会仅仅满足于摄取坚果的能量和营养，他们更关心的是如何令那颗种子更有滋味。非洲中南部旺德维克洞穴的考古发现表明，距今 180 万年前的人类就在吃烤制的种子了。

中国古代对于杏仁的加工方式也可谓多种多样。《齐民要术》[2] 等书中都有"煮杏为酪""煮杏酪粥"等记载，《燕都小食品杂咏》中也有对杏仁茶的褒扬之词。

相传三国时（220—280），神医董奉曾让痊愈的病人种下杏树，待结杏后，取杏仁制成杏仁豆腐。

除此之外，炒坚果是最广泛的处理方式。《本草纲目》说西瓜子"炒食，补中宜人。清肺润肠，和中止渴"。乾隆年间，潘荣陛所著的《帝京岁时纪胜》中也描绘了这样的画面："除夕之晚卖瓜子与爆竹声，相为上下，良可听也。"

最贵以及最热

20 世纪末，开心果横扫世界坚果市场，这种看起来正在哈哈大笑的坚果，实名为"阿月浑子"（Pistacia vera L.）。阿月浑子的起源地无法判断，也许是欧洲巴尔干半岛，或是土耳其南部丘陵和山林地带。目前多产于叙利亚、伊朗、伊拉克等地，中国的新疆也有栽培。

唐朝，阿月浑子从西亚传入，陆续在新疆喀什地区、北京、西安等地落脚栽培。1936 年，美国从阿月浑子进口大国转变为出口大国。直至 1990 年，阿月浑子的世界总产量已超过 22 万吨，大部分产于伊朗一带，每吨售价高达 1 万美元，成为当时世界上最贵的坚果。

澳洲坚果是新被发现的可食用品种，它更耳熟能详的名字是"夏威夷果"。这种能结有硬壳种子的树种，最初于 19 世纪初由植物学家艾伦·坎宁安（Allan Cunningham）在澳大利亚发现。到了 1857 年，植物学家费尔南迪·凡·缪勒（Ferdinand von Mueller）为纪念自己的朋友约翰·麦克丹姆博士 (Dr. John Macadam)，将这一树种命名为澳洲坚果树（Macadamia integrifolia），并迅速在澳大利亚各地建立了小型种植园。但当时，澳洲坚果的食用价值因其被普遍认为有毒而未曾被开发出来，其应用多见于园艺领域。

1858 年，布里斯班植物园主任的助手因为嘴馋，吃了澳洲坚果的果仁，非但没有出现中毒现象，还对其连连称赞。从此，澳洲坚果作为一种美味的食物开始得到人们的普遍认可。

到了 19 世纪末，美国人将澳洲坚果的种子带回了夏威夷。由于树木生长根系不深，在作为防风林等方面均没有明显的应用优势，只有油润喷香的果实非常具有食用价值，俘获了无数吃货的心。加上夏威夷充足的阳光和丰沛的雨水非常适合这种高大果树的生长，很快，澳洲坚果就以"夏威夷果"（Hawaii nut）的新名字正式走上了全球舞台，被全世界的人所喜爱。

如今，夏威夷正逐渐成为全世界夏威夷果的最大种植基地，供应的夏威夷果约占全球产量的 95%。

---

1. 甲骨文发现于中国河南省安阳市殷墟，距今约 3 600 多年的历史。
2. 《齐民要术》大约成书于北魏末年（533—544），是中国杰出农学家贾思勰所著的一部综合性农学著作，同时是中国现存最早的一部完整的农书。

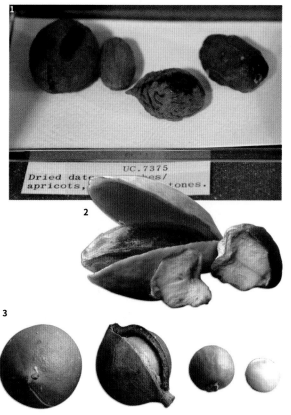

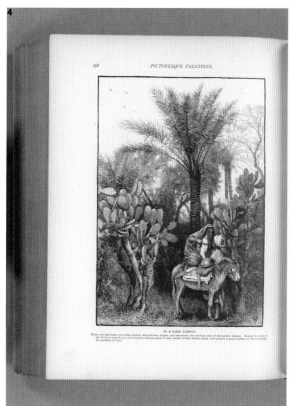

1 古埃及中后期王国的干枣、桃和杏等，现存于伦敦皮特里埃及考古博物馆 | Osama Shukir Muhammed Amin FRCP(Glasg) (CC BY-SA 4.0)
2 阿月浑子，又名"开心果" | Carl Davies, CSIRO (CC BY-SA 3.0)
3 不同生长阶段的澳洲坚果 | Forest & Kim Starr (CC BY-SA 3.0)
4 1881 年，伦敦出版的《风景如画的巴勒斯坦、西奈半岛和埃及》一书中，记录了杏树作为常见树木在开罗的蓬勃发展 | New York Public Library

坚果能量棒
30 分钟 | 2 人份

食材

米饭 / 100 克

香蕉 / 2 根

各色坚果 / 300 克

燕麦 / 100 克

蔓越莓 / 100 克

葡萄干 / 100 克

肉桂粉 / 少许

盐 / 少许

做法

① 将香蕉搅拌成泥后，再将所有食材混合、搅拌。

② 倒入垫有油纸的烤盘中，铺平后放入预热好的烤箱（设定温度 175°C），烤制 25 分钟左右。

③ 放入冰箱，待混合物变硬后切块。

进化史中的烹饪大革命

烤肉 / Roast

	约 100 万年前
起源	非洲南部（旺德维克洞穴）
人物	列奥纳多·迪·皮耶罗·达·芬奇

2017 年 11 月，世界上第一部以烤肉为主题的电影《肉在燃烧》（肉が焼ける）在日本上映，从此，人们对于烤肉的热爱有增无减。

如果从发现人类最早使用火的时间开始算起，那么人类吃烤肉的历史可能已有 100 万年。烤肉以及这种吱吱作响的烹饪方式，带给食客经久不衰的美味和快感。

烧烤作为世界上第一种熟食烹饪方式，最初指将食物放在接近热源的位置使其逐渐变熟的过程。1912 年，法国化学家路易斯·卡米拉·美拉德（Louis Camille Maillard）发现了美拉德反应，即在烤肉过程中，由于羰基化合物与氨基化合物在加热时会发生一系列复杂的反应，令食物发生颜色上的变化，最终成就烤肉的风味。

单从如何"烤"来说，就有多种方式。譬如明火整体炭烤、搁板火炉煎烤、将腌制肉串起来炭烤等，目前人们所熟知的几种形式主要以地区划分。它们见证了人类的迁徙、种族融合，以及各地烹饪方式数次本地化的演变。

例如，中东土耳其烤肉、南美巴西烤肉、美式烧烤、亚洲的日式烧肉、韩式和中国烧烤等。其中一些国家又根据地区、食材的不同，分化出各种炙烤方式，像中国用果木明火挂炉烤制的北京烤鸭，以钎子穿起置于平架、炭火微烤的新疆羊肉串，或蒙古国将加热通红的鹅卵石与羊肉层叠放入锅中烤煮的石烤羊（蒙古语为"xopxor"），以及直接整体在火上烤制的烤全肉（蒙古语为"boodog"）等。

争议：烤肉让人之所以为人

关于烤肉的好是如何被发现的，人类学家总是给出一些充满偶然性的假设。例如，在不断蔓延的森林大火中，肩扛猎物的人类祖先奔跑时不慎被树枝绊倒，猎物跌进了大火中，待大火熄灭后猎人回到现场，发现被火烧过的肉类非常美味。

在此假设的基础上，结合目前能够考证的人类用火的大概时间，推断在旧石器时代锅炉诞生之前的很长一段时间内，人类都是通过将肉类直接丢入火中的方式将其烤熟的。

食物科学家凯西·格鲁夫斯（Kathy Groves）的研究表明，加热能够改变食物的结构，使其更容易被人体消化吸收。这个结论也部分佐证了如今看来仍然颇有争议的一个人类学观点：正是因为发现可以用火烤制熟肉，才让人类祖先得以吸收更多的营养，除了维持基本的脏器运作外，还有多余的部分供给大脑，逐渐进化成直立人。

认同这一观点的美国哈佛大学生物人类学教授理查德·兰厄姆（Richard Wrangham）

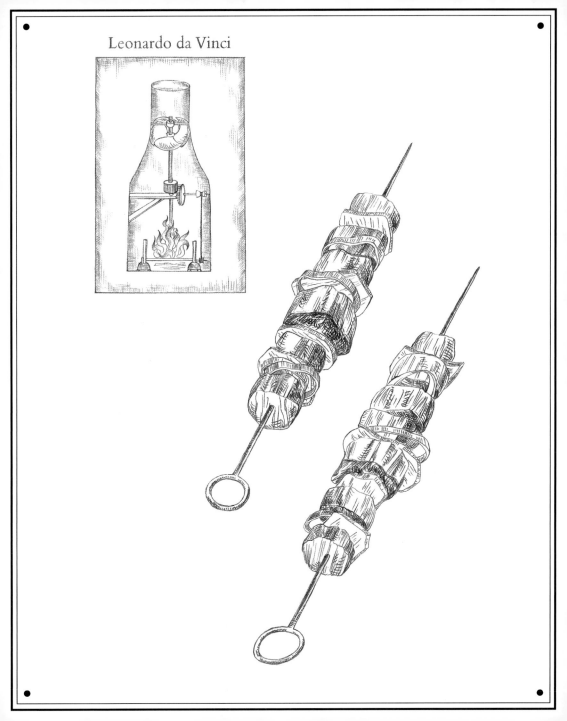

Leonardo da Vinci

同时指出，人类的饮食结构总体来说并没有什么变化，真正发生改变的是处理食物的方式。他的合作伙伴特拉维斯·皮克林（Travis Pickering）是目前南非斯瓦特克朗的首席考古学家。皮克林认为，如果能从遗址中找到人类祖先使用火种烤肉的证据，烤肉改变人类进化的观点也许就能得到证实。然而目前看来，该遗址中发掘出的150万年前人类使用火的证据可能并不确凿[1]。

考古证据的缺失令许多科学家并不认同此观点，他们坚信人类学会烹饪的技能并不能带来如此戏剧性的变革，进化的原动力在于不断适应变化中的环境需求，并且认为以色列所发现的79万年前人类用火的证据才最为确凿[2]。

2012年4月，非洲南部旺德维克洞穴又发现新证据，发表在《美国科学院院报》上的报道指出，人类最早控制和使用火的时间可以追溯到100万年前的直立人早期，这似乎又重新验证了理查德·兰厄姆教授的观点。

维吾尔族羊肉串

要问如今中国人心目中排名第一的烤肉食品，十有八九会说是羊肉串。羊肉串是典型的新疆维吾尔族的食物，大约在民族融合、贸易往来阶段传至中原地区。羊肉串的维吾尔族语为"كاۋاپ"（kawap），起源于中东地区的波斯语"ابک"（羊肉串、烤肉，kebab），最典型的处理方式是将切成四角形的肉块穿起来烤。

从考古学的角度来说，中国烤羊肉串的起源目前可追溯到3世纪的东汉时期，证据是一幅内容为"庖厨图"的汉代画像石及其后发现的汉代画像砖。1980年，"庖厨图"画像石出土自山东诸城凉台的东汉孙琮墓，石上描绘了人们烹牛宰羊、切菜烧烤的完整景象。在图的右上方一长方形烤炉前，一人手持扇面正在给烤架上的肉串扇火；右下方有两人一头一尾擒住一头羊，挥刀刺之。除此以外，还绘有切肉、接水等场景。

画像石的出土，在一定程度上证实了烤肉技法在当时的中原地区已经较为成熟。从历史来推测，这或许和西汉时期张骞出使西域、为丝绸之路奠基有关。

史料记载，公元前119年，被梁启超誉为"世界史开幕第一人"的使节张骞奉汉武帝之命二度出使西域。边境一行，虽然路途遥远，张骞却开辟了与乌孙、大宛、康居、大月氏、大夏等国家的外交活动，打通了中西贸易的第一条交通线路。饮食方式伴随着贸易往来而相互交融，除了马、金银珠宝、水果外，张骞还带回了可用于烤肉的西域调味植物，例如胡椒、胡麻等，羊肉串或许也是在这时流入汉人社会的。

达·芬奇：素食主义者曾设计了烤肉架？

列奥纳多·迪·皮耶罗·达·芬奇（Leonardo di ser Piero da Vinci）学识渊博、多才多艺，传说他不仅精通艺术人文，在建筑学、数学、生理学、植物学、天文学、气象学、地质学、物理学等领域也都颇有建树，堪称博学家。

除了伟大的画作外，他留下的包括武器、乐器、机械原理、几何等在内的多本手稿更是超乎世人的想象。值得注意的是，达·芬奇的《大西洋古抄本》手稿中收录了一张由风扇带动烤肉架的图纸，曾多次在各地展出。

据描述，达·芬奇设计的烤肉架是一个纯机械传动装置，由顶部排风口的风扇转动产生的动能带动底部烤肉棒，风扇转动越快，烤肉棒的转速也越大，从而达到调节烧烤程度的目的。

令烤肉架的发明更具话题性的是，根据达·芬奇留下的只字片语——"大自然将痛觉赋予动物作为移动时自我保护的手段，而不致损伤和毁灭，植物不会移动所以不需要痛觉，它被折断时也不会像动物那样感到疼痛"，许多人推断他本人其实是一个素食主义者。不过关于达·芬奇个人的确凿资料留存于世的少之又少，也没有他亲口承认自己是素食主义者的记录，所以很难得出结论。

1.2004年3月，南非比勒陀利亚德兰士瓦省博物馆的鲍勃·布莱恩博士和弗朗西斯·撒克里博士，以及美国马萨诸塞州威廉姆斯大学的安娜·斯肯尼博士分析了南非斯瓦特克朗洞穴中发现的150万年前被火烧过的骨头。技术显示，骨头被加热的温度通常只能在壁炉中才能获得，他们认为这是人类使用火的最古老的证据。

2.2004年4月，美国《科学》杂志公布，以色列希伯来大学教授戈伦·因巴尔和同事们在以色列北部的一处遗址（非洲和欧亚大陆交接的十字路口）进行了深入细致的发掘和分析，年代测定显示人类用火的遗迹约有79万年历史，这是在欧亚大陆发现的与人类用火相关的最古老的证据。经过对样本进行筛选后，在其中发现了一些被火烧过的植物种子、树木和燧石。戈伦·因巴尔等在论文中指出，被烧过的树木和燧石等在总样本中占据的比例不到2%，这意味着它们不是被野火烧过的，而是人为的。

1 美国普通品牌的蜂蜜，左：新鲜的。右：在室温下陈化了两年。由于氨基酸和糖之间的美拉德反应而变黑 | Zaereth (CC BY-SA 4.0)
2 新疆维吾尔族羊肉串 | Mizu Basyo (CC BY-SA 3.0、2.5、2.0、1.0)

日式照烧酱

15 分钟 | 1 人份

食材

酱油 / 15 毫升

糖 / 20 克

蜂蜜 / 3 克

味啉 / 5 毫升

水 / 10 毫升

做法

① 将水和蜂蜜加入锅中，小火煮至微微起泡。

② 将味啉、酱油、糖加入其中，搅拌均匀。

③ 待汤汁煮至浓稠后，关火即可。

④ 经照烧酱腌制过的肉类，烤制后肉香更浓，口感也更弹牙。亦可用作烤肉蘸酱食用。

数量急剧减少的神赐食物

鲑鱼 / Salmon

▌	约公元前 15000 年
起源	太平洋和大西洋
人物	芬恩·麦克库尔

鲑鱼是数种鲑科鱼的统称，通常情况下也被称为三文鱼。鲑鱼原生在太平洋和大西洋地区，但是目前因为人们对鲑鱼食用需求增大，在世界各个地方的淡水区域均有鲑鱼的养殖基地。

鲑鱼属于体型偏大的鱼类，一条鲑鱼的各个部位都能以不同的方式被食用。新捕捞上来的鲑鱼经过筛选后被分成不同的等级，送往各地进行后续处理。新鲜的鲑鱼中最鲜美的部位可以直接生食。

为了更好地保存这种美味，人们也会制作烟熏鲑鱼或鲑鱼罐头，鲑鱼卵也被制成鱼子酱，作为佐餐佳品。随着野生鲑鱼的不断减少，各地的养殖基地持续扩大，以满足人们对于美味的追求。

生命之源和智慧象征

从旧石器时代开始，人们就把鲑鱼作为一种艺术象征雕刻在洞穴之中，也是从那个时候起，我们的祖先开始以鲑鱼为食。太平洋鲑鱼有洄游的习惯，产卵时会返回到淡水的河流或小溪中，通常会是它们诞生时的同一条河流，甚至是同样的地点。此后它们又去往遥远的海洋，直到繁殖期再次回归，同时将属于海洋的营养也一起带回来。

太平洋沿岸的土著部落感恩鲑鱼的这种行为，视之为神赐予他们的食物，于是在正式捕捞鲑鱼前都会举行盛大的仪式。人们一同迎接第一次的捕获，烹饪捕捞到的鱼肉，最后将吃剩的骨头重新放归海洋，以便引诱其他鲑鱼上岸。为了表达对于鲑鱼付出生命为人们提供食物的感恩之心，许多部落禁止捕获洄游潮的第一条鱼，但是一旦证实鲑鱼已经大量洄游，就会开始大肆捕捞。

在土著人的心目中，鲑鱼象征着生命之源。几千年来，鲑鱼参与塑造了北太平洋的部落文化。人们的生活、部族间的关系、宗教信仰等都受到鲑鱼的影响。

在爱尔兰神话中，伟大的战士芬恩·麦克库尔（Fionn mac Cumhaill）少年时跟随诗人芬恩·埃斯（Finn Eces）学习，他们通过食用圣树上结出的果实知道了鲑鱼会将智慧授予吃它的人。经历了长达七年的苦苦追寻之后，芬恩抓住了鲑鱼并交给麦克库尔料理。在烹制鲑鱼的过程中，燃烧的火焰灼伤了麦克库尔的手指，他下意识地将手指放入口中止疼，智慧便在这一瞬间经由这根曾经触碰过鲑鱼的手指被授予了麦克库尔。此后麦克库尔凭借聪明的头脑

成为领袖，带领人们走向部族的联合，率领芬尼亚勇士团（Fenian）打了许多胜仗，保卫了爱尔兰，并最终成立爱尔兰共和国，鲑鱼也因此被认为是智慧和尊严的象征。

急剧减少的野生鲑鱼

正是因为土著人对于鲑鱼的尊重和有意识的保护，到了77年，古罗马学者老普林尼在书中提到鲑鱼时，还称其"数量众多"。而随着人口的激增和贸易的发展，人们开始无所顾忌地捕捞鲑鱼，鲑鱼能够带来智慧的传说甚至成为大肆捕杀的理由，对生态环境的尊重渐渐被忽视。

到了1030年前后，鲑鱼的数量明显减少，英国和苏格兰为了保护这种重要的鱼类，开始出台限制捕捞的条例，英国于1215年颁布的宪章中还有为了保证鲑鱼回归原本的栖息地而拆除堤坝的规定。得益于此，鲑鱼的数量有了暂时的回升。

中世纪开始，原本是美洲印第安人特色食物的烟熏鲑鱼，逐渐成为美国人饮食的一部分，并常常被添加在汤和沙拉中。到了19世纪，美国西海岸烟熏鲑鱼产业兴起，大量来自阿拉斯加和俄勒冈州的太平洋鲑鱼在此加工。烟熏鲑鱼渐渐成为美国饮食的一个重要组成部分，捕捞量再度上涨。

拿破仑战争之后，受到军用食品的影响，英国发明家兼商人彼得·杜兰德（Peter Durand）使用锡罐替代玻璃罐头，制造出了适合现代运输的罐头食品。到了19世纪30年代，罐头被用来在上市前保持鱼类的新鲜，并开始应用于商业化生产。1864年，休姆兄弟建立了北美第一家工业规模的鲑鱼罐头厂，随后又在哥伦比亚河附近建立起更多的工厂，通过引入更廉价的劳动力，将鲑鱼罐头扩展成了当地的主要产业。

除了鱼肉外，鲑鱼的鱼卵制成的鱼子酱颗粒饱满，颜色是非常诱人的橙红色，一度成为奢华和财富的象征。19世纪以来，制冰技术的不断发展使鱼子酱在欧洲各地非常流行，鲟鱼数量骤减，因此鲑鱼鱼子酱作为价格更适宜的代替品成为人们饮食中的常客。

正因为人们对鲑鱼的食用需求不断增加，野生鲑鱼的商业捕捞逐渐失控，在禁渔期私下捕捞的情况不断出现。野生鲑鱼在过度捕捞和环境污染的双重破坏下濒临灭绝。鲑鱼价格的上涨终于令人们意识到保护野生鲑鱼的重要性，商人们也抓住商机，开始进行人工养殖。现在为了保障野生鲑鱼的数量，养殖鲑鱼已经成为美国和欧洲大部分地区食用鲑鱼的来源。

ROYAL CHINOOK SALMON — OREGON'S FINEST FOOD FISH

1 一条鲑鱼的各个部位都能以不同的方式被食用 | UBC Library Digitization Centre
2 人们开发出了各种方式来捕捞鲑鱼 | UBC Library Digitization Centre
3 鲑鱼属于体形偏大的鱼类。照片现存于华盛顿大学
4 美国俄勒冈州罐头厂中堆叠的鲑鱼罐头 | OSU Special Collections & Archives : Commons

RECIPE 食谱

照烧鲑鱼
5 分钟 | 2 人份

食材
鲑鱼 / 200 克
照烧汁 / 适量
橄榄油 / 适量
姜 / 适量
蒜 / 适量
葱 / 适量

做法
① 将鲑鱼切成 2 厘米左右的厚段，姜、蒜压成泥，葱切成葱花。
② 锅里放入少许橄榄油，油热后将鲑鱼段煎至一面金黄，翻面后再煎片刻。
③ 倒入部分照烧汁，同时加入姜蒜泥，让鲑鱼段在汁液里煎煮几分钟。
④ 将煎好的鲑鱼段盛出，浇上剩余的照烧汁，撒上葱花即可。

美食留白
大米 / Rice

	约公元前 13500 年
起源	中国
人物	村嶋孟

大米取于稻谷，目前是世界产量第二的粮食，仅次于小麦，被全球超过 20 亿人当作主食。尤其对于整个亚洲的饮食结构来说，大米就好像是水之于鱼、空气之于人。中国的菜市场内几乎都有粮油店，以大米的种类最为丰富、储备量最多，按口感和产地的不同划分出各种价位。其中，籼米、粳米是目前最基本的两种[1]。

对于稻的人工栽培技术发源于何处的问题，科学界一直争论不休，其中悬而未决的问题包括：亚洲水稻和非洲水稻间存在着怎样的进化关系，亚洲水稻起源于哪里等。目前科学家就进化问题似乎已经达成一种共识，认为非洲、亚洲水稻的进化过程是平行的。

而发源地问题则更复杂，有科学家分析过稻谷的基因序列，发现中国在 13 500～8 200 年前已对野生水稻进行驯化。印度、韩国也发布过关于水稻起源的考古学研究，但都因为证据不足或新研究结果的出现而被推翻。2012 年，英国著名学术期刊《自然》发布了关于水稻的基因研究，结果表明水稻种植源于中国珠江一带，由东亚向东南亚、南亚方向传播。

中国的花式吃米
稻需要脱壳才能得到大米，这个在高度工业化的现代社会可以用机械直接解决的步骤，在古时则需要借助石器来完成，其过程被称为"春米"。据考古证据显示，距今约 7 000～5 000 年前的仰韶文化时期人们就已经掌握了春米的技术。

《诗经·大雅·生民》中有记载"诞我祀如何？或春或揄，或簸或蹂"，描绘了古时祭祀先祖的场景：有人春谷，有人从臼中舀米；一部分人在扬米去糠，一部分人则用手搓掉剩余的谷皮。春米的工艺和过程都很简单，但非常耗费人力。后来根据桓谭《新论》中的记载，人们又发明了利用杠杆原理的碓床，能够实现"因延力借身重以践碓，而利十倍"。

除了做粥饭外，米还能做出各式各样的主食与糕点，例如米粉、米线、米糕等，其中米粉还可分为线状的和糊状的。糊状米粉最早出现在周朝，是一种先将谷物煮熟，然后捣成粉状的干粮，被称为"糗"。根据文献记载，这种冲泡后食用的米粉糊一般被用来作为速食以

---

1. 大米主要分为籼米、粳米、糯米、糙米、蒸谷米等。

垫饥。到了汉朝时期，人们又将粉状谷物整成形，制成类似蒸糕的"饵"或"糍"。

糊状米粉在制作过程中保留了稻米原有的物理性质，使其在长期贮藏或携带上并不具备优势，因此到了南北朝时期，人们又研制出线状米粉，进一步扩展了米的食用方式。

日本村嶋孟的一碗白米饭

"这个国家（日本）把稻米视作具有神秘力量的作物，其意义不仅是主食，还是接近于民族灵魂的某种东西。"

——《我爱大米》斯瑞·欧文 (Sri Owen)

目前日本有超过 400 种大米，其所产大米一向以口感佳著称。像超人气美食影视剧《深夜食堂》中的梅子茶泡饭、电影《海鸥食堂》中的日式饭团等，虽做法简单，但主次突出，米饭是当之无愧的主角。

日本米为淀粉含量较少的粳稻，外观短圆、透明，虽然一年只能成熟一次，但通过人工培育过程中不断进行的品种改良，在口感上达到了一种极致，介于糯米与籼米之间，黏糯且回弹。

在米饭料理中，日本人最爱的是鱼饭，而在世界范围内最受喜爱的则是寿司。

除了和米饭有关的料理外，日本还有一位专注于煮饭的料理人。他为践行"凉了也很好吃的白米饭才称得上最好的米饭"的理念，从业 50 年间始终坚守在煮饭灶和铁锅前，专注于煮出好吃的白米饭。

他就是村嶋孟，年轻时历经战火，一度沦落至捡面包配杂草充饥的地步。对他而言，能吃到一碗热腾腾的白饭就是人生一大幸事，这也是他会对米饭情有独钟的原因。

至今，村嶋孟仍坚持沿用选米、搓米、泡米、煮米的古法。据看过他煮饭的媒体记者报道，村嶋孟会不时掀开锅盖、翻捞大米，灶台上还摆着计时器，提醒他每隔几十秒就要旋转一次锅盖。透过透明的锅盖可以看到，村嶋孟煮的大米会在锅里"跳舞""翻滚"，"直至安静"。

全球粮食危机

不少长辈在教育孩子不要浪费粮食、珍惜盘中餐的时候，常常会拿出一种特别的收藏：粮票。粮票是我国 20 世纪 50 年代为解决物资匮乏、粮食难以敞开供应的问题而发放的一种粮食购买凭证，直到 1993 年告别粮票，时至今日不过 20 余年的时间。所以，虽然出生在 20 世纪 80 年代以后发展中国家、发达国家的人们已大多无法理解大米的珍贵，但粮食危机的威胁始终没有真正散去，在经济欠发达地区，至今还有大量人口长期承受着饥饿的折磨。

联合国粮农组织曾在 1974—1996 年，前后三次定义"粮食安全"的概念，即所有人在任何时间都能获得充足的粮食供应。这就是说，如果全球人口不断增长，而粮食产量却不断减少，就会导致粮食缺口增大，从而形成"粮食危机"。

有一组数据可以表明，目前人类仍然持续经历着"全球粮食危机"[1]。2008 年，世界粮食储备从 2007 年可供应人类 169 天直接下降至 53 天，全球谷物出口价格经历了暴涨，大批国家立即调整粮食政策以应对此次危机。到了 2014 年，联合国粮农组织发布数据显示，全球饥饿人口虽然在过去 10 年间已经减少了 1 亿、20 年间减少了 2.09 亿，但仍高达 8.05 亿。而 2017 年联合国最新报告则显示，在不稳定的地区形势、厄尔尼诺现象带来的气候变化等影响下，呈持续下降趋势的全球饥饿人口数量重新出现增长，至 2016 年有 8.15 亿，比 2015 年增长 3 800 万，并且有短期内爆发式增长的潜在危险。

这无疑为人类敲响了警钟，粮食安全和粮食危机的问题始终是悬在全球人类头上的一把利剑。

---

1. 指近 40 年来，由于全球性的粮食短缺、产量锐减、价格涨幅过快等原因所造成的粮食恐慌与危机。

1 1804 年约翰·巴罗（John Barrow）在一本中国游记中绘制的碾米机。他在中国完成了从北京到广州的旅行，游记中记录了他的观察、感受等内容
2 描绘舂米过程的砖块浮雕，1955 年出土于中国四川省彭山 | BabelStone (CC BY-SA 3.0)
3 舂米的女陶俑，南北朝时期 | Zossolino (CC BY-SA 4.0)

金枪鱼芝士饭团

15 分钟 | 1 人份

食材

米饭 / 100 克

马苏里拉芝士碎 / 5 克

新鲜金枪鱼刺身 / 20 克

鸡蛋 / 1 个

海苔 / 40 克

做法

① 将鸡蛋洗净入水煮熟，剥壳、捣碎，加入马苏里拉芝士碎搅拌。

② 放入切成小块的新鲜金枪鱼刺身，用手稍微搅拌。

③ 取适量的米饭团成饼状，将金枪鱼搅拌物放于其上，再取适量的米饭将其完全盖上，制成饭团。最后用海苔包上即可食用。

从铺张奢靡走向精致适宜

宴会食物 / Banquet food

	公元前 9000 年
起源	世界各地
人物	韩熙载

虽然举办宴会可能出于公益慈善、节日庆典抑或商业仪式等不同目的，但相同的是，人们或多或少会在宴会中寒暄客套一番。觥筹交错间，打扮精致的男女纷纷含笑致意，尽情享受美酒与佳肴的同时还能兼顾人际交往。可以说，宴会已经成为现代人社交的一部分。

宴会的场所主要取决于宴会的性质和主办方的意愿，可以是封闭的宴会厅，也可以是露天的花园。宴会的用餐方式有分餐制、合餐制等，其中以目前流行的自助式最为方便直接。宴会食品从最初强调食材的珍贵逐渐走向膳食平衡，越发注重特色以及和主题的契合性。

宴会的形式主要从原始氏族部落的祭祀和庆典中演变而来。在农业出现之前，人类以狩猎为生，这种获取食物的方式使得古人对于大自然怀有极大的敬畏之心。他们赋予自然以神灵的形象，并在季节变化的时候举行各种祭祀、典礼仪式，用最好的食物作为贡品，感恩天神的赐予。除了作为祭品的食物，其他收获的食物则会被参与仪式的人们分享，这就是最初的宴会食品。

农业出现以后，季节的变换与农耕之间的密切关系使人们在播种和收获之时都会举行宴会来表达心情。频繁举办宴会逐渐成为一种固定的习俗和财物分配的方式。为了保证财物共有，需要将制作好的食物根据到场人数进行分配，每人一份。

随着农业和社会的不断发展，逐渐产生了阶级分化。当普通百姓还在为了果腹而苦苦挣扎时，上层阶级的人已经开始讲究用餐礼仪，于是出现了分桌而食的分餐制。在中国的西周时期，礼乐制度的发展令宴会开始对不同阶级进行区分，并且据此对食物做出详细而具体的要求。例如，宴席中以整鸡、整鱼为主要菜品，在保证主菜的前提下，不同身份的同席者能够享用到的其他菜品是不一样的，须达到"天子九鼎，诸侯七，卿大夫五，元士三也"的规格。

在南唐时期顾闳中绘制的《韩熙载夜宴图》中，详细描绘了宰相韩熙载在自己的府邸举办宴会时的奢靡场景。作为北人，韩熙载不甘于侍奉南主，便夜夜宴请同道中人，以酒肉招待，作乐至夜深才散去。宴会中，主客分桌而食，菜品主要以肉类为主，酒才是宴会的中心。

"宴""饮"不分离

同样，在古代欧洲，奢靡的宴会不只局限于皇室贵族，也受到拥有大量财富的商人的欢迎，他们通过这种方式拉近和贵族之间的阶级差距。到了中世纪时期，举行宴会的习惯发展到了巅峰，每逢重要节日，人们就会举行盛大的宴会，珍贵的食材被视作财富和地位的象征。

由于啤酒是以足够的粮食储备为基础的享受，而品质上乘的啤酒又是一定酿造技术的产物，因而成为宴会里的重要组成部分。为了搭配啤酒，各类肉食必不可少，于是当时的宴会多大碗喝酒、大块吃肉，人们以饮用啤酒代替水，解除口渴的同时也能在酒精的刺激下推动宴会的气氛。

葡萄酒出现后，因其发酵工艺注重环境的清洁性，常被作为祭祀用的圣酒。在胡安·德·华内斯（Juan de Juanes）绘制的《最后的晚餐》中，耶稣和他的门徒饮用的就是葡萄酒。基督徒们常常模仿圣餐，便也以葡萄酒作为宴会饮品，葡萄酒逐渐取代啤酒受到贵族们的青睐。随着饮品上的变化，人们对宴会食物也有了更高的要求，从单纯的肉食为主，转为注重精致的搭配。出现在宴会上的肉类开始采用更考究的烹调方式，被切分成易食用的小块，并在摆盘上更加讲究色彩搭配和装饰。

为了满足人们对宴会不断提高的要求，宴会的餐品通常不是快速连续地供应，而是照顾到人们食用的速度，采用前菜、主菜和甜点的上菜顺序。玻璃杯中微微摇曳的葡萄酒，精致的餐具盛着优雅细致的餐点，至今仍是宴会的主流。

社交和国际交往

宴会上的食品耗费量大，美酒也不可或缺，为了有更好的用餐氛围，还需要有专门的乐队奏乐。因此举办一场宴会，所要动用的人力、物力极大，可谓财富和地位的综合象征。

为了慰劳臣民或者庆祝节日，古代帝王也常召集臣子和其亲属于宫殿举行宴会。宴会上帝王有单独的餐桌，臣属们多围坐而食。两者菜品基本一致，以制作繁复的宫廷料理为主，用料靡费且精致讲究。另外还有君王专属的料理，通常会被赐予受到青睐的臣子，以示恩典。

国家之间的使臣往来也会有宴请，宴会菜品既要体现本国特色风味，也要照顾来访使臣的口味。若是两国关系紧张，那么为了彰显国家实力，还要在宴会食物中为使臣制造难题，可谓一场没有硝烟的战争。因此国宴食物大有讲究，是国际交往态度的重要体现。

1 胡安·德·华内斯（Juan de Juanes）绘制的《最后的晚餐》| 西班牙普拉多博物馆（Museo Nacional del Prado）
2 在户外进行的自助式宴会 | Andrea Egger
3 使用精致的餐具享受优雅细致的餐点，至今仍是宴会的主流 | PhotoMIX-Company

青柠莫吉托

5 分钟 | 1 人份

食材

白朗姆酒 / 60 毫升

青柠 / 1/2 个

莫林莫西多薄荷糖浆 / 20 毫升

苏打水 / 150 毫升

薄荷叶 / 适量

白砂糖 / 1 汤匙

冰块 / 1/2 杯

做法

① 把青柠切成尖角状，留下一片青柠角，其他放入杯中。

② 用搅拌棒稍挤压青柠角，出汁后加入白砂糖一同混合。

③ 倒入莫林莫西多薄荷糖浆和白朗姆酒，搅拌均匀。

④ 将冰块稍稍捣碎后加入，然后在杯中倒入苏打水，简单混合。

⑤ 放入洗净的薄荷叶和一片青柠角进行装饰即可，冰化前饮用较佳。

Tips： 无酒精版可用苏打水替代白朗姆酒。

草木烟火与时间的魔法

熏肉 / Smoked meat

	约 1 万年前
起源	欧洲地区
人物	苏斯曼·沃尔克

熏肉，是以鱼、肉为原料，经过木材燃烧产生的烟熏制而成的一种食物。由于烟雾中含有特殊的化学物质，能使富含蛋白质的肉类不易变质，便于在室温下储存，还能为食物增加一些特别的风味。熏肉肥瘦相间，皮烂肉嫩，有特殊香气，但由于在熏制过程中会吸收烟中的部分致癌物质，因此不宜多食。

熏肉有着悠久的食用历史，起源可以追溯到约 1 万年前，鱼类是第一种用于熏制的食材。据推测，早期的原始穴居人在风干鱼类时，会将鱼挂起来以避开有害生物。在一次偶然的巧合中，他们发现存放在烟熏地区的鱼肉比普通风干的鱼肉保存得更好，且肉质更鲜美，于是这种做法逐渐推广开来。根据相关考古资料记载，新石器时代的人们已经开始有意地熏制鱼肉。

从民房到工厂

在现在的波兰比斯库平湖附近，考古学家发现了可以追溯到 9 世纪的专门用于制作熏鱼的土坑和工具，表明当时的波兰人已经开始大批量熏制鱼肉。

中世纪的欧洲，食用熏肉已相当普遍。由于大部分被屠宰后的动物都要经过烟熏以便于保存，为了避免火灾的发生，许多小农场开设了专门的烟熏室来进行肉类的熏制和储藏。一般的人家则通过悬挂于火炉边、利用灰尘盖在余烬上产生的烟雾等方式熏制鱼肉或野味。14世纪的英国，由于捕捞业快速发展，小型烟熏房难以满足需求，于是出现了世界上第一个专门用于熏鱼的工业型烟熏房。

此时，世界上其他地区也相继出现了烟熏房。在北美，熏鱼也是常见食物，这是因为当时的美国人尚不懂得如何利用盐来使食物防腐，只能依靠烟熏法保存鱼肉。

中世纪后期，由于肉类食用过多会造成某些疾病，为了人们的健康着想，欧洲教会规定在一年中的特定日子需要斋戒，除了鱼以外的肉类都不能食用，很多修道院甚至一整年都处于斋戒期，使得人们对鱼的需求量猛增。为满足人们的需求，海边城镇的渔民们将大量鲑鱼

和鲱鱼腌制并烟熏后运往内陆地区。

19 世纪早期，人们开始食用农场提供的猪肉。由于冬季难以捕获猎物，为了储备过冬的食物，农民会在秋季提前将猪屠宰并熏制。

到了 19 世纪下半叶，由于欧洲地区的民族迫害加剧，大量犹太人纷纷从东欧迁居到美国、加拿大，同时也将熏肉的习俗一起带到当地，根据当地口味和信仰改良后制作出的熏牛肉备受欢迎。在加拿大蒙特利尔市，熏牛肉甚至成为该城市美食的象征。

苏斯曼·沃尔克：熏牛肉三明治第一人

苏斯曼·沃尔克是一个犹太人，于 1887 年从立陶宛移居到美国纽约。他的一位罗马尼亚的朋友在回国期间将行李存放于他的家里，作为回报，将熏牛肉的做法教给了他。根据苏斯曼后人的说法，苏斯曼按照这一方法制作了熏牛肉，夹在三明治中于自家的屠宰店售卖，这种新奇的熏肉吃法大受欢迎。于是苏斯曼索性改行开了一家专卖熏牛肉三明治的餐厅。不到 10 年时间，这种食物便传遍了美国各地。

20 世纪 30 年代，大批犹太人离开纽约，定居加拿大，熏牛肉三明治又被带到加拿大发扬光大，甚至成了国民食物，蒙特利尔著名作家莫德凯·里奇勒（Mordecai Richler）将其称为"令人为之疯狂的催情药"。

蒙特利尔最出名的一家熏牛肉三明治餐馆叫作施瓦茨（Schuartz's），由罗马尼亚籍犹太人鲁本·施瓦茨（Rubén Schwartz）创立于 1928 年。施瓦茨选用肉质细腻的牛肉，以特制香料腌制 10 天后熏烤，搭配裸麦面包与芥末酱，做成了特色熏牛肉三明治。这种熏牛肉三明治主要以胡椒等香料调味，比美国的五香熏牛肉三明治少加了些许食糖，风格自成一派，曾被美食杂志评为"北美最美味的熏牛肉三明治"。近年来，施瓦茨为了照顾亚洲游客的口味还特别增加了熏鸡、熏鸭等新品种。

烟熏是过去保存食物的一种手段，最初只是为了延长肉的保质期。随着冷藏技术的发展，如今的人们可以很方便地吃到新鲜食物，加上近年来有科学研究表明熏制的肉类中含有某些致癌成分，因此，需要耗费大量时间与精力的熏肉制品，已远远比不上过去受欢迎。

如今，人们使用烟熏的制法更多的是为食物提味。在西方世界发展起来的庞大的熏肉制法体系中，尤以青松树枝带来的清爽味道最受欢迎。据说在美国这种崇尚快餐文化的美食荒漠中，对于熏肉的制作也有过为找到一棵完美的松树而疯狂的执着之心。所以无论熏肉与健康之间存在着怎样令人矛盾的关系，熏制带来的独特口感，仍使得熏肉成为世界饮食文化中不可或缺的一部分。

1

1 施瓦茨是蒙特利尔最出名的熏肉三明治餐馆 | chensiyuan (CC BY-SA 4.0、3.0、2.5、2.0、1.0)
2 美国得克萨斯州的各式传统熏肉 | Glencliff Media (CC BY-SA 4.0)
3 16 世纪用来悬挂火腿的"荷兰王冠",现存于比利时美食博物馆（Gourmet museum of Hermalle-sous-Huy near Liège, Belgium）| Égoïté (CC BY-SA 3.0、2.5、2.0、1.0)

RECIPE 食谱

熏牛肉三明治
10 分钟 | 2 人份

食材
熏牛肉 / 8 片
裸麦面包 / 4 片
芥末酱 / 适量

做法
① 将熏牛肉切片备用。
② 取一片裸麦面包,放入熏牛肉片,抹上适量的芥末酱,盖上另一片面包后制成三明治。
③ 将三明治切成两半即可。

Tips: 可根据个人口味选择添加奶酪。

大自然恩赐的别样甜蜜

蜂蜜 / Honey

	公元前 4500 年
起源	地中海沿岸
人物	古罗马人、古希腊人、古埃及人

1913 年，美国历史学家在埃及金字塔进行考古作业时发现了一瓶蜂蜜。这瓶蜂蜜距今已经 3 000 多年，却令人惊异地保持着原有的状态，既没有结块，也没有腐坏，甚至还可以食用。

蜂蜜的保质期长得惊人，而它的食用历史则更是久到令人咂舌。

调味世界里的一束光

中石器时代西班牙的岩画中描绘了当时的人登梯子、砸蜂巢、取蜂蜜的场景，由此推测人类大约在 1 万年前就开始采集蜂蜜了。

在几千年前，调料是人类社会中的稀缺品，现在的麻、辣在当时都是不存在的味道，人们最常接触到的除了盐就是蜂蜜。曾经某些植物的果实是人类唯一能够接触到的甜，并且天然果实中的糖分大多不会超过 50%，因而可将糖分浓缩至高达 80% 左右的蜂蜜就像一束光，照亮了人类贫瘠寡淡的味觉世界。

古希腊哲学家、诗人欧里庇得斯曾留下"仿佛沉溺在金黄的蜂蜜中"的诗句，而古希腊流传下来的食谱中，也有许多如著名的起司蛋糕和蜂蜜蛋糕等以蜂蜜为主要原料制成的甜点。古罗马人对蜂蜜的食用则更为广泛，甚至一度带动了罗马帝国的养蜂业。

第一个掏出蜂蜜的人

人们常用"第一个吃螃蟹的人"来形容一个人很勇敢，但其实第一个从蜂巢里掏出蜂蜜的人才真正算得上勇气可嘉。为了对抗动辄蜇人的蜜蜂，还处于游猎时代的人们从岩穴、树洞等地方寻找天然蜂巢，点一把火烧死成蜂并捣毁蜂巢，由此得到蜜蜡。

聪明的人类很快意识到这种方式不可持续发展，于是收敛了野蛮的天性，将火烧改为烟熏，由砸毁变成开洞取蜜，如此这般，便可以从同一个地方反复得到蜂蜜。但人类仍然不会就此止步，岩穴和树洞这些地方都太偏僻，能不能把蜜蜂养在住地附近呢？埃及人率先想出了驯养蜜蜂的办法，用干枯的圆木或者树干仿制野生蜂巢来吸引蜜蜂居住。当然，这种方法

所采的蜂蜜产量并不算高。

在 4 500 年前开罗的太阳神庙附近，出现了最早的一批养蜂人，产得的蜂蜜被进献给皇室食用和祭祀。在约旦河谷，一个叫泰尔·拉霍夫（Tel Rehov）的城市，出土了至少 180 个距今 3 000 多年的蜂巢及能大批量产出蜂蜜的工具。考古学家认为这是迄今为止发现的最古老的蜂巢，其一端由盖子密封，另一端留有可供蜜蜂出入的小孔。据推算，在此规模下每个蜂巢每年可产蜜约 5 公斤。

养蜂技术的发展使蜂蜜在人类社会中出现得越来越频繁，蜂蜜也从地中海沿岸开始向南北出发，出现在欧洲人和非洲人的餐桌上。

古罗马人对蜂蜜甜美醇厚味道的沉迷，还不仅仅局限于在厨房中将其食用价值发挥到极致，更为蜂蜜在酿酒领域的应用奠定了基础。如今，纯蜂蜜酒虽然由于含糖量高、保质期短等原因在市场上已经难觅踪影，但是很多以蜂蜜为原料酿造的酒依然活跃在人们的酒桌上。比如著名的杜林标（Drambuie）甜酒，就是以陈年麦芽威士忌做基底，加入苏格兰石楠蜂蜜、药草和香料后酿成的，混合植物的香气和蜂蜜的甘甜，令人回味悠长。

另外，在如今的市场上，蜂蜜啤酒也越来越受到人们的欢迎。蜂蜜为酵母菌的繁殖和发酵提供了充足的养料，而其与普通方法酿造的啤酒相比，无论是酒精度还是甜度都更高，并且啤酒花的苦味被蜂蜜的甜味很好地遮盖后，接受人群也更广泛。

上帝与蜂蜜

蜂蜜是调味品世界中的一束光，沐浴着其光亮的还有神圣的宗教世界。

古埃及人相信蜜蜂来自太阳神的眼泪，当太阳神落下泪水时，就会有一只蜜蜂出现，传递来自天堂的消息。正是出于这样的信念，在养蜂人中一直存在着一个不成文的传统，即每当有诸如新生、死亡、婚姻等重大事件发生或养蜂人要去往远方时，都必须告诉蜜蜂，否则，等他们回来时蜂巢会不复昔日。同时，蜂蜜也是非常重要的祭祀品。

蜂蜜还与埃及人的生老病死息息相关。由于古埃及人相信甜的东西能够带来力量，因此在新人成婚和孕妇生产时，蜂蜜都是必不可少的食物，既象征着爱情的甜蜜，也预示着新生命的到来。而在人们去世后，蜂箱、蜜蜂以及蜂蜜都是珍贵的陪葬品。

在古希腊、古罗马时代，蜂蜜因其甜蜜的口味、带来的满足感以及神秘的源头，被视为上天的恩赐和一种美好的象征。古希腊人会在祭祀时向诸神和死者进献蜂蜜。至今坊间还流传着一种说法，爱神丘比特在向情侣射箭前，会在箭尖抹上一些蜜，以祝福情侣甜蜜恩爱、白头偕老。

另外，在基督徒的心目中，蜂蜜也和上帝有着千丝万缕的联系，《圣经·旧约》中就有许多段落以蜂蜜来赞美"应许之地"。相传上帝赐予以色列精制面粉、橄榄油和蜂蜜，证明以色列是深受恩泽的"奶与蜜之地"。而古罗马人则将蜜蜂视为上帝的仆役和信使，当他们看到成群的蜜蜂飞来时，会因相信这是在为上帝送信而主动避让。

1

2

1 古埃及第十八王朝（前 1575—前 1308）的一块陶瓷蜂蜜罐碎片 | 美国大都会艺术博物馆
2 古埃及蜜蜂的象形文字 | Keith Schengili-Roberts (CC BY-SA 3.0、2.5、2.0、1.0)
3 古埃及第十八王朝贵族及官员雷克米尔（Rekhmire）墓中的壁画，展示了古埃及养蜂人取蜂蜜的场景 | 美国大都会艺术博物馆
4 出土于土耳其武尔奇（Vulci）的双耳瓶，展示了古埃及人被洞穴中的蜜蜂蜇伤的情景，现存于大英博物馆（British Museum）| Internet Archive Book Images
5 杜林标（Drambuie）甜酒 | Drambuieliqueur (CC BY-SA 3.0)

RECIPE 食谱

蜂蜜蛋糕

1 小时 20 分钟 | 4 人份

食材

鸡蛋 / 300 克

细砂糖 / 100 克

盐 / 4 克

蜂蜜 / 60 克

低筋面粉 / 200 克

牛奶 / 54 毫升

做法

① 低筋面粉过筛备用。

② 将鸡蛋、细砂糖、盐一起放入盆内打至湿性发泡。

③ 将蜂蜜、牛奶加入拌匀。

④ 拌入过筛后的低筋面粉，切拌均匀。

⑤ 将面糊倒入蛋糕模具中，在桌子上震几下，以消除较大的气泡。

⑥ 放入预热至 170°C 的烤箱中层，烘烤 50 分钟左右，至表面金黄，用牙签插入内部可干爽抽出即可。

"一夜爆红"的古老食物

牛油果 / Avocado

	约 1 万年前
起源	墨西哥地区
人物	马丁·费尔南德斯·德·恩西索
	汉斯·斯隆

在观看 2017 年"超级碗"（Super Bowl）时，美国人消耗了 5 000 多万公斤牛油果。这种果肉味淡微香、有奶油般滑腻口感的水果，被称为"森林黄油""植物奶酪"，在健康生活方式日益兴盛的今天，成为风靡全球的"网红"食物，甚至成为超级名模营养食谱的标配。

而在此之前，它曾在人们的排斥和误解中沉寂了长达万年。

名字的故事

牛油果是原产于中美洲地区的热带植物。化石研究表明，可能在上百万年前就有类似的植物存在。有研究者认为，它最初是猛犸象等大型远古生物的食物。而现存的证据显示，如今我们所食用的牛油果在大约 1 万年前出现于墨西哥普埃布拉（Puebla）州。它的名字牛油果（avocado），也来源于墨西哥先民使用的阿兹特克语。大约 5 000 年前，印加人、奥尔梅克人和玛雅人等中美洲部落的人开始种植并食用驯化的牛油果。

欧洲最早有关牛油果的记载来自西班牙探险者马丁·费尔南德斯·德·恩西索（Martín Fernández de Enciso, 1470—1528），他在 1519 年的报道中记录了牛油果在哥伦比亚圣玛尔塔地区广泛种植的情况。"avocado"这个英语单词的第一个书面记录者是 17 世纪英国博物学家汉斯·斯隆（Hans Sloane, 1660—1753），他在 1696 年的牙买加植物目录中将其收入。但在接下来的两个世纪里，真正流传下来并广为使用的名字却是牛油果的另一个名称"鳄梨"（alligator pear）。的确，对于这种果实呈梨形、外皮棕黑多褶、形似鳄鱼皮的水果来说，"鳄梨"显然更为直接易懂。

在殖民时代，西班牙人对牛油果这种新奇物种产生了兴趣，并将它引入气候温暖潮湿、适宜栽培的地方。1750 年，牛油果被引进印度尼西亚，1809 年又进入巴西，19 世纪末到达南非和澳大利亚，足迹逐渐遍布全球一切适宜它生存的土壤。

直到 20 世纪初，牛油果才开始成为商业作物，但这种不甜也不多汁、售价还十分高昂的水果仍然不被大多数人所接受。在美国，除了加利福尼亚、佛罗里达和夏威夷等当时已经

种植牛油果的地区外，其他地方的人对其均避之不及。美国加州的种植者一度认为是"鳄梨"之名导致了这种境况，便将其重新更名为"牛油果"，还成立了加州牛油果协会。可惜的是，新名字并未为其拉动销量，反倒让人们对此更加迷惑和陌生。

"网红"时代与反脂肪运动

20世纪50年代，牛油果的命运迎来了转机，这要归功于加州种植者们的一系列营销动作，以及一种新型食物——沙拉的兴起。60年代，加州出现了一批牛油果商业广告，将其定位成高端的沙拉搭配食材，吸引了一部分上层人群的消费。

然而好景不长，到了20世纪80年代，牛油果成为日益兴盛的反脂肪运动的受害者。当时营养学家们纷纷呼吁减少脂肪摄入，媒体也大肆报道饮食中的脂肪导致心脏病和肥胖症等新闻，于是脂肪含量高达15%、热量是一般水果3倍以上的牛油果成为众矢之的。

危机面前，种植者们立刻展开"反击"，他们特意请来专业人士向人们展示牛油果在营养上的价值。研究表明，这种水果虽然含有脂肪，但与快餐、垃圾食品中的脂肪不一样，更接近橄榄油中的单不饱和脂肪酸。同时，牛油果还含有几乎不会在水果中出现的蛋白质，为其成为肉食替代品提供了可能性。此外，牛油果中的膳食纤维和钾元素的含量都比其他常见植物要丰富。如此这般，总算打消了人们对牛油果在健康层面的顾虑。

不过真正让牛油果登上"世界第四大热带水果"宝座的，还是美国一年一度的橄榄球冠军赛"超级碗"。这个有"美国春晚"之称、多年来稳居全美电视收视率榜首的节目本身就拥有上亿名忠实粉丝，对种植商来说无疑是一个巨大的市场。希尔顿公司前高级副总裁邦尼·古德曼（Bonnie Goodman）从20世纪80年代末至90年代初开始为牛油果宣传。1992年，古德曼的团队将牛油果深度植入"超级碗"的广告中，甚至将其加入了知名运动员的食谱，比如当时费城老鹰队的食谱中就有四个关于牛油果。"名人效应"的宣传力度是巨大的，到2002年，"超级碗"期间美国人消耗的牛油果近600万公斤，与鸡翅和比萨等传统赛事食物并驾齐驱。

《北美自由贸易协定》签署后，美国的墨西哥牛油果进口量直线上升。1995年，墨西哥牛油果种植协会高价聘请公关公司，在美国策划了一场轰动的"为

牛油果先生寻找妻子"的活动，向美国的家庭主妇们推销这种食材。在经营者的努力下，几经沉浮的牛油果终于扬眉吐气，成为美国乃至世界家喻户晓的食物。

近几年来，地中海饮食、素食主义等健康生活方式的热潮进一步加大了全世界对牛油果的需求，新奇的牛油果食谱层出不穷。21世纪初，牛油果吐司——将牛油果捣碎后以柠檬汁、盐等调味，铺在烤面包片上，加一个煎蛋或一些番茄的料理，在欧美国家的网络上一度成为热门话题。如今，在Instagram等社交媒体和图片分享网站上，牛油果的身影几乎随处可见。这种古老的超级食物经过上万年的沉寂，终于在"网红经济"的时代加入世界消费主义的狂欢之中。

1

1 牛油果，出自艾伦·金特烟草品牌的"水果"系列（1891）| 美国大都会艺术博物馆

2 成熟的牛油果外皮呈棕黑色且多褶皱，形似鳄鱼皮而得名"鳄梨"。图中展示了几种主要的牛油果品种：① 瓦格纳（Wagner）；② 查普洛（Chappelow）；③ 哈曼（Harman）；④ 甘特（Ganter）；⑤ 诺思拉普（Northrup）

3 加州牛油果协会年度报告（1916）| Internet Archive Book Images

4 1916 年，加州牛油果协会在其年度报告的印刷品中，对牛油果的介绍：一种典型的墨西哥水果

RECIPE 食谱

牛油果吐司

10 分钟 | 1 人份

食材

吐司 / 1 片

牛油果（去皮去核） / 半个

切片番茄 / 2 片

洋葱 / 1 片

黑橄榄 / 少许

黑胡椒粉 / 少许

欧芹 / 少许

海盐 / 适量

做法

① 烤制吐司，将新鲜牛油果捣成泥，均匀涂抹在吐司上。

② 将切片番茄、黑橄榄和洋葱切丁，铺在涂抹了牛油果泥的吐司上。

③ 根据个人口味撒上海盐和黑胡椒粉调味，再用一些欧芹装饰即可。

开启现代农业的传奇作物

马铃薯 / Potato

	公元前 8000—前 5000 年
起源	秘鲁与玻利维亚交界地区
人物	佩德罗·谢萨·德·莱昂
	安托万·奥古斯丁·帕门蒂埃
	路德·伯班克

如今，走进任何一个国家的菜市场，几乎都能看到沙黄色、外表粗糙如月球表面的马铃薯。这种我们再熟悉不过的食材，却被联合国列为继小麦、水稻和玉米之后的"世界第四大粮食作物"[1]。

能担此殊荣，不仅由于其耐寒耐旱的生命力，更因为它有丰富而完整的营养。被法国人称为"地下苹果"、被俄罗斯人誉为"第二面包"的马铃薯的可食用块茎部分富含淀粉、蛋白质、矿物质、维生素和膳食纤维等，涵盖了人体所需的各类营养成分。

在历史上多个地区，马铃薯都一度成为该地重要的甚至是第一位的主食。从古老的印加帝国，到如今以大农场生产方式为主的北美，它始终在世界历史进程中占据不可忽视的地位，见证了现代工农业的诞生与发展。

短暂而灿烂的印加文明

上万年前，南美洲安第斯山脉一带就生长着野生的马铃薯。公元前 8000—前 5000 年，印加古国（今秘鲁）的印第安人最早种植马铃薯。由于大部分野生茄科植物含有用以自我防御的毒素，与如今的马铃薯类似的作物经过了长期的培养和驯化后才出现。

在新世界的征服者到来之前，马铃薯就在这片土地上见证了印加古国的兴衰。最初，开国君主曼科·卡帕克以库斯科为中心建立了城邦国家。15 世纪，帕查库特克带领印加人征服四方，扩张疆土为印加帝国。这一时期印加人的主食主要由藜麦和马铃薯构成，他们利用地势起伏的特点种植大量不同品种的马铃薯，并发明了特色食物"马铃薯片"：将马铃薯放在地上晾干，人工踩踏成碎块，然后再次晾晒至水分完全蒸发，储存在谷仓中作为粮食储备和祭祀用品。

在瓦伊纳·卡帕克的统治下，印加帝国进入鼎盛时期，据推测，其人口最多时可能达到

---

1. 联合国粮农组织把马铃薯列为"世界第四大粮食作物"，并于 2005 年 12 月通过决议，将 2008 年定为"国际马铃薯年"。

3 000 多万。他们兴建了众多结构精巧的石砌建筑，如太阳神庙等，还创造了有天文学依据的历法，并发明了结绳记事法"奇普"（Quipu），充满古老智慧的印加文明逐渐形成。

大航海时代的到来彻底打破了这里的宁静。1531 年前后，西班牙征服者弗朗西斯科·皮萨罗（Francisco Pizarro）率军到达此地。1532 年末，皮萨罗与土著盟军在普纳之战中打败了印加军，并施计将印加国王杀害。至此，存在近百年的印加帝国覆灭，沦为欧洲的殖民地。

昔日的"恶魔食物"，如今的国民食物

欧洲土地上的第一颗马铃薯就出现在征服了印加古国的西班牙。通常认为，它于 1537 年前后在哥伦比亚考卡山谷（Cauca Valley）一带被发现。西班牙探险家、历史学家佩德罗·谢萨·德·莱昂（Pedro Cieza de León）曾在其于 1540 年撰写、1553 年出版的《秘鲁纪事》中提到马铃薯，因此有观点认为他是最早认识马铃薯的欧洲人。从 16 世纪 80 年代起，马铃薯陆续抵达英国、比利时、德国、奥地利、爱尔兰等其他欧洲国家，17 世纪时已经传入中国。

初入欧洲时马铃薯的地位极低，并未被当作正统的食物看待，还一度沦为令人厌恶和恐惧的"恶魔食物"，被认为代表着邪恶并会引起麻风病。直到 18 世纪后期，法国著名的植物学家、化学家安托万·奥古斯丁·帕门蒂埃（Antoine Augustin Parmentier）以长期考察的结果说服了法国国王路易十六（1754—1793），开始大规模试种，马铃薯的地位才有所改善。

相传安托万与国王夫妇在凡尔赛宫的花园里散步时，为国王夫妇献上了一些马铃薯花。王后把它们插在头发上做饰物，国王则将一朵花别在了扣眼上，此举引发欧洲贵族们纷纷效仿，上层阶级对马铃薯的固有印象开始改变。

而让欧洲人真正抛开对马铃薯偏见的契机还是 18 世纪战争期间因各种作物相继歉收而出现的大范围饥荒。1756 年欧洲爆发"七年战争"，普鲁士陷入饥荒，国王腓特烈大帝（Frederick Ⅱ，1712—1786）下达

"马铃薯诏书"，以马铃薯作为军队和百姓的食物供给直至战争胜利，极大地鼓励了德国人种植和食用马铃薯的热情。1772 年匈牙利饥荒后，政府下令开始大规模种植马铃薯。1785 年，法国北部发生饥荒，穷人们大多依靠马铃薯生存下来。1794 年，英格兰小麦歉收导致小麦价格急剧上涨，无力负担的人们将目光转向了马铃薯。到 1815 年拿破仑战争结束，马铃薯已逐渐成为欧洲各国的重要主食作物之一。

由于马铃薯在特殊的历史时期扮演了救世主的角色，由此对马铃薯产生的过度依赖也造成了灾难性的后果。在 19 世纪初，爱尔兰有数百万人将马铃薯作为单一营养来源，于是，一场发生于 1845 年的马铃薯晚疫病（Potato Late Blight）导致了持续 4 年多的"爱尔兰大饥荒"。据统计，在这场浩劫中，有近 100 万人因饥饿或疾病死亡，另有上百万人离开爱尔兰进行大规模移民。

但总的来说，在 18 世纪和 19 世纪，马铃薯的引进极大地推动了欧洲人口的增长和城市化发展。据统计，在 1700 年至 1900 年间，引入马铃薯所带来的人口增长至少占到整个旧世界相应数据的 1/4。在 19 世纪最初的 50 年间，欧洲很多地区经历了空前的人口爆发，比如英格兰和威尔士的人口翻了一番。

在欧洲，马铃薯的规模性种植也显著提高了农业生产力，而工业革命的兴起则进一步带来了马铃薯生产力的飞跃。

同时，工业革命的浪潮也加快了人们的生活节奏。在英国，没有时间和精力去准备食物的城市人，就将简单易做的马铃薯作为每日餐食的解决方案，"炸鱼薯条"等国民食物由此兴起。

最晚引入马铃薯的是北美地区。1872 年，美国著名植物学家路德·伯班克（Luther Burbank）为帮助爱尔兰恢复马铃薯种植，发现并培育出具有一定抗病性的伯班克马铃薯（Russet Burbank）[1]，这种马铃薯块茎体积大而且呈较规则的椭圆形，是如今全球食品加工市场中主要的品种之一。

经过漫长的历史变迁，昔日的"恶魔食物"马铃薯终于得以正名，出现在全世界的餐桌上。

---

1. 据美国马铃薯协会（USPB）称，该品种可耐受普通赤霉病，但易感染镰刀菌、黄萎病、卷叶病、网状坏死和 Y 病毒，并未提及其对晚疫病的抵抗作用。

1 法国著名的植物学家、化学家安托万·奥古斯丁·帕门蒂埃。根据安托万的遗愿，他被埋葬在他为纪念妹妹而建的纪念碑旁边，坟前有小麦、玉米、马铃薯等纪念物 | Pierre-Yves Beaudouin (CC BY-SA 3.0)

2 荷兰后印象派画家文森特·凡·高创作于 1885 年的油画《吃马铃薯的人》，现藏于阿姆斯特丹的凡·高博物馆 | Szilas at the Van Gogh, My Dream Exhibition in Budapest, 2013

炸薯球

60 分钟 | 6 人份

食材

马铃薯 / 1 千克

黄油 / 30 克

干奶酪（磨碎）/ 30 克

鸡蛋 / 2 个

白胡椒粉 / 1/4 茶匙

肉豆蔻粉 / 1/4 茶匙

盐 / 1 茶匙

面粉 / 适量

面包屑 / 少许

欧芹末 / 少许

食用油 / 少许

做法

① 将马铃薯去皮、煮熟、沥干，磨成薯泥，放入平底锅中，用小火熔化黄油，与薯泥混合。

② 当薯泥与黄油混合均匀后，关火，加入盐、白胡椒粉、肉豆蔻粉、磨碎的干奶酪和 2 个蛋黄，进行充分搅拌。

③ 当混合物冷却后，将它们滚成球，分别蘸取面粉、蛋白液和面包屑。

④ 将薯球放入滚油中煎炸，直至表面呈金黄色；捞出在吸油纸上吸去多余油分，并撒上新鲜的欧芹末即可。

14

制法多样的简单美味

鸡蛋 / Egg

▸	公元前 7500 年
起源	印度、中国
人物	安娜·埃莉诺·罗斯福

有一种食物陪伴了人类近万年，因为营养丰富且做法多样又好吃，从古至今，一直是世界各地餐桌上少不了的美味。这种古老的食物就是鸡蛋。

鸡蛋的烹饪方法很多，蒸、煮、煎、炒乃至直接用开水冲食，都能带来各具特色的味觉体验，经过杀菌后的生鸡蛋甚至可作为配菜直接食用。鸡蛋营养丰富，是极佳的蛋白质来源。

人类食用鸡蛋的历史最早可追溯至公元前 7500 年，当时的古印度人已经开始养鸡，并以此获得稳定的鸡蛋供应。在此之前，想要吃到野生鸟蛋，则要靠外出辛苦地打猎和运气。火的使用令一直生食鸡蛋的人类体验到了烤蛋的美妙滋味。

从简单煮制到繁多做法

在公元前 5000 年前后，煮是一种普遍的鸡蛋烹制方法。在古罗马，水煮蛋通常是宴席上的一道开胃前菜，有句拉丁名言"ab ovo usque ad mala"，直译为"从鸡蛋到苹果"，象征着一餐的开始到结束。此外，古罗马人还经常将鸡蛋用作结合剂、增稠剂，与奶油搅拌在一起制作成蛋黄酱、奶油蛋羹、蛋糕和面包等。

到了公元前 300 年，埃及人和中国人开始利用陶土制作的温暖烤箱孵化鸡蛋，无须亲自孵化的母鸡有了更多的时间下蛋。随着产量的增加，鸡蛋的价格越发便宜，能吃到鸡蛋的人也就多了起来。

《早期法国烹饪》一书中提到，鸡蛋在中世纪晚期烹饪中占据着仅次于面包的重要地位。由于容易买到且价格便宜，鸡蛋在当时的菜肴中十分常见。另外，烹饪方法的多样性也是鸡蛋受欢迎的重要原因之一。在书中的食谱合集里，提到了煮、炸、烤等多种制法。此外，水煮蛋还能够在各种不同的菜肴里扮演重要角色。在中世纪的英国，食用鸡蛋的方式包括水煮、放进火热的灰烬中烤熟，或是打入热锅中与培根一起煎熟。

在《十四世纪的厨房之书》（*Il libro della cucina del sec.XIV*）中出现了"炒鸡蛋"（scrambled egg）："已经有许多关于煎、烤、炒鸡蛋的知识，没有必要再提它们。"说明至少在 14 世纪，炒鸡蛋已经是一种较为普遍的鸡蛋料理。

在都铎王朝[1]时期，黄油鸡蛋是禁食日常见的料理，这种食物在 17 世纪时以"炒鸡蛋"的姿态正式在英国的烹饪书籍中亮相："将面包片烘烤、涂抹黄油后，放上经过黑胡椒和盐调味的炒鸡蛋。"在其他食谱中，还出现过用奶油炒鸡蛋的做法。直至今日，炒鸡蛋与抹上黄油的烤面包片的经典搭配，仍在欧美国家的早餐食品中十分受欢迎。

另外一种经典的鸡蛋料理"煎蛋卷"又被称为"欧姆蛋"（omlette），是在锅中将黄油熔化后倒入鸡蛋液煎制而成。这道料理看似简单，只以盐简单地调味，成功与否完全仰赖鸡蛋和黄油的本味如何，所以对食材的品质和新鲜度其实有非常高的要求。其前身"herbolace"是一种流行于 14 世纪后期的英格兰鸡蛋料理，做法与欧姆蛋基本相同：将鸡蛋与用以调味的碎香草混合，倒入放有黄油的锅中煎制即可。黑胡椒、奶油、牛奶等在制作这种煎蛋时也常被用于调味。到了 16 世纪，这种料理被法国人改名为"煎蛋卷 / 欧姆蛋"。

安娜·埃莉诺·罗斯福与炒鸡蛋

安娜·埃莉诺·罗斯福[2]（Anna Eleanor Roosevelt）是一位出色的政治家与社会活动家，她在美国经济大萧条时期一直是丈夫的"左膀右臂"。然而，作为第一夫人，为白宫挑选厨师的责任却难倒了她。当时白宫的厨师是一位很好的面包师，却总是无法做出一顿体面的正餐。

在那个时代，烹饪能力是阶级划分的一种体现。富人阶层通常不懂得烹饪之事，甚至以不会烧水为荣。这位第一夫人也一样，她唯一会做的菜肴就是简单的炒鸡蛋。

罗斯福总统夫妇每周日晚上都会在白宫举办宴会，邀请众多有识之士参加。宴会上，罗斯福总统亲自调制鸡尾酒，罗斯福夫人则为客人们烹制她的拿手好菜——炒鸡蛋。客人们边享用炒鸡蛋，边在餐桌上畅所欲言，分享自己的见解与生活经历。这种非正式的例行晚宴使得罗斯福总统夫妇在局势紧张的年代

里，仍可享受到一段轻松的时光，并且有机会接触进步的新思想，扩展自身见识。因此，白宫的工作人员又将这个宴会戏称为"炒鸡蛋和聪明人"（Scrambled Eggs with Brains）。

以前，母鸡只于一年之中的部分时间下蛋，且大部分是在日光和煦又不过分炎热的春季。因此，许多传统的鸡蛋料理食谱也与韭菜、芦笋等春季时蔬有关。随着科技的发展，农民开始将母鸡放在室内饲养，通过空调和电灯控制适宜的温度与光照，使得母鸡不断下蛋。从此，我们在一年中的任何时节都能享受到美味的鸡蛋料理。

1. 都铎王朝是在 1485—1603 年统治英格兰王国和其领地的王朝。
2. 安娜·埃莉诺·罗斯福是美国第 32 任总统富兰克林·罗斯福的妻子，也是一位杰出的政治家。

1 安娜·埃莉诺·罗斯福 | Douglas Granville Chandor
2 美国参加第二次世界大战期间，美国应急管理办公室、战争信息办公室发布的鸡蛋海报：鸡蛋和牛奶——大自然赋予的食物 | 美国国家档案和记录管理局
3 最简单的鸡蛋料理：煮鸡蛋
4 随着科技的发展，母鸡开始被放在室内饲养

牛奶炒蛋

5 分钟 | 1 人份

食材

鸡蛋 / 2 个

牛奶 / 15 毫升

黄油 / 5 克

盐 / 适量

黑胡椒粉 / 适量

做法

① 将鸡蛋打入碗中，搅拌打散。

② 加入牛奶，混合均匀。

③ 在热锅中熔化黄油，倒入牛奶鸡蛋液。

④ 用中火加热 1 分钟，将蛋液边缘处向中间推，防止鸡蛋炒焦，并不断翻炒。

⑤ 炒至蛋液凝固时，即可撒适量盐和黑胡椒粉装盘享用。

15

世界主食中的"百变女王"

玉米 / Corn

	公元前 7000—前 2500 年
起源	墨西哥中部
人物	赫鲁晓夫

玉米曾在 2018 年成为全世界产量最高的农作物，如今以各种形式出现在人们的餐桌上，例如玉米烙、玉米汁、玉米粥、玉米饼、玉米甜点、玉米脆片等。如果一定要给它一个封号，那么必然是粮食中当之无愧的"百变女王"。

讲到起源，大部分历史学家认为，在公元前 7000—前 2500 年，北美洲墨西哥特瓦坎谷的人们首先开始人工种植玉米。奥尔梅克人及玛雅人在中美洲培育出许多不同的玉米品种，有些可以直接烹煮，有些则需用碱法烹制的方式处理。

中美洲原住民对玉米进行人工多代培育后，筛选出较大型品种，将原本体形很小的玉米成功改良。公元前 2500 年，玉米开始传播到美洲的其他地区，也从此走上世界的舞台。

从"构成人类的骨血"到"穷人的主食"

公元前 2500 年，如同小麦和稻米在西方、东亚社会中的地位一样，玉米成了中美洲人的主食。农业社会中人们对粮食作物普遍怀有崇拜之情，中美洲人认为玉米是构成人体的主要"骨血"；而在玛雅人的神话故事中，玉米更是被赋予神性。

14 世纪，传说中会用活人祭祀的北美洲南部的阿兹特克一族已经娴熟地掌握了玉米的烹饪技能，他们每顿饭都要蘸着葡萄汁或辣椒酱吃两到三种不同的玉米饼。此外，在阿兹特克人[1]的市场里也有玉米饼出售，饼内填满了火鸡肉、火鸡蛋、豆子、蜂蜜、南瓜、仙人掌果实和红辣椒的混合馅料，与如今风靡全球的墨西哥玉米饼吃法如出一辙。

由于那时玉米、豆类、瓜类共同构成了中南美洲农业的基础，而这三种植物又可以同时种植在一片土地上，各自发挥优势，例如高大的玉米秆可供豆类盘绕，豆类根瘤中的固氮微生物能够提高土壤肥力，低矮的瓜藤附着在地表可以有效防止水土流失等情况发生，因此三

---

1. 阿兹特克人（Aztec）：北美洲南部墨西哥人数最多的一个印第安部落，其中心在墨西哥的特诺奇提特兰，故又称墨西哥人或特诺奇提特兰人。阿兹特克文明是 14—16 世纪的墨西哥古文明。阿兹特克文明是美洲古老印第安文明的一部分，史料记载的历史开始于 14 世纪初。

者又被并称为"生命三姐妹"。

15—16 世纪初，欧洲人开始和美洲原住民接触，将玉米带回欧洲。1492 年，意大利探险家、航海家克里斯托弗·哥伦布（Cristoforo Colombo）到达美洲，发现从加拿大的魁北克到南美洲智利，放眼望去，玉米早已在整个美洲扎根。他在当年 10 月 16 日的日记中描绘了费迪南岛[1]上遍地都是被当地人称作"Mahiz"的玉米的景象，因其可烤食、炒食、磨面而被赞美有加。可惜的是，1493 年哥伦布返回西班牙时，献给国王的黄金玉米粒并没有受到重视，反被束之高阁。

受各种原因所限，哥伦布第二次殖民美洲的野心并没有实现。1493 年，他遣回各国船员后，玉米就被好奇的西班牙人、葡萄牙人、意大利人种植开了，食用方法也更为本土化。在如今的西班牙加利西亚，相比于墨西哥本土的薄玉米饼，流传至今的西班牙厚玉米饼才是当地的特色美食，不仅现身于大街小巷，还不时出战各种玉米饼烹饪大赛，足见其受欢迎程度。

16 世纪初，玉米也成了意大利人的大众食品，玉米粥、通心粉和玉米饼在意大利中北部随处可见，成为"穷人的主食"。1535 年，威尼斯和土耳其进行了大量的贸易往来，玉米很可能就在那时传入土耳其，继而传到德国。因此德国一度称玉米为"土耳其谷"。

到了 16 世纪末，欧洲人开始将玉米面与小麦粉及其他谷物粉调在一起，混合烤制面包。在威尼斯的乌迪内地区，在册的关于玉米价格的记录能一直追溯到 1586 年。

玉米传入中国同样也是在 16 世纪，最早的记载见于明朝嘉靖三十四年成书的《巩县志》，书中称其为"玉麦"。此后中国逐渐成为玉米种植较为普及的地区之一，主要产区在东北、华北和西南山区。

赫鲁晓夫的"笑柄"

玉米虽然曾是世界第一大粮食，却没能在国土辽阔的俄罗斯站住脚。

农业问题曾长久困扰着第二次世界大战后的苏联，苏联领导人赫鲁晓夫对玉米的执念自 1949 年起就没停止过。时任莫斯科第一书记的赫鲁晓夫除了让农民扩大玉米种植面积取得成功之外，还在自家菜园进行了两次成功的试验，无疑给了他在整个国家推广玉米种植的信心。

1953 年 3 月，斯大林逝世。其后，赫鲁晓夫被任命为苏联共产党中央委员会第一书记。上任后，他就正式提出了大面积播种玉米的倡议，历史上称之为"玉米运动"。赫鲁晓夫认为：解决苏联农业困境的唯一出路就是发展畜牧业，而畜产品的生产在很大程度上取决于有没有足够的粮食，玉米无疑是解决该问题的良药。

相关研究文献还记载：1959 年 9 月，赫鲁晓夫应美国总统艾森豪威尔的邀请访美。其间，他特地参观了以种植玉米而驰名于世的加斯特农场，对北美洲辽阔大平原上玉米的丰收景象啧啧称赞。这次美国之行更加坚定了他要在苏联大力推广玉米种植的决心。

然而赫鲁晓夫并没有考虑到，寒冷的西伯利亚地区的气候条件并不适宜种植玉米，政策的推行直接导致很多农民颗粒无收、牲畜没有足够的饲料、人民口粮不足等重大问题，在一定程度上对随后出现的首次严重粮食危机起到了推波助澜的作用。苏联人不得不在一段时间里依靠进口西方粮食度日。从此，玉米成了赫鲁晓夫的"笑柄"，人们甚至给他起了个"古古鲁沙"的外号，俄语意思是"玉米棒子"[2]。

---

1. 今古巴著名旅游胜地——南长岛，1494 年，哥伦布在第二次航海时曾经到达该岛。弗兰西斯·德雷克在环球航行中也很有可能在该岛停留过。加勒比海盗们曾经将这里作为基地使用。
2. 华东师范大学传播学院教授吕新雨曾经在《赫鲁晓夫与勃列日涅夫时代的农业问题》中对赫鲁晓夫的玉米政策做出评价：赫鲁晓夫 1959 年轰动世界的美国之行中，去戴维营与艾森豪威尔见面之前，特别去艾奥瓦州加斯特的大农场做客并讨论玉米种植问题，加斯特和赫鲁晓夫手拿玉米棒子的影像和照片一时间遍布美国。但是，强力推行玉米种植的结果：玉米并不适合在苏联推广，产量不高，其经济效益比其他饲料作物要差，而且扩大的玉米种植挤掉了冬小麦种植的面积，影响了谷物的增产，这导致了他的畜牧业发展计划严重受挫。其标志性事件是梁赞州党委书记为了迎合赫鲁晓夫的畜牧业要赶超美国的壮志，虚报指标，为此梁赞州所有的牲畜都被送去屠宰，并且在整个苏联采购肉来完成任务，但还是远远完不成指标。欺诈败露后，该党委书记自杀，这一事件成为著名的丑闻。开垦荒地运动与强制扩大玉米种植面积，都是赫鲁晓夫在苏联推行现代化美国式农业道路的体现。

1 第一次世界大战期间张贴在美国国会图书馆（Library of Congress）的海报：有益健康的、营养的玉米食品
2《玉米舞》（乔治·卡特林），创作于 1861 年。现存于美国国家艺廊
3 16 世纪晚期《佛罗伦萨药典》（*Florentine Codex*）中的一幅插画，描绘了阿兹特克妇女储存玉米时的情景
4 1964 年苏联发行的玉米主题邮票

玉米烙饼

10 分钟 | 1 人份

食材

甜玉米 / 2 根
粗砂糖、淀粉、植物油 / 适量

做法

① 将甜玉米放入水中煮熟，放凉后取下玉米粒，冲洗晾干。

② 将玉米粒和淀粉拌匀，倒入油锅，将玉米糊摊平，小火炸 3~5 分钟后捞出。

③ 升高油温，重新放入玉米饼再炸 3 分钟至金黄，捞出撒上粗砂糖。

④ 准备吸油纸铺在盘子上，装盘即可。

牛奶之粹

奶酪 / Cheese

	公元前 7000—前 6000 年
起源	两河流域
人物	路易斯·巴斯德

奶酪，是游牧民族重要的保存性食物，也是欧美地区日常饮食中重要的组成部分。随着饮食的全球化，现在世界各地都可以看到奶酪的身影。

将牛乳或羊乳凝结后，排放出液体，得到的新鲜或经过熟成的乳制品即奶酪。要使液态乳凝结，可通过使用发酵剂或凝乳酶两个途径，由此产生了两大类奶酪。同时，根据熟成与否和熟成的方式又可以分为不同的类别。因此，目前世界上的奶酪已经超过了 1 000 种。

作为古老的加工食品之一，关于奶酪的起源并没有定论，而多数学者认为是在公元前7000—前 6000 年的两河流域。当时人们开始驯养绵羊和山羊，并将挤出的奶存放在陶器或木质容器中，鲜奶在自然存在的乳酸菌的作用下变酸并凝固，析出乳清。在人们试图将其混合均匀而进行搅拌的过程中，更多的乳清被排出，固形物浓缩，最终得到了一种简单形式的新鲜奶酪，即奶酪的雏形。公元前 6000 年前后，人们开始了牛的驯养，于是牛乳也被用于奶酪的制作中。

至公元前 2000 年前后，采用凝乳酶制作的奶酪在阿拉伯地区出现。当时的阿拉伯商人用羊或牛的胃制成水壶，装入羊乳或牛乳以备在沙漠行进过程中饮用。液态乳经牛羊胃中残存的凝乳酶、沙漠的高温以及路途的颠簸的共同作用后发生凝固，成为奶酪。这种奶酪与利用乳酸发酵制成的奶酪相比，酸味没有那么强烈，并且在保存的过程中会产生熟成的效果，在风味的复杂度以及种类的丰富度上都要更胜一筹，现今的大部分奶酪都属于此类。

这种奶酪后来经两条路径传入欧洲，一条是由伊特鲁里亚人直接渡海传入古罗马时代以前的意大利，另一条是经由土耳其传入希腊。

此前，希腊人在制作奶酪时利用无花果的白色乳液来凝乳，但这样制成的奶酪苦味较强，凝固度也不够好，在凝乳酶奶酪传入之后很快就被淘汰了。

公元前 27 年罗马帝国建国之后，奶酪得到了空前的发展，其制作技术还传入了当时作为罗马殖民地的瑞士和法国。然而随着罗马帝国的衰亡，奶酪制作业衰退，很多技术也随之失传。不过，在修道院得以保留的一部分技术与流传在民间的奶酪制法相融合，经过长时间的发展后又诞生了许多新的种类。

微生物的杰作

最初的奶酪依靠自然存在的乳酸菌发酵，后来成为主要类型的奶酪则依靠凝乳酶凝固，它们的熟成过程均离不开微生物的作用。

凝乳酶奶酪在刚制好的时候味道非常淡，加入盐后将其置于保持恒定温湿度的环境中，经过几周至数月的熟成，蛋白质会被分解成氨基酸，产生浓郁的香气和风味。在熟成过程中，起重要作用的就是各种细菌和真菌，尤以白霉和青霉最为常见。而像埃门塔尔奶酪（Emmental Cheese）这样内部充满气孔的类型，则需要能产生二氧化碳的丙酸菌等细菌的额外作用。

如果将奶酪按照熟成方法来分类，基本可分为新鲜奶酪、白霉成熟奶酪、青霉成熟奶酪和细菌成熟奶酪。新鲜奶酪不经过熟成，质地平滑而风味清淡，如美国农家奶酪（Cottage Cheese）、意大利里科塔奶酪（Ricotta Cheese）和希腊菲达奶酪（Feta Cheese）等。白霉成熟奶酪有着类似天鹅绒的表面，质地嫩滑，呈奶油状，并且有着新鲜蘑菇、杏仁等风味，如法国布里奶酪（Brie Cheese）、法国卡蒙贝尔奶酪（Camembert Cheese）等。在其熟成过程中将溶有霉菌发酵剂的水喷洒至表面，霉菌就会由奶酪的外部向内渗透。青霉成熟奶酪因其内部蓝色或青色的花纹，通常也被叫作蓝纹奶酪，如法国罗奎福特奶酪（Roquefort Cheese）、意大利戈贡佐拉奶酪（Gorgonzola Cheese）和英国斯蒂尔顿奶酪（Stilton Cheese）等，这种奶酪质地柔软而易碎，风味强烈，通常带有辛辣或明显的咸味。与白霉成熟奶酪不同的是，青霉菌在凝乳过程中就会加入，因此霉菌在一开始就已深入奶酪的内部，才会产生特殊的蓝纹。细菌成熟奶酪在制作过程中需要通过洗浸来控制细菌的生长，因此也叫作洗浸奶酪，如法国埃普瓦斯奶酪（Epoisses Cheese）和法国曼斯特奶酪（Munster Cheese）等，在洗浸时除了使用盐水，有时还会用到白兰地等酒类。

巴氏杀菌法带来的革命

在法国微生物学家路易斯·巴斯德（Louis Pasteur）发明巴氏杀菌法之前，所有的奶酪都是以未经处理的液态乳为原料制作的。在制作过程中常因杂菌的存在而变质，严重时还会产生危害人体健康的物质。巴氏杀菌法出现后，奶酪的制作工艺得以改善，奶酪也得到了更大的发展。

1862 年，路易斯·巴斯德为解决葡萄酒在发酵过程中出现的酸败问题而展开实验，发明了将酒加热到未沸腾的程度以杀灭杂菌的方法。1886 年，德国化学家弗兰兹·索氏将巴氏杀菌法应用于牛奶和其他饮料中，因此牛奶中的细菌引起的肠炎等病症逐渐消失。直到现在，巴氏杀菌法依然是牛奶的一种重要处理方式，72℃保持 15 秒或 63℃保持 30 分钟的处理方式可将有害微生物的量减到最少，同时还能够在很大程度上保留牛奶的风味。目前大部分奶酪的原料均为巴氏杀菌乳。

20 世纪初，瑞士人为了延长奶酪的保质期，发明了再制奶酪，即以天然奶酪为主要原料，粉碎后添加乳化剂、调味料等，加热熔化后再冷却包装而成。再制奶酪风味柔和，又有各种配料调制口味，在奶酪食用历史并不长的地区更易被接受，很快就占有了较大的市场份额。

在我国，奶酪的食用情况也大致相同，虽然部分少数民族如蒙古族、哈萨克族等自古就有食用奶酪的传统，但在大部分地区奶酪依然是新鲜事物。当然，近年来随着西方饮食文化渗透得越来越深入，懂得欣赏天然奶酪的人逐渐增多，中国的奶酪文化也日渐丰富起来。

1 法国是世界上奶酪品种最多的国家，拥有很多的奶酪专门店 | Benoît Prieur (CC BY-SA 4.0)
2 工作人员正在切割牛奶凝乳 | Bob Nichols

RECIPE 食帖

奶酪蛋糕

90 分钟 | 6 人份

食材

奶油奶酪 / 200 克

全麦消化饼干 / 100 克

无盐黄油 / 30 克

细砂糖 / 90 克

鸡蛋 / 2 个

淡奶油 / 200 毫升

低筋面粉 / 3 汤匙

柠檬汁 / 1 汤匙

糖粉 / 适量

做法

① 准备工作：将奶油奶酪与无盐黄油提前置于室温回温；准备直径为 18 厘米的圆形活底烤模，并用烘焙纸剪出底和围边；烤箱预热至 160℃~170℃。

② 将全麦消化饼干置于保鲜袋中，用擀面杖碾碎后与 30 克无盐黄油混合。之后均匀地铺在烤模底部，用手压实后冷藏备用。

③ 用打蛋器将奶油奶酪打发，使其变蓬松后依次加入细砂糖和鸡蛋，直到整体混合均匀且颜色偏白。之后加入淡奶油继续混合，直到整体变得黏稠。

④ 筛入低筋面粉，用软刮板快速混合均匀后加入柠檬汁继续混合。

⑤ 倒入烤模中，在台面上轻轻磕 2~3 下，将内部的空气震出，放入预热好的烤箱中烤 40~45 分钟。

⑥ 烤好后放于晾架上放凉，轻轻筛上一层糖粉即可。

曾经价比黄金的调味品

盐 / Salt

	公元前 8000 年
起源	保加利亚
人物	莫罕达斯·卡拉姆昌德·甘地

盐是一种主要由氯化钠（NaCl）组成的矿物，其天然形式为盐结晶矿物，被称为石盐或岩盐。这种结晶体和雪花相似，因而也有"撒盐空中差可拟"的词句广为流传。在开阔的海洋中，海水的盐度约为 35‰。

咸味是人类基本的味觉之一，盐也是古老的食物调味品之一，在生活中必不可少，酱油和鱼露等都是以咸味为基础的液体调味品。此外，人们还用盐作为食品保鲜的重要手段。

文明的开始和湮灭

盐的获得对于文明的开始是至关重要的，而盐的重要性也贯穿于整个历史。在史前时代，大约 8000 年前，欧洲就出现了人们对盐矿进行加工的痕迹。在现今仍存在的盐泉附近，考古学家发现那时的人们已经能够通过煮沸泉水的方式提取盐，并利用工具制作盐块方便储存和运输。

这个盐矿所在的区域被认为是欧洲最古老的城镇"Solnitsata"的遗址所在地。城镇的名字有"盐场"（salt works）的含义，自公元前 5400 年起，通过向现在的巴尔干地区提供盐来交换必要的生活物资，盐是其主要的经济来源。虽然当时人口只有 350 人左右，但非常富有，墓地中出土了大量黄金物品。在约 5000 年前的中国山西，人们也从自然的盐水湖——解池[1]的表面获得盐，并运输到各地。

肉类、血液等动物组织中的钠比植物中的多，靠放牧为生的游牧民族对盐的需求不强，而主要以谷物和蔬菜为食的农民则需要用盐来满足身体机能的需求。由于在人口构成上农民多于牧民，而牧民在休牧期也需要进行农业生产，因此随着文明的传播和人口的扩充，盐作为人们日常生活中的必需品，也成为主要的贸易商品之一。

在罗马帝国末期和整个中世纪，人们乘船经过地中海，沿着专门建造的盐路穿越撒哈拉沙漠，将珍贵的盐运往日耳曼部落中心地带，在萨赫勒地区的市场交换食物、货品，甚至奴隶。

在非洲，盐在撒哈拉以南被当作货币，到 6 世纪摩尔商人仍然将盐作为等同于黄金的交易品。盐的稀缺和需求的普遍导致了利益的不均等，人们不断探寻更简单的获得方法和更精纯的产品。

---

1. 解池：盐池的旧称，位于今中国山西省运城市，是中国著名的内陆盐湖。

居住在沿海地区的人们能够通过晒制海水得到海盐，他们利用这种粗糙的盐和内地人进行高价贸易，得到各种奢侈品，因此沿海城市得到了迅猛的发展。然而随着产自盐矿中的提纯盐逐渐成为内地人的首选，海盐逐渐丧失了以前的利润，冲突一触即发。

国家管理者通过控制盐的生产来掌握贸易，利用盐来增加税收，也用它来作为军队和远洋舰队的资金来源，甚至为了争夺盐矿资源而发动战争。如果一个国家失去了对盐的掌控，那么它只能选择依附或者消亡。在印度独立前，领导人莫罕达斯·卡拉姆昌德·甘地（Mohandas Karamchand Gandhi）就曾在1930年以400千米的"食盐长征"（Dandi Salt March）[1]挑战英国征收的盐税，并且因此呼吁英国人退出印度，以实现印度独立。

衍生和替代

盐在宗教上的地位也一直很高。在古吠陀宗教的献祭、赫梯人的仪式、闪米特人的节庆，以及希腊人的新月时均会撒盐到火中，将产生的噼里啪啦声作为仪式中的背景乐。古埃及人、古希腊人及古罗马人都会带着献给神的盐和水祈福，有些人认为这便是基督教圣水的起源。

战争时期的近东地区有一个古老的传统，即在敌人的土地上撒盐，让土地长不出庄稼。在中东，盐可以在仪式上用来缔结协定，或用于与神订下"盐约"，以示盟约的不可背弃，人们还会向供品撒盐以示信仰的虔诚。另外，盐还常被视为吉祥的象征，用于驱除煞气和晦气。

除了用于宗教仪式外，在日常生活中盐更是必不可少的，在《希伯来圣经》中就提到了盐作为调味品的重要性。除了烹制食物外，盐还被用于食物保鲜。腌制过的食品除了具有更丰富的口感外，还能储存更长时间，满足人们在寒冬的需求，因此渐渐取代单纯的盐块，成为更受商人欢迎的商品。

以咸味为基础的各种调味品也在不断发展，在中国古代周朝，人们将用盐腌制过的鱼肉作为调味品。到了西汉，人们开始以大豆为原料加盐制作成"酱"。到了宋朝，南宋林洪所著的《山家清供》中出现了有关"酱油"一词的最早记载。酱油相较于盐能为食物提供更好的色泽，而且可直接作为蘸料使用。

以中国的酿造酱油为基础，不同地区还发展出了各种味道和稠度的调和酱油，例如日本地区的酱油因为小麦含量较高，口味相对偏甜；而欧洲地区则通过向其中添加蘑菇等以丰富口感。制作酱油剩余的固体部分即豆酱，也常被用于食物调味，例如日本的味噌和韩国的大酱。虽然酱油等能够在一定程度上作为咸味的来源，但盐仍是日常生活中必不可少的重要调味品。

---

1. 英国殖民印度期间实行了食盐垄断，为了民族独立，圣雄甘地以抵制盐的垄断为起始展开斗争，号召人民取海水自己煮盐，盐运动成为实现印度独立的重要一步。

RECIPE 食谱

自制盐水鸭

1 天 | 3~4 人份

食材

鸭子 / 1 只（2 千克）

粗盐 / 150 克

八角 / 8 个

桂皮 / 4 片

香叶 / 4 片

花椒 / 10 克

料酒 / 30 毫升

姜 / 1 块

做法

① 放入粗盐小火炒 2 分钟至微微发黄，下八角 5 个、桂皮 2 片、香叶 2 片和所有花椒继续小火炒 5~10 分钟，直到粗盐完全变黄。

② 将鸭子洗净擦干，将炒制后的盐和香料略微放凉后均匀涂抹在鸭子的内部和表面。

③ 将鸭子表面覆上保鲜膜，放入冰箱冷藏腌制 24 小时左右，中途翻一次面。腌好后将鸭子内外都冲洗干净备用。

④ 烧一大锅水，加入剩下的香料和切片的姜，水开后放入鸭子和料酒。让水继续滚煮 2 分钟，将浮沫撇去后盖上锅盖，并立刻关火静置约 10 分钟。将鸭子翻面后用水煮开，保持滚煮 2 分钟后再次盖上锅盖，关火静置 10 分钟。

⑤ 重新开中小火，让水保持将沸未沸的状态约 10 分钟，并不时地将鸭子翻身。最后关火，让鸭子浸在汤中慢慢冷却，至不烫手的时候捞出放凉，切块摆盘即可。

见证了西方文明发展的饮品

葡萄酒 / Wine

	公元前 6000 年
起源	高加索地区（现亚美尼亚、格鲁吉亚等）
人物	查理曼大帝、路易斯·巴斯德
	查尔斯·瓦伦廷·赖利

在经历了数千年的波折与动荡后，葡萄酒成为一款全球化的饮品。"世界三大古酒"之一的葡萄酒能带来的远不只感官享受，它所传达的风土人情和承载的历史故事都十分耐人寻味。

葡萄酒与神明

葡萄是人类进入农业社会后较早驯化的农作物之一。至少在 8 000 年前，人类就已经掌握了这种野生果实的生长规律，并开始享受其发酵后与众不同的甜美。古人深信葡萄酒能够给往生之人带去慰藉与满足，考古学家就曾在亚美尼亚发现了一个建于 4 000 多年前的洞穴，被用作墓地的同时也被当作酒窖。这种想法也影响了后人对葡萄酒的态度。

古埃及人把有关葡萄酒的一切都用墓绘记录了下来，奥西里斯（Osiris）是埃及神话中的冥王和农业之神，掌管着宴会上饮用的葡萄酒。1 000 年之后的古希腊神学中，希腊人相信酒神狄俄尼索斯（Dionysus）化作了每一颗被踩碎的葡萄，存在于每一滴被喝下去的酒中，并为他举行庆典与祭祀。

公元前 146 年，古希腊灭亡，崇拜酒神巴克斯 (Bacchus) 的罗马帝国崛起。古罗马人认为巴克斯的血液里流淌着葡萄酒供人饮用，同时他还掌管着往生的世界，拥有起死回生的能力，因而有些虔诚的人甚至把他当作一个独立的宗教来崇拜。这一切都对基督教产生了深远的影响，在当时的基督教教堂里甚至可以看到巴克斯的符号。此后随着基督教的不断扩张，酒神的信徒们逐渐转化成为基督教教徒。

从脚踩榨汁到酵母菌的发现

葡萄酒由酵母发酵葡萄汁而来，发酵过程既能由葡萄皮上的天然酵母自然完成，也可以人工控制。

酿酒文明的起源地很有可能就是高加索地区，并在大约公元前 3000 年，沿着河流传到美索不达米亚平原[1] 和古埃及。虽然埃及人把葡萄酒当作贵族庆典上的必备饮品和彰显地位的陪葬品，但将以脚踩的方式榨得的葡萄汁封入黏土罐中发酵的酿造过程，使葡萄酒的质量很难保持稳定。

---

1. 今伊拉克境内。

又过了 1000 年，腓尼基人和希腊人将酿酒的技术传播到了地中海各地，和伊特拉斯坎人[1]一起为今天的欧洲葡萄酒打下基础：人们更加讲究葡萄品种，更新栽培方法，研究口感香气；罗马人发展出了类似于今天的列级酒庄[2]的概念；当时最出色的葡萄酒全都出自希腊；据完成于 65 年的《论农业》[3]一书记载，栽培葡萄藤的环境条件和修枝方法都与现在的种植业非常相近。

5 世纪前后，西方文明进入了动荡不安但又蓬勃发展的中世纪。虽然伊斯兰教的禁酒令影响了葡萄酒在中东地区的发展，但欧洲的主教和修道院却开辟出大片山坡来种植酿酒用的葡萄。查理曼大帝[4]在法律中明令禁止脚踩葡萄榨汁，也不能再用动物皮革来保存葡萄酒，于是人们开始使用更加卫生、效率更高的压榨机和橡木桶。一时间，欧洲的葡萄栽种及葡萄酒酿造规模空前。

在量的积累上真正实现质的飞跃则是在近现代。虽然当时世界上已经有了许多伟大的酿造师，但并没有人真正理解发酵的原理。法国酒商发现无论多贵、多香的葡萄酒放久了都会变得酸臭，深受其苦的酒商请了化学家路易斯·巴斯德来研究解决的方法。

1857 年，巴斯德发现了承担发酵重任的酵母菌和导致酒液变酸的乳酸菌。他的研究不仅解决了葡萄酒的变质问题，更给酿酒业带来了颠覆性的改变，人们开始使用工业酵母来酿造品质更稳定、储存时间更长的葡萄酒。

葡萄酒的最大危机

在欧洲殖民时期，西班牙人和法国人相继把欧洲葡萄带到了未经开垦的美洲，但大部分因当地害虫或疾病而无法存活，其中对欧洲品种最为致命的就是根瘤蚜虫[5]。

19 世纪 60 年代，法国大批葡萄藤的根部和叶片出现肿瘤并枯萎死去，酒农们用遍了鲸鱼油、汽油、牛尿等匪夷所思的方法都毫无效果。直到美国昆虫学家和法国植物学家确认元凶就是来自美洲大陆的根瘤蚜虫，才拯救了奄奄一息的葡萄酒酿造业。

并没有确切的记录显示蚜虫究竟是怎么漂洋过海到达欧洲的，不过据推测，很有可能是在美国酒商往欧洲出口本土已进化出免疫机制的葡萄藤时被偶然带入的。赖利花费了大量的时间将美国品种进行砧木嫁接，培育出具有免疫机制的杂交葡萄藤，不仅挽救了法国葡萄酒业的生命，他本人也因此被授予了荣誉军团勋章。今天我们喝到的大部分法国葡萄酒都是由这种杂交葡萄酿造的。

---

1. 伊特拉斯坎文明发展于公元前 12—前 1 世纪，主要位于亚平宁半岛中北部，今意大利半岛。

2. 法国波尔多于 1855 年开始实行酒庄分级制度，红葡萄酒分级由 5 个级别组成，入选酒庄皆被称为列级酒庄。

3.《论农业》是西班牙作者科鲁美拉（4—70）的著作，共 12 卷。

4. 查理曼大帝（742—814），法兰克王国加洛林王朝的国王，统一了大部分西欧，为现在西欧的政治体系奠定了基石。

5. 一种寄生于葡萄的害虫，会对葡萄根部造成毁灭性的破坏并致死。

1 来自古埃及第十八王朝内巴蒙（Nebamun）墓室的壁画，展示了古埃及人贮存葡萄酒的场景，现存于美国大都会艺术博物馆
2 罗马人发展出了类似于今天列级酒庄的概念，图为古罗马人出售葡萄酒时的分类及价格分级 | Jebulon
3 描绘耶稣将水变成葡萄酒的传说的蚀刻版（1848）| Wellcome Images (CC BY-SA 4.0)

RECIPE 食谱

红酒炖牛肉

1 小时 10 分钟 | 2 人份

食材

牛肉 / 600 克

葡萄酒 / 300 毫升

肉汤 / 300 毫升

洋葱 / 1 个

豌豆 / 100 克

胡萝卜 / 1 根

面粉 / 少许

黑胡椒粉 / 少许

盐 / 适量

橄榄油 / 适量

做法

① 将洋葱切碎，胡萝卜切片，牛肉切成块，备用。

② 将牛肉块均匀地裹上一层面粉。

③ 在平底锅中倒入橄榄油烧热，将牛肉块煎至变色后加入洋葱碎翻炒至软化，加入少许盐和黑胡椒粉调味。

④ 将炒好的食材转入一只炖锅中，倒入葡萄酒和肉汤，加入胡萝卜片和豌豆，盖上盖子炖至少 1 个小时。

⑤ 炖肉过程中不时进行搅拌，如有需要，可加入更多的葡萄酒。可根据喜好延长炖煮时间，至收汁即可。

地位非凡的佐菜

橄榄 / Olive

▸	约公元前 5000 年
起源	地中海沿岸
人物	苏珊·阿布哈瓦

橄榄树是古老而长青的美丽树木，在西方文化和西亚文化中，代表希望、和平与权力。2010 年，巴勒斯坦女作家苏珊·阿布哈瓦（Susan Abulhawa）终于成功出版了《哭泣的橄榄树》[1]。她用大量史实作为背景，以虚构叙事的方式描绘了以色列对巴勒斯坦人发动的侵略战争。书中主人公家祖辈种植的橄榄树林被以色列人侵占的场景尤其令人印象深刻，传递出家园尽毁、和平无望的深刻绝望。

橄榄树之所以有如此崇高的象征意义，大部分得益于橄榄果实的食用价值——既可以当作水果吃，也可腌制后做作料配菜，还能用来榨取食用油。因橄榄树尤其依赖于夏季炎热干燥、冬季温和多雨的地中海气候，至少在 7 000 年前，橄榄是古代地中海沿岸居民重要的食物之一，关于橄榄的各种吃法也都发源于地中海沿岸。

巴勒斯坦、叙利亚、黎巴嫩一带被普遍认为可能是最早人工栽种橄榄树的地区，这一地区早在公元前 9000 年前后就进入了新石器时代，人们着手驯化农作物与动物，学会了使用各种磨制石器，橄榄也成为一种重要的副食品。考古证据显示，发明楔形文字的苏美尔人[2]在公元前 4000—前 2000 年已经开始榨取野生橄榄油了。在美国著名非虚构杂志《纽约客》发表的一篇文章中提到，叙利亚北部埃勃拉遗址[3]发掘出的苏美尔人的楔形文字泥板上，有

1.《哭泣的橄榄树》是台版译文的书名，原书名为 *Mornings in Jenin*，大陆版本翻译为《大卫的伤疤》。这本书讲述了从 1948 年开始，艾因霍德村的灾难接踵而至。在西方国家的支持下，以色列犹太复国分子入侵，吞并了巴勒斯坦人的土地，世代生活在那里的人们失去了他们赖以生存的橄榄树林、房子和清真寺，流离失所，沦为难民。该书被称作至今唯一一部完整浓缩 1948 年来巴勒斯坦战争苦难的历史小说。

2. 苏美尔人是历史上两河流域（幼发拉底河和底格里斯河中下游）早期的定居民族。他们所建立的苏美尔文明是整个美索不达米亚文明以及全世界已知的最早产生的文明。

3. 埃勃拉，西亚古国，存在时期为公元前 3000—前 2000 年初期。位于今叙利亚沙漠中的泰勒·马尔蒂克荒丘。该遗址由意大利考古学家保罗·马蒂尔博士率领的罗马大学考古队于 1964 年发现，他们在这里发现了王室档案馆近 2 万块以楔形文字书写的埃勃拉语、公元前 3000 年期间的泥板文书（埃勃拉文书）。据出土的文物分析，当时埃勃拉都城内居住人口达 2.2 万之多，而整个埃勃拉城邦鼎盛时期人口高达 26 万，在当时已算得上大国。

关于统治阶级调查橄榄油掺假事件的记载，这是人类历史上关于橄榄油最早的文字记载。此外，该遗址中还出土了大量用于存储、运输橄榄油的双耳长颈瓶，充分表明橄榄油在当时已成为地中海东部沿岸重要的食品和商品。

橄榄树的培育技术及橄榄油主要是从地中海沿岸东部向西部、南部传播的。

大约在公元前 12 世纪，由腓尼基人控制的地中海东岸（黎巴嫩、叙利亚一带）小城邦已经进入了极盛时代。腓尼基人依靠卓越的航海技术和聪明的经商头脑，驾驶着狭长的船只，游遍地中海各个角落的同时，控制了整个地中海地区的贸易链。他们将紫红色染料、葡萄酒、橄榄油一起带到了所经之处：古埃及、古希腊、西西里岛，甚至包括非洲大陆的最北端——突尼斯，当地人也因为腓尼基人的到来而学会了栽种橄榄树。

古时地中海地区的人们用石头打碎橄榄果肉，用纸来实现油、水分离，从而得到橄榄油。尽管橄榄油并不便宜，但能用它预先腌制生肉，与醋和香料混合处理新鲜蔬菜，而当时还没有使用动物油烹饪的习惯，因此橄榄油仍被大量使用。此外，地中海沿岸的人们还喜欢将橄榄油制成各种副产品，例如肥皂、灯油、宗教用香油、化妆品、香薰等。

古罗马人发明了压榨橄榄油的机械设备，还将缴纳橄榄油发展为一种税收方式（1—3 世纪）。也许是迫不及待地想把新学没多久的腌渍技术应用在一切能吃的食物中，传统的腌渍橄榄也诞生于这一时期，它不但颜色鲜艳，而且味道丰富。

根据史料记载，最初腌制橄榄采用的方法是将它们用盐水浸泡几周甚至更长时间，直到苦味消退。处理过的橄榄带有一种甜味，果香四溢。但热爱美食的罗马人并不拘泥于单一方式，仍在不断尝试着效率更高的办法，比如把橄榄浸泡在木灰、香料、醋、蜂蜜或是以葡萄酒调味的卤水里。

不过，后来的腌渍橄榄大多借鉴了盐水浸泡腌渍的方法，例如干腌——把盐均匀涂抹在橄榄上，放置一个多月。在这个过程中，橄榄的苦味和水分会被去除，随后再用橄榄油"清洗"盐分。有些人还会将干腌后的橄榄泡在橄榄油中，让肉质软化。

自哥伦布 1492 年登陆美洲大陆起的三个世纪里，西班牙在美洲大陆和加勒比海地区不断进行殖民扩张，橄榄树也随着殖民者的脚步登上美洲大陆，并因与地中海相似的气候而沿着太平洋海岸迅速蔓延，逐渐成为南美洲智利、秘鲁的骄傲。

直到今天，在墨西哥还留存着与古罗马人相似的腌渍橄榄的方法。墨西哥人除了用霞多丽（Chardonnay）酒和盐水腌渍橄榄之外，还会在卤水中加入剁成小块的墨西哥辣椒，他们把这种腌渍橄榄称为"辣椒霞多丽腌橄榄"（Chardonnay Jalapeño Olives）。

直到 20 世纪，橄榄才传入东亚。1908 年，在日本香川县小豆岛，日本人成功种植了第一棵橄榄树。这座小岛后因盛产橄榄而又被称为"橄榄岛"。除了腌渍橄榄和橄榄油之外，岛上的"橄榄纪念馆"还出售橄榄冰激凌、橄榄汽水等食物。

1 出土于意大利武尔奇的黑色双耳瓶（前 520），描绘了人们齐聚收获橄榄的场景。现存于大英博物馆
2 古希腊和古罗马人压榨橄榄油的部分工具，现藏于希腊埃雷特里亚的考古博物馆 | Jebulon
3 橄榄油 | Roberta Sorge robertina

RECIPE 食谱

墨西哥腌渍橄榄
1 个月 | 10 人份

食材
西班牙大橄榄 / 500 克

盐 / 50 克

霞多丽酒 / 50 毫升

墨西哥辣椒 / 15 克

水 /300 毫升

做法
① 洗净西班牙大橄榄、墨西哥辣椒，辣椒切成小块，橄榄晾干。盐加入水中充分溶解并煮开。

② 将霞多丽酒倒入盐水中，再将晾干后的橄榄加入盐水和酒的混合溶液，搅拌均匀。

③ 将墨西哥辣椒块倒入上述混合物中，搅拌均匀。

④ 将上述混合物倒入密封罐子内，等待 1 个月以上时间即可。

极具话题性的水果

香蕉 / Banana

20

	公元前 5000 年
起源	巴布亚新几内亚
人物	亚历山大大帝、洛伦佐·道·贝克

香蕉（banana）的名字据推测源自阿拉伯语，是"手指""脚趾"的意思。由此也可以看出，最早的香蕉品种果实应该很小，与现在的样子差别很大。

香蕉的栽种历史也相当悠久，早在公元前 5000 年，人类便开始在巴布亚新几内亚种植香蕉。公元前 327 年，亚历山大大帝首度把香蕉引入欧洲（从印度到希腊）。1516 年，西班牙传教士把香蕉带到了加勒比地区。1600 年，西班牙征服者试图在今美国佛罗里达州种植香蕉，不过因为冬季结霜等问题而以失败告终。

在其甜糯的口感之外，香蕉还与许多政治性话题有关。在德国分裂时期，东德的经济长期萧条，没有经济能力进口水果。当时，人们若想吃香蕉，需要一早到外汇商店门口排队至少两个小时。所以1990 年夏天，柏林墙倒塌后，有东柏林人在狂欢之夜抱着香蕉在街上狂奔，宣泄喜悦之情。西德媒体刊登了一则题为"安娜正在欣赏生平的第一根'香蕉'"的新闻图片，专门讽刺东德的物资匮乏。

从"香蕉天堂"到"香蕉共和国"

1633 年，英国草药商人托马斯·约翰逊（Thomas Johnson）的店里开始出售来自百慕大群岛的第一批香蕉。但是，显然英国人对于生吃这种黄色的水果并不感兴趣，所以它们大多被用来制作成馅饼的馅料或其他甜点。

1876 年，香蕉出现在美国费城世博会（The Centennial Exposition）的农园艺展厅中，并以每根 10 美分的价格出售。但这其实并不是美国人第一次见到香蕉，早在 1870 年，洛伦佐·道·贝克（Lorenzo Dow Baker）船长就已经从加勒比海区域将香蕉带回了波士顿。

世博会的展出令最初并没有引起轰动的香蕉迅速激起了人们的好奇心，而亲口品尝后体验到的美妙口感令美国人从此对香蕉爱不释手。贝克与批发商安德鲁·普列斯顿（Andrew Preston）合作成立了波士顿水果公司（Boston Fruit Company），正式开启了他建立在蒸汽船和轨道货车运输上的香蕉贸易事业。

几年之后，美国铁路企业家亨利·梅格斯（Henry Meiggs）的侄子、资本家米诺尔·C. 基思（Minor C. Keith）成立了热带贸易与运输公司（Tropical Trading and Transport

Company），利用帮助哥斯达黎加政府修筑铁路的独家资源，将沿线的大片土地改建为香蕉种植园，并进一步控制了包括哥斯达黎加、哥伦比亚、巴拿马等国在内的香蕉种植园，成为贝克强有力的竞争对手。

到了 1889 年，因欠下巨额贷款而陷入危机的基思，将公司与贝克的波士顿水果公司合并，诞生的联合果品公司（United Fruit Company）不仅掌握了整个加勒比海至中美洲的香蕉贸易，还同时拥有遍布全美的运销网络，成为全球最大的香蕉贸易公司，美国也因此成为名副其实的"香蕉天堂"。

为了保证生活在"天堂"的美国人能够以更低的价格获得源源不断的香蕉供应，联合果品公司在中美洲经济最为落后的国家以极低的价格大量购入土地，并雇用生活贫困的当地人到种植园中廉价出卖劳动力。巨大的利润让联合果品公司的影响力越发惊人，连这些国家的政府也不得不沦为任其摆布的傀儡，给予其减税甚至免税的优惠政策。

中美洲国家的自然经济很快开始土崩瓦解，老百姓的生活贫困不堪，处于崩溃的边缘，他们试图寻找生路的反抗会同时遭到来自美国军方、外交，甚至情报机关的联合镇压。1910 年，美国政府派军队和特工组织颠覆了企图反抗的洪都拉斯政府，并扶植了更听话、更合作的代理人；1954 年，美国中央情报局（Central Intelligence Agency, CIA）为维护联合果品公司在危地马拉的暴利，策划军事反叛行动推翻了总统哈科沃·阿本斯政府。诸如此类的事件不胜枚举，就像香蕉达人丹恩·凯波（Dan Koeppel）在他的著作《香蕉密码——改变世界的水果》（*Banana: The Fate of the Fruit That Change the World*）中所写的："危地马拉人痛恨的是，自己的祖国在大多数方面都只不过是外国人拥有的一座巨大的香蕉园。"这些国家在国际上被取绰号为"香蕉共和国"。

差点儿灭绝的香蕉

1903 年，一种名为香蕉黄叶病[1]的可怕绝症首度从南太平洋传到中美洲，并很快流行起来，使香蕉的产量骤减。从此，香蕉与黄叶病间展开了一场殊死搏斗。1950 年以前的主要品种大麦克（Gros Michel）在经过与香蕉黄叶病 1 号（Race 1）长达 50 年的抗争后，

最终不敌而彻底退出历史舞台。

在这场战役中，亚洲产的香蕉品种"华蕉"（Cavendish）不仅经受住了来自香蕉黄叶病 1 号的侵袭，还抵御了其他十几种常见的香蕉疾病，因而取代大麦克一跃成为地球上最主要的香蕉品种，并迅速占领了市场。

不幸的是，1985 年，华蕉也开始染病。未知的病害很快在亚洲种植园里弥漫开来，一度让所有种植者陷入历史重演的恐慌中。后经美国科学家兰迪·普洛茨研究确定，其实就是香蕉黄叶病热带第 4 型（TR4）。华蕉遗传基因的高度一致性及大量密集栽种的生产特性，使得它们在面对新型黄叶病的侵害时显得非常脆弱，所以，科学家们仍须不断寻找既对病害免疫，又能满足全球供应量的品种。

1

---

1. 香蕉黄叶病又称为香蕉枯萎病、香蕉巴拿马病害，是中国香蕉产区最严重的病害。病原菌是香蕉萎蔫尖孢镰刀菌古巴专化型。香蕉叶片染病后会迅速枯萎，严重时整株死亡。

1 与香蕉黄叶病 1 号抗争的品种大麦克 | Internet Archive Book Images
2 香蕉成为美国人爱不释手的水果，每个家庭的冰箱中几乎都能找到它的踪迹 | 美国国家档案和记录管理局
3 1937 年，联合果品公司的货船由墨西哥载货归来。将香蕉搬运到货仓主要靠码头工人完成 | 美国国家档案和记录管理局
4 1876 年美国费城世博会场馆鸟瞰图

RECIPE 食谱

香蕉派
1 小时 10 分钟 | 1 人份

食材
面粉 / 200 克
香蕉 / 1 根
鸡蛋 / 1 个
糖水 / 小半碗
食用油 / 100 毫升

做法
① 将温度适中的糖水慢慢倒入面粉中，加入鸡蛋，按压成团，醒面 30 分钟左右。
② 将面团擀成圆饼后，涂食用油卷起；接着从两边向中间卷，两端涂油后，对折、按压，再次擀成圆薄饼、涂油。
③ 将香蕉切片均匀放在圆饼中间，向中间折叠把香蕉片包起来。
④ 将烤箱温度预热至 180℃，烘烤 25 分钟左右出炉即可。

阿拉伯的绿色黄金

椰枣 / Date palm

▼	公元前 5000 年
起源	今巴基斯坦西部一带
人物	穆罕默德

椰枣树因其外观与椰子树相似，而所结果实又极像枣子而得名，与葡萄树、无花果树、橄榄树一起并列为人类最早驯化的四大果树。考古学证据显示，早在 7 000 年前，埃及、伊拉克、巴基斯坦、印度河流域等地的古代人类就已经开始种植椰枣树了。在利比亚西南部，考古学家确认在 5 000 年前就有人类居住的古达米斯古城里，人们的主食也是椰枣。在迦太基遗址的博物馆中，至今仍陈列着 3 000 年前腓尼基人制作的装饰有椰枣树叶花纹的工艺品。目前，全球范围内已知的椰枣树品类多达 600 多种。

从中东到世界各地

公元前 5000 年，在现今巴基斯坦西部一带的新石器时代文明遗址中，考古学家们发现了椰枣树的种植痕迹。而在印度河流域文明的遗址中，也不断出土公元前 2600—前 1900 年种植椰枣树的证据。

苏美尔人发明了对椰枣树进行人工授粉的方法，不仅提高了产量，还改善了果实的品质。距今 3 000 多年前的古埃及第十九王朝时期，埃及人通过学习《汉谟拉比法典》，将人工授粉的方法继承并进一步推广。他们视椰枣和水源同等重要，并认为每人每天吃 6 颗椰枣就能活下去。

公元前 4 世纪，古希腊哲学家泰奥弗拉斯托斯在其著作《植物志》中指出，椰枣树是腓尼基人从地中海东岸传播到希腊的。古希腊人、古罗马人喜欢这种树，他们不仅视椰枣树的叶片为一种胜利的象征，在集会时随身携带，还喜欢用椰枣来迎接凯旋的战士。

1352 年，阿拉伯学者、大旅行家伊本·白图泰（Ibn Battūtah）加入商队，自北向南穿越撒哈拉沙漠。在他一路游历整个伊斯兰世界留下的游记中，判断所到城镇繁荣程度的标准就是该地的椰枣品质。

椰枣在我国广东、福建、云南、新疆等地都有种植，而关于椰枣在我国最早的文字记载

出现于9世纪的唐朝，段成式所著的《酉阳杂俎》中称椰枣为"波斯枣"，"食之味甘如饴也"。由此可见，椰枣在唐朝已从波斯传入我国。

此时，唐朝与被称为"大食"的阿拉伯帝国同时开辟了陆上和海上两条"丝绸之路"，阿拉伯使节不断来访。由于晒干的椰枣可以长时间保存，又富含碳水化合物和维生素，是长途穿越沙漠时最好的粮食储备，阿拉伯人将其誉为"沙漠面包"，并在来往商贸活动中随身携带。因此有观点认为，椰枣很可能是通过"陆上丝绸之路"向我国西北输送的。

阿拉伯人除了直接吃鲜椰枣外，还喜欢将其晒干制成果脯，剖开后夹入核桃等各色坚果，这种吃法也随之一起流入中国。

对于早已开启传统医学研究的古代中国人来说，椰枣的药用价值自然不会被忽略。明朝李时珍在《本草纲目》中称椰枣为"无漏子"，又称"千年枣""万年枣""海枣""波斯枣""番枣""金果"。他还就这些名称做出了相应的解释："千年、万年，言其树性耐久也。曰海，曰波斯，曰番，言其种自外国来也。金果，贵之也。"他认为，这种枣"补中益气，除痰嗽，补虚损，好颜色，令人肥健"。以现代医学的角度来看，李时珍的判断依然是相当准确的。

早在公元前5世纪前后，椰枣就被往来中东的贸易商带到了东南亚、北非和西班牙等地。

在西班牙东南部有一座沿海城市埃尔切（Elche），2 000—3 000年前，椰枣树由腓尼基人和迦太基人带到该城。到了10世纪，阿拉伯人统治伊比利亚半岛，并在埃尔切兴修水利，开发出大片的种植园精心培育椰枣树，将一片干旱的沙漠地带发展成为富饶的绿洲，即如今的帕梅拉尔（Palmeral）地区，意思是"长满椰枣的地方"。

阿拉伯人当年的种植园发展至今，凭借超过20万棵椰枣树的规模，成为欧洲境内最大的椰枣树林。据说如今全世界最好吃的椰枣仍产自这一地区，呈琥珀色，有"光之枣"的美誉。

1765年，西班牙人将椰枣引入墨西哥和美国加利福尼亚地区，从此，加利福尼亚成为美国的椰枣主产地。

阿拉伯世界的美食之光

伊斯兰教创教之前，椰枣便已经深入阿拉伯人的生活之中。椰枣树可谓全身都是宝，不仅果实可以直接食用或者用来酿酒、制糖，树干还能作为房屋建材或用以雕刻神像，就连树叶都被人们收集起来当作纸张。

伊斯兰教诞生后，《古兰经》和圣训里关于椰枣的内容也是不胜枚举，穆罕默德甚至将椰枣比作阿拉伯人的"姑母"，可见其重要性。

在伊斯兰教的斋月里，多数人在开斋时会接受穆罕默德的教诲先吃一点儿椰枣，"你们谁开斋，就让他用椰枣开，它确是吉庆的；要是没椰枣就用水，它确是纯洁的"，并且根据圣训中穆罕默德最喜欢的吃法，将鲜椰枣与黄瓜、西瓜一起食用。

被高尔基誉为世界民间口头创作史上"最壮丽的一座纪念碑"的古代阿拉伯故事集《一千零一夜》中，多次出现过一种叫作"塔吉锅"（tagine）的古老料理形式。塔吉锅又名微压力锅，起源于北非的摩洛哥，陶土制的尖帽形锅盖透气但不透水，使得在烹饪过程中循环上升的水蒸气能够均匀地滴落回食物上，只用少量水，甚至无水就能完成料理，对于水资源极度缺乏的地区而言，无疑是非常重要的。因此从9世纪发展至今，已堪称摩洛哥的国菜。

塔吉锅烹饪过程简单方便，没有烦琐的料理步骤和火候控制的精细要求，对于食材也没有特别的限制，可根据个人的口味任意加入喜欢的蔬菜和肉类。羔羊肉与椰枣的组合仍是最经典、最美味的，在制作过程中还会通过添加腌柠檬等食材的方式，利用酸味将这道菜的浓烈风味最大限度地发挥出来。

1 椰枣树上的果实 | Balaram Mahalder (CC BY-SA 3.0)
2 长沙窑青釉褐斑模印贴花椰枣纹执壶（唐）| Siyuwj (CC BY-SA 4.0)
3 全身都是宝的椰枣树以及人们使用它的六种生活场景（1840）| Wellcome Images

RECIPE 食谱

椰枣核桃

15 分钟 | 2 人份

食材

干椰枣 / 10 颗
核桃 / 2 颗

做法

① 将干椰枣剖开去核。

② 烤箱温度预热至 150℃，将核桃烤制 8 分钟。

③ 将烤好的核桃切成小块，夹入干椰枣内即可。

属于东方的 Q 弹主食

米粉 / Rice vermicelli

	公元前 5000—前 3000 年
起源	中国
人物	秦始皇

米粉来源于稻米，是中国南方稻米产区以及东南亚地区的一种常见主食。从中国的饮食习惯来看，米粉分为两种：一种是将稻米煮熟，研磨成粉状；另一种则需要在前者的基础上进行高温蒸煮和发酵处理，再挤压成线状。东南亚人吃的"河粉"也由大米制成，制作方式是先将生米碾成粉，用水和成糊后上笼蒸熟，压成微厚的片状后切成条，既可待冷却后直接食用，也可以干燥后长期保存。

普遍认为，米粉起源于中国。在原始社会，制米成粉必须有工具。考古学家在仰韶文化遗址出土了石舂，证明人类于新石器时代已经掌握了使用石舂捣米为粉的技术。

制作工艺的进阶

糊状米粉最早出现在周朝，被称为"糗"，是将谷物蒸熟或煮熟后捣成粉状，而非直接碾磨谷粒成粉。"糗"的原料可以是稻米、小麦、黍等。

根据《国语》中的记载："成王闻子文之朝不及夕也，于是乎每朝设脯一束，糗一筐，以羞子文。"结合西周时期山西、陕西等地已开始产盐的事实，推测周天子很可能是将米粉糊与当时的各种酸肉酱[1]、梅子、盐等混合后食用。另外，由于醋、胡椒都起源于汉朝，因此，此时的米粉糊也可能是被制成了酸麻味。

线状米粉能够追溯至 1 000 多年前的中国南北朝时期，最早的文字记载出现在成书于南北朝甚至更早时候的《食次》一书中。虽然《食次》的原书没有流传下来，但是《齐民要术》的饼法中收录了关于线状米粉的文字："《食次》曰'粲'：一名'乱积'。""粲"的意思是上等的白米，米粉在锅中煮熟后状如一团乱麻缠绕在一起，因此得名"乱积"。书中同时还对米粉的制作过程进行了详细的描述，但可惜的是，至今尚未发现关于烹饪方法的文献记录。

---

1. 周朝制作肉酱，因在分解过程中会产生大量的有机酸，如氨基酸、乳酸、醋酸等，所以酱汁的味道是酸的。

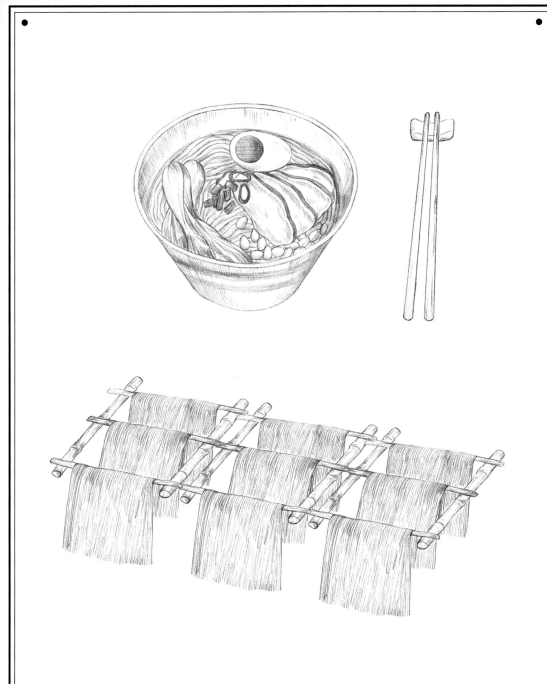

到了隋唐时期，岭南地区的线状米粉制作工艺已经日臻成熟，成为可作为赏赐之用的特产。根据《齐民要术》及《隋书》等文字资料记录，这一时期米粉主要以肉酱或肉汁搅拌食用。

米粉的制作工艺在宋朝得到了很大的发展，江西地区已经能够制作出像缆绳一般长并因此被命名为"米缆"的线状米粉。同时还出现了由绿豆粉和其他谷物制成的"索粉"，是专供上层社会人士享用的高级食品。

但根据成书于清初的长篇小说《儒林外史》中的描写"席上上了两盘点心，一盘猪肉心的烧卖、一盘鹅油白糖蒸的饺儿，热烘烘摆在面前，又是一大深碗索粉八宝攒汤"来看，在明清时期索粉已经走进了寻常百姓家，成为日常饮食的一部分了。

至清末民国以后，"米粉""米线"的名字正式出现，这类食物在南方地区盛行的同时逐渐根据地方特色形成了不同的风味。

早在两汉时期，东南亚国家就开始与我们建立联系，在我们源源不断地输出铁器、农耕和水利技术的同时，也将我们的饮食陆续传播出去。直到20世纪，东南亚国家的"河粉"由中国广东移民带入，配合着东南亚地区特有的香料，成为米粉中独树一帜的美味。

桂林米粉的秦王传奇

桂林米粉是广西桂林地区的特色小吃，在原料上非常讲究，制作米粉需选用上好的早籼米，卤水也要以猪骨或牛骨、罗汉果及各种作料熬制而成，辅以酸豆角、花生、酸笋一起食用，鲜香美味，为许多人所喜爱。

如今可见于中国各城市大街小巷的桂林米粉和首次统一中国的秦始皇之间还有一个脍炙人口的故事。

公元前219年，秦始皇嬴政派屠睢率50万大军南征百越。百越人民骁勇善战，不肯降服于秦始皇，战争异常激烈地胶着了长达五年。地处山区的百越交通非常不便，致使粮食供应成为战争中掣肘的难题，远离故土的西北将士非但吃不到如刀削面、羊肉泡馍之类的家乡传统美味，还经常连饭都吃不上，饿着肚子征战沙场。在忍饥挨饿与水土不服的双重夹击下，大量的士兵病倒了。于是，在当地征粮成为解燃眉之急的唯一办法。

虽然稻米是南方的主要作物，但是为了能让以麦面饮食为主的士兵们吃上符合饮食习惯的家乡味，获得充足的力量继续作战，伙夫们绞尽脑汁后决定按照

西北做面条的方法制作米粉条。同时，秦军的随军郎中还采集当地中草药，煎制药汤。在紧张的战局下，士兵们经常将米粉混着药汤一起狼吞虎咽，由此便诞生了桂林米粉的雏形。

不过传说只是传说罢了，据近代学者易熙吾考证，桂林米粉大约形成于清朝道光年间。当时一位桂林籍的官员在退休还乡时将山西省平遥县的卤制冠云牛肉也一并带回了家乡，在向卤水中加入广西特有的如八角、桂皮、罗汉果、黄姚豆豉等多种香料后，再添加锅烧、炸黄豆、芫荽等配菜，基本形成了如今的桂林米粉。

从米粉糊到线状米粉，从"乱积""米缆""索粉"到"米线"，伴随着名称的变化，线状米粉也逐渐在米制食物中占据了不可替代的重要地位。而由这许多名字写就的，则是一部重要的中华特色食物地域化、大众化发展的进化史。

1 桂林米粉 | Popo le Chien
2 干燥后可以长期保存的米粉 | Popo le Chien (CC BY-SA 3.0)
3 米线因其长度而又被称为"米缆" | Adam Jones (CC BY-SA 2.0)
4 岳阳博物馆馆藏的石磨，一般用于磨米成粉，做粑粑等食物 | Huangdan2060

RECIPE 食谱

凉拌米粉

30 分钟 | 1 人份

食材

米粉 / 200 克

香菜 / 4 克

辣椒 / 5 克

葱花 / 4 克

蒜 / 2 瓣

姜 / 3 克

花生米或腰果 / 少许

鸡精 / 少许

酱油 / 适量

猪油 / 5 克

胡萝卜 / 1 根

豆芽 / 适量

生菜 / 少许

做法

① 米粉直接冷水下锅煮，用筷子在锅里搅拌，水开后煮至少 6 分钟；然后盖上锅盖，关火焖 5 分钟，再将米粉捞起来过冷水，放着备用。

② 辣椒、胡萝卜、生菜切丝，蒜、姜压蓉，豆芽焯水，香菜切碎；将辣椒丝、蒜蓉、姜蓉、葱花、酱油、鸡精混合。

③ 锅里放猪油，开中火将花生米或腰果放在锅里炒熟，使其香脆，然后捞出；热过花生米的油直接浇在②中的混合物中。

④ 将上述所有材料混合拌匀即可。

让人甘愿落泪的古老植物

辣椒 / Chili pepper

	约公元前 4200 年
起源	南美洲
人物	哥伦布

虽然全世界有大约 1/4 的人吃辣椒，但各国对待辣椒的态度却大相径庭。在印度、泰国、韩国、墨西哥和中国等国家的日常饮食中，辣椒扮演着至关重要的角色，大多数菜式中都少不了它们的身影，但在北美、欧洲及日本等地，辣椒只是一种使用范围有限的香料，甚至没有专门形容辣度的词汇。比如日文中盐的"咸"和辣椒的"辣"都能用"辛"字描述，而英文的"热"和"辣"则都能用"hot"[1]一词表达。究其原因，大概是因为在此之前，这些国家很少接触辛辣食物，也不知道该如何形容口腔中的这股辣味。

在历史进程中，辣椒虽然远比不上玉米和马铃薯等农作物重要，但由于它为那些平淡的食物赋予了辛辣的口味，依然成了平民百姓必不可少的调味料。

被误会为"胡椒"的辛辣美味

辣椒的英文为 chili pepper（又称为 chile pepper、chilli pepper 或 chilli），是最初生长于南美洲地区的古老植物，距今至少已有 7 000 年的历史。位于美国华盛顿史密森学会（Smithsonian Institution）的研究人员曾在厄瓜多尔南部，发现了 6 250 年前人类食用辣椒的痕迹。

但辣椒真正进入全球视野，还是因为 15 世纪末哥伦布第二次横渡大西洋到达美洲时将辣椒带回了西班牙。据说当年哥伦布抵达西印度群岛后，遇见的是一种名为"cascabel"[2]的绿色圆形辣椒，这种辣椒尺寸和铜铃相似，远远超过胡椒粒。但由于哥伦布之前并未见过辣椒，竟误以为自己见到的是新型胡椒品种。也许正是因为这种联系，西班牙语中两者的名字存在共同之处：胡椒是阴性词"pimenta"，辣椒则是阳性词"pimento"；在英文中，也能用"pepper"来同时指代胡椒和辣椒。

---

1. 如今，因为吃辣的人变多，人们更多使用"pungent"或"spicy"一词形容辣度。
2. cascabel 又称"rattle"辣椒，属于米拉索辣椒 (Mirasol chili peppers) 的一个品种。"rattle"是类似于"咯咯""嘎嘎"的拟声词，因这种辣椒干后晃动时，辣椒子会在壳里发出类似声响而得名。

然而欧洲人实在没有吃辣的天赋，英国作家莉齐·克林汉姆（Lizzie Collingham）曾在《咖喱传奇：风味酱料与社会变迁》（*Cury: A Tale of Cooks and Conquerors*）一书中提道："人们并未将辣椒当作新的香料，而仅作为一种好奇的观赏植物。"直到辣椒随着葡萄牙贸易船队一路漂洋过海，到达印度、东亚等地区，才开始作为调味料被广泛使用。

关于辣椒的传播路径，还有另一个不容忽视的说法，即认为辣椒先从被西班牙控制的墨西哥传入菲律宾，再从菲律宾进入印度、中国和印度尼西亚等地，并于 1542 年由葡萄牙传教士带到日本。

无论通过哪种传播路径，辣椒都极大地改变了各地的饮食习惯。在传入西班牙后的半个世纪内，辣椒以令人难以置信的速度在全球扩张开来。这一方面是因为辣椒适宜在各种气候下生长，价格便宜且易于烹饪；另一方面则是由于许多人犯了同哥伦布相同的错误，将辣椒视为新型胡椒，因而与一同从美洲漂洋过海而来的番茄、马铃薯等新奇食物相比，对它的接受度更高。

辣椒于明朝时期传入中国后也主要用于观赏，如明朝高濂在《遵生八笺·燕闲清赏笺》中写道："番椒丛生，白花，子俨秃笔头，味辣色红。"

作为挚爱辣椒的国家之一，中国的青辣椒产量一度占到世界产量的 40%。在四川、贵州和湖南等地，许多人将辣椒视为本地原产的农作物，可见辣椒深深根植于当地的饮食文化之中。每当看到如麻婆豆腐、重庆火锅等以辣椒作为主角的中式经典菜式时，都很难想象中国人真正食用辣椒的历史仅有两三百年。

若将眼光放长远些，从 1493 年哥伦布从美洲带回辣椒到现在，也不过经历了短短 500 多年。辣椒之所以能够在如此短的时间内获得人们的追捧，大概还是因为它带给人们舌尖的那种令人愉悦的辛辣感吧。

得克萨斯州与辣椒皇后

虽说北美对于辣椒的接纳程度远不及东亚地区，但美国的得克萨斯州却因盛产一种名为"红碗"（Bowl of Red）的辣酱而远近闻名。得克萨斯州有众多关于辣椒的传奇故事，其中最出名的恐怕还是"辣椒皇后"。

19 世纪 80 年代，一些拉美裔的妇女将家中用辣椒和牛肉自制的辣椒酱装在五颜六色的货车上，到圣安东尼奥市[1] 广场的露天摊上出售。虽说最初出售的

对象是当时驻扎在广场的西班牙士兵，但在这个露天摊上的长期经营也让辣椒酱彻底融入了当地人的饮食文化中。甚至一度出现了若是没有到广场上吃点儿"辣椒皇后"的食物，就不算度过了一个完整夜晚的观点。

1937 年，圣安东尼奥市由于卫生整治，市政府取缔了"辣椒皇后"的摊位。为了纪念这段历史，20 世纪 80 年代，圣安东尼奥市开始举办一年一度的"辣椒皇后节"。1967 年，得克萨斯州特灵瓜（Terlingua）市举办了第一届世界辣椒锦标赛；1977 年，得克萨斯州政府正式宣布以辣椒作为该州代表食品。

1

CAPSICI FRUCT.
"CASCABEL"
~
Capsicum annuum

---

1. 圣安东尼奥市（San Antonio）是美国得克萨斯州第二大的城市。

1 1493 年哥伦布抵达西印度群岛后，遇见的名为"cascabel"的圆形辣椒 | Maša Sinreih in Valentina Vivod (CC BY-SA 3.0)
2 1907—1908 年的明信片：美国得克萨斯州圣安东尼奥市辣椒皇后露天摊市场情景 | SMU Central University Libraries
3 辣椒开出的白花 | Sternstaub
4 美国得克萨斯州特灵瓜市世界辣椒锦标赛比赛现场 | Staff Sgt. Daniel Yarnall&cogdogblog (CC BY-SA 2.0)

RECIPE 食谱

得克萨斯"红碗"牛肉辣酱

2 小时 | 4 人份

食材

瘦牛肉（切块） / 1.3 千克

植物油 / 50 毫克

干辣椒 / 5~10 个（或辣椒粉 / 3~6 汤匙）

牛至碎 / 1 茶匙

孜然 / 1 汤匙

盐 / 1 汤匙

辣椒粉 / 1 汤匙

塔巴斯科辣酱 / 1 汤匙

蒜 / 2~4 瓣

玉米面 / 2 汤匙

做法

① 取 3~6 个干辣椒，清水煮 5 分钟后冷却，去梗，去籽，切碎，再加水制成辣椒酱待用。

② 将植物油放入锅中加热，将牛肉块分 2 次或 3 次放入锅中煎熟。

③ 将煎后的牛肉块和辣椒酱倒入锅中熬煮 30 分钟（为避免牛肉烧焦，确保辣椒酱液体没过肉约 5 厘米）。

④ 除玉米面和剩下的 2~4 个干辣椒外，其余材料全部加入锅中，炖 45 分钟，偶尔稍稍搅拌。

⑤ 根据口味再加入未切碎的干辣椒；加入玉米面使液体变稠，再炖 30 分钟，至牛肉软烂即可。

古老的"豆中之王"

鹰嘴豆 / Chickpea

	约公元前 3500 年
起源	中东地区
人物	沙·贾汗

每个国家或地区都有自己的国民美食，但是能风靡全球的并不多，鹰嘴豆就是这少数中的一种。它不仅在发源地中东地区被当作大众食物，美国和欧洲人民也都爱它，印度更是有数百万人要靠它来满足营养需求。

鹰嘴豆因其表面凸起、形似鹰嘴而得名，又叫鸡豆、桃尔豆。它不仅富含优质的植物蛋白，还含有人体所需的多种微量元素，其中的植物激素"异黄酮"与女性体内的雌激素结构相似，有预防部分女性疾病的功效，因此被称为"豆中之王"。

鹰嘴豆的味道与板栗相似，香糯甘甜，最常见的吃法是做成鹰嘴豆泥（hummus）和油炸豆丸（falafel），也正是这两种经典做法使鹰嘴豆成为世界性的美食。

近几年来，随着轻食主义和健身热潮的兴起，鹰嘴豆凭借其高蛋白、低脂肪、含复合碳水化合物的特点，深受轻食者和健身人士的喜爱，被用来制作各种健康美味的轻食健身餐。

从"奢侈品"到"大众食物"

鹰嘴豆种植历史悠久，属于最早一批被驯化的农作物，是"八大始祖作物"[1]之一。在土耳其东南部和邻近叙利亚的部分地区，考古学家发现了 10 000 年前的野生鹰嘴豆，因此推测鹰嘴豆极有可能就是在这里被驯化的。《大狗：富人的物种起源》[2]一书中提到了世界上最早的富人的出现：鹰嘴豆的驯化使人们的生活方式从原始的狩猎和采集向农耕转变，于是随着作物的丰收，某个强势家族出现了盈余，囤积起来之后用以与他人交换物品。自然，拥有的鹰嘴豆越多，物质便越富足。

鹰嘴豆被驯化后不久，开始以新月沃地[3]为中心，沿东西轴线向整个亚欧大陆传播，

---

1. 世界上最早被驯化的一批作物，包括：二粒小麦、单粒小麦、大麦、兵豆、豌豆、鹰嘴豆、苦巢菜、亚麻。

2. [美] 理查德·康尼夫著。书中探讨了成为有钱人意味着同时拥有无尽的烦恼，并且只有保留了大量动物本性的人才有成为富人的机会等话题。

3. 在西亚和北非地区两河流域及附近的一连串肥沃土地，包括古埃及、美索不达米亚、累范特等地区，由于好像一弯新月，所以被美国芝加哥大学的考古学家詹姆斯·亨利·布雷斯特德（James Henry Breasted）称为"新月沃地"。

西至欧洲和埃及，东至印度次大陆，随后在地中海地区、中东和埃塞俄比亚等地也开始被广泛种植。

约公元前 3500 年，鹰嘴豆已在古希腊等地区被驯化，而后又传入古埃及。埃及尼罗河流域的环境与新月沃地两河流域相似，因此鹰嘴豆生长得很好，很快就取代埃及的原生作物而成为餐桌上不可或缺的食物。埃及人就是吃着鹰嘴豆建造出了恢宏的金字塔和狮身人面像，孕育出璀璨的文明。

中世纪早期，埃及人尝试将鹰嘴豆磨成粉，与水和香料等混合后制成豆丸油炸食用。这种炸豆丸就是现在我们熟知的"法拉费"（Falafel）。

同时期的欧洲地区则将鹰嘴豆作为药物使用，德国医师圣希尔德加德曾将鹰嘴豆用于治疗发热。直到 16 世纪新航路开辟，鹰嘴豆才随着西班牙探险者的脚步到达世界其他地方。

第一次世界大战时期，德国人将烤鹰嘴豆作为咖啡豆的替代品煮食，至今仍有很多人只喝鹰嘴豆煮制的咖啡。第二次世界大战后，大批犹太人涌入巴勒斯坦，并于 1948 年建立以色列。这些犹太人从巴勒斯坦分离出去的同时将美食鹰嘴豆泥也带走了，以以色列和巴基斯坦为首的几个中东国家从此为了鹰嘴豆泥的归属权而争执不下。

鹰嘴豆是印度皇帝牢中的御食？

沙·贾汗（Shah Jehan）是莫卧儿帝国[1]第五任皇帝，举世闻名的泰姬陵就是他为妻子修建的。在他晚年重病时，几个儿子为了争夺权力开始自相残杀。在这场争斗中，他支持的长子达拉·什克被三子奥朗则布打败。奥朗则布获得权力后，将沙·贾汗软禁在阿格拉堡一间能够看到泰姬陵的房间内长达 8 年，直到沙·贾汗逝世。

传说残酷的奥朗则布规定沙·贾汗在软禁期间只能选择一种食物，沙·贾汗选择了鹰嘴豆。忠心的厨师为了让他每天吃到不同花样的鹰嘴豆料理，制作出了丰富的菜谱。

如今，印度的鹰嘴豆做法如此多样，可以说沙·贾汗功不可没。印度招牌美食"Shahjahani Daal"就是以沙·贾汗命名的，是一道用丰富的奶油和椰奶烹制而成的鹰嘴豆料理。

---

1. 突厥化的蒙古人在印度建立起来的封建专制王朝（1526—1857）。

1 土耳其版《创造的奥妙》，作者匝加利·亚·卡兹维尼（Zakari ya
Qazvini，1203—1283），现存于沃尔特艺术博物馆（Walters Art
Museum），图中所示为其中的鹰嘴豆插画
2 鹰嘴豆泥 | Thomson 200 (CC BY-SA 1.0)
3 下加利利地区的鹰嘴豆田 | Eitan f (CC BY-SA 3.0)
4 白色及绿色的两种鹰嘴豆 | Sanjay Acharya (CC BY-SA 3.0)

RECIPE 食谱

鹰嘴豆泥

1 小时 | 4 人份

___

食材

干鹰嘴豆 / 220 克

小苏打 / 6 克

芝麻酱 / 15 克

鲜榨柠檬汁 / 15 毫升

大蒜 / 4 瓣

冰水 / 8 毫升

盐 / 5 克

___

做法

① 将干鹰嘴豆浸泡过夜后沥干，和小苏打一起放入平
底锅中。

② 开大火加热 3 分钟，不断搅拌。

③ 3 分钟后，加水煮 20~40 分钟（至能被手指捻碎即
可，注意不要成糊状），其间不断除去泡沫和浮起的
杂质。

④ 沥干鹰嘴豆，放入搅拌机中，在机器搅拌过程中添
加芝麻酱、鲜榨柠檬汁、大蒜、盐和冰水。

⑤ 搅拌顺滑后即可装盘。

古老的酒精饮料

啤酒 / Beer

▨	公元前 3500—前 3100 年
起源	伊朗西部
人物	汉谟拉比

公元前 10000 年，人类就开始种植谷物，为酿酒创造了可能性。考古学家发现在距今 11 000 年的土耳其南部歌贝克力山丘寺庙遗址中，有古人用麦芽煮粥，并让剩下的粥经过自然发酵成为香甜液体的遗迹。而关于啤酒最早的明确证据，可追溯到公元前 3500—前 3100 年位于伊朗西部的戈丁·特佩（Godin Tepe）遗址。随后，距今 4 000 年的埃及人将类似的古老啤酒的制作方式刻在了金字塔的壁画中：在大麦面包与搅碎的干谷粒中加入水后静置发酵。埃及人非常爱喝这种啤酒，甚至用其支付修建金字塔的工人的报酬。

与此同时，啤酒的身影也遍布两河流域，那里的人们可能比埃及人享受啤酒的时间更早。爱喝啤酒的苏美尔人将献给酒神宁卡西（Ninkasi）的赞歌深深地刻在了泥板书中："宁卡西，是你双手捧着那无上甜美的麦芽汁；宁卡西，是你将滤清的啤酒从瓮中倾倒，恰似底格里斯河与幼发拉底河的激流。"

尽管古埃及人和苏美尔人用文字、石刻、壁画等方式记录下来的酿酒方法如今看来更像是酒酿、醪糟的做法，却给了现代人最初的酿造啤酒的灵感。

啤酒实在令人心醉，啤酒又实在太过普遍。两河流域巴兹王朝的居民储藏屋和住宅旁都发掘出了桶状的阔口大缸，这些容器直接和地面连成一体，无法清洗，有考古学家认为这便是当时人们用来制作、储存啤酒的容器，待发酵完毕后过滤至酒壶中享用。

公元前 18 世纪，世界上现存的第一部比较完备的成文法典《汉谟拉比法典》（*the Code of Hammurabi*）记录了美索不达米亚平原上，古巴伦城邦当时关于啤酒的社会规则，例如除特殊人群之外，人人都有享用啤酒的权利；啤酒必须用谷物来交换，而不能用钱币购买；如果卖啤酒的人缺斤少两，就要受到被丢进水里的惩罚等。除此之外，法典中还明确规定：罪犯到店里喝啤酒时，店主若不通报则被判处死刑；僧侣不得去啤酒店喝酒，也不得经营啤酒店，否则将被处以火刑。

写此法典的正是古巴比伦王国国王汉谟拉比（Hammurabi），据说，除了法典之外，这位有些偏执的国王还同时写了一本名为《啤酒酿造法》的工具书，足见啤酒在当时社会中占据的地位之高。

对于古希腊人来说，啤酒是一种异域饮料。据古希腊历史文献记载，啤酒（大麦制作成的酒）主要由埃及人、亚美尼亚人等外族人饮用，且需要用吸管喝。有人猜测，啤酒是经战争时期的人员流动而逐渐传播开的。

但另有考古学研究发现，啤酒可能早在公元前2000年前后就已经传播到古希腊文明的发祥地。考古学家曾在希腊阿尔吉萨的一个青铜时代遗址中发现了一些有明显经烘烤而中断发芽痕迹的谷物。只有酿造啤酒才会需要这样的谷物，因此研究人员认为这意味着古希腊人在青铜时代就已经开始酿酒了。

在相当漫长的一段时间内，啤酒都是手工制作的，虽然工艺不断改良，但发展的速度非常缓慢。世界上最古老的啤酒厂位于现今德国巴伐利亚州。768年，这个名为唯森本笃会（Benedictine Weihenstephan）的啤酒厂向当地修道院捐赠建设了一个花园。正是由于这一被记录在册的慈善行为，才有了后人追溯啤酒历史的重要文献资料。

17世纪，啤酒逐渐成为欧洲修行者的必需品，喝啤酒不仅不会触犯戒律，还能补充营养。1664年，荷兰的拉特拉佩修道院放宽了修道士修行时的戒律，允许在斋戒日喝富含营养的啤酒代替食物充饥。但教义同时规定，修道士必须用自身的劳动换取赖以生存的食物，饮用的啤酒也须为手工自酿。

由于既能体现清苦修行的决心，又可以向参与弥撒的人展示诚意，欧洲各修道院纷纷效仿自酿啤酒的规定，并因其各具特色的啤酒配方而美名远扬。然而好景不长，美味的啤酒还是没能躲过战争的迫害。法国大革命的爆发令修道院的啤酒濒临绝迹，许多美味的配方几近失传。

直到19世纪中叶，啤酒生产才正式从小作坊形式转变为机械化加工，温度计和液体比重计的发明改革了酿造工艺。19世纪末，随着欧洲疯狂殖民扩张，啤酒被德国人带入中国；20世纪初，中国第一家真正意义上的啤酒厂在青岛建立。德语"Bier"一词被音译为"皮酒""脾酒"，最后演变为"啤酒"。

1 比利时圣雷米夫人修道院（Abbey of Our Lady of Saint-Remy）的罗什福尔特拉普派啤酒厂。酿酒是自 16 世纪以来修道院的主要收入来源，该酿酒厂于 1952 年进行了翻新 | Luca Galuzzi (CC BY-SA 2.5)
2 正在酿造啤酒的古埃及木质人偶，现存于美国加利福尼亚州玫瑰十字会埃及博物馆（The Rosicrucian Egyptian Museum）| E. Michael Smith Chiefio (CC BY-SA 3.0)
3 荷兰的拉特拉佩修道院啤酒 | Ludovic Péron (CC BY-SA 3.0、2.5、2.0、1.0)
4 唯森本笃会啤酒厂的啤酒熊，它穿着像本笃会修士一样的棕色衣服，始终站在啤酒厂的停车场附近 | Bernt Rostad (CC BY-SA 2.0)

RECIPE 食谱

啤酒鲑鱼意大利烩饭
20 分钟 | 1 人份

食材

米饭 / 100 克

鲑鱼 / 80 克

洋葱 / 半个

啤酒 / 1 杯

鱼汤 / 适量

黄油 / 1 小块

橄榄油 / 适量

黑胡椒粉、盐 / 适量

做法

① 将鲑鱼切成小块，洋葱切碎。

② 在锅中加入少量橄榄油，将洋葱碎炒香。

③ 加入鲑鱼块和适量的水，煮 1~2 分钟后加入米饭并搅拌均匀。

④ 边搅拌边少量多次地加入啤酒，随后加入适量鱼汤、黄油、盐和黑胡椒粉。

⑤ 收汁后静置几分钟即可。

甜蜜而温柔的陷阱

巧克力 / Chocolate

▶	公元前 3300 年
起源	南美洲
人物	埃尔南·科尔特斯、范·霍腾
	约瑟夫·弗莱家族、丹尼尔·彼得
	罗德尔夫·林特

巧克力这种甜蜜又略带苦涩、细腻柔滑的口感里透出一丝禁忌气息的诱人甜点，总是让人难以抗拒。巧克力诞生时就是一种仅供上层阶级消费的贵重食物，如今虽已走入了寻常家庭，但仍保持着高贵的姿态。为了降低它的价格，人们以植物油为主要原料发明了代可可脂巧克力，但这远远算不上真正的巧克力。

巧克力随着大航海时代的到来从南美洲走向全世界，又乘着工业革命的快车迅速发展。它编织出一个个甜蜜而温柔的陷阱，让人们深陷其中。但在这份甜蜜背后，也有一段满是血泪的历史。

诞生于南美洲的神奇药物

据 2018 年 11 月最新考古证据表明，可可树最早应该是于 5 300 多年前在南美洲被驯化。大约在 1500 年后，开始在中美洲被驯化。中美洲连接着南北美洲，包含墨西哥、巴拿马和哥斯达黎加等 8 个国家，孕育出了以玛雅文明为代表的伊萨帕文明、奥尔梅克文明等灿烂的古代文明，而可可树则根植于其中。

在玛雅文明中，可可豆（theobroma）被称为"神的食物"，在当时非常贵重，除了在祭礼中用于向神灵进献外，还充当了类似货币的角色，作为以物易物的媒介。在玛雅文明遗址中出土的公元前 500 年的陶壶中，已经发现可可豆的残渣。

其实当人们最初食用可可这种植物的时候，只是将覆盖着可可豆的果肉部分吃掉。而开始食用内部的种子——可可豆，则完全始于一次偶然的火山爆发。高温下可可豆散发出的诱人香味，启发人们开始尝试对其进行烘烤。后来，人们将烘烤过的可可豆磨碎、加水、混合玉米粉以及生姜、红辣椒等香料饮用，这就是巧克力饮品"cacahuatl"（古阿兹特克语，后被西班牙征服者翻译为"cacao"，即可可）的由来。

当时的这种可可饮料，还只有上流阶级能够享用。据传，阿兹特克国王蒙特祖玛曾将它视为长生不老药，每日饮用 50 金杯。而可可的人工栽培，也是从这个时候开始的。

到了 16 世纪，欧洲迎来大航海时代，西班牙人埃尔南·科尔特斯[1]（Hernán Cortés）

---

1. 西班牙军事家、征服者。于 1519 年率领一支探险队入侵墨西哥，建立了城市维拉克鲁斯并征服了阿纳华克地区的阿兹特克人。

在征服墨西哥之际，在阿兹特克发现了这种可可饮料，并在得知了它的药用价值之后，将其带回国进献给卡洛斯一世，从此开始了可可向欧洲各地的传播。

最开始，欧洲人依然采用与阿兹特克人同样的饮用方式，后来开始尝试往里面加糖和香草。当然，它在当时的欧洲也同样是一种高级饮品，仅在贵族之间流行，并作为药物在药店出售。

巧克力的发展之路

19 世纪，工业革命为欧洲带来技术与经济上的进步，巧克力也随之迅速发展起来。

1828 年，荷兰人范·霍腾（Van Houten）发明了从可可豆中分离油分的方法，可可粉由此诞生。这种方法解决了饮用巧克力苦、涩的缺点，也为固态巧克力的诞生奠定了重要基础。直到现在，荷兰的巧克力工业也主要致力于可可粉而不是巧克力。

1847 年，英国的约瑟夫·弗莱家族（J.S. Fry&Sons）在碾碎的可可豆中加入砂糖和可可粉，发明了一种可直接食用的固态巧克力，成为现代巧克力的原型。不过当时的这种巧克力苦味很重，并没有得到普及。

1876 年，瑞士人丹尼尔·彼得（Daniel Peter）对固态巧克力的制作方法加以改良，在配方中加入了奶粉，制成的牛奶巧克力味道甜且口感柔和，受到了更多人的欢迎。但即便如此，当时的巧克力在加工技术上依然不够成熟，吃起来也还是有些粗糙、发硬，与美味之间还有一定差距。

到了 1879 年，瑞士人罗德尔夫·林特（Rodolphe Lindt）发现，在碾碎的可可豆中加入砂糖及奶粉等配料之后，再通过长时间的搅拌将内部的空气排出，巧克力液会变得柔滑而细腻。这个叫作"精炼"的过程成为现代巧克力生产中不可或缺的重要工序。

至此，巧克力已基本成形，由苦涩而昂贵的药物变身成为甜蜜而诱人的甜点，并因其独特的风味和口感风靡欧洲乃至世界。

甜蜜风暴背后的血泪史

可可仅生长于赤道南北纬 20°之间的区域，自 16 世纪起，西班牙人就在其美洲殖民地开辟了大量的可可庄园，强迫当地的奴隶从事繁重的劳动以满足日渐增大的需求量。后来随着天花、麻疹等疾病的流行，当地人口大量减少，殖民者们又从非洲输送奴隶以补充劳动力的不足。这样就形成了一个三角贸易：欧洲人将他们生产的工业制品运往非洲，又从非洲将奴隶运往美洲，再从美洲运回砂糖、棉花、可可豆等农产品，背后维持这种贸易格局的则是大量奴隶的鲜血和汗水。

在 19 世纪中叶，管理不当以及对高产量的过分追求等问题导致了可可病害暴发。美洲大陆上可可豆产量的迅速减少，迫使欧洲人将可可的种植转移到非洲，直到今天，科特迪瓦以及加纳等非洲国家依然是可可豆的重要生产地。

就这样，从贵族走向民间，从苦涩的药物到诱人的甜点，从南美洲到欧洲再到世界，很难说是人驯服了巧克力，还是巧克力驯服了人，毕竟很少有人能够抵挡住它的诱惑。

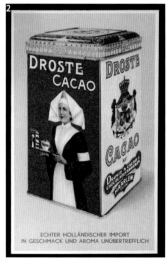

1 西班牙画家路易斯·埃吉迪奥·梅伦德斯（Luis Egidio Meléndez，1716—1780）的油画作品《一次巧克力服务》（Still Life with a Chocolate Service，1770），描绘了欧洲人享受可可饮料的场景。现收藏于马德里普拉多博物馆（Museo del Prado）
2 德罗斯特（Droste）为荷兰生产可可粉的老牌企业，创立于 1863 年 | Alf van Beem
3 阿瑟·威廉·纳普 1920 年所著的《可可和巧克力：从种植到消费的历史》（Cocoa and Chocolate : Their History From Plantation to Consumer）一书中的可可豆荚 | Internet Archive Book Images
4 可可豆荚剖面图，可可豆外面的果肉为乳白色，带有黏性，收获后的可可豆需要经过发酵，这时它的颜色会由紫色变成咖啡色，并且开始散发出可可香味 | Keith Weller, USDA ARS

RECIPE 食谱

黑生巧克力

3 小时 | 4 人份

食材

考维曲巧克力 / 200 克

淡奶油 / 100 毫升

朗姆酒 / 2 小勺

可可粉 / 适量

黄油 / 适量

做法

① 在平底盘上涂一层薄薄的黄油，铺上烘焙纸。

② 将考维曲巧克力用刀切碎。

③ 在锅中放入淡奶油，开中火，在淡奶油即将沸腾前关火。

④ 将切碎的考维曲巧克力放入锅中，用软刮板轻轻搅拌使其混合均匀，注意不要搅拌出泡沫。

⑤ 加入朗姆酒，略微搅拌。

⑥ 倒入平底盘中，轻轻震动，使表面平整后放入冰箱中冷藏使其凝固。

⑦ 将冷藏好的生巧克力连同烘焙纸一起从平底盘中拿出，用刀分切成适当的大小。

⑧ 最后滚上一层可可粉即可。

Tips:

① 考维曲巧克力指可可固态物含量在 35% 以上、可可脂含量在 31% 以上的巧克力。

② 该配方刚好适用于 15 厘米 ×12 厘米的平底盘，请不要选择过大的平底盘，以免做出的成品过薄。

③ 冷藏时间通常为 2~3 小时，使用的容器不同可能会对冷藏时间有影响，以冷藏至完全凝固为准。

④ 第一步中黄油的作用是使烘焙纸与平底盘贴合得更紧，如果没有黄油，可在平底盘上稍微喷一些水。

⑤ 在第四步中，如果巧克力不能很好地融化，可用 60℃左右的热水进行水浴加热。

⑥ 在第七步的分切过程中，将刀用热水加热后再拭干，切口会更整齐。

多姿多样的醋

醋 / Vinegar

	约公元前 3000 年
起源	古巴比伦
人物	克利奥帕特拉七世

醋是一种带酸味的发酵品，英文是"vinegar"，在法语中意为"酸味的酒"。可见早期的欧洲人把醋当作一种酒，在《圣经·新约》当中，醋也是作为酒的一种出现的。

据说耶稣在长途跋涉时，会用海绵蘸醋，然后敷在干裂的嘴唇上，用来缓解口渴。《卢德传》中提到，波阿斯（Boaz）邀请卢德用餐，其中就有饼蘸醋。目前，世界上关于醋的记录早在公元前 3000 年就已出现，据考证，当时的古巴比伦人食醋，也用醋来给食物保鲜。在我国醋出现得相对较晚，最早的记录可追溯到公元前 1200 年。

不同原料，不同口味

醋的大家庭成员众多，其中意大利黑醋不得不提。

意大利这个国度非常有意思，这里不仅孕育了文艺复兴，也影响了欧洲人的饮食文化。意大利黑醋最早出现在 1046 年，当时是送给神圣罗马帝国皇帝的礼物，且只在摩德纳（Modena）和瑞吉欧·艾米利亚（Reggio Emilia）两个地方生产。"年轻"的意大利黑醋只有 3~5 岁，"中年"的意大利黑醋有 6~12 岁，大于 12 岁的则可算是"高龄"了，目前最年长的意大利黑醋可能有 150 多岁。

正如美酒一样，黑醋也是储存得越久，味道层次越丰富，数量也就相对更加稀少。意大利黑醋的原料是葡萄，将葡萄汁液在桶内经过长时间发酵至失去一半水分后，再把得到的汁液与已有的黑醋进行混合，得到新的黑醋。几道讲起来简单的工序，实际上却要经过长达数年的时间，甚至不同的制桶木材都会对味道产生不同程度的影响。酿造时间长、生产地少、工序要求高等限制因素，都导致了意大利黑醋的价格长期居高不下。

红极一时的万灵药

除了我们熟知的调味功能，醋也富有药用价值。虽然几千年前东西方国家交流有限，但两个地区的人们不约而同地发现了醋的价值。

东方世界里，我国著名医者华佗把蒜搅碎和醋混合在一起，用来治疗蛔虫病，民间盛传的《千金要方》也提到了醋的养生功效。由于相信米醋可以振作精神，日本武士经常直接饮用。

埃及艳后克利奥帕特拉七世的美貌举世闻名。有一次，她与情人安东尼将军打赌，看谁可以吃下价值最贵的一顿饭，并靠将珍珠泡进醋里，待其溶解后一饮而尽赢得了赌局。据当时的记载，这也是克利奥帕特拉七世的美容妙法。现代研究证明，醋能够阻止人体产生过氧化脂质，对抗衰老有益，经醋溶解出珍珠中的贝类硬蛋白成分也有一定的美容功效，所以以埃及艳后的驻颜方法在一定程度上还是符合科学原理的。

而纵观整个西方历史，没有谁能比士兵对醋更加熟悉了。醋一度是军队里常备的饮品，同日本武士一样，当士兵们长途征战累了，喝醋也是他们恢复精力的重要手段之一。罗马士兵把这种醋饮称作"posca"。除此之外，醋也被用来清洗在战场上留下的伤口，具有杀菌、防感染的重要功效。

在欧洲黑色瘟疫时期，医生们把醋和药草混合后涂在身体上、喷到斗篷里，以此来减少呼吸感染的概率。相传有四个锒铛入狱的盗贼，均不幸染上了瘟疫。他们每天喝大量的醋，吃醋泡蒜，竟奇迹般活了下来，西方国家至今都有专门的"四贼醋"出售。

虽然地理原因没有阻断醋在东西方世界里的平行发展，但是这并不意味着人们对醋的认识过程是一帆风顺的。其间也有过不少误用，并造成了相当严重的后果。

中世纪时期，欧洲的炼金师经常接触醋。他们将醋浇灌在铅上，从而会产生一种甜甜的东西，被称为铅糖。这种铅糖被加在苹果酒中，用以中和酸涩的口感。但我们都知道，对人体来说，铅是一种有毒物质，因此这种添加糖造成不少苹果酒饮用者的死亡。这也是醋从来都是装在玻璃瓶或者陶瓷瓶里，而不用金属容器保存的原因。

RECIPE 食谱

腊八蒜

2 周 | 2~3 人份

食材

紫皮大蒜 / 250 克

白糖 / 1 小勺（约 3 克）

米醋 / 300 毫升

做法

① 紫皮大蒜剥去外皮后，分成小瓣，将每瓣蒜上的残余蒜皮剥干净，注意不要清洗。

② 把剥好的蒜瓣放入密封容器中，加入 1 小勺白糖（可选）。

③ 倒入米醋，量没过蒜瓣即可。

④ 盖上密封盖，冷藏或置于阴凉处，浸泡 2 周至蒜全部变绿即可。

源自安第斯山脉的粮中贵族

藜麦 / Quinoa

	公元前 3000 年
起源	安第斯山脉
人物	加尔西拉索·德·拉·维加
	亚历山大·冯·洪堡

2011 年底，为了表彰藜麦在消除饥饿、营养不良和贫困中发挥的重要作用，联合国大会通过决议，将 2013 年设立为"国际藜麦年"。这是联合国的"国际年"在历史上第三次以一种作物命名，此前两次分别是 2004 年"国际稻米年"和 2008 年"国际马铃薯年"。

联合国粮农组织认为，藜麦是唯一一种单体即可满足人体基础营养需求的食物，因此推荐藜麦为适宜人类的全营养食品。然而藜麦的价值被认知却是最近几十年的事情，此前的岁月中它一度消失。

藜麦，英语是"quinoa"，源自克丘亚语[1]"kinwa"，与马铃薯同为印加人的主食，并被称作"chisaya mama"，意为"粮食之母"。大约 5 000 年前，安第斯山脉的艾玛拉人[2]开始种植和食用藜麦，他们烘焙收割后的种子并用在多种菜式中。

到了 10—16 世纪时，整个安第斯山脉，从哥伦比亚到智利南部都种植着藜麦。它对于维持整个印加文明如此重要，所以每逢播种季节，印加的君主都会用金锹铲开土壤，播下当年的第一颗藜麦种子。德国著名的地理学家亚历山大·冯·洪堡（Alexander von Humboldt）在游历过哥伦比亚后写道，藜麦对于安第斯山脉的原始社会的重要性好比"葡萄酒之于希腊，小麦之于罗马，棉花之于阿拉伯"。

1530 年，为了争夺王位，印加帝国发生内战。1533 年，以皮萨罗为首的西班牙殖民者施计杀掉了赢得内战的阿塔瓦尔帕，征服印加。此时，藜麦的种植技术已经十分成熟，被广泛种植于整个印加地区。然而殖民者认为藜麦是"印第安人的食物"，并且与他们的宗教仪式有关，因此摧毁了种植藜麦的田地，强迫印加人改种小麦，违反禁令的人将被砍去双手或者直接处死。这种严酷的统治令藜麦在南美大陆消失了近 350 年，直到 19 世纪末期才恢复种植。

这段时间也是欧洲最早认识藜麦的时期。1534 年，已经是西班牙陆军中尉的佩德罗·

---

1. 南美洲原住民的语言，通行国家包括 阿根廷、巴西、玻利维亚、智利、哥伦比亚、厄瓜多尔、秘鲁。

2. 南美洲印第安人部落的一支，主要分布在玻利维亚西部及秘鲁南部，少数分布在智利北部。

德·瓦尔迪维亚（Pedro de Valdivia）被派遣至秘鲁担任第二司令，他也因此成为第一位了解藜麦耕种的欧洲人。此后西班牙诗人加尔西拉索·德·拉·维加（Garcilaso de la Vega）在服役期间也对藜麦做过记录，他认为，之所以运往欧洲的第一船藜麦种子完全无法发芽，或许是海运过程中湿度较高所致。

根据考古学证据显示，藜科植物确实在欧洲和南亚曾被作为谷物种植，至今仍有许多变种在印度西北部的丘陵地区生长，但是只有在安第斯山脉附近地区，藜麦成为当地居民重要的食物来源。

到了 20 世纪后半叶，在美国法律[1] 的支持下，大量的小麦以低廉的价格甚至免费出口到安第斯山脉地区。无论是城镇居民还是农村居民，面包和意式面食在他们的膳食结构中所占的比例都大幅提高，只有部分农村居民为了生计继续种植藜麦。30 年间，藜麦的种植面积从 11 万英亩[2] 减至 3.2 万英亩。

真正对于藜麦的研究开始于 20 世纪 60 年代。1965 年，玻利维亚的帕塔卡马亚研究中心在乐施会[3] 及联合国粮农组织的支持下开始研究藜麦，他们从玻利维亚农民的田地中采集了 700 种不同的生态型作为研究对象。

到了 1977 年，加拿大国际发展研究中心与帕塔卡马亚合作，支持后者研发适应不同环境的藜麦品种。同时该中心还支持厄瓜多尔进行藜麦的科学研究，帮助其培育出了两个新品种。

1993 年 11 月，美国航空航天局（以下简称NASA）发布了一篇名为《藜麦：未来密闭生态生命保障系统的新作物》的论文，研究指出藜麦含有丰富且平衡的脂肪、碳水化合物、蛋白质和膳食纤维等营养物质，能够提供人体所必需的 9 种氨基酸，是太空飞行的理想食物。

得益于这些研究，最近几十年藜麦在国际市场上得到开发和扩张。联合国粮农组织的数据显示，2010 年有 15 363 吨藜麦在国际市场上进行贸易，这一数据在 1980 年时还只有 177 吨。出口量最多的两个国家分别是玻利维亚和秘鲁，厄瓜多尔的出口量也有所提升。出口的藜麦大多被销往美国、英国、法国、西班牙和哥伦比亚。

2014 年，联合国粮农组织发布报告称，秘鲁的藜麦产量（11.4 万吨）已经超过了玻利维亚（7.7 万吨），且由于总产量的增加，国际藜麦价格回落至 2012 年的水平。这引起了玻利维亚人的不满和抗议。

玻利维亚的藜麦生长在海拔 3 600 米之上，被称作"皇家藜麦"。这并非单一的品种，而是一组包含 200~300 种生态型的未经杂交和基因改造的藜麦品种，其中部分抗霜冻、抗虫害，当地农民会混合播种来确保丰收。另一品级的藜麦被称为"甜藜麦"，广泛种植在秘鲁。它的种子更小，更适合大范围播种，但是容易受到害虫和杂草的侵害，所以在种植过程中需使用农药和化肥。

由于国际市场对于秘鲁和玻利维亚的藜麦之间的差异知之甚少，玻利维亚人很难将自己用更加传统、无污染的种植方式收获的皇家藜麦卖到更好的价格。为了维护传统，少部分玻利维亚农民在 2014 年发起运动，呼吁标明藜麦的原产地，以帮助皇家藜麦在国际市场中得到区分。然而令人失望的是，这一运动并未得到当地政府的支持。

---

1. 第 480 号公法。该法案出台后，美国通过粮食援助来解决国内剩余农产品的问题。
2. 1 英亩约等于 0.004047 平方千米。
3. 一个国际发展和救援组织的联盟，由 14 个独立运作的乐施会成员组成。

1 种植于海拔 3 800 米的玻利维亚藜麦 | Michael Hermann (CC BY-SA 4.0)
2 藜麦植物 | Mohammed Shahid, International Center for Biosaline Agriculture
3 著名的德国地理学家亚历山大·冯·洪堡（Alexander von Humboldt）

蟹肉豌豆藜麦饭团

30 分钟 | 2 人份

食材

藜麦 / 100 克

蟹肉（熟）/ 120 克

洋葱 / 1 个

豌豆 / 100 克

盐 / 适量

黑胡椒粉 / 少许

橄榄油 / 适量

做法

① 将藜麦与水按 1 : 2 的比例放入锅中，煮沸后盖上锅盖，小火继续煮 10 分钟，然后关火焖 5 分钟。

② 将洋葱切碎，与豌豆一起用橄榄油烹炒，加入少量盐和黑胡椒粉调味。

③ 冷却后与蟹肉、藜麦混合均匀并制作成大小适中的饭团。

④ 将烤箱预热至 180° C。

⑤ 将饭团放入烤箱，烘烤至变色即可。

生熟皆可的万能蔬菜

莴苣家族 / Lettuce

▌	公元前 2680 年
起源	古埃及
人物	圣希尔德加德·冯·宾根

莴苣是人们喜爱的蔬菜，关于它的传说轶事不在少数。在专门记载宋朝名人轶事的笔记《清波杂志》[1]中，莴苣的传奇更是伴随着一个皇帝梦。

相传五代时有一名为卓奄的和尚，靠种菜售卖度日。某日中午他在地旁小睡时，忽然梦见一条金色巨龙飞临菜地，啃食莴苣。和尚猛醒，心想定是有贵人来临，便抬头朝莴苣地望去，果见一相貌魁梧伟岸之人正欲取莴苣。

他赶紧谦恭地走上前去，取了大量的莴苣赠给这个陌生人，临别时叮嘱说："苟富贵，勿相忘。"那人闻言许诺说"倘若日后得志，定为和尚修一寺庙酬谢今日馈赠之恩。"

这个取莴苣之人就是宋太祖赵匡胤。他即位称帝后，访得和尚还活着，便依照诺言为他修建了"普安道院"。

传说的情节虽然是杜撰出来的，却能证明莴苣确实是一种较早被人类发现可食的植物。有证据表明，莴苣这种植物早在公元前 2680 年就出现了，研究人员认为，最早开始种植莴苣的是想用其种子炼油的古埃及人。后来为了食用莴苣的叶子，古埃及人又培育出了叶片鲜嫩多汁的品种。

埃及人培育的可食莴苣品种大约有 75 厘米高，和现在的长叶莴苣相似。公元前 332 年，古希腊人征服了埃及，并将学到的莴苣栽种技术与罗马人分享。罗马人给莴苣取了一个名字——"lactuca"，由此成为英语莴苣的词源。

野生毒莴苣可能源于现今土耳其海岸边上的科斯岛。由于毒莴苣的汁有使男性生殖器勃起的效应，而将其茎割开后白色汁液流出的样子又使埃及人联想到射精，因此在埃及文化中，莴苣是生殖神明（Min）[2]的一种神圣植物。在庆祝和生殖神有关的节日期间，埃及人会把

---

1. 周煇的《清波杂志》是宋人笔记中较为著名的一种，书中记载了宋朝的一些名人逸事，保留了不少宋人的佚文、佚诗和佚词，还记载了当时的一些典章制度、风俗、物产等。

2. 生产及收获之神，亦为道路和沙漠旅行者的守护神，可布特斯之主神，爱之女神奎特的丈夫。全名是"Menu-ka-mut-f"（"Min, bull of his mother"），是一个很男性化的神，通常人们把莴苣当成祭品献给他，待他享用后再自行吃掉，便能获得成年的标志（成年礼）。

莴苣放在神像旁，许多宗教主题的壁画中也有莴苣的身影。

另外，这种野生莴苣中还含有一种类似鸦片的麻醉剂，古罗马人常靠食用其叶子来助眠。如今，毒莴苣依然生长在欧洲和亚洲的温带地区。

约50年，罗马的农业学家发现了好几个莴苣品种，莴苣也是从那时起开始出现在医药著作当中的。例如中世纪德国著名的神学家、医师圣希尔德加德·冯·宾根（Hildegard von Bingen）就在她的著作中描述了莴苣作为草药的用途。到了1586年，日耳曼地区古典学者乔基姆·卡梅拉留斯（Joachim Camerarius）也在文章中记录了三种普通的莴苣。

15世纪晚期，克里斯托弗·哥伦布从欧洲将莴苣带到了美洲。从16世纪晚期到18世纪早期，荷兰培育出了更多莴苣品种。到了18世纪中期，莴苣的各类品种都能在欧洲的花园中找到。

今天我们熟悉的生菜其实是叶用莴苣的俗称，由于莴苣属植物种类繁多，所以很难确定生菜到底是从哪个种源进化发展而来的。但可以肯定的是，古罗马和古埃及没落后，食用莴苣的习惯依然留存，今天的生菜或许就是在这些莴苣与其他野生莴苣属植物杂交的过程中诞生的。

生菜在欧洲存在的最早期证据是荷兰画家的一幅画，画中的生菜显而易辨。这位画家于1597年逝世，因此可判断生菜在此前已经种植。

在我国，不仅古时莴苣的传说流传至今，基于生菜的传统活动依然活跃在当代生活中，足见莴苣家族在我国饮食文化中扎根之深。例如在广州荔湾区、番禺区以及顺德等地，每年正月间都会举行一种特有的民间庙会——生菜会。

关于生菜会的起源，文献资料中多是零星记载，并没有人撰文对其进行研究讨论。但根据宋朝苏东坡《浣溪沙》中"雪沫乳花浮午盏，蓼茸蒿笋试春盘"、唐朝无名氏所著的《四时宝镜》中"立春日食萝蔔、春饼、生菜，号春盘"等诗句，结合《广州府志》中"迎春日……啖生菜、春饼"的记载，可知在我国立春[1]节气食春盘、吃生菜的习俗由来已久，并有研究认为，生菜会是由汉朝"立春"时的风俗活动经不同朝代的变迁发展后在广州地区形成的。

生菜会上的生菜主题包括将有"生猛、生财、生机勃勃"之寓意的生菜购买回家，食用有"包生"之意的生菜包等。生菜包以干净的大片生菜叶包裹饭、肉等制成，尤其以佛山一带最为重视，是生菜会上必吃的小吃。随着近年传统的复兴以及来自他乡参加庙会的游客越来越多，很多地区还发展出了生菜席，在举行生菜会的当天中午便开始大摆宴席。

除此之外，很多民间的商贸活动、曲艺表演，如粤剧、搭棚唱戏等都是生菜会上重要的风景。

虽然随着社会的不断进步，生菜会的内容和形式都在相应发生着变化，但是这一传统非但没有随着发展的脚步而渐失其文化内涵，反倒在近年来大有复兴之势。除了与人们对于传统文化的越发重视密不可分外，应该也和生菜在我国悠久食用历史中的深厚积淀有很大关系。

生菜很容易种植，是许多农业公司利润的重要来源。美国的许多公司每年都要改变莴苣品种的名称，所以导致现在去追溯莴苣的种植品种变得十分烦琐。据19世纪后期的文献资料记载，当时有不同种类的莴苣65~140种，而如今市场上的莴苣品种却已达到1100种。

莴苣的价值也在被不断发掘，今天种植的大多数莴苣被用作蔬菜，但也有一部分用于生产无烟香烟。生菜在收获后的保鲜时间很短，20世纪初，包装、储存和运输的发展提高了生菜的保鲜时间和可运输性。20世纪50年代，真空冷却技术在食品行业的应用，更令生菜的经济价值有了大幅提高。

2015年，日本"传播"（Spread）公司计划实现生菜的全自动化种植，将传统的播种、育苗、种植、采摘等步骤中需投入的人工劳动缩减为按下按钮的简单操作。该公司预计在全自动生菜生产基地中，日产量可达3万棵，并计划在此后5年内提高至50万棵。科学技术的发展带动了生菜种植的革命性变化。

---

1. 立春是农历二十四节气中的第一个节气，作为春天的开始。

1 莴苣的种子，古埃及人用其炼油 | Dwight Sipler (CC BY-SA 2.0)
2 如今市场上出现的各种莴苣 | MyName (Mahlum)
3 生菜包 | Vegan Feast Catering (CC BY-SA 2.0)

RECIPE 食谱

生菜三明治

10 分钟 | 1 人份

食材

吐司 / 2 片

培根 / 4 片

鸡蛋 / 1 个

生菜 / 4 片

芝士 / 1 片

黄油 / 1 小块

番茄酱 / 适量

做法

① 用汤匙将吐司的中央压平，均匀涂抹适量番茄酱。

② 在平底锅中将黄油熔化，煎鸡蛋和培根。

③ 将芝士、生菜，以及煎好的培根和鸡蛋依次夹在吐司中即可。

饱受争议的昂贵美食

鹅肝 / Foie gras

▸	公元前 2500 年
起源	古埃及
人物	克拉提努斯

鹅肝是一道既称得上享誉全球，也可说是"臭名昭著"的奢侈菜肴。为得到肥美香甜的原材料，须人为将活鹅或者活鸭过度喂饲至肝脏肥大，得到的肝脏大小通常约为正常喂食下的 10 倍。不少动物保护组织对此颇有微词，许多国家也已经明令禁止生产、进口或销售这样的鹅肝。如今，法国作为世界上最大的鹅肝生产国和消费国，也在法律中明确规定，鹅肝或者鸭肝的获取必须遵守标准程序——"填喂法"（gavage），即向鹅或者鸭的嘴里接一根饲料管，将玉米粒等饲料直接注入食道或胃里。

早在公元前 2500 年，古埃及人便已经开始运用过度喂饲的方法得到肥鹅了，不过他们特意寻求肥胖禽类是否为了获得肝脏的美味则尚未可知。在埃及萨卡拉墓地[1]梅汝卡（Mereruka）的墓地里，有浮雕描绘了埃及人喂饲肥鹅的场景：一人抓住鹅脖子，旁边的桌子上堆放了许多食物颗粒，将其润湿后强制塞进鹅的喉咙里。

有人认为，肥鹅填喂的方法经犹太人从埃及传播到地中海。因为在《希伯来圣经》中，犹太人的祖先曾被埃及法老邀请入境，后来由于犹太人族长的后代被埃及人所奴役，摩西带领犹太人走出了埃及。但对此也有史学家认为，《出埃及记》是被重新构建的以色列民族神话故事，且犹太人本来就对是否能吃动物肝脏有很大争议，所以这种说法并不足以取信。

但无论传入路径为何，地中海的人们还是学会了填喂肥鹅。古希腊最早提到填喂肥鹅的文字可追溯到公元前 5 世纪，在希腊诗人克拉提努斯（Cratinus）写的一篇关于养鹅人的故事中出现了肥鹅肝。

直到古罗马时期，鹅肝的美味才正式被人们重视起来。罗马人认为这种食物口味独特，称其为"iecur fīcātum"："iecur"的意思是肝脏，"fīcātum"的意思是榕树，整个

---

1. 萨卡拉（Saqqarah）是埃及境内一个古代大型墓地，位于开罗以南约 30 千米。该地现在仍屹立着最古老的金字塔——阶梯金字塔，该金字塔在公元前 27 世纪建成。

拉丁语词组的意思是"无花果"。这可能是由于当时欧洲尚没有发现玉米，罗马人用粉碎后的无花果加入牛奶、蜂蜜来填喂肥鹅。根据老普林尼所著的《博物志》记载[1]，这种填喂方法是由当时罗马著名的美食家阿皮基乌斯借鉴增大猪肝的方法发明的。

罗马帝国沦陷后，鹅肝暂时从欧洲美食中销声匿迹了。有人认为，是高卢农民将填喂肥鹅的方法保留了下来。也有人认为，犹太人在被罗马帝国殖民期间学习了填喂方法，保留了制作肥鹅肝的传统，并在不断的迁徙中向欧洲的西部、北部传播。

在犹太人的饮食规则中，禁止将猪油作为烹饪用油，并禁止使用黄油作为替代品。所以一般情况下，地中海的犹太人会使用橄榄油做菜，而两河流域的犹太人则多用芝麻油。但在西欧和中欧地区，植物油的获取实在不易，所以油脂就被家禽脂肪所取代，并主要通过填喂养鹅的方式获得。鹅肝的细腻味道很快就成为许多犹太人的心头好。1562年，德国诗人汉斯·威廉·基尔霍夫（Hans Wilhelm Kirchhof）曾写道："犹太人填喂肥鹅，而且特别喜欢它们的肝脏。"

19世纪前，是否能吃这种肥肝始终是犹太人饮食禁忌中争论的焦点。一些拉比[2]担心吃被填喂的肥鹅会触犯犹太人的食物禁忌，但另一些拉比则认为被填喂的肥鹅四肢都没有损坏，所以不会触犯禁忌。在烹制方式上，由于犹太人认为即使是经过正确屠宰而得到的肉类，在适合食用之前也必须排空血液，所以几乎全是血的肝脏只能用烤这种方法来处理。直到今天，在以色列的餐厅依然可以品尝到烤鹅肝酱。

在犹太社区以外，许多美食家对肥鹅肝倾慕已久。因为犹太人填喂所得的肥鹅肝尺寸惊人，所以不少人专程前往犹太贫民窟去购买鹅肝，如何才能培育出更大、更重的肥鹅肝一时成为许多美食家关注的焦点。

1570年，罗马教皇皮乌斯五世的主厨巴托洛米奥·斯嘎皮（Bartolomeo Scappi）出版了他的专著《烹饪艺术集》（Opera dell'Arte del Cucinare），其中描写犹太人的肥鹅肝为"尺寸极其大，重量在两到三磅之间"。1581年，住在德国美因茨的厨师马克斯·龙波特（Marx Rumpolt）和一些德国贵族合作出版了烹饪书《一本新食谱》（Ein Neu Kochbuch），专门提到了波希米亚的犹太人填喂的肥鹅肝重量超过3磅（1磅约等于0.45千克）。1680年，匈牙利皇室御厨雅诺什·克塞齐（János Keszei）在其所著的食谱中记录下肥鹅肝的做法："将鹅肝包裹在小牛的薄皮中，烤一下，并准备一种绿色或棕色的调味酱刷在上面。"同时特别强调了食材是波希米亚犹太人填喂的、重量超过3磅的鹅肝。

值得一提的是，在第二次世界大战时期，传说希特勒认为填喂肥鹅是对动物的一种虐待行为，专门对此下了一道禁令。这一纸禁令为他赢得了不少动物保护主义者的支持。

第二次世界大战结束后，肥鹅肝又在欧洲死灰复燃。1998年，欧盟理事会一致通过，规定其成员国在15年内结束所有填饲生产，但这项决议也反过来促成了世界其他地区肥鹅肝的生产和出口。至今，鹅肝依然活跃在世界美食爱好者的餐桌上。

---

1. 原文："Apicius made the discovery, that we may employ the same artificial method of increasing the size of the liver of the sow, as of that of the goose; it consists in cramming them with dried figs, and when they are fat enough, they are drenched with wine mixed with honey, and immediately killed." ——Pliny the Elder, *Naturalis Historia*, Book VIII

2. 拉比（Rabbi），是犹太人中的一个特别阶层，是老师也是智者的象征，指接受过正规犹太教育的人。

1 古代填喂肥鹅的壁画

2 德国美因茨的厨师马克斯·龙波特和一些德国贵族合作出版的烹饪书《一本新食谱》

3 犹太人填喂所得的整块肥鹅肝，尺寸惊人 | David.Monniaux (CC BY-SA 1.0)

RECIPE 食谱

香煎鹅肝吐司
30 分钟 | 2 人份

食材

法式鹅肝 / 50 克

吐司 / 1 片

香梨（切片）/ 30 克

盐 / 少许

做法

① 在法式鹅肝正反面撒少许盐腌制片刻。

② 烤箱预热到 200℃，将吐司烤至两面金黄。

③ 平底锅不放油，烧热后下入鹅肝，小火慢煎；同时将香梨煎至微焦。

④ 吐司上铺一层香梨片，再在香梨片上叠放鹅肝即可。

海洋世界赐予人类的宝贵财富

海藻 / Algae

	公元前 2500 年
起源	非洲
人物	大槻洋四郎、曾呈奎

说到海藻，韩国人最先想到的是生日时喝的海带汤，日本人的第一反应是裹在寿司外面那层薄薄的海苔，而中国人则会在脑海里闪过一串菜名：海带豆腐、紫菜蛋花汤、凉拌海带丝……

实际上，海藻指的是某些含有叶绿素或其他辅助色素的低等植物，按其颜色大致可分为褐藻、红藻、绿藻等。目前可食用的海藻多达 100 种，常见的有海带、紫菜、裙带菜、石花菜等。

人类食用海藻的历史可谓相当久远，在秘鲁沿海的史前遗迹里，考古学家发现了人类食用海藻的证据，大约可追溯到公元前 2500 年。在古代的非洲乍得湖地区，生长着大量的蓝藻，待它们成熟之后，人们会将其采摘下来，晒干制作成一种特别的酱汁，当作烹调的调料。

除了食用，人们还会把海藻当成土壤的肥料，或者用作燃料生火等。根据记载，古希腊人和古罗马人还会用海藻来喂养牲畜。

西方世界的"草"，东方世界的"宝"

从历史记载来看，虽然西方国家比东方国家更早开始食用海藻，但并没有比东方人表现出更多的重视，他们很少直接食用海藻，而更多的是将其视为一种辅料。例如，冰岛人会在沙拉里加入一种红藻的萃取物和汁液；挪威人以煮熟的海藻为原料来制作黑黄油；诺曼底人会用晒干的角叉菜胶和牛奶来制作蛋奶糕等。在北美，追求健康生活的人们会用海藻油来代替橄榄油，还将海藻做成香料。即使在了解到海藻营养价值的西方现代社会，受长期饮食习惯和环境的影响，也仅仅是制作海藻饮品、海带沙拉等，与东方国家将海藻视为日常食物相比，还差得很远。

在东方人的饭桌上，尤其以东亚国家为代表，海藻绝对算得上出现频率极高的食物之一。曾有一位西方海洋学家发出感叹：东亚人食用海藻就像美国人、英国人吃番茄一样普遍。

韩国有一个重要的习俗，在生日当天除了吃生日蛋糕外，还一定要喝海带汤。其实，海带汤原本是产妇的补品，海带富含蛋白质和维生素，可以止血镇痛，使皮肤光洁、头发黑亮。妈妈们在生下宝宝后的 3 周内，每天都会喝 4~5 次海带汤，借此调养身体。随后，这一习惯逐渐演变成在生日时喝一碗海带汤，来表达对母亲的感谢和敬意。在做海带汤时，韩国人

通常会加牛肉以降低海带的寒性，偶尔他们也会加蚬，使海带汤更加鲜甜。

日本人吃海藻的方式更加多种多样，除了裹寿司外，还会用米醋腌昆布，制成醋昆布。在日本的"长寿岛"冲绳，海带豆腐汤是当地居民的日常饮食，他们喝海带豆腐汤的频率就像西方人喝咖啡一样高。不少学者分析，这里的百岁老人比例一直远高于世界其他地区的原因之一，就是当地人大量食用豆腐和海带。

除了以"实体"的形式出现在菜肴中外，昆布在日式料理中还有着"润物细无声"的作用，甚至可以说，没有昆布，日式料理会逊色不少。出汁是日式料理最经典的高汤，通常采用晒干的昆布和鲣节制作。这是日式料理最基本的液体调味品，乌冬面、寿喜锅、关东煮里都有它的存在。虽然无法直接瞥见昆布的身影，但它始终滋润着我们的味蕾。

随着海藻的营养价值被东亚人所熟知，如何提高它的产量成了生物海洋学家研究的焦点。中国原不生产海带和紫菜，基本靠从北海道等地进口。20 世纪20 年代，一位叫大槻洋四郎的日本学者在考察了大连的水生环境之后，从北海道引入新的种系，正式开始养殖海带。随后，我国的曾呈奎教授用夏苗代替秋苗培育海带，又破解了紫菜的孢子[1]之谜，使我国的南方海域也可以大量生产海带和紫菜。现如今，我国已成为世界主要的海带和紫菜生产国之一，2016 年的海带总产量达到了 140 万吨（干品）。

从朝贡昆布到昆布之路

在所有国家中，最依赖海藻的是日本。而在所有海藻种类中，日本人最离不开的就是昆布。昆布在日本历史中，不仅扮演着食物的角色，还担负着外交和经济职能。

昆布起源于太平洋北部寒流流经的地区，如日本本州北部、北海道，俄罗斯南部沿海和朝鲜元山沿海地带等。海藻普遍对水温有极高的要求，超过 20℃就无法生存。因此在很长一段时间内，昆布的产量都不太高。

根据《续日本纪》记载，日本平安时代（794—1192）虾夷[2]会向朝廷进贡"夷布"。这里的"夷"指的是北海道，而"布"就是昆布。

在日本的各类史书记载中，昆布是一种重要的商品。因重量轻且价格昂贵，当时的日本人会用昆布和琉球王国进行秘密交易，远上北海道的商人也会特意采购昆布。这些船队从北海道出发，沿着日本列岛西岸装载食用昆布等多种商品，随后在福井县敦贺港卸货，再运往京都等地，此举带动了卸货地敦贺成为知名的昆布加工厂。昆布之路分两条，一条是通过日本海一侧与大阪和九州方向相连，称为西面航线；另一条是通过太平洋一侧，与江户（现今的东京）相通的东面航线。

坐落在日本海一侧的日本富山县作为西面航线的主要途经地之一，自然也拥有广阔的昆布消费市场，人均昆布消费量是日本国内其他县的 3 倍以上。富山县还发展出了独特的昆布吃法——昆布缔，即将刺身用昆布包起来食用。昆布的咸味渗进刺身，与刺身的鲜味交织在一起，虽然只用了两道食材，但给食客带来的却是"1+1＞2"的味觉体验。为游客们特制的富山县昆布缔独享包，更是荣获了 2015 年度"最佳伴手礼大奖"。

1

2

---

1. 紫菜的种子。
2. 虾夷为北海道的古称，虾夷人是古代日本的一个族群。

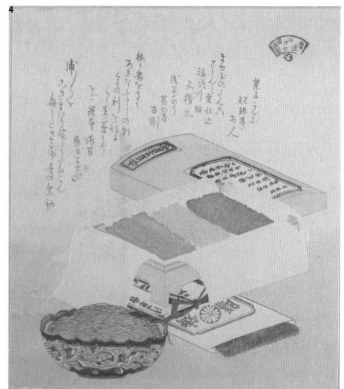

1 烧瓶中为用藻类植物生产的绿色喷气燃料 | Honeywell (CC BY-SA 3.0)
2 日本人常食用的昆布卷 | Ocdp
3 图为几种海藻，①岩衣藻；②大叶藻；③红叶藻；④蠕虫叉红藻；⑤角叉菜；⑥墨角藻
4 久保春满 (Kubo Shunman) 绘制的海藻蛋糕以及其他海藻食物，现存于美国大都会艺术博物馆

RECIPE 食谱

海带豆腐汤

20 分钟 | 2 人份

食材

豆腐 / 1 块

马铃薯 / 1 个

海带 / 50 克

淡口酱油 / 10 毫升

姜 / 2 片

葱 / 2 根

冷水、肉清汤、料酒、白糖 / 适量

做法

① 豆腐切小块；马铃薯洗净，切块；姜洗净，切丝；葱洗净，切末；海带洗净，切条。

② 将淡口酱油、1/2 杯冷水放入碗中调和均匀，备用。

③ 锅中倒入 3 杯肉清汤煮开，放入豆腐块、马铃薯块及海带条，加入 1 汤匙料酒和姜丝煮至将沸未沸，再加入②中调好的酱汁彻底煮沸，加入 1 茶匙白糖，拌匀，最后撒上葱花，关火，盛入碗中享用即可。

带着耻辱记忆的味道

咖喱 / Curry

	公元前 2500 年
起源	古代印度河流域
人物	汉娜·格拉斯

一提及东南亚饮食，辛香味道就扑鼻而来。这些特别的味道，都来自炎热、湿润气候孕育出的各类香料，当地人也依靠这些香料，做出了各种令人垂涎的食物。其中，咖喱可以说是极具代表性和影响力的食物类别之一。

一般来讲，咖喱是那些有暖色浓稠酱汁的杂烩食物的总称，其中混合了肉桂、胡荽、小茴香、姜黄、辣椒、小豆蔻、姜、肉豆蔻、丁香等香料，还会添加各类蔬菜、肉类等食材，但也可指代由多种香料粉末混合在一起的咖喱粉。无论是哪一种咖喱，都代表着人类孜孜不倦为淀粉类主食寻找最佳拍档的成果。

目前可以追溯的考古学证据显示，早在欧亚大陆进入新石器时代时，咖喱这种形式的料理可能就已经出现在古印度人的食物里了。考古学家在巴基斯坦信德一带发现了古代印度河流域文明的一座重要城市——摩亨佐·达罗[1]（前 2600—前 1800）的遗迹，这座被称为"死亡之丘"的城市，见证了欧亚大陆最初的开渠冶金过程，也出土了用于捣碎香料的研钵和杵，证明各种粉状香料已被古代印度人用来烹饪美食。

印度河流域的另一处同一时期的遗址也有咖喱存在的痕迹。在位于现今印度北部的哈拉帕遗址[2]中，科学家同时在古代人类的牙齿上和一口用于烹饪的锅具中发现了淀粉粒、生姜、姜黄的痕迹，生姜、姜黄正是咖喱的重要配料。据史料记载，当时印度河流域的古代人类引水灌溉农田，小麦、大麦、豌豆都是这片土地上的主要农作物。除此之外，研究人员还在哈拉帕遗址中发现了小米、扁豆、香蕉和绿豆，有人认为，这证明了咖喱正是为了搭配淀粉类主食而发明的。

---

1. "摩亨佐·达罗"，在印度语中即"死亡之丘"的意思。在这里，考古人员找到了此地发生过多次猛烈爆炸的证据。爆炸中心半径 1 千米内所有的建筑物都成了废墟。距中心较远处，发现了许多人体骨架。从骨架展现的姿势可以看出，死亡是突然降临的，人们对此毫无察觉。

2. 哈拉帕 (Harappa) 是位于巴基斯坦旁遮普省原拉维河流域的一座城市，距离萨希瓦尔约 35 千米。现代哈拉帕城附近有一个古代印度河流域文明时期的防御性城市遗址。

虽然咖喱起源于印度，但如今可能根本无法在印度当地餐馆的菜单中找到"咖喱"这道菜。因为当地人更愿意称之为"马萨拉"（masala）。咖喱是一个比较大的概念，更像是印度的一种菜系的名称，最大特色就是将多至50种、少至5种的香料粉混合在一起，分步烹煮，且没有人能够确切地说出每一种香料放多少、烹饪的标准步骤是怎样。

相较于更遥远、神秘的中国，印度河流域一次又一次地遭遇从中亚、西亚而来的侵略者。有美国历史学家提出了一个存在争议的观点，即侵略者的脚步在某种程度上促进了印度社会的发展，而"咖喱"这种食物里也刻满了印度耻辱的痕迹。

从15世纪起，欧洲的贸易、殖民地之争使得葡萄牙人、英国人都将矛头指向了东方。自葡萄牙人瓦斯科·达·伽马绕过非洲抵达印度后，依靠强大的海军，葡萄牙人从这条新开辟的海上航路中通过香料贸易捞取了大笔资金。有人认为，正是因为葡萄牙人输出印度香料换来墨西哥辣椒，才使印度南部的咖喱口味变得辛辣。

不过，大多数英国人并不买葡萄牙人的账，他们始终认为自己才是将印度咖喱带到全世界的功臣。一个重要的证据是，咖喱的英文"curry"是从泰米尔语"kari"演化而来的。从1757年开始，英国侵略者从孟加拉湾、印度洋斯里兰卡岛一带陆续入侵当时的印度，这块区域使用的语言正是泰米尔语。《牛津食品指南》（The Oxford Companion to Food）的主编阿伦·戴维森（Alan Davidson）在书中写道，最初英国人在印度南部发现的咖喱是一种较为稀薄、有点儿像汤汁的五香杂烩酱料，酱料里面炖有肉类和蔬菜。

1747年，英国美食作家汉娜·格拉斯（Hannah Glasse）的《烹饪的艺术》（The Art of Cookery, Made Plain and Easy）让印度咖喱第一次正式"西化"，她写下了第一个英语咖喱食谱，主旨是教大家在烹饪清淡的英式炖鸡肉、炖猪肉时，加入少许辛辣的"印度风味"调料。这份炖菜食谱随后被英国海军作为远征时的伙食参考，印度咖喱香料用来代替无法长时间储存的牛奶被加入炖牛肉中。咖喱渐渐从英国餐馆里开始流行起来，并在20世纪时跃身成为英国人喜爱的国民食物。

随着英国东印度公司的贸易发展以及印度人不断移民，咖喱也被逐渐传播到世界各地，并顺利融合进当地的饮食文化中，发展成一种适应能力极强的菜系。

大约在19世纪中期，咖喱也传入了东亚的日本。当时日本正值最后一个幕府掌权的时代，美国舰队开进江户港时，长期实行"锁国政策"的日本体会到了落后的恐惧。一系列的"倒幕运动"后，终于成功掌权的天皇改革欲望迫切，不断地向上推进新政治体系的建立，向下学习欧美工业化浪潮，并提倡"文明开化"、社会生活欧洲化，咖喱也作为一种欧洲饮食的代表被融入日本的饮食文化中。日本海军也效仿英国海军以咖喱为伙食，不过由于东亚人无法习惯主食吃面包，所以日本人向咖喱中添加小麦粉制成糊状，搭配米饭食用。如今我们吃到的日式咖喱便与这种"海军咖喱"相仿。

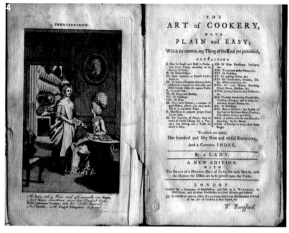

1 印度马萨拉菜肴 | GOLDINPIC
2 伊斯坦布尔市场上出售的咖喱粉 | Thomas Steiner (CC BY-SA 3.0)
3 咖喱是一种由多种原料混合在一起制成的香料 | Miansari66
4 1747 年，英国美食作家汉娜·格拉斯的著作《烹饪的艺术》| W.Wangford
c.1777

RECIPE 食谱

日式咖喱牛肉饭

50 分钟 | 2 人份

食材

日式咖喱块 / 1 盒

牛肉 / 500 克

洋葱 / 1 个

胡萝卜 / 200 克

马铃薯 / 500 克

橄榄油 / 少许

米饭 / 适量

做法

① 用刀背稍微拍松牛肉，切成方块，洋葱切丝，胡萝卜、马铃薯滚刀切块，同时煮米饭。

② 热锅入橄榄油，放入牛肉块煎至表面变色。

③ 取一口煮锅，把煎过的牛肉块连油一起倒入，再倒入洋葱丝，略微翻炒后加入没过肉的水，大火烧开，撇去血沫，盖上锅盖小火慢炖。

④ 牛肉软烂时，在锅中加入胡萝卜块和马铃薯块，再次加水至没过食材，继续小火慢炖。

⑤ 至马铃薯块、胡萝卜块变软时，加入日式咖喱块，搅拌均匀后稍煮片刻，汤汁浓稠时即可关火。

⑥ 将煮好的咖喱和米饭装盘即可。

穷人的医生

花椰菜 / Cauliflower

	公元前 2500—前 2000 年
起源	希腊
人物	老普林尼、布哈尔夫医生

虽然洁白且颗粒饱满的花椰菜远观近似绣球花，名字来源于拉丁语中"caulis"（茎）和"flos"（花）的结合，甚至还有"不浮夸的爱"的花语，但它实际上是一种十字花科蔬菜，又被称为菜花，是甘蓝种的变种。

外观上花椰菜和西蓝花最为相似，但它们其实并不是同一种植物。花椰菜多以白色花球为主，绿色的花椰菜也与西蓝花有很明显的区别，在颜色上更偏向黄绿而不是深绿色。两者在口感上也略有差异，西蓝花较为清爽，质地脆嫩，而花椰菜则更绵软，易入味，大众接受度更高。花椰菜虽然在抗癌方面略逊西蓝花一筹，但也是被称为"穷人的医生"的高营养植物。

花椰菜在我国的栽种历史至今不过 100 多年，但中国已取代西班牙、意大利，成为世界上最大的花椰菜生产国。中国不但以相对低廉的价格大量供应国内市场，而且出口贸易水平也在不断提高。

从野草到素食者的美味

目前公认的甘蓝类植物起源于地中海沿岸峭壁的一种野草，至今在大西洋和地中海沿岸还能找寻到其原始同类的踪迹。早在公元前 2500—前 2000 年，希腊人便开始栽培甘蓝野生种。由于希腊本土条件的限制，当地主要作物以谷物、葡萄和橄榄为主，甘蓝的培育能够补充蔬菜的缺乏，为更好地生存和发展创造出空间。此后，希腊人又成功将野生种改良，培育出羽衣甘蓝，这是最初的甘蓝类作物。

至公元前 750 年左右，许多希腊城邦在地中海的海岸附近建立了殖民地，并展开贸易。凭借殖民地和城邦之间牢固的贸易关系，此后的一二百年间，希腊商人逐渐占据了海上贸易的最大通道，甘蓝等作物随之流入欧洲各国。

甘蓝的野生种在被人工大量培育后，出现了许多变种，并在人类饮食取向形成的选择压力下或进化或被淘汰。1 世纪，老普林尼就在他的著作中称赞一种叫作"cyma"（意为新芽）的植物为最美味的甘蓝类作物。根据书中的描述，可知此时甘蓝类作物的形态开始出现类似花椰菜的特征。

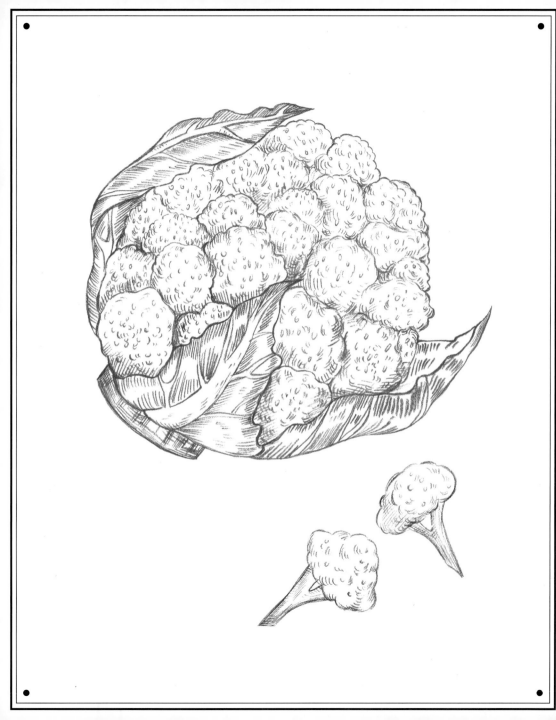

9 世纪，欧洲各地开始普遍种植甘蓝，并形成了和现在相似的两大类：分枝类和不分枝类。其中的分枝细茎类逐渐进化成"木立花椰菜"[1]，并有花芽膨大的亚变种。这个变种于 15 世纪左右由热那亚传入法国，最初因其精致的外观而被作为观赏植物，后来于法国南部进化成为与现在相似的花椰菜品种，并在路易十四时期登上贵族的餐桌。17 世纪随着法国的对外战争，逐渐传至荷兰、德国和英国。

花椰菜传入中国略晚，大约是在清朝光绪年间，距今也只有 100 多年，最初是通过海上丝绸之路由英国进入印度，再抵达中国。最早关于花椰菜的记载见于《新宁县志》："椰菜，近年得诸外洋，又一种叫椰菜花，形如鸡冠，淡青黄色，大可如斗。"当时的花椰菜又被称为"大花菜"，曾于海上引种。到了 1906 年，又有当时的驻荷使节于荷兰海牙选优种带回培育。此后几十年，花椰菜在中国不断被选种优化，其食用方式也在不断推陈出新。

天赐的良药

自古以来，结核病在欧亚大陆、北非以及美洲都只是一种地方性流行疾病，累及人数相对较少，并维持着较低的感染率。但进入 18 世纪后，随着都市迅速崛起、工业扩大发展，肺结核在欧洲、南北美洲、非洲和亚洲等地大规模流行开来，在某些地方甚至出现感染率几乎达 100% 的情况。

虽然此前花椰菜润肺、止咳的功效早已广为人知，但也只是作为一种预防疾病、提高免疫力的食物罢了，直到这时其消除肺部炎症的功效才真正引起人们的重视。欧洲的布哈尔夫医生将花椰菜的茎叶榨汁，再将蜂蜜调入煮沸后的花椰菜汁，这样制成的布哈尔夫糖浆成为欧洲国家专治咳嗽和肺结核的良药，效果甚佳。

这种糖浆价格低廉，而且缓解咳嗽、抑制结核病的疗效相当显著，在当时救治了不少穷人，因此花椰菜又被称作"穷人的医生"。到现在为止，花椰菜由于能够降低乳腺癌、直肠癌及胃癌的发病概率，已被许多国家列为抗癌食品。

1.*Brassica oleracea* var. *botrytis*，又称青花椰菜、青花苔等。

RECIPE 食谱

豆豉五花肉炒花椰菜

35 分钟 | 1 人份

食材

花椰菜 / 400 克

五花肉 / 1 小块

老干妈牛肉豆豉酱 / 1 汤匙

生抽 / 1 汤匙

白糖 / 少许

大葱 / 1 根

小米椒 / 3 个

淡盐水 / 适量

食用油 / 少许

做法

① 花椰菜花球朝下，没入淡盐水中浸泡 20 分钟，然后洗净，用小刀拆成小朵；入开水中焯 1 分钟左右，捞出立即用冷水冲淋至完全凉透，以保持脆嫩的口感，沥水备用。

② 五花肉切成薄片，将葱白切下，用刀背拍扁，小米椒切成段备用。

③ 锅烧热放油，油热后放入葱白爆香；将五花肉片入锅，用中火煸炒至表面全部变色，继续煸炒至肥肉部分出油。

④ 加入老干妈牛肉豆豉酱炒香，倒入小米椒段和花椰菜，翻炒几下；加入生抽、白糖，转大火不断翻炒 1 分钟左右。

⑤ 把葱绿叶部分切成段，放入锅中，翻炒几下后，关火盖上盖子焖 1 分钟左右，开盖盛出即可。

香浓的马来国民快餐

椰浆饭 / Nasi lemak

34

◤	约公元前 2000 年
起源	马来群岛
人物	理查德·奥拉夫·温斯泰德

2016 年 3 月，美国《时代周刊》评选出世界十大最健康的早餐，椰浆饭位列其中。不过，这个榜单很快被指误导读者。有人认为，榜单完全是对照营养过剩的美式早餐来评选的，完整的椰浆饭早餐还包括炸鸡或者炸鱼、叁巴酱、花生、煎蛋等配菜，整套完整计算下来，热量高达 800~1 000 大卡。更不用说椰浆饭还富含脂肪，经常食用可能会导致糖尿病。

不过，香浓的植物脂肪也是椰浆饭大受食客欢迎的原因之一。马来语中，“nasi lemak”的字面意思正是“奶油饭”，来源于其要将米饭浸泡在椰浆（类似奶油的植物油）当中蒸熟的烹饪过程。

除了味觉上的享受外，食客们还能从椰浆饭中感受到所有关于马来群岛的想象或回忆，因为包括凤尾鱼、空心菜、香蕉叶、椰浆、稻米等在内的食材，全部产自马来群岛本地。

对于拥有热带季风气候的东南亚地区来说，热量充足、降水丰沛的条件无一不符合稻米和椰子树的生长需求。公元前 2000 年左右，马来群岛上已经遍布茂密的椰林，椰子也成为当地人重要的食物来源和日用品原料。关于椰浆饭这种食物的起源时间并没有明确的史料记载，但是我们仍然可以从马来群岛培植椰子树（约公元前 2000 年）和农业发源的大致时间（至少是公元前 3000 年以前）推测其出现的时间。

除了椰香浓郁外，椰浆饭还有一大特点，即所有的配菜和热米饭都被包裹在香蕉叶中。有人认为，这种用香蕉叶包饭的形式最早出现在马来群岛的农业活动中，当时是为了方便农民携带。

马来群岛拥有狭长的海岸线，加之岛上经济长期以农业为主，几乎没有其他产业，在航海的发展过程中势必难逃被侵略的命运。自 15 世纪起，马来群岛先后被包括葡萄牙、荷兰、英国在内的殖民者征服。殖民者通过开辟金矿、锡矿等工业生产将势力不断扩张，岛上的劳动力已经完全无法满足生产的需要，于是从阿拉伯、印度、中国涌入的大批外来移民逐渐接

- Nasi lemak -

替本土居民成为主要的社会劳动力。

外来文化的输入使马来群岛的饮食也随之不断发生着变化。例如，就算是最传统的椰浆饭，配菜也不再仅限于一条小鱼，可自助选择的配菜从牛肺、乌贼、腌菜到各种炒菜，应有尽有。马来群岛南部的印度尼西亚人更喜欢把包裹在外面的香蕉叶和米饭一起加热，这样味道会更香，且少放姜而多加诸如柠檬草之类的香料。西北部的马来西亚人则喜欢在椰浆饭中加入一些咖喱，叁巴酱也比其他地方的更辣一些。这种辣味之中藏有丝丝甜味的椰浆饭，被视为沙巴和砂拉越的特产。此外，在 1900 年之前，马来群岛的村庄内几乎所有的椰浆饭都是蒸的：在炭炉上放一个装满水的铜壶，铜壶上的藤篓内盛着白米，用一块白布覆盖在米上蒸制大约 40 分钟。与煮饭相比，蒸会让米变得更有嚼劲。

20 世纪初，"椰浆饭"一词出现在一些研究马来西亚的历史学家的著作中；1909 年，常年居住在马来西亚的英国历史学家理查德·奥拉夫·温斯泰德（Richard Olaf Winstedt）在《马来生活所见》（The Circumstances of Malay Life）一书中解释了椰浆饭这一词语的来源与释义。1935 年，椰浆饭在西方见诸报端，报道称能够在吉隆坡的马来市场吃到美味的椰浆饭。1965 年，新加坡从马来西亚独立出来，后依靠着国际贸易和人力资源成为"亚洲四小龙"之一，经济迅速腾飞。椰浆饭在当地也经华人改良，以各类炒菜和炸物等替换凤尾鱼，迅速占据了当地快餐市场。到了 1970 年，只需要 30 美分就能在马来群岛买到一份用香蕉叶包起来的椰浆饭，小贩还会挨家挨户上门推销。

到了旅游业成为全世界强有力的吸金产业之一的 21 世纪，椰浆饭已经成为马来群岛各国推广旅游业的一张名片，活跃在街头小巷的餐馆和小贩的推车中。

1 1970 年，只需要 30 美分就能在马来群岛买到一份用香蕉叶包起来的椰浆饭 | Takeaway (CC BY-SA 3.0)
2 印度尼西亚于 2008 年发行的椰浆饭主题邮票

马来椰浆饭

1 小时 | 1 人份

食材

椰浆 / 150 毫升

长粒米 / 200 克

水 / 300 毫升

盐 / 适量

斑斓叶、芭蕉叶 / 各 1 片

小鱼干（江鱼仔）/ 20 克

带皮花生米 / 20 克

煮鸡蛋 / 50 克

黄瓜 / 50 克

叁巴酱 / 50 克

萝卜干粒 / 少许

植物油（炸江鱼仔和花生用）/ 100 毫升

做法

① 长粒米洗净，放入小锅中。

② 椰浆和水、盐混合，加入米中，大概没过米 1 倍的高度。

③ 放入斑斓叶，先大火煮开，用勺子不停搅动避免煳底，再盖上盖子。

④ 锅盖如果密封性不够，则用锡纸沿盖子包一圈，使锅体更贴合，减少水分的流失。

⑤ 小火煮 10 分钟，至饭香飘散出来，若米饭颗粒饱满，且表面上出现小蜂窝，则煮得刚刚好，盖上盖子再焖 5 分钟。

⑥ 将带皮花生低温小火炸至香脆。

⑦ 捞出花生，继续炸江鱼仔，炸至金黄。

⑧ 准备好芭蕉叶（没有芭蕉叶用粽叶或者油纸也可以），把煮好的椰浆饭盛在中间，摆上炸得酥脆的江鱼仔和花生，黄瓜切片，煮鸡蛋切半，再配上萝卜干粒和 2 勺叁巴酱即可。

古早调味料

梅子 / Pickled plum

▌	公元前 17—前 11 世纪
起源	中国
人物	上杉谦信

梅树实在是一种让人神往的植物，在中国人的文化当中，梅花之傲洁可比君子，梅花开过后结出的梅子，又是中国人较早用于烹饪的调味品之一。

《尚书》是一部先秦文献和部分追述古代事迹著作的汇编，为后人考古留下了重要的参考指引。而关于梅子在中国古代烹饪中的重要地位，最直接的证据就出自《尚书·说命》："尔惟训于朕志，若作酒醴，尔惟曲糵；若作和羹，尔惟盐梅。"说明在尚未发现其他味道的时期，盐、梅之于厨房就如同重臣之于帝王。

烹饪所用的味道始于咸、酸，其中的酸就取于梅子，而梅子则源于中国。考古学家在河南省安阳市殷墟中发现了一件铸造精致的铜鼎，该铜鼎为食器，鼎中有粟米、果核，果核呈扁卵形，两端尖，表面有蜂窝状沟穴。经鉴定，此为梅子的果核，证明早在商朝人们便已经开始食用和储存梅子了。

除了梅核之外，在商墓考古当中，还发现有大量狗、羊、猪、鸡等动物残骸，以及许多动物形状的随葬物。研究者认为，这表明商朝时人类驯化的动物种类丰富，肉食也已经较为丰富。食材的丰富提高了人们对于食物味道的追求，梅子的酸味正可以用来去除肉中的腥膻味，还可以软化肉的纤维组织。

到了周朝，梅子被制成"醷"。醷实为梅酱，是"醢"的一种。《周礼·天官·膳夫》记录了周朝王室的饮食，其中指出"珍用八物，酱用百有二十瓮"。其中的酱分"醢"[1]和"醷"，前者为咸味肉酱，由各种动物的肉佐以盐、酒等调料做成；后者指带有酸味的酱料。《周礼》中曾经有"醢人"和"醷物"的记载，证明当时醷有专人掌管。

周王的饮食在当时是极为讲究和奢侈的，从《周礼》中描述的数量来看，酱可谓多种多样。孔子曾经形容周朝宫廷饮食为"不得其酱，不食"，《周礼·天宫·食医》中说"春多酸，

---

1. 读音"hǎi"，本意是指肉酱，后也指古代一种酷刑。

夏多苦，秋多辛，冬多咸"，酸味梅子酱通常与野味相搭配。还有一种名为"渍"的吃法，也用到了酸味梅酱——取刚杀的牛羊肉，逆纹路切薄片，浸入美酒，第二天早晨以梅酱等调味食用。除了制梅成酱之外，梅子还会被制成梅干，作为一种开胃小食蘸盐吃。

春秋战国时期，一部记录齐国政治家晏婴言行的历史典籍中出现了关于梅子的烹饪方式。《晏子春秋》外篇第七章中所谓"和如羹焉，水火醯醢盐梅，以烹鱼肉"，说的便是先秦人用梅子当调味品烹饪鱼肉制品的方法。另外，《尚书·孔氏传》中云："酒醴须曲蘖以成，盐咸梅醋，羹须咸醋以和之。"这些记载都说明，在当时梅子是重要的酸味剂。

有意思的是，朝代的更替、社会的不断发展也会带来口味的变化，例如在先秦流行酸味，到了秦汉就逐渐被咸味所取代，而唐宋则更垂青辛辣。

在汉朝，社会经济发展进入了新的高度，调味品的种类和规模都得到扩大，加上张骞出使西域带回新的调味料，梅子酱在烹饪中的使用频率逐渐降低。然而那时长江流域的大部分地区已经能够比较熟练地栽种梅子树，梅林遍地，于是人们转而开始制作各种梅子小食。

现今湖南长沙马王堆汉墓出土的文物中，有完好储存在陶罐中的梅核、梅干。与陶罐同时出土的还有一刻有"梅""脯梅""元梅"字样的竹简。"元梅"是杬梅，是指用杬树皮煎的汁腌制的梅子。

在现今扬州胡场一带，考古人员在四座汉墓中发现了大量的随葬器物。其中，有10多件漆笥引起了考古人员的关注。漆笥是一种盛食物或衣物的器物，这些陪葬的漆笥呈长方盒形，盒盖一端注明了藏物的名称，除了肉类、鲍鱼之外，还有一盒盖刻写着"梅一笥"。这说明汉朝扬泰地区人们喜食梅子，梅子已从调味品发展成为重要的食物。

此外，北魏末年农学家贾思勰的《齐民要术》中，不仅记录了梅杏加工、储存的方法，还指出乌梅可渍苦酒（这里的苦酒指固体醋）。

梅子的味道对于中国人而言如此重要，自然也逐渐成为接受中国文化熏陶的周边国家饮食文化中不可或缺的一部分。大约在公元前2世纪，梅子传入朝鲜，后在8世纪传入日本。

日本平安时代中期，梅子干曾经治好了村上天皇的病；镰仓时代（1185—1333）与室町时代（1336—1573），梅干作为解毒剂与开胃药流行于武士之间；在战国时代（1467—1585或1615），喜食梅子的著名战将上杉谦信发明了"日之丸便当"，并作为他的军队所带的军粮；到了江户时代（1603—1868），一般家庭开始制作梅干，梅干在各地百姓中普及开来；明治时代（1868—1912），梅干被视为增进健康的保健食物，并在传染病暴发期间需求急剧增长。可以说，从梅子传入的那一天起，日本人便再也离不开它。

1
14
1. Plum, Imperial Gage.
2. " Shropshire Damson.
3. " Lombard.
4. " Maynard.
5. " Yellow Egg.

1 奥地利水彩画家阿洛伊斯·朗泽（Alois Lunzer）专门从事植物插画的绘制，他与植物学家兼作家托马斯·米汉（Thomas Meehan）及出版商路易斯·普朗（Louis Prang）合作完成了《美国原住民花草和蕨类植物》。图中为他于 1909 年绘制的不同梅子品种 | Brown Brothers Continental Nurseries Catalog 1909
2 梅干 | Batholith
3 栽种于隋朝的梅子树 | 江上清风 1961 (CC BY-SA 3.0)
4 梅子小食 | Hyeon-Jeong Suk (CC BY-SA 2.0)
5 日之丸便当 | 日本人の伝統的なメシ (CC BY-SA 3.0)

RECIPE 食谱

梅子茶泡饭

15 分钟 | 1 人份

食材

白米饭 / 200 克

紫苏渍梅 / 1 颗

海苔丝 / 少许

玫瑰盐 / 少许

青芥末酱 / 少许

玄米茶 / 8 克

做法

① 白米饭蒸熟取出。

② 将海苔丝撒在米饭上，加上一颗紫苏渍梅，挤上适量的青芥末酱，撒上玫瑰盐和少许玄米茶（分量外）。

③ 用 8 克玄米茶加水冲出一壶玄米茶汤。

④ 将冲好的玄米茶汤沿碗壁缓缓倒入碗中，至米饭的 2/3 处即可。

享乐主义平民化

现代糖果 / Candy

◤	公元前 16 世纪
起源	古埃及
人物	帕克·威廉姆斯

1939 年 9 月,波兰华沙沦陷。德国纳粹着手对华沙的犹太人进行大清洗,逼迫他们离开居住区,大批犹太人像牲口一样被运往集中营等待被"处死"。犹太钢琴家维拉德斯娄·斯普尔曼(Wladyslaw Szpilman)[1] 一家人也在其中。在广场惊惶地等待铁罐车时,钢琴家的父亲用几乎所有的积蓄从小贩手里买来一颗糖果,分成 6 份给每一位血亲。这是根据真实回忆录改编的电影《钢琴家》中的一幕,或许也是代表着甜蜜和享乐主义的糖果在历史上最苦痛、最悲情的时刻。

好在大多数时候,糖果都让人感觉快乐。现在的糖果五颜六色、造型各异,孩子们对此无可抗拒,成人们也会经常想念吃糖时单纯的快乐。

"糖果"这个概念最早来自印度,公元前 6—前 4 世纪,波斯人和希腊人相继入侵印度。他们发现印度人喜欢用一种形似芦苇的植物来榨汁制糖,这种植物就是甘蔗。从糖果的英语词源来看,"candy"取自古英语的"sugre-candy",最早源于梵文"खण्ड"(khaṇḍa),翻译成阿拉伯语为"qandi",意思是用甘蔗煮成的硬糖。不同英语地区表示糖果的词语也不同,例如,英式英语使用"candy floss""sweet",澳大利亚英语则使用"lollies"。

从奢侈品到平民化

在还没有发现甘蔗之前,古代人类更多地用蜂蜜来制作糖果、甜食,也用蜂蜜来包裹花瓣、水果和坚果。公元前 16 世纪,古埃及人用蜂蜜、椰枣、无花果做成糖果;古罗马人把包裹着蜂蜜的杏仁放在太阳下晒干,制成糖衣杏仁。这些糖果一般出现在宴会场合,与蜜饯一起作为装饰小食。直到今天,法国默兹省的凡尔登市依然保留着最原始的糖衣杏仁制作方法。

普遍认为,中世纪时的欧洲药剂师最先开始将糖果和药物混合成糖药丸。这种做法能有效减轻药物本身的苦味,并在某种程度上缓解病人的焦虑。

---

1. 维拉德斯娄·斯普尔曼(1911—2000)是一位波兰犹太裔钢琴和作曲家。在 2002 年根据其回忆录改编的电影《钢琴家》中由阿德里安·布洛迪的演绎,斯普尔曼开始为人所熟知。

工业革命之前，糖果由于无法大批量生产、花样有限、不能快速运输到各地等原因而价格非常高昂，只有富裕的人才能将其作为饭后促进消化的小食享用。

英国至今仍然保留着一本关于糖果制造历史的书，记载了16世纪英国人制作糖果的过程和当时的社会状况。一开始，少部分英国人制作糖果只是出于兴趣爱好，并且在煮糖水的过程中获得满足感和成就感。17世纪，英国开始对印度进行殖民统治，并控制着整个印度的贸易，来自西印度的蔗糖的价格逐渐下降。到了19世纪，由于东印度公司的贸易控制，糖的价格跌到了最低点，糖果也从贵族阶级的盘中落到了寻常百姓家孩童的嘴里，用不了几个便士就可以买到五颜六色的糖果吃。欧美街头陆续出现琳琅满目的糖果店，棒棒糖也被发明出来，糖果就像是珠宝吸引女人一样吸引着孩子们。大多数美国工人阶级的孩子，人生中第一笔零花钱就花在了买糖果上。

与此同时，糖果的种类也不再仅限于糖水煮制的硬糖了。荷兰人制作出了世界上第一颗巧克力糖和第一根巧克力棒；瑞士人紧随其后，做出了公认的更好吃的巧克力糖；到了20世纪初，薄荷糖、柠檬糖开始流行起来。糖果工厂随处可见，工厂每天都在热火朝天地研发新口味，太妃糖、软糖等都是这段时期出现的。

糖果在欧美成了孩子们社交的工具，有研究者甚至通过让儿童分享糖果的实验来研究人类的利他行为。

学生抗议：加拿大糖果战争

第二次世界大战结束后，各国都在着手修复各自的战争创伤。在货品价格、服务收费和工资额度被政府控制数年之后，加拿大也重新回归自由资本市场模式。各行各业的货品价格都开始大幅上涨，老板们都想追回战争时期失掉的利润，这其中当然也包括糖果制造行业。

1947年，加拿大少年帕克·威廉姆斯（Parker Williams）从非洲莱迪史密斯小镇（Ladysmith）的一家糖果店空手而归。令本想买巧克力吃的他难以接受的是，一块3盎司（1盎司约等于28.35克）包装的巧克力仅在一夜之间，价格便从原来的5分涨到了8分。

派克买不起糖果的消息很快在孩子们中传开了，他和他的伙伴们一致决定抵制涨价后的巧克力。紧接着，加拿大的中小学生举行大规模示威游行，许多家长也陆续加入了游行队伍，表达对食品价格不断上涨的不满。这段往事后来被人们称为"糖果战争"。

1 作为装饰小食的糖衣苹果 | Constantin Barbu (CC BY-SA 2.0)
2 原始糖果公司（Original Cone and Candy Company）的太妃糖切割机，现存于密苏里历史博物馆（Missouri History Museum）
3 1927 年，在美国芝加哥南密歇根大道斯奈德糖果店（Snyder's Candy Shop）的消费者，照片现存于马里兰大学帕克分校国家档案馆（National Archives at College Park）
4 大多数美国工人阶级的孩子第一笔零花钱投资在了买糖果上。路易斯·海因（Lewis Wickes Hine）拍摄于 1910 年，照片现存于马里兰大学帕克分校国家档案馆

RECIPE 食谱

红茶太妃糖

1.5 小时 | 3 人份

食材

鲜奶油（淡奶油）/ 180 毫升

红糖或黄糖 / 130 克

麦芽糖浆 / 70 克

红茶 / 10 克

盐 / 少许

做法

① 在 15 厘米 ×15 厘米的活底模具里铺上油纸。

② 鲜奶油煮热（不用打发）后加入红茶，小火焖煮片刻；熄火后盖上锅盖再焖 5 分钟左右，滤出茶叶后加入黄糖或红糖、麦芽糖浆和盐。

③ 小火加热并不断搅拌，随着温度上升糖液开始沸腾起泡，大约熬煮 20 分钟；用温度计测温，至 117℃ 时离火。

④ 倒入模具中冷却，夏季则须入冰箱冷藏，冬季可室温放凉，30~60 分钟后凝固至略软状态后切成小块即可。

极具风雅的调味品

鲜花 / Flowers

	公元前 1500 年
起源	古埃及
人物	武则天

自古以来，赏花都是一件充满闲情雅趣的事。除了花卉的栽培艺术，食花之道也已有 3 000 多年的历史。花开即赏，花落则食，人们用花烹茶、酿酒、制药、入馔。作为一种传统又特殊的食材，花不仅给菜肴增添了几分精巧，也带来了清新的味觉体验和不俗的健康功效。

异域的食花传统

早在青铜器时代，花卉就出现在了人类的食谱上。在今希腊克里特岛和圣托里尼岛，考古学家发现米诺斯文明时期的壁画中描绘了当时人工采摘藏红花制作染料和药材的一幕。藏红花至今仍是一味价值不菲的香料，而早在 3 000 多年前，人们便已发现它的神奇与美妙，或许可以说这是整个人类花卉食用史的起点。

在古埃及文明的鼎盛时期，医术突飞猛进，对草药的认知也达到了新的高度。著于公元前 1 500 多年的埃伯斯氏古医籍中记载了多种花卉的药效，其中藏红花被视为一种能够延年益寿的珍贵药材，睡莲和莲花被当作可用来贡奉身份尊贵者的高级食材，而纸莎草则是身份较低者的食物。

希腊人和罗马人也延续了食花这一传统。在《荷马史诗》中，奥德修斯意外来到了一座长满莲花的岛屿，遇到了一群以莲花为食的人，他的手下在尝过莲花后都乐不思蜀。据后人考证，这座岛屿很有可能就是突尼斯的杰尔巴岛。

在罗马时期，花卉入菜更为普及。随着丝绸之路的开通，更多的花卉从东方传入地中海地区。名为《论烹饪》的古罗马食谱中不仅出现了玫瑰奶冻、紫罗兰酒，还有用到藏红花、茴香花的海鲜料理，复杂程度丝毫不输现代食谱。

到了中世纪，同时作为医院和学校的修道院接过了花卉栽培的重任。修士（修女）种植各种花卉草药，用短舌匹菊治疗头痛，用疗肺草治疗咳嗽，用艾草驱除寄生虫，金盏花和小甘菊成为餐桌上的常客，沙拉里除了莴苣叶和胡萝卜，还会出现旱金莲和琉璃苣的花瓣。比起皇室打理得绚烂繁华的花园，修道院的花园更像是为了生存所开的药材和食材铺。

而在地球另一端的美洲，土著人食花也有不短的历史。16 世纪西班牙人带着欧洲文明到

来之前，阿兹特克人已经习惯于炒食南瓜花和龙舌兰等花卉。这个骁勇善战的民族对花卉有着深厚的情感，甚至发明了一个词根——"quilitl"——专门指代可食用的花卉。印加人则喜欢往可可里加万寿菊来调味，也喜欢生嚼木槿花的花瓣，今天许多人在吃沙拉时仍会像印加人一样以花瓣调色、调味。

中华饮食文化之"餐花饮露"

中国人食花至少有2 000年的历史，虽然不是主流的饮食方式，但在诗词歌赋中有着零星的记载。屈原曾在《楚辞》中写下"朝饮木兰之坠露兮，夕餐秋菊之落英"[1]"蕙肴蒸兮兰藉，奠桂酒兮椒浆"[2]，可见秋菊、蕙草、兰花、桂酒在战国时期就已经入馔入酒，被当作食物或者祭品。

公元前202年，西汉建立。《西京杂记》[3]中记载了重阳节登高饮酒这个民间习俗的由来：刘邦的妃子戚姬被吕后用私刑虐待致死，被赶出宫外的宫女仍按服侍妃子时的规矩，在九月初九日插茱萸、喝菊花酒。她告诉众人这是行之有效的长寿之法，于是大家纷纷效仿，这种方法很快便流传开来。[4]

汉朝辞赋家枚乘在《七发》中描述了楚太子的御膳，"熊蹯之腬，芍药之酱""兰英之酒，酌以涤口"，即把熊掌煮得酥烂，再配上芍药做的酱汁来调味，餐后还会用兰花酒来漱口。

随着花卉烹饪技术的多样化，人们也开始意识到食花带来的保健功效。我国最早的药学大作《神农本草经》[5]中就提到了菊花可以"散风清热、平肝明目"，旋花能够"去五脏间寒热"，兰草则"杀蛊毒、辟不详"等。

隋唐盛世与五代十国之时，花馔已经十分常见。唐人不仅用花酿酒招待客人，还会煮杨花粥[6]、用菊苗炒菜[7]。传说武则天在游园时下令将开得热烈灿烂的牡丹都采下来，制成牡丹糕分发给大臣；也有人说牡丹糕是武则天在感业寺为尼之时突发奇想制成的素食。虽然没有准确的历史依据，但今天所吃的洛阳牡丹糕源自唐朝的可能性极高。

李白《客中行》中也有名句与花卉有关："兰陵美酒郁金香，玉碗盛来琥珀光。"有学者考证其中的"郁金香"很可能是汉晋之时引入中国的藏红花，"琥珀光"则指藏红花酒。

宋元是佛教真正世俗化的时代。随着素食的普及，花卉菜肴也有所创新。南宋林洪所撰的《山家清供》中收录了多种花卉食谱，比如梅花汤饼、紫英菊、牡丹生菜等。喝茶蘼[8]酒也是宋朝文人骚客的一大乐趣，黄庭坚形容茶蘼："风流彻骨成春酒，梦寐宜人入枕囊"[9]，杨万里为酿茶蘼酒专门作诗："若要花香薰酒骨，莫教玉醴湿琼肌。"[10]

在继承了宋元饮食习惯的明清时代，人们开始尝试用面拖、油炸、蜜煎、清蒸等多种方式来烹饪花卉。而花卉的种类也是从芍药、茉莉，到金盏花、玉兰等应有尽有。不仅是百姓，清朝的两位掌权人也是出了名地喜欢食花。深受乾隆皇帝喜爱的玫瑰饼就是起源于该时期，而慈禧太后则喜欢配着鱼汤、鸡汤等食用花瓣。

经过了2 000年的发展，中国各地传统饮食和小吃里都融入了不少花卉元素，如广东的梅花粥、云南的茉莉花炒鸡蛋、江南的桂花酒酿圆子等，花肴虽不是山珍海味，却是名副其实的集古之大成者。

---

1. 选自《楚辞》的《离骚》。
2. 选自《楚辞》的《九歌·东皇太一》。
3. 《西京杂记》是一本西汉杂史集，关于作者存在争议，可能为汉朝刘歆或晋朝葛洪。
4. 另一种说法认为这种风俗来自南朝的《续齐谐记》。
5. 成书时间不明确，一说秦汉时期，一说东汉。
6. 出自《云仙杂记·洛阳岁节》。
7. 出自《蛮瓯志》，刘禹锡用菊苗做的菜肴来换茶，以招待白居易。
8. 茶蘼，又名佛见笑、重瓣空心泡，蔷薇科植物。
9. 出自《观王主簿家酴醾》。
10. 出自《余与客尝茶蘼泻酒，客求其法，因戏答之》。

RECIPE 食谱

薰衣草蜂蜜烤鸡肉

24 小时 | 3~4 人份

食材

鸡腿或鸡胸 / 2 千克

柠檬 / 半个

蜂蜜 / 30 克

干百里香 / 1 茶匙

干薰衣草 / 2~3 茶匙

盐 / 适量

黑胡椒粉 / 适量

橄榄油 / 适量

做法

① 将柠檬榨出约 30 毫升的汁水后，和蜂蜜、干百里香、干薰衣草、盐、黑胡椒粉混合均匀，把调好的酱汁均匀地涂抹在鸡肉上并轻轻揉捏。

② 把鸡肉放在冰箱里冷藏腌制，时间长短视情况而定，过夜为佳。

③ 烤箱预热至 220°C 后，把腌好的鸡肉铺在锡纸上，抹上适量的橄榄油，烤 40 分钟左右即可。

世界的食物

面包 / Bread

◤	公元前 15 世纪
起源	古埃及
人物	奥托·弗雷德里克·罗威德

除了亚洲部分国家有以米饭为主食的传统之外，其他各国大多以面包作为主食之一。面包的制作既可烘焙，也可以蒸制，例如德式煎馒头和中国的馒头。

制作面包的基本原料是小麦面粉、酵母、盐和水，也常添加糖和鸡蛋等来增添风味。为了满足不同的口味需求，添加了各种馅料的面包应运而生，深受人们喜爱。目前世界上面包的口感各异，形状也多种多样。面包除了直接食用外，还可进行各种后续加工，比如将切片面包搭配果酱、蔬菜、肉类等制成三明治。

在意大利，有一种名为黄金面包（Pandoro）的圣诞面包，据说在制作过程中使用的八角星形或山形模具出自超现实主义大师萨尔瓦多·达利（Salvador Dali）之手，跨领域的合作也为面包这种食物增添了不少艺术气息。

小麦带来的食物变革

最原始的面包可能以蕨类植物的根为原材料，将其捣烂得到淀粉和汁液的混合物，铺在平坦的石板上并置于火上加热，混合物的水分被烘干后便得到了一种扁面包。随着新石器时代的到来，农业的普及度逐渐增加，人们开始使用谷物代替蕨类植物制作面包，其中小麦作为普遍的农作物而受到欢迎。

在逝于公元前 1458 年的哈特谢普苏特（Hatshepsut）[1]的墓中发现了被作为陪葬品的面包。除此之外，古埃及还留下了大量包括工具、绘画、艺术品等在内的制作面包的证据，充分证明了古埃及人是早期面包的发明者。

由于当时还没有人工培养的酵母，于是人们将制作好的面团放置过夜，让空气中的酵母菌附着在面团表面，发酵出有一定蓬松度的面包。除了制作面包外，埃及人还常利用小麦来制作啤酒，作为午后补充营养并缓解口渴的饮料。啤酒的泡沫被加入面团，制作出发酵得更好的面包。

---

1. 或称哈采普苏特，古埃及第十八王朝女王，于公元前 1479—前 1458 年在位。

世界的汇合

因为面包含有蛋白质和碳水化合物等营养物质，能够帮助生物体维持基本的生命活动，所以逐渐成为人们的主食。每一颗麦粒都由厚厚的麦皮包裹着，为了破碎麦皮而不破坏麦粒，需要进行仔细且严格的加工。由于小麦面粉的制作过程比较烦琐，因此面包在过去通常只用于重大庆典中。人们向优质小麦粉中加入圣水和盐以消除污秽，制作出最好的面包作为对神灵的献礼。

随着农业和工业技术的发展，小麦的产量不断增加，同时精制面粉的技术也发生了变革，面包不再只属于重大节日，而逐渐融入人们的生活中。

面包的兴起和繁盛主要从欧洲开始，整个欧洲至今都以面包为主食。在大航海时代后，欧洲各国向美洲和亚洲殖民扩张，也将面包带入殖民地的饮食文化中。19 世纪后期，大英帝国鼓励从殖民地大量进口面包。这种面包的制作工艺来源于英国，所以虽使用当地原料及劳动力，但仍被视为英国面包。帝国经济委员会等机构鼓励与各殖民地展开面包等食品的贸易，视之为加强英国殖民统治的手段之一。

工业化和家庭化

在面包的生产工业化之前，面包师因为掌握发酵和烘焙的技术而在社会上享有较高地位。优秀的面包师除了能制作出普通面包外，还能根据宴会等不同场合专门烘焙不同口味的面包。这种特制的面包会被盖上作为制作者标志的印章。随着口味各异、形状不同的面包不断流传，至今仅德国就约有 1 300 种不同类型的面包。

对面包及其制作技术不断增长的需求推动了面包的工业化生产进程，20 世纪初，面包还是以整块的方式出售，于是有不少工厂开始尝试研发面包切片机。1912 年，美国珠宝商人奥托·弗雷德里克·罗威德（Otto Fredrik Rohwedder）卖掉了苦心经营多年的珠宝店，专心投身于面包切片机的研制中，但他最早推出的一款机器却因被质疑易导致面包变质而不受欢迎。直到 1927 年，罗威德终于设计出了一款既能切片，又能将面包包装在纸袋中的机器，保证了面包的新鲜度，从而使切片面包迅速流行起来。罗威德因此被认为是"切片面包之父"，也是面包生产工业化的重要推动者。

随着制冷技术的发展，面包的保质期变得更长，运输距离也更远，因而受到追求便捷的上班族的追捧。而自 1986 年以来，家用面包机的出现让家庭自制面包变得简单，更推动了面包的流行。目前面包的制作不再局限于漫长的手工过程，而是工业化生产、专业化操作以及家庭化创意制作三种方式并存，使人们有了更多的选择。

1 意大利名为黄金面包的圣诞面包，及出自超现实主义大师萨尔瓦多·达利之手的模具 | Festival della Scienza (CC BY-SA 2.0)
2 1897 年，英国伦敦的麦克莱制造公司（McClay Manufacturing Company）制作的面包金字塔，由一个烤箱作为基底 | 大英图书馆（British Library）
3 家用面包切片机 | Hannes Grobe (CC BY-SA 3.0)
4 曾在 1904 年美国圣路易斯世博会上获得金奖的"面包制作机"（The Universal Bread Maker），其实际作用为将所有原料搅拌均匀，现存于密苏里历史博物馆

RECIPE 食谱

手工全麦面包
2 小时 | 3~4 人份

食材
全麦粉 / 250 克

细砂糖 / 50 克

盐 / 2 克

干酵母 / 3 克

奶粉 / 8 克

全蛋液 / 35 克

水 / 110 毫升

无盐黄油 / 20 克

白芝麻 / 适量

工具
面包机

保鲜膜

450 克吐司盒

做法
① 将除无盐黄油以外的所有食材放入面包机中，揉至可以拉出膜，膜不用很薄。

② 加入无盐黄油，揉至可以拉出很薄、有弹性且不易破的薄膜后，将面团盖上保鲜膜，在 28℃左右的环境中发酵至两倍大。

③ 将发酵好的面团分割成三等份，盖上保鲜膜醒发15~20 分钟。

④ 将醒发好的面团按扁，光滑面朝上，擀成长条形，翻面，卷起，完成后再松弛 15~20 分钟。

⑤ 将松弛后的面团光滑面朝上，擀成长条形。轻轻提起面团翻面，尾端压薄，卷起。

⑥ 全部面团处理好后，将面团按同一方向摆入吐司盒中，在 38℃左右的环境中发酵至模具的七分满。

⑦ 撒上白芝麻，盖上盖子，放入预热至 170℃的烤箱的下层，上下火烤 30 分钟。烤好的吐司及时取出散热，可直接食用或者放凉后密封保存。

雅致饮品

茶 / Tea

▌	公元前 12 世纪
起源	中国
人物	王褒

在很长一段时间内，茶都是东方特有的。曾有研究者指出茶树发源地的精确位置位于北纬29°、东经98°，此处是印度东北部、缅甸北部、中国西藏的交界处。此外，还有研究者指出，中国云南同样也是茶树的发源地，世界上人类栽培的最古老的茶树就位于中国云南省临沧市凤庆县，距今约有 3 200 年的历史。在无法断定孰先孰后的情况下，植物学家猜测，两种茶可能是平行发展的。

源远流长的中国茶文化

无论茶树发源于何处，毫无疑问的是，最早拥有茶文化的国家是中国。在古老的神话传说中，能让太阳发光的炎帝神农氏教人们播种五谷，并发现了饮茶的功效。这则传说被唐朝陆羽记录在《茶经》中："茶之为饮，发乎神农氏。"又有"茶茗久服，令人有力、悦志"的说法，中国的茶最早产于西南地区，在把茶当作饮品来享受之前，茶是被人们作为一种中药来服用的。

随着古代社会的不断进步和发展，医药水平逐渐增强，古人发现茶的药用效果甚微，反而用来提神更佳。到了汉朝，中国西南地区的人们开始逐渐把茶作为一种饮料，而在此之前一直将饮茶称作"吃茶"。

居住在现今中国四川成都一带的西汉文学家王褒，写过一篇关于古代四川境内奴婢的故事《僮约》，文中提到奴婢的日常工作就有两项与"茶"有关，一是"烹茶尽具"，二是"武阳买茶"。其中"武阳"指的是现今四川眉山、仁寿、彭山一带。研究者推测，这意味着西汉时期喝茶这件事在四川已经流行开来。

到了魏晋时期，经过战乱和朝代更替，西晋时的国家版图已将现今的云、贵、川等西南地区囊括在内，饮茶的范围逐渐扩大。不过，就饮茶的方式来说，仍与现在有较大差别。据张揖的《广雅》记载："荆巴间采茶作饼，成以米膏出之。若饮，先炙令色赤，捣末置瓷器中，

以汤浇覆之，用葱姜芼之……"说明当时的饮茶方式是先把茶饼炙烤一下，捣成茶末后放入瓷碗中，然后冲入开水，喝时还要加些葱、姜等调料。

《三国志》中也有关于以茶代酒的说法："皓每飨宴，无不竟日。坐席无能否，率以七升为限。虽不悉入口，皆浇灌取尽……曜素饮酒不过二升，初见礼异时，常为裁减，或密赐茶茗以当酒。"讲述了一段孙吴末代皇帝孙皓喜饮酒，为了让不胜酒力的朝臣韦曜在宴席上不至于尴尬，会预先换下韦曜的酒杯，用茶来代酒的佳话。

如果说三国时，茶还仅服务于贵族阶层，那么到了西晋，喝茶已经普及至寻常百姓家了。西晋著名文学家左思的一首《娇女诗》写尽了女儿喝茶时的姿容："止为茶荈据，吹嘘对鼎䥶。"

东晋以后，喝茶成风，人们常以茶伴果招待客人以彰显为官之清廉、为人之节俭。《茶经》中记载弘君举《食檄》一文中写道："寒温既毕，应下霜华之茗，三爵而终，应下诸蔗、木瓜、元李、杨梅、五味橄榄、悬钩、葵羹各一杯。"足见当时喝茶佐果之习惯。另外，喝茶也开始与佛教、道教等思想相互渗透。

虽然随着隋唐开启大一统时代，魏晋之风流戛然而止，但茶依然为统治者所看重，且自唐朝开始，茶逐渐成为举国之饮。

641年，唐朝贞观年间，为拉拢吐蕃，避免战争，文成公主远嫁松赞干布，茶也作为陪嫁物品一同入藏。西藏地区的饮茶习俗由此兴起，在西北边疆地区甚至一度发展出"宁可三日无粮，不可一日无茶"的说法，可见茶在当时的地位之不可或缺。至此，茶叶也成为一种商品，用于与少数民族交换马匹、玉石等，"茶马古道"上的互市交易十分兴隆。

除了茶叶本身的产地和节气外，上层阶级饮茶还十分讲究茶具[1]。西安法门寺出土过一批精美的唐朝宫廷茶具，根据《物帐碑》记载，这批茶具成套，有"笼子""龟""盐台""茶槽子""碾子""勺子""茶罗"七件。唐朝文人雅士皆爱以茶会友，饮至兴起，

便吟诗作赋。研究者认为，至此，茶文化已经成为一种根深蒂固的民族习惯，传承至今。

宋朝是茶文化发展的巅峰时期，民间"斗茶"[2]成为一种常规活动，甚至传至宫廷。有人戏称宋朝茶馆多得就像现在中国街头的星巴克。皇室也对贡茶茶饼的要求越来越高，"龙凤茶饼"应运而生。这种茶饼从采摘茶叶到制作茶饼都极其考究，步骤也非常复杂，如茶叶须在谷雨节气前、太阳未升的清晨采摘等。据说，欧阳修当朝为官20余年，才得到皇帝赏赐的一饼茶。

走向世界的饮品

如此之美的茶文化随着日本使节来往学习唐朝文化而传至日本，茶树种子也被带到了日本。成书于大约13世纪初的《吃茶养生记》是日本第一部关于茶的著作，从此茶叶作为一种能够抚慰精神的饮品在日本流行开来。1738年，永谷开发出的日本煎茶成为日本流行的茶叶形式之一。

随着世界各地的人不断将茶叶带回本土，茶的贸易开始遍及全球，中国几乎垄断了整个茶叶市场，优雅清逸的茶开始不断被卷入战争与革命的动荡之中。

清朝时期的贸易政策禁止中国与外国之间进行茶叶贸易，外国商人只能在广东等一些特定的通商口岸，从政府指定的代理商手中购买茶叶。同时，由于从茶叶的种植生产，到运输和销售的整条贸易链都被中国本地的茶商所控制，因此茶叶这种商品对于欧洲人而言无比神秘。但是在当时，茶已经成为英国人的刚性贸易需求，饮茶的习惯在英国的各个阶层均已流行开来，因此在无法逆转与中国的贸易逆差的情况下，英国通过向中国输入鸦片的手段来获取暴利，发动了中英鸦片战争。

从此，茶在人类历史上不再仅仅是一种风味清香怡人的饮品，而在一定程度上成了世界金融与贸易系统发展的推动力，甚至是促成大英帝国建立的重要推手之一。

---

1. 关于茶具，唐宋茶具是从中唐时期开始流行且专用于喝茶的。中国唐朝以前，饮茶已形成风气，不过仅流行于西蜀和江南地区，而且当时在饮食器皿中尚未明确分化出专用的茶具来。中唐时，饮茶之风已全面推广，从而出现了专用的茶具。出土文物中有的铭识也标明是茶具，如茶托、茶碗、茶瓶、茶碾、茶罗等，可知唐朝茶具的品种已颇齐备。宋朝出现了茶磨、茶臼等。下文提到的为当朝皇帝的御用茶具。
2. 比赛茶的优劣，是始于唐朝而盛于宋朝的一种有钱、有闲之人的雅玩。参与者将各自收藏的好茶烹煮，品评高下，具有很强的胜负色彩、趣味性以及挑战性。

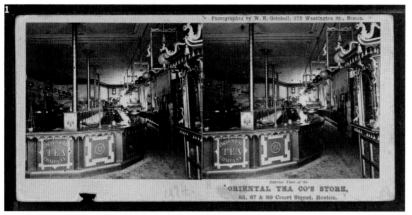

3

1 19 世纪开于美国波士顿的茶叶铺 |
纽约公共图书馆（New York Public
Library），Getchell, W. H.
2 1847 年，英国出版的《中国和印度
的历史——画报及调研》中关于中国种
茶、制茶的插画（by B. Clayton）| Miss
Corner (1847). *The History of China &
India, Pictorial & Descriptive*. p. 158.
London: Dean & Co.
3 唐朝的茶叶盒 | G41rn8（CC BY-SA
4.0）
4 陆羽《茶经》的第一页

RECIPE 食谱

清肠茶

15 分钟 | 3 人份

食材

干玫瑰花蕾 / 6 朵
茉莉花茶 / 1 克
冰糖 / 适量

做法

① 将干玫瑰花蕾、茉莉花茶、冰糖放入壶内，加入半
壶热水洗茶。

② 将水倒出，再继续加入 95℃ 左右的热水冲泡 5 分
钟即可。

Tips: 冰糖的用量可根据个人口味进行增减。

从保存食物的方式到口感独特的调味品

泡菜 / Pickle

	公元前 1000 年
起源	中国北方
人物	神文王

泡菜，古称菹、咸菹，发展至今已有近 3 000 年的历史，在中国大约有 130 个种类。最初的泡菜由腌渍蔬菜演变而来，和咸菜、酱菜同属一类，都是为了长期保存富余的蔬菜，以保证冬季的基本蔬菜需求。泡菜的原料不只局限于白菜，也不像咸菜和酱菜只用盐或酱油作为辅料，因为其无氧发酵的特点，亚硝酸盐的含量相对较少，且富含促进肠道健康的有益菌，随着近年来健康饮食观念深入人心而越发风行起来。

中国与韩国的泡菜制作方法比较接近，都是通过丰富的调味料将酸、甜、苦、辣、咸的口味调和，并让泡菜在几个月的发酵时间中达到味觉的顶峰。除了这两国外，在南亚地区，例如印度和尼泊尔，也有以杧果和各类香料进行调味来腌制的泡菜。在欧洲的航海时代，船员也会准备德国酸菜等发酵食物，作为蔬菜不足时的补给。

辣椒对泡菜的影响

关于腌渍食物最早的记录出现在中国最早的诗歌总集《诗经》中，有诗句云"中田有庐，疆场有瓜，是剥是菹，献之皇祖"，其中的"庐"和"瓜"指的是蔬菜，"剥"和"菹"则是腌制加工的意思。说明从西周时起，百姓就有了在收获的季节将蔬菜通过腌制的手段进行处理，以便日后食用的习惯。在东汉训诂学著作《释名》里，出现了对用蔬菜制成的乳酸发酵食品"菹"的详细说明，可推测当时人们已开始食用类似泡菜原形的食物。

据传泡菜是在汉朝时期经由朝鲜半岛北部的乐浪郡传至整个朝鲜半岛的，但至今尚无确凿的文献记载。当时朝鲜基本处于农耕时代，在没有蔬菜收获的寒冬，只能通过泡菜补充必需的维生素和矿物质。因此泡菜在朝鲜三国时代逐渐兴盛起来，并与饭、汤一起形成三大基础饮食。

在《三国史记》中，新罗的神文王迎娶王妃的纳采品目中，有以汉字"醢"记载的腌渍食物。发展到高丽时代，文人李奎报撰写的诗文集《东国李相国集》中，首次用"渍盐"的名称提起腌泡菜，可见当时的泡菜主要还是以盐作为调味料。

宋朝时期，使臣徐兢在《宣和奉使高丽图经》中记录自己在高丽都城中的生活时写道："泡菜已不分贵贱，成为人们的日常食物。"但是当时的泡菜主要还是以萝卜、茄子等当地作物为主，直到中国的明朝时期，常见于如今韩国泡菜的主要原料大白菜才传入朝鲜半岛。

到了朝鲜王朝时期，辣椒由美洲传入亚洲和朝鲜半岛。人们发现辣椒不但容易种植，还能促进泡菜发酵，并对作为辅料的鱼虾酱的腥味有一定的抑制作用，于是开始将辣椒作为制作泡菜的一种固定配料。在1766年出版的农业书籍《增补山林经济》里，第一次有了使用辣椒制作泡菜的示例介绍。辣椒对韩国泡菜的制作产生了重大的影响，使其无论是味道还是色泽方面都得到了改进，现在我们看到的韩国泡菜就大多是红色的。

同样，因为辣椒的出现而发生改变的还有四川泡菜。四川泡菜从一开始以花椒增加辛辣味道转变为辣椒和花椒一同加入，口感也由麻辣转为香麻共存。利用盐和酒等简单调料腌制的泡椒，既可单独入菜用以调味，又能够作为其他泡菜的腌渍原料，逐渐成为一种不可或缺的食材。

辣白菜联结的情感纽带

发展至现代社会，虽没有了冬季蔬菜储存上的困难，但是制作泡菜的习惯却沿袭了下来。泡菜不只可以作为开胃小菜，也可以与肉类菜肴搭配解腻，同时还是重要的调味品。除了经过长时间密封发酵的泡菜外，为了满足人们快节奏的需求，还逐渐发展出从腌制到食用只需要两三个小时的新工艺，制作出的泡菜不但有丰富的口感，还保存着食物本身的爽脆。

20世纪60年代，因韩国经济的迅猛发展，这一时期也被称为"汉江奇迹"。很多人认为，伴随着国家经济的腾飞以及社会的转型，曾经赖以越冬的"穷人食物"泡菜会渐渐受到冷落，在发展浪潮的涤荡下

被渐渐淘汰。然而，根据韩国政府在2013年做的一项调查显示，仍有超过95%的韩国国民每天至少会食用一种泡菜，韩国人对泡菜的喜爱并没有随着时代的变化而有丝毫动摇。

令预言者更加挫败的是，虽然经济的发展带来了技术和食材上的变化，但是大多数韩国家庭仍然选用古法制作泡菜。每年的11月底到12月初是家家户户欢聚一堂腌制泡菜的时间，这种越冬时节的固定活动既代表了韩国人食用泡菜的饮食文化传统，又是维系家庭、邻里情感的重要纽带。因此韩国政府正式向联合国教科文组织提出申请，将越冬腌制泡菜的饮食文化传统列为非物质文化遗产："越冬时节腌制泡菜的传统，让所有的韩国人打破了地理位置以及社会地位的隔阂，形成了一个大型共同体。"足见泡菜在韩国文化中扎根之深。

1

RECIPE 食谱

泡菜饼

20 分钟 | 2 人份

食材

泡菜 / 200 克

泡菜汁 / 少许

洋葱 / 1/3 个

鸡蛋 / 2 个

面粉 / 60 克

糯米粉 / 30 克

清水 / 60 毫升

油 / 适量

盐 / 适量

白糖 / 适量

做法

① 将泡菜和洋葱切成丁。准备一个合适的碗，放入鸡蛋、泡菜汁，加入适量盐、白糖、洋葱丁和清水。

② 稍微搅拌，加入过筛的面粉和糯米粉，最后加入泡菜丁。所有材料顺时针搅拌均匀，如果希望饼的口感更软嫩，还可以额外多加些水。

③ 锅中加入适量油，涂匀锅底，将面糊倒入后用锅铲将表面铺平，小火煎制。

④ 待表面凝固即可翻面，待反面也煎至金黄即可关火出锅。

中华饮食文化圈的基础调味料

酱油 / Soy sauce

	公元前 11—前 3 世纪
起源	中国
人物	贾思勰、僧侣觉心

中国有句俗语，"开门七件事，柴米油盐酱醋茶"，讲的是中国百姓每天为生活奔波的七件事，其中的"酱"主要指的就是酱油。

在日本也有类似的说法，日文中调味料可简称为"さしすせそ"(sa shi wu se so)，分别指日本常见的砂糖、盐、醋、酱油和味噌，其中也提到了酱油，可见酱油在日本的重要地位。

酱油主要以大豆和小麦为原料，最初起源于中国，传入"中华饮食文化圈"东亚地区后，对日本等其他地区产生了深远的影响。

从动物到大豆的"酱油进化史"

酱油从发明之初到发展为现在的形态，中间经历了多次改进。根据历史文献记载，酱油的原形是一种使用动物性原料制作的名为"醢"的食物。具体制作方式是将动物、鱼类等肉料剁碎，拌上米饭、曲和盐，用酒腌渍，装入坛中封存百天，制成"醢"。《周礼·天官》中，有关于"醢人"的职务记载："醢人掌四豆之实"，并详细记录了"醢"的品种。随着人们开始大量食用谷物以代替产量不足的肉类，大豆作为原料进入酿造领域，以豆类等植物为原材料的发酵品——"酱"应运而生。

东汉王充著《论衡·四讳》[1] 写道："世讳作豆酱恶闻雷。一人不食，欲使人急作，不欲积家逾至春也。"这是我国现存史籍文献中最早、最明确的关于"豆酱"的文字记载。根据"豆酱恶闻雷"一说，"豆酱"应该早于东汉就已出现。虽然这种豆酱在原料上与酱油已经很接近，但从酿造方式看，与如今的酱油仍有很大区别。

1.《论衡》一书为东汉思想家王充（27—97）所作，大约成书于汉章帝元和二年（88）。《论衡》细说微论，解释世俗之疑，辨照是非之理，即以"实"为根据，疾虚妄之言。"衡"字本义是天平，《论衡》就是评定当时言论的价值的天平。

历史上首次出现关于酱油的记载也是在东汉时期。东汉崔寔著有一本记载当时农民根据季节进行农事活动的《四民月令》[1]，书中写道："可作诸酱：上旬炒豆，中旬煮之，以碎豆作'末都'；至六七月之交，分以藏瓜，可作鱼酱、肉酱、清酱。""清酱"是当时人们对酱油的普遍叫法，一直延续至明清，至今还有少数华北地区沿用。

最初的酱油指的是从豆酱中汲取的残汁，北魏时期贾思勰所著《齐民要术》中出现了向固体酱中加入曲液和盐水，特意取其汁液制作酱油的方法，并首次将酱油和豆酱的制作方法区分开，为后来酱油的酿造工艺奠定了重要的基础。明朝时期，《本草纲目》和《养余月令》中"豆油法"和"南京酱油法"的出现，标志着酱油的酿造已发展成为独立的工艺。其中"南京酱油法"详细记录了使用大豆和面粉制作酱油的过程，酱滓晒干后还可做成豆豉。

随着酱油的普及，典籍中也陆续出现以酱油为作料的食谱。南宋林洪所著的《山家清供》中很多菜式使用"酱油"作为作料，这也是最早使用"酱油"一词的典籍。他在"柳叶韭"一菜中写道："……韭菜嫩者，用姜丝、酱油、滴醋拌食，能利小水，治淋闭。"在"山海羹"中这样写道："春采笋蕨之嫩者，以汤沦过，取鱼虾之鲜者，同切作块子，用汤泡裹蒸熟，入酱油、麻油、盐……"可见当时酱油就已是凉拌菜中的重要调味品。

日本味噌中的"鲜美酱汁"

在日本，味噌和酱油的发明密不可分，因为日本最初的酱油就是从味噌中提取的。

"醢"传入日本后，在日本发展形成了鱼酱、肉酱和草酱（使用蔬菜、海藻和果实制成）等酱类。随后，使用大豆、小麦等谷物制作的谷酱又从朝鲜地区传入日本，这种谷酱正是味噌的原形。

1254年（日本镰仓时代），一位叫觉心的日本信州僧侣在宋朝径山寺修学5年后，将寺中的味噌制法带回日本。在教授纪州汤浅[2]村民制作味噌的过程中，他留意到味噌中残留的酱汁异常鲜美，便开始特意制作水分较多的味噌以收集酱汁，这些酱汁逐渐发展成为酱油。

1580年之后，日本纪州地区生产酱油的技艺成熟，酱油进入日本关西地区，成为深受欢迎的调味品。由于当时关东一带尚未掌握酱油制法，全靠从关西地区运输，因此尽管当时关东已成为政治中心，但日本食文化仍以关西为主，这种酱油也被称为"首都酱油"。

由于制作过程中极易受到纳豆菌等其他细菌影响，酱油的品质极不稳定。酱油职人便利用造酒木桶培养曲菌并加以保存，每次制作酱油时加入曲菌，才有了现在口感稳定的产品。

酱油虽起源于中国，却因为日本而走向世界。随着酿造品质的提升，日本在明治时代把酱油带到欧洲世博会，一经推出就深受欢迎，酱油开始向欧洲各国大量出口。明治维新前的日本和中国一样，都是由小型家庭作坊手工生产酱油，随着酱油供不应求，明治维新后日本引入西方机械，率先进入规模化量产时代，随后中国和韩国等国也陆续开始规模化生产。

日本人热衷于创新，他们的酱油种类非常丰富。江户时代的日本不断改进制造工艺，发展出浓口酱油、淡口酱油、白酱油、刺身酱油等多种类型，而各地不同的饮食习惯，也让人们对酱油的偏好有所不同。例如日本东北和关东地区就爱用最为常见的浓口酱油，江户地区寿司、天妇罗和鳗鱼饭三大料理，都是使用浓口酱油制作的；日本近畿和四国等地，则由于喜爱烹饪煮物和汁物，更偏好浅色的淡口酱油，使料理呈现出更天然的颜色。可以说，是各地不同的饮食习惯造就了日本丰富的酱油文化。

1.《四民月令》，曾被误称《齐人月令》，该书是东汉大尚书崔寔模仿古时月令所著的农业著作，成书于2世纪中期，是东汉后期叙述一年例行农事活动的专书，描述古代中国社会地主阶层的农业运作。

2. 位于日本和歌山县，以盛产酱油闻名。

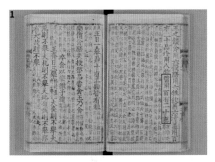

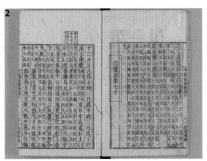

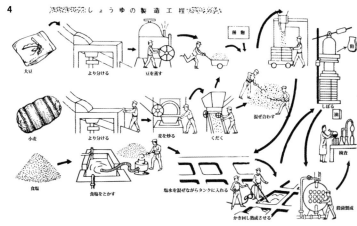

1 《周礼》中关于做酱的记载 | 日本国立国会图书馆
2 《齐民要术》中关于做酱的记载 | 日本国立国会图书馆
3 浙江乌镇西栅酱油厂，按照中国传统的方法发酵制酱 | Gerbil (CC BY-SA 3.0)
4 1962 年由日本小学馆出版的《日本百科大事典》中详细记录了酱油的制作过程

RECIPE 酱油

酱油炒饭

15 分钟 | 1 人份

食材

冷米饭 / 1 碗

鸡蛋 / 1 个

小葱 / 3 根

生抽 / 1.5 汤匙

老抽 / 1/2 汤匙

糖 / 1 茶匙

黑胡椒粉 / 少许

油 / 适量

做法

① 鸡蛋打散，小葱切成葱花备用，生抽、老抽、糖和黑胡椒粉提前倒入一个碗中。

② 油锅烧热后转小火，倒入蛋液；用勺子搅拌，使凝结中的蛋液变成碎块。

③ 在鸡蛋没有完全凝固之前，转大火倒入冷米饭；用铲子背面迅速敲碎结块的米饭，不断翻炒（颠锅更佳）。

④ 将①中准备好的调味料倒入锅中，不断翻炒，直至米饭均匀上色。

⑤ 倒入葱花，翻炒几下即可出锅。

风靡全球的人类"饲料"

蔬菜浓汤 / Minestrone

	公元前 9 世纪
起源	古罗马
人物	格里高利教皇

有这样一种食物，无论你贫穷或者富裕，健康或是疾病，当它出现在你的餐桌上时永远显得很合时宜，这就是汤。汤制作便捷，容易消化，富有营养，其中食材最简单却也最风靡全球的，当属蔬菜浓汤。

蔬菜浓汤是一种浓度较高的食物，接近半流质，其中有时混有少许肉类。普遍认为蔬菜浓汤起源于古罗马时代（前9世纪），拉丁语为"minestrare"，意思是能够同时提供食物和水的汤。意大利人还喜欢称之为"cucina povera"，字面意思是"贫穷的厨房"（poor kitchen），暗示它是起源于农民而非贵族阶级的质朴美食。

还有一种说法，认为意大利蔬菜浓汤最早由罗马帝国时期的拉丁人发明。这些拉丁人的饮食结构主要由蔬菜构成，如洋葱、扁豆、卷心菜、大蒜、蚕豆、蘑菇、胡萝卜、芦笋等都是餐桌上的常客。将任意搭配的各类蔬菜放入一种咸味小麦粉粥中，就做成了他们的主菜。

公元前5世纪，罗马共和国不断向外扩张，征服了意大利半岛，垄断了商贸和来往通路，从都城源源不断地向半岛输入各种各样的罗马食品。被征服的地区迫于无奈开始改变自己的饮食习惯，日常饮食中出现了更多的肉，还会在厨房专门放置一个储存浓汤的容器。随着面包被希腊人引入罗马人的食谱，原先在汤中混合小麦粉的做法变成了用面包蘸取汤汁食用，只有部分穷人继续食用小麦粉浓汤。

古罗马人相信简朴的饮食更加健康，所以非常喜欢吃蔬菜、豆类和谷物，满足上述所有条件的蔬菜浓汤自然成为当时必不可少的主食。1世纪时，古罗马美食家阿皮基乌斯在其著作《论烹饪》中记录了一份以鹰嘴豆、蚕豆、洋葱、大蒜、猪油和绿色蔬菜为主要食材的浓汤食谱。

随着意大利人的饮食习惯和食材的变化，蔬菜浓汤的做法也不断改变。阿皮基乌斯的书中也收录了不少蔬菜浓汤的花式做法，例如增添猪杂碎、肉汤、小鱼、鸡杂、韭菜头、薄荷等食材，煮熟后加入蜂蜜、酒搅拌，撇去浮沫后佐以胡椒粉的做法等。

这种更奢华的蔬菜浓汤后来成为古罗马人举行庆典时必备的食物，被现代人称为"意大利婚礼汤"，虽然它与婚礼没有任何关系。

1600 年，马铃薯从美洲传入西班牙，并被西班牙人带到了包括意大利在内的欧洲各国。同一时间，番茄也进入意大利。这两种重要的蔬菜立即成为蔬菜浓汤中的主角。

在过去很长的一段历史时期里，浓汤的种类以及汤中的食材是能够反映出一个人的富裕程度及阶级地位的。虽然富裕的贵族阶级能够享用到讲究且丰盛的蔬菜浓汤，但是对于普通的农民而言，蔬菜浓汤并不是一道为了特意突出什么风味而创造出来的菜肴。如今在蔬菜浓汤中看到的各类食物，也都不是出于口味搭配精心挑选出来的，而只是由于它们经常出现在残羹剩饭中，便被煮在了一起。

那么蔬菜浓汤究竟是什么时候变得如此正式的呢？有人认为，17—18 世纪，蔬菜浓汤开始使用新鲜蔬菜制作，并且作为一道单独的菜肴出现。

20 世纪，欧洲开启了一段黑暗的历史，欧洲农民吃的食物和格里高利教皇[1]统治罗马时（中世纪时的罗马）的差不多。伦巴第（意大利北部）普通家庭的日常一餐通常是一条长面包、一锅意大利蔬菜浓汤、一份用豆角和粟米制成的涂有动物油的面包。其中蔬菜浓汤会加入豆类和通心粉，浇上猪油，并用洋葱提香。讲究一些的，还会在浓汤中添加奶油。

鉴于蔬菜浓汤本来就是一种方便食物，现代人从中受到启发制作出了蔬菜浓汤罐头，并且为了延长蔬菜的储存时间、掩盖不新鲜蔬菜的味道流失，改用肉汤代替清水作为蔬菜浓汤罐头的底汤。来自世界各地的小众蔬菜，也因此得到与更多人见面的机会。

如今，蔬菜浓汤仍在经历着不断的演变，在不同厨师的厨房里焕发出不一样的光彩。或许走遍整个意大利，也不会遇到一碗同样的蔬菜浓汤。

1 1600 年，番茄传入意大利，并很快成为蔬菜浓汤中的主角 | naimbic
2 17—18 世纪，蔬菜浓汤开始使用新鲜蔬菜制作，其中最常用的包括西葫芦、芹菜、茴香、小洋葱、大蒜和牛至 | Jorge Luis Zapico (CC BY-SA 2.0)
3 波普艺术领袖安迪·沃霍尔（Andy Warhol）签名的限量定制版金宝汤罐头 | Jonn Leffmann (CC BY-SA 3.0)

---

1. 格里高利是罗马教皇的称号，共有十六世，其中较为出名的是格里高利七世和格里高利十三世。格里高利七世（St.Gregory Ⅶ）是教会史上重要的教皇之一。

RECIPE 食谱

意大利蔬菜浓汤

2 小时 10 分钟 | 3 人份

食材

白芸豆 / 1~1.5 杯

咸猪肉 / 60 克

洋葱 / 1 个（切丝）

芹菜 / 1 根（切段）

胡萝卜 / 2 根（切丁）

欧芹 / 1 杯（切末）

马铃薯 / 1 个（切丁）

西葫芦 / 2 个（切丁）

圣女果 / 2 杯

高汤 / 10~12 杯（牛肉汤或者鸡汤）

蒜 / 2 瓣（切碎）

橄榄油 / 半杯

盐 / 少许

现磨黑胡椒粉 / 少许

帕玛森奶酪 / 少许（磨碎，装饰用）

做法

① 把白芸豆在冷水中浸泡一宿，控掉水分，冲洗干净，放在大锅里；加入咸猪肉和 6 杯高汤，盖上盖子，开火煮沸。沸腾后转文火煮 1 小时左右。

② 在另一个大锅里加热橄榄油，加入切好的洋葱、芹菜、胡萝卜、蒜和欧芹，轻轻翻炒 5~8 分钟，直到变色；加入马铃薯丁、西葫芦丁和圣女果，再加入 5 杯高汤，炖煮 40~50 分钟直到蔬菜变软。

③ 把咸猪肉从白芸豆里捞出，切成小丁；把其中一半白芸豆倒进搅拌机搅成豆泥；然后将豆泥加入蔬菜中，再加入其余的整粒白芸豆、高汤和咸猪肉丁。

④ 炖煮 5 分钟后，加盐和黑胡椒粉调味，撒上帕玛森奶酪装饰即可。

意大利穷人食物的逆袭

比萨 / Pizza

	公元前 9 世纪
起源	古希腊、古罗马
人物	玛格丽特

在比萨面皮上铺好番茄、奶酪和罗勒叶，烤熟后以番茄酱汁调味食用，即是起源于 18 世纪中期意大利的"玛格丽特比萨"（Pizza Margarita），也是第一代现代比萨。

比萨（pizza）一词最早流行于公元 10 世纪末期的加塔港（Gaeta），该港口位于罗马和那不勒斯之间。有人猜测其与希腊语"pitta"有关，意思是"有馅料的面包"，也有人猜测与普罗旺斯的"pissaladiere"有关，是指一种以凤尾鱼、洋葱、橄榄为馅料的烤面饼。

起初比萨这种食物在意大利并不受重视，甚至被视为只有不讲究饮食的人才会喜欢的简单食物。不过，喜爱快餐的美国人很快改变了意大利人对比萨的态度。美式比萨一度风靡全球，跻身全球快餐美食行列。艳羡的意大利那不勒斯人也按捺不住，开始成立许多民间协会、工会，重视起这种在当地传承了几百年的特色美食。

究竟谁发明了比萨饼？

目前，关于比萨的起源，比较公认的说法是由意大利南部那不勒斯的街头小吃发展而来。虽然这一说法伴随着"那不勒斯比萨"（Pizza Napoletana）在 2009 年被认定为欧盟传统特色保护菜肴（Traditional Specialities Guaranteed，TSG）而得到普遍认同，但仍有人认为，比萨的雏形诞生于 6 000 年前埃及人发现酵母并用其发酵生面团时。

在古罗马时代，罗马人常吃一种叫"pinsa"的椭圆形烤饼，除了形状上的差异之外，其他部分和比萨无甚差别。在那个还没有出现盘子的时代，饼皮又薄又脆的"pinsa"本来是被当成盘子使用的。后来人们开始在其上放不同的食材，连同饼皮一起吃。所以如今罗马地区发展出来的不同比萨种类中，也以罗马式比萨与"pinsa"的关联最为密切。

古希腊也有一款圆饼面包，希腊语的发音是"pita"（皮塔），意为"圆形"。扁而薄的皮塔饼原本也是古希腊人餐桌上的一种盘子，渐渐有人干脆拿它来包卷食物做成卷饼食用，还有人在薄饼的肚子上开个洞做成"口袋饼"。

由于意大利南部的那不勒斯、西西里岛和中东地区都曾经沦为希腊的领地，饮食习惯在

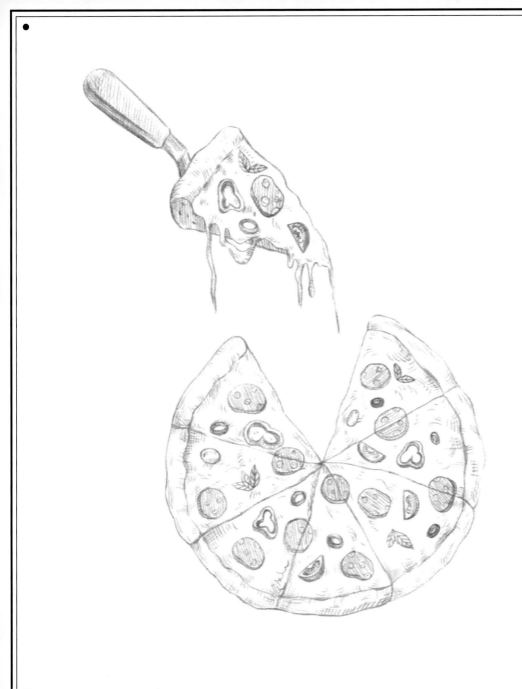

不同程度上也受到希腊文化的影响，对于"pizza"这个名称，包括权威美食百科全书《牛津食品指南》在内的著作都认为其源于古希腊单词"πικτή"，意思是"发酵面点"。

从街头的穷人食物到坚守的正宗传统

在那不勒斯，比萨最初只是一种在街头贩卖的穷人食物，直到1830年第一家比萨餐厅"Pizzeria Port'Alba"在意大利开业，比萨才被从路边摊"请"进正统的餐厅。

在1889年之前，传统那不勒斯比萨上并不放任何奶酪，使用的材料只有番茄糊和一些便宜的蔬菜、肉类、香料等，经高温烘烤之后就可以下肚。

1889年6月11日，布兰迪（Brandi）比萨餐厅的主厨拉费勒·埃斯波西托（Raffaele Esposito）受到意大利国旗配色"绿白红"的启发，为当时意大利的新王后玛格丽特[1]特制了一款由罗勒、马苏里拉（Mozzarella）奶酪和番茄糊作为馅料的比萨。由于深受新皇后的喜爱，最后干脆就以玛格丽特王后的名字为其命名。

如今那不勒斯最有名气的"正宗传统那不勒斯比萨"老店当属1870年开业的"Da Michele"。只要看过茱莉娅·罗伯茨（Julia Roberts）主演的电影《美食、祈祷和恋爱》的人，就一定会对这家老店印象深刻。全店目前仍坚持着只卖"玛格丽特"和"水手"两款比萨的传统。

"墙内开花墙外香"的意式比萨

19世纪末，伴随着大量意大利南部移民的脚步，比萨漂洋过海在美国中西部各大城市落脚，并迅速被美国人发扬光大，成为世界的美食。

最早的一批比萨店出现在纽约、芝加哥等地，1905年开业的全美第一家比萨店"小意大利"至今仍然营业。但直到1950年之前，这些餐厅的主要消费群体都是居住在美国的意大利人。

第二次世界大战结束后，处于全面恢复阶段的美国人对于制作简便快捷的食物需求大增，而此时半成品、外卖等形式的比萨也开始出现，很大程度上满足了人们希望以更短的时间获得美味食物的需求，比萨很快就与汉堡并列，成为最受美国人喜爱的快餐。

与传统的那不勒斯比萨相比，在美国经过本土化发展后出现的美式比萨对奶酪的依赖更为强烈，并根据不同地区的特点发展出带有浓郁东海岸风格的纽约风比萨（New York-style pizza）、希腊比萨（Greek pizza），或有着中西部粗犷色彩的芝加哥风比萨（Chicago-style pizza）、圣路易斯风比萨（St. Louis-style pizza），以及有着西海岸标新立异风味的加州风比萨（California-style pizza）等。

目前，全球知名度最高的四家美式比萨连锁店是——必胜客（Pizza Hut）、达美乐（Domino's）、棒约翰（Papa John's）和小凯撒（Little Caesars），供应的都是芝加哥风比萨。

1. 玛格丽特全名 Margherita Maria Teresa Giovanna，她嫁给了正值意大利极盛时代的萨伏依王朝的王位继承人。萨伏依王朝是欧洲历史上著名的王朝，曾统治萨伏依公国、撒丁王国，也是1861—1946年统治意大利王国的皇室。

意式玛格丽特比萨

2 小时 | 2 人份

食材

中筋面粉 / 280 克

干酵母 / 10 克

温水 / 160~180 毫升

糖 / 15 克

橄榄油 / 30 毫升

盐 / 5 克

意式番茄酱 / 适量

马苏里拉奶酪 / 适量

新鲜罗勒叶 / 适量

蒜盐 / 适量

做法

① 将干酵母和糖溶于温水中，水温在 30℃ ~40℃，由于面粉含水量不同，可以先减去一部分水量，再根据面团湿度适量增加。

② 在中筋面粉中间挖一个洞，倒入①中溶液，加入盐和部分橄榄油，揉成面团。

③ 在一个大盆中倒入少量橄榄油，在盆底和四周都抹上油；将揉好的面团放入盆中滚一圈，使面团被油包裹；蒙上保鲜膜，放置在室温（28℃）的环境下发酵 0.5~1 小时，至面团变成原体积的 2 倍大。

④ 将面团中的气体用手掌按出，取出面团，放置在烤盘上，用手将面团按成厚度均匀的饼状，静置 10~15 分钟。

⑤ 在饼皮中心涂上意式番茄酱，在没有涂酱的四周抹上一层橄榄油，如果想吃蒜香味的饼皮，还可以在四周没有酱的部分撒上一些蒜盐。

⑥ 烤箱预热至 180℃，将饼皮放入烤箱烤至表面蓬松起泡、四周变黄后取出，铺上马苏里拉奶酪和新鲜罗勒叶，再次烤至奶酪熔化、表面金黄色即可。

使欧洲陷入争夺的"神秘"香料

肉桂 / Cinnamon

	公元前 8 世纪
起源	古埃及
人物	洛伦索·达·阿尔梅达

作为世界上被广泛使用的香料之一，很少有人讨厌肉桂的味道。因其浓郁独特的香气，人们在制作甜点、巧克力、茶、热可可、利口酒，或是烹调鸡肉、羊肉，甚至谷物和水果时都喜欢用它来调味。

虽然现在肉桂只是庞大香料家族中普通的一员，但在遥远的中世纪，肉桂神秘且极其珍贵。为了掌控它，欧洲各国不仅开疆扩土，还一度陷入互相争夺的局面。

引起欧洲各国争夺的古老香料

肉桂的英文单词"cinnamon"有棕褐色之意，词源是古代希伯来文"kinnämön"，源于马来语或印尼语"kayumanis"，意思是"甜木"。另一个代表肉桂的英文单词"cassia"，源于希伯来语"q'tsī'āh"，原意是"剥下的树皮"。后来意大利人发现肉桂棒的形状和大炮（cannon）很相似，便给肉桂取名为"canella"（意大利语的意思是"小圆管"）。

肉桂是世界上较古老的香料之一。早在 2 800 年前，埃及就开始用肉桂作为防腐剂和香料来保存木乃伊。公元前 6 世纪的《希伯来圣经》中的《以西结书》（Ezekiel）[1] 曾提到用肉桂制作宗教仪式上的圣油。中国《神农本草经》则将其作为中药材收录入册。

自中世纪起，人们开始将肉桂作为香料和防腐剂进行买卖，但当时的肉桂极其罕见和珍贵，常被看作君主甚至上帝的恩赐。1 世纪的罗马哲学家老普林尼给出的 350 克肉桂的市场价格，超过 1 000 迪纳厄斯，相当于当时 5 公斤白银的价格。

根据公元前 5 世纪希腊历史学家希罗多德[2]（Herodotus）的记载，这种香料先由阿拉伯商人从红海地区运往埃及亚历山大港口，再由意大利威尼斯商人垄断销往欧洲各地。事实

1.《以西结书》是《希伯来圣经》的其中一本。它与《以赛亚书》（Isaiah）、《耶利米书》（Jeremiah）共同构成旧约圣经中的三大预言书。

2. 希罗多德，生于波斯帝国的希腊历史学家，生活于公元前 5 世纪（前 484—前 425），被西塞罗称为"历史学之父"。

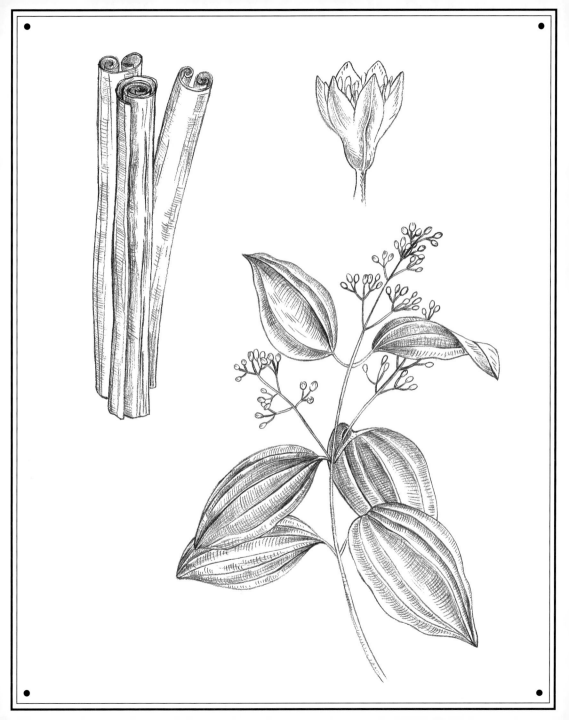

上，对于"贵如黄金"的肉桂的渴求，甚至成为15世纪人类走出国门、开疆扩土的主要动力。为寻求获取肉桂的新途径，1492年哥伦布启程航海，寻找通往肉桂等香料产地的新路线。当他第一次抵达美洲"新大陆"时，甚至因没有发现香料而感到非常失望。

当时葡萄牙第一任印度总督弗朗西斯科·德·阿尔梅达（Francisco de Almeida）的儿子洛伦索·达·阿尔梅达则幸运得多。他在一次打击印度洋阿拉伯海盗的任务中，被一阵"命运之风"吹到了科伦坡（斯里兰卡的城市）的海岸。在那里，他意外发现了传说中的肉桂。最初只提出和僧伽罗王[1]进行肉桂交易的葡萄牙人，很快控制了斯里兰卡沿海地区的全部贸易，明显对肉桂等香料在欧洲市场意味着何等巨利润毫无知觉的僧伽罗王转向荷兰寻求协助。

1639年，荷兰虽按照条约定将葡萄牙人赶出斯里兰卡，将大部分地区的控制权还给了僧伽罗王，却拒绝将有丰富肉桂资源的区域交出来，并继续统治了这些区域长达150年，直到1796年才被英国人夺取。也许正是由于这段历史，英国维多利亚时期肉桂的花语是：我的财富是你的。

值得一提的是，荷兰人控制斯里兰卡期间，为了保证肉桂的供应量，曾建立肉桂种植园。但当种植园的成功远远超出预期，并直接影响到肉桂的盈利能力时，为继续高价销售肉桂，他们又不惜亲手将其摧毁。

英国夺取斯里兰卡控制权后，已经掌握肉桂种植技术的荷兰人便把幼苗带往其他地区种植，使得英国最终也没能享受到垄断经营肉桂的特权。

1800年后，世界上如爪哇、苏门答腊、婆罗洲等地区也逐渐被证明能种植肉桂，肉桂终于走下昂贵香料的神坛，成为常见香料中的一员。

离奇的肉桂起源传说
阿拉伯人垄断肉桂贸易期间，肉桂是欧洲精英才消费得起的奢侈品。但这些精英却不知道肉桂从何而来，也不了解这到底是种什么植物。阿拉伯人为了掩盖肉桂的真正起源，确保长期维持垄断，编造了很多传奇故事。

希腊历史学家希罗多德曾这样写道："有一种巨大的鸟，栖息在任何人都无法逾越的高山之上。这种鸟会把肉桂棒收集到它们的巢穴中。人们为了得到肉桂棒，就在巢穴下方留下大块的牛肉，引诱这些鸟。当它们把肉块带入巢穴时，肉块的重量会使巢穴跌落到地面，阿拉伯人就是通过这种方式收集其中的肉桂棒。"而在另一个版本的故事中，为了得到肉桂，人们会将自己除了眼睛以外的部位全部包裹起来，进入生长着肉桂的沼泽。采集肉桂的过程中，还会遇见发出可怕叫声的怪鸟，大家必须边护住眼睛边小心翼翼地采摘。老普林尼在他的著作《博物志》中也曾提到，埃塞俄比亚的肉桂来自"尼罗河尽头一些没有桨和帆的木筏"。此外还有肉桂是在由可怕的蛇守卫着的深谷中发现的等说法。

如今的人们看到这些关于肉桂的故事时，难免会为其离奇程度感到匪夷所思。但在当时，这些说法一度在欧洲地区广为流传，也为肉桂这种香料蒙上了神秘的面纱。

目前市面上销售的肉桂主要有两个品种：一种是原产自斯里兰卡的锡兰肉桂（Cinnamomum verum，同义词 C. zeylanicum），棒形似雪茄，柔软易碎，气味温和甜美，用于烘焙甜点会散发优雅复杂的香味，价格也相对高昂，被称为"真肉桂"；另一种则是起源于中国和东南亚的肉桂品种 Cinnamomum aromaticum（同义词 C. cassia），又称为"桂皮"。这种肉桂质地较硬，只有一个空心卷曲层，气味也比锡兰肉桂更刺激。在北美地区，销售的大多是这种价格更便宜的品种。

如今斯里兰卡的锡兰肉桂仍然被公认是最高等级的肉桂，但印度尼西亚和中国肉桂的产量早已超越斯里兰卡，成为世界上主要的肉桂生产国。

---

1. 僧伽罗王指当时斯里兰卡地区的国王。僧伽罗（梵语名 Simhaladvipa），是斯里兰卡的古代名称。宋朝之后，称呼它为细兰；明朝时称锡兰。

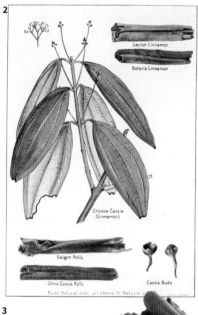

RECIPE 食谱

肉桂卷

1.5 小时 | 4 人份

食材

牛奶 / 3/4 杯

无盐黄油 / 3/4 杯

通用面粉 / 3 杯

干酵母 / 7 克

白糖 / 1/4 杯

盐 / 1/2 茶匙

水 / 1/4 杯

鸡蛋 / 1 个

红糖 / 1 杯

肉桂粉 / 1 汤匙

葡萄干 / 半杯（可选）

核桃仁 / 半杯（可选）

做法

① 用小锅把牛奶加热，待其起泡后移开加热源；混入 1/4 杯无盐黄油，搅拌至黄油熔化后冷却至温热。

② 在大碗里倒入 2 杯通用面粉、干酵母、白糖和盐，拌匀；将水、鸡蛋和①中的牛奶混合后加入大碗中，搅拌均匀；平均分两次加入剩余的 1 杯面粉，每次加完后搅拌均匀；待面团能被拉起来时，将面团揉约 5 分钟至光滑。

③ 用湿布盖住面团，等待 10 分钟；同时，在一个小碗里混合红糖、肉桂粉和 1/2 杯软化黄油。

④ 将面团擀成 30 厘米×22 厘米的长方形，将③中混合物铺于其上，可根据个人口味撒上葡萄干、核桃仁等；卷起面团并捏紧缝隙；用湿布盖起来静置约 30 分钟，至面团膨胀至原体积的两倍大后，切分成小块。

⑤ 将烤箱预热至 190℃，放入切分好的面团烤 20 分钟，或至表面变成褐色。

⑥ 将肉桂卷取出冷却即可。

甜咸皆宜，形态多变

年糕 / Rice cake

	公元前 770—前 221 年
起源	中国
人物	伍子胥

年糕谐音"年高"，寓意长寿，早期在年夜用来祭祀神灵及供奉祖先，也有"以一年的丰收来祝愿下一年五谷丰登"的意思。日本的"镜饼"、朝鲜的"打糕"、柬埔寨的"香蕉叶糯米糕"等，都是庆贺重要节日的祭祀食品。

年糕的范围广泛，且对形状的限制也比较小，可泛指使用大米制作的各种糕点类食物，主要流行于以米饭为主食的各个亚洲国家。随着其主要原料稻米的产量的提高，如今年糕已经逐渐从一种新年食品变成生活中常见的食物。除了传统的祭祀年糕之外，用糯米制成的各类糕点，例如糖不甩、驴打滚等，因为口感软糯、配料丰富、形态多样而备受欢迎。

从主食到零食

大约在 7 000 年前的河姆渡地区，我们的祖先就开始种植水稻，并将其直接蒸熟作为主食。中国最早的年糕起源于东周，此后经一代代传承，形成了现今长江下游一带的年糕，而在其他地区也不断衍生出了不同的形态。

早期的年糕基本是用粒状的大米制作的易携带的糕点，也被称为稻饼、饵、糍等。后来逐渐演变成将米粒煮熟后舂成米糕，或者直接将稻米用石磨碾成米粉后再制成糕点，例如 6 世纪的食谱《食次》中记载的"白茧糖"："熟炊秫稻米饭，及热于杵臼净者，舂之为米咨，须令极熟，勿令有米粒。"

不过，关于食用糯米粉制成的年糕，早在春秋时期的演义中便已出现。相传当时诸侯争霸，战火连年不断，为防敌国进击，吴王阖闾命国相伍子胥在都城外修筑了一道坚固的城墙。建成后吴王大喜，用自己的名字为此城命名，称为"阖闾之城"，并大宴众将群臣。

吴王设宴之时，席间群臣尽情享乐，认为从此便可高枕无忧，安享太平。面对此番情景，伍子胥却忧虑重重，他悄悄向贴身侍从嘱托道："如今满朝文武都以为这道高墙能保证吴国的太平，然而他们却没有意识到，城墙虽然能够抵挡敌兵，但假如敌人采取围而不打的策略，吴国岂不是在作茧自缚？倘若我遭遇不测，吴国受到围困，粮草难以供应的时候，你就去城门下将救济粮草挖出来吧。"当时随从以为伍子胥只是酒后多言，并未把这嘱咐放在心上。

不久之后，吴王阖闾驾崩，继承王位的夫差听信了谗言，赐伍子胥自刎。越王勾践趁此

机会举兵伐吴。吴国人被围困在城中，街头巷尾满是忍饥挨饿之人，小孩与妇人的哭声更是随处可闻。此时，伍子胥的随从忽然想起了当时听到的嘱托，便赶忙召集人手掘地取粮。当他们挖到三尺深的时候，发现此处的城砖竟是用糯米粉做的。感激涕零的人们面朝城墙纷纷下跪，感谢伍子胥的深谋远虑。全城的老百姓就是靠着这些糯米粉熬过了被围困的日子。从此以后，每到过年的时候，家家户户都会用糯米粉制作年糕，效仿"城砖"来纪念伍子胥。至今苏州一带的年糕仍多以间隔垒放的方式储存，形似当时的城墙。

在年糕的发展过程中因为地区和人们口味喜好上的区别，逐渐形成了甜、咸两个流派。其中北方大部分地区以及福建、广东等珠三角地区的年糕主要以甜味为主，常使用黄米，或者通过添加一些杂粮、坚果，使得年糕的色泽呈橙黄色甚至深棕色，通常经蒸制或者煎制后食用。

而在长江下游一带，因为糯米的产量比较高，多用粳米和糯米混合制成白色的年糕，味道较淡。当地人常将这种年糕切片混合其他食材进行爆炒或者煮汤，其中以宁波慈城年糕最为著名，因为早期常用脚踏的方法制作，又被称作"脚踏糕"。

到了明朝崇祯年间，根据当时刊刻的《帝京景物略》中的描写——"夙兴盥漱，啖黍糕，曰年年糕"，

当时的人们将常见的由黄米制作的"黏黏糕"称作"年年糕"，增添了一种"年年高"的寓意，这种说法便逐渐流传下去，简称为"年糕"。

年糕与日式传统糕点

唐朝时期的年糕在日本奈良时代传入了日本，最初是单纯用来祭神的祭品。同时期传入的还有砂糖以及糯米点心、油炸点心的制作工艺。日本镰仓时代（中国的宋朝时期），到中国学法的日本僧人带回了茶苗、羊羹和馒头类的食物，从此，日本人也养成了在喝茶时搭配食用一些点心的习惯。

经过不断的口味调整，日本室町时代逐渐发展出具有日本本土特色的糕点，其中很多是在年糕的基础上改良而成的。经过改良的年糕外皮色彩丰富，除了原有的桃子、兔子等中式造型以外，还出现了樱花等日式元素；尺寸也从最初的掌心般大小，变成一口就可以吃掉的精致尺寸。

随着日本战国时代茶道文化的兴起，日式糕点很快便在贵族与武士阶层流行起来。自明治时代起，大量烘焙类糕点从欧洲传入，为了和这些"洋果子"相区别，日式糕点改称为"和果子"。至今，和果子中的大福和麻糬仍因其口感软糯香甜而深受大家的喜爱。

1

1 精致小巧的"和果子" | sayama
2 韩国打糕 | Cornell University Library
3 1914 年，正在制作年糕的日本姑娘 | A.Davey (CC BY-SA 2.0)
4 传统日本新年庆典的情景，桌上供奉着镜饼 | Lx 121

RECIPE 食谱

韩式炒年糕

30 分钟 | 2 人份

食材

火锅年糕 / 200 克

圆白菜 / 半颗

胡萝卜 / 半根

洋葱 / 半个

大蒜 / 2 瓣

小葱 / 2 根

韩式辣椒酱 / 15 克

辣椒粉 / 5 克

生抽 / 10 毫升

鱼露 / 5 毫升

白糖 / 10 克

白芝麻 / 5 克

芝麻油 / 10 毫升

做法

① 将洋葱和胡萝卜切条，圆白菜切块，大蒜剁成蓉，小葱切段，备用。

② 将韩式辣椒酱、辣椒粉、生抽、白糖、鱼露、芝麻油、蒜蓉和少许清水混合均匀制成酱料。

③ 锅中倒入适量清水，倒入酱料搅匀后大火煮开。

④ 下入火锅年糕，中火煮 5 分钟至年糕浮起，加入洋葱条、胡萝卜条、圆白菜块翻炒至熟透。

⑤ 待汤汁黏稠后加入葱段翻炒均匀再起锅，撒上白芝麻即可。

从平民料理到城市名片

马赛鱼汤 / Bouillabaisse

	公元前 7 世纪
起源	今法国马赛地区
人物	爱神维纳斯、余秋雨

对于法国人来说，一提到马赛这个城市，首先想到的便是著名的马赛鱼汤（Bouillabaisse）。作为法国的至尊美食之一，马赛鱼汤是来自法国地中海沿岸地区的一种鱼汤，也是普罗旺斯美食的代表，做法随地方而变，但公认马赛地区的配方和烹调方式是最地道的。

马赛鱼汤得名于它独特的烹调方法——煮沸后小火慢炖，即首先煮沸（bouilli）鱼汤，然后逐次添加不同种类的鱼肉，并且每次鱼汤沸腾时须将温度调低（abaisse），炖煮后的鱼和汤分别食用。

如果要追溯马赛鱼汤最早的起源，可能要回到马赛建造之前。古希腊时期的烹饪著作中就有许多制作水煮鱼汤的食谱，食谱中没有特定的方式，只是采用当地的香料去腥增香，并进行简单的调味。在罗马神话中，为使丈夫火神能够得到更好的休息，爱神维纳斯曾制作一种被称为卡卡维亚（kakavia）的鱼汤给他食用。在希腊美食家看来，马赛鱼汤的产生就是建立在卡卡维亚的基础上，但是目前仍缺少事实依据，只停留在猜测阶段。

公元前 7 世纪，古希腊人建立马赛（Marseille）。港口的人们虽以渔业为生，但是捕捞上来的海鲜大多售卖给餐馆或市场，可供自己食用的并不多。海岸边的岩石间生活着一些体型小且骨质坚硬的石斑鱼，数量多又易于捕捞，渔民们便常常将其与其他卖剩的海鲜一起，用简单的香料炖煮成一锅鱼汤，搭配面包慰藉饥饿的肠胃。这种简单的穷人料理，在不断演化的过程中便成了马赛鱼汤。

因为是渔民们利用剩余海鲜烹制的料理，马赛鱼汤最初只是一种简单的水煮鱼汤，原料和具体做法在各地都有不同，通常会依照当天供应的海鲜种类和厨师的个人口味而改变。17世纪后，从美洲引进的番茄被添加到常见配方中，丰富了马赛鱼汤口味的层次。

到了 19 世纪，随着马赛变得更加繁荣，餐馆和酒店开始向上层顾客供应制作方式更为讲究的马赛鱼汤。人们用提前熬制的鱼汤替代开水，放入更多的蔬菜，添加少许甘草酒提升口感，并以藏红花来增色，逐渐形成目前常见的马赛鱼汤。因其色泽的缘故，也常被称为"黄金汤"。为了配合顾客的地位，汤和鱼肉及海鲜开始被分开盛装，搭配的面包也须经过精心

- Bouillabaisse -

调味和烘焙，马赛鱼汤逐渐从渔民制作的传统菜肴转变为精致料理。

随着食谱的精致化，来自上层人士的青睐让马赛鱼汤从马赛传播到了巴黎，然后足迹逐渐遍布世界各地。为了更好地吸引观光客，许多餐馆还向其中加入价格高昂的龙虾、各种贝类等创造出一种新的变体，但有时也难免如作家余秋雨在其著作《行者无疆》中描述的那般弄巧成拙：

"不能说难吃，但又腥又咸，是一种平庸的口味，以前在海边一些贫困的农家可以喝到。我喜欢吃鱼，不怕腥，但对这种完全不做调理的腥，还是不敢恭维……小小龙虾肉要剔出来十分费事，终于剔出，小小一条，两口咽下，不觉鲜美。然后吃鱼，一上口才发现又老又柴，原来这些水产在一个大锅里不知熬了多久，鱼怎么禁得起这样熬呢？只得叹一口气，夹一块土豆，揪半片面包入口，算是用完了马赛鱼汤。"

类似这种迎合式的美食变体，一旦失去马赛鱼汤的本真，只会让人失望。由于这种情况屡次发生，影响了人们对于马赛鱼汤的认知，1980 年，马赛当地的几位主厨商讨后，总结出了规范化的食谱，并明确了几个不可或缺的要素，例如，原料中的鱼肉必须鲜活，最好是当场捕捞现杀的，必须使用橄榄油和藏红花去腥增香等。他们希望由此能够保证各地的马赛鱼汤在因地制宜的前提下，保留传统口味而不流失。

马赛鱼汤

2.5 小时 | 6~8 人份

食材

鮟鱇鱼 / 450 克

比目鱼 / 450 克

红鲷鱼 / 450 克

龙虾 / 1 只（900 克左右）

法棍面包 / 1/4 根（7~8 厘米长）

马铃薯 / 200 克

大蒜 / 6 瓣

蛤蜊 / 适量

粗盐 / 1 茶匙

韭葱 / 2 根

洋葱 / 1 个

球茎茴香 / 1 个

番茄 / 2 个

月桂叶 / 2 片

茴香酒 / 2 汤匙

藏红花 / 适量

橄榄油 / 适量

干辣椒 / 适量

盐 / 适量

黑胡椒粉 / 适量

茴香叶 / 少许

做法

① 将所有的鱼去皮去骨后，切成 1~2 厘米的小块，可用剩余的鱼骨加足量水炖煮 10~20 分钟制成鱼汤，也可直接从超市购买。

② 烧一锅开水，放入龙虾煮 4 分钟左右至虾壳变红，迅速用冷水冲洗；冷却后，取出龙虾肉，切成 2~3 厘米的大块备用。

③ 将法棍面包切成 1 厘米左右的小块，放入碗中洒上适量的水，静置约 5 分钟直至水被吸收。

④ 将面包块放入搅拌机中，加入 2 瓣去皮大蒜、适量干辣椒和粗盐，开始搅拌。

⑤ 当面包块和大蒜均变成颗粒状后，淋入适量橄榄油继续搅拌；重复此步骤，直至搅打成光滑的糊状，盛出备用。

⑥ 取一口大锅，加入适量橄榄油，再加入切成细丝的韭葱和切碎的大蒜、洋葱、球茎茴香，炖煮约 5 分钟至半透明。

⑦ 加入去皮后切碎的番茄，煮大约 5 分钟至软化，加入月桂叶、藏红花和茴香酒，煮至沸腾。

⑧ 加入 1 升左右的鱼汤，小火慢慢炖煮约 20 分钟，直到蔬菜软烂，取出月桂叶。

⑨ 将锅中的汤倒入搅拌机中，搅打成均匀的糊状，用筛网过滤后重新倒入锅中。

⑩ 马铃薯去皮后切成 1~2 厘米的块，与切碎的干辣椒一起加入过滤后的汤中，小火炖煮约 10 分钟，直至马铃薯开始软烂。

⑪ 加入适量的盐和黑胡椒粉调味，然后加入蛤蜊，盖上盖子焖煮 3 分钟左右，直至部分蛤蜊张开。

⑫ 加入鮟鱇鱼块，加盖煨煮 2 分钟；再加入龙虾肉块、鲷鱼块和比目鱼块，盖上锅盖煮 4 分钟左右，直到蛤蜊全部张开、鱼片煮熟。

⑬ 撒上切好的茴香叶，加入⑤中的面包糊即可。可根据个人口味搭配面包或米饭。

无所不卤

卤味 / Chinese stewed food

	公元前 5 世纪
起源	中国
人物	郭沫若、孙尚香、郭朝华和张田正夫妇

在中国，人们若有需要庆祝的喜事，总爱约上三五好友小酌几杯，而下酒菜必不可少。如今大街上常见各类卤味熟食店，不用自己熬制卤水，也无须等候入味，下班买回家装盘就是一道好菜。

卤味品种繁多，从禽肉、畜肉及其头蹄脏杂，到蛋品、豆制品、笋菇类均有，冷食和热食各具风味。因此，近些年来人们常以卤味当作闲暇时的零嘴，卤鸭脖、卤鸡爪等尤为流行。

目前常见的卤味主要分为三类：红卤、白卤以及糟卤。其中红卤最为常见，在色泽上就有明显的不同，我们常吃的五香牛肉就属于此类。一般需要先将原材料进行焯制处理，然后下入卤水老锅中煨煮至酥烂，达到赋味、增香和着色的效果。

川卤作为红卤的一大代表，不但色泽重，还添加了各类花椒和辣椒，使得卤品具有麻辣鲜香的特点，同时加入不少中草药，多添一分滋补的功效。而粤菜中的红卤则随着移民潮逐渐向海外发展，不仅因其鲜甜的口味受到海外友人的青睐，更因不断顺应当地口味的调整而扎根于世界各地。

与红卤相比，白卤更重盐，以南京的卤水鸭最为驰名；糟卤则是由制酒的糟油腌制而成，口感更清爽。

不断扩大对美味的追求范围

史书中关于卤菜的最早记载，可以追溯至战国时期的宫廷名菜"露鸡"。《楚辞·招魂》中有"露鸡臛蠵，厉而不爽些"，称之味美，而其中的"露鸡"经由古文字学家郭沫若在《屈原赋今译》中解释为卤鸡。此时的卤味还是属于贵族的佳肴，用以增添宴饮时唇齿间的滋味。到了三国时期，刘备的妻子孙尚香为了迎合他的喜好，以鸡为原料制作出不少菜肴，其中尤以风干鸡为甚。从现今湖北荆州一带流传的"刘皇叔婆子鸡"的制作方法中，仍可看出卤味的雏形。

到了北魏时期，农学家贾思勰所著的《齐民要术》中提到了一种"绿肉法"，即用猪肉、鸡肉、鸭肉熬煮，以葱、姜、胡芹、小蒜配以醋汁作为蘸料，切肉蘸之。从字里行间可以看出，卤味在此时已逐渐进入寻常人家，并在不断的流传中形成了规范的制作流程，有了不少使得滋味更丰富的改进。

不过，在北魏时期，由于调味料并不丰富，处理脏器及头蹄等部位的特殊气味还是有些

难度，所以卤味的原料还是以禽类和畜类的肉为主。而对于有足够财力获得更丰富调味品以及更新鲜原料的贵族来说，能更多保留食物本身鲜美滋味的烹饪方法显然更受欢迎。

北宋《清异录》上出现了"炀帝幸江都，吴中贡糟蟹"的记载，说明在隋炀帝时期，百姓已经能够利用酿酒剩下的酒糟添加调味料进行发酵，并以此来卤制菜品。除了原本常用的肉类，还增加了各类海鲜，就算储存时间较长也能保持风味，甚至犹胜鲜食的滋味。由于酒糟作为酿酒的附属品，比较廉价易得，因此这类卤味很快便在普通百姓中流传开来。

作为卤味代表的川卤是最先开始将牛、鸡等食材的脏器作为原料的。说到原因，其一是四川本地多养殖牛，宰杀后除了牛肉外，腌腊的保存方法并不适用于诸如脏器等其他部位，但如不进行处理，又是极大的浪费；其二是四川本地从西汉开始开采井盐并将其广泛使用，加之备受当地人喜爱的花椒的独特味道，使得四川在处理各类食材的腥臊味上具备了天然的优势。辣椒从墨西哥经由丝绸之路进入中国后，四川人更是将这种奇妙的香辛料添加入卤水中，丰富了卤味口感的同时，也将食材的选择范围进一步扩大。

元朝《饮膳正要》和明朝《本草纲目》的问世，促使皇室及官员更加重视饮食对于身体健康的影响，民众也纷纷效仿，形成了食补的风气。由于两书中记载的药材有些既能防病、治病，又能产生香味，达到

调味的目的，所以大部分被用作卤味调料。

至今，由于保鲜技术的发展，人们已经不再需要通过卤制来长期储存食材，但卤味还是凭借其鲜香独特的风味而长久风行。

"名不副实"的卤味名菜

早在清末，成都街头就有不少售卖牛肉片的摊贩。他们选取零碎牛肉切成的薄片缺乏咀嚼的口感，而本地又有丰富的牛肉资源，因此这种摊贩只受到人力车夫和贫困学生的欢迎，并没有形成风气。

然而到了20世纪30年代，郭朝华和张田正夫妇却靠在街头摆摊售卖这种牛肉片出了名。

两人也是收集清晨屠宰后剩余的下脚料，如牛肉碎、牛杂碎等，卤制入味后切成薄片。但不同的是，他们还另外调配了拌料，在牛肉薄片中加入酱油、辣椒油、芝麻等调料后，牛肉片色泽红亮，口感麻辣鲜香，吸引了不少顾客。

最初，由于原料来自宰牛后的下脚料，又是由夫妻俩共同经营，这道凉拌卤味被称为"夫妻废片"。但"废"字出现在食物中毕竟不好听，再加上牛杂碎中也确实有牛肺，因此"夫妻肺片"的叫法逐渐流传开来。后来，人们根据口味的变化不断对夫妻肺片进行改进，逐渐以牛羊肉取代了内脏，使其彻底成为一道"名不副实"的卤味名菜。

1

1 卤牛腱 | Dragontail ys (CC BY-SA 4.0)
2 花椒的出现令中国四川地区在处理各类食材上具备了天然的优势 | Takeaway (CC BY-SA 4.0)

RECIPE 食谱

家常卤蛋

2 小时 | 3~4 人份

食材

鸡蛋 / 10 个

香叶 / 3 片

桂皮 / 1 片

八角 / 2 个

干辣椒 / 适量

生抽 / 1 汤匙

老抽 / 3 汤匙

冰糖 / 3 颗

盐 / 适量

做法

① 将鸡蛋洗净，冷水入锅，中火煮开后转小火再煮 10 分钟捞出。

② 取砂锅，盛水（能没过鸡蛋的水量），放入用纱布包好的香叶、桂皮、八角、干辣椒，倒入生抽、老抽、冰糖，水煮开后转小火煮 40 分钟，将卤料的香味煮出，之后加适量盐，使卤汁咸淡适宜。

③ 煮好的蛋剥壳放进卤水中，小火煮 1 小时左右。过程中不停地将卤汁淋在鸡蛋上，最后煮至收汁使之更入味即可。

好吃不过饺子

饺子 / Dumpling

	公元前 5 世纪
起源	中国
人物	张仲景、慈禧太后

俗话说"好吃不过饺子"。饺子作为一种民间吃食具有悠久的历史，因制作原料营养均衡、烹饪方式营养流失少而深受欢迎，而在中国人一年中最重大的节日——春节，饺子更是必不可少的头号食品。大年三十晚上，家家户户男女老少齐聚一堂，剁馅的、擀皮的、包饺子的，大家各司其职，忙得不亦乐乎。在这一夜，纵是鸡鸭鱼肉、山珍海味，也抵不过一盘又一盘家人亲手包的饺子。

饺子是以剁碎的精肉或蔬菜为馅，用面皮包制成耳朵形状的一种食物，主要烹食方法有煮、蒸、煎、炸。饺子营养齐全，皮薄馅嫩，味道鲜美，是我国北方地区的重要主食，也是我国传统食物之一。

关于饺子的起源，民间有个流传甚广的传说，认为饺子的原型是东汉时期医圣张仲景发明的一种名为"娇耳"的食物。

当时张仲景任职长沙太守，于冬至之日辞官回乡。回到老家安阳时，他看到白河岸边有许多饥寒交迫的贫苦百姓的耳朵被冻得生疮溃烂。张仲景就在旁边搭建医棚，支起一口大锅，将羊肉、辣椒等祛寒食物剁成馅，用面皮包成耳朵形状，煮熟后分给百姓吃，名为"祛寒娇耳汤"。

百姓们从冬至吃到除夕，吃了以后两耳乃至全身通体发热，耳疾也治好了。大年初一，为了庆祝康复，人们仿照"娇耳"的样子制作了食物，取名为"饺耳"。

从此，当地百姓每年冬至和年初都会吃饺耳，以纪念张仲景。直到现在，安阳还流传着"冬至不端饺子碗，冻掉耳朵没人管"的俗语。

从"药物"到国民传统食物

不过，传说归传说，1978 年，考古工作者从山东省滕州薛国古城遗址中的一座春秋中晚期贵族墓葬中，发掘出一套青铜礼器，其中有种三角形、包有馅料的食物，研究人员认为可能是今日饺子和馄饨的雏形。1981 年，在重庆市忠县的一座三国时期的古墓中又出土了庖厨俑，在其厨案上也有饺子。

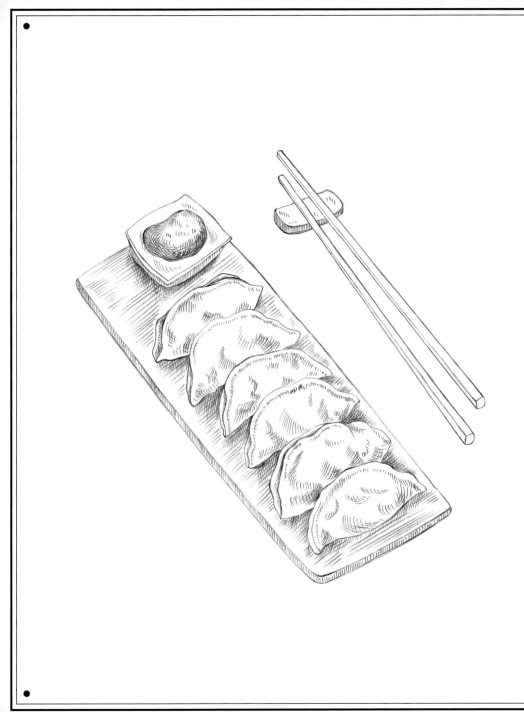

秦汉时期便已出现名为"馄饨"的食物，北齐文学家颜之推在《颜氏家训》中亦曾写道："今之馄饨，形如偃月，天下通食也。"从古至今不乏将馄饨和饺子混淆的情况，如清同治七年的《盐山县志》一书中"食馄饨，名饺子，取交子更新之义"的记载等，因此有研究人员推测，饺子很有可能是由馄饨发展而来，包成半月形的馄饨便是饺子。

迄今最古老的饺子实物出土于新疆吐鲁番市的阿斯塔那古墓群——一片西晋至唐朝的贵族墓葬群，已有近1800年的历史。在其中一只随葬的木碗中发现了若干较为完整的、半月形的饺子，与现代的饺子在外观上几乎无异。

唐朝的饺子因为形似半月，被称为"偃月形[1]馄饨"，又称"牢丸"，因其形态呈闭合状，能够以面皮将内馅儿牢牢包裹而得名，分为"汤中牢丸"与"笼中牢丸"两类。"汤中牢丸"即今天的水饺，"笼中牢丸"则指的是蒸饺。在西域考古中，唐朝的饺子实物屡次被发现，可推测在唐朝时期，饺子在丝绸之路沿线地区已经是非常普遍的食物了。

宋朝时期，坊与市、昼与夜的界限被打破，饮食市场高速发展，人们对食物有了精致追求。饺子开始有了面皮、馅料、制法的不同，因此产生了"角子""角儿""扁食"等多种叫法。除了前朝流传下来的水煮、蒸食之外，还多了一种烙烤的吃法。在当时的饮食市场上，饺子是十分受欢迎的小吃。

北宋大文学家苏轼的《游博罗香积寺》一诗中出现过一种名为"牢九"的食物："岂惟牢九荐古味，要使真一流仙浆。"后据《老学丛谈》中解释："牢九者，牢丸也。"原来，北宋宋徽宗和宋钦宗均被金人所俘，并在金国惨度余生，所以宋朝人因靖康之耻而对"丸"字有忌讳，省掉了"丸"字中的一点记为"九"。

到了明清时期，人们在春节、初一必吃饺子的习俗渐渐成形，在此之前人们都是将其作为精致点心，四季常食，并没有在节气上的特别讲究。

晚上11点到次日凌晨1点的子时，是两天新旧交替之时，除夕子时便是两年交替之时。饺子谐音"交子"，取其"更岁交子"之意，人们认为在除夕之夜的子时吃饺子，有辞旧迎新的意头。此外，由于饺子形如元宝，人们还相信在除夕之夜吃饺子，新的一年能够"招财进宝"。

除了沿用历代的叫法，明朝还出现了"水角儿""水点儿""汤角"等说法。记录晚明时期宫闱之事的《酌中志》中提到，明朝宫廷在正月初一时会吃"水点心"，指的也是饺子。

根据清朝有关史料记载，每逢大年初一，无论贫富贵贱，家家户户都会煮饺子吃，谓之"煮饽饽"。富贵人家还会在饺子里塞些小金银锭，吃到的人会终年顺遂好运。直到现在，也有人家会在饺子里塞进一两枚硬币，预示着来年财源广进。

慈禧太后与饺子

除夕子时包饺子、吃饺子可不只是民间百姓的习俗，皇家也十分重视。就连专权尊贵的慈禧太后也会在每年的除夕之夜，亲自做上一顿饺子。

据文献记载，每年除夕夜零点刚过，御膳房会将早早准备好的食材摆到大殿长案上，先由皇后、各位嫔妃和格格拌馅儿，再让慈禧亲自品尝决定咸淡。饺子包好后，大家先回寝殿更衣，待天色微亮后回到大殿。慈禧会在饺子上桌时说一段辞旧迎新的祝福语，大家叩拜谢恩之后便开始吃饺子。

除了将吃饺子当作一种传统习俗，慈禧太后本身也似乎相当喜欢这种食物。相传当年她与光绪皇帝逃难至西安，一天晚上看过戏后，觉得肚子有些饿，于是命御膳房做一种她从未吃过的夜宵。御厨根据她平时的口味喜好，做出了一种以鸡脯肉为馅、小拇指大小的珍珠饺子，下入盛着鸡汤的火锅里，慈禧甚是爱吃。这种饺子也因此得名"太后火锅饺"，后来成为西安经典名吃。

发展至生活节奏飞快的现代社会，饺子、馄饨等传统食物也随着"速冻饺子""速冻馄饨"等产品，以及饺子皮、馄饨馅等半成品的出现而成为一种极其平常的食物，深受上班族的喜爱。但即使从前的"神圣性"淡去，"大众性"的色彩渐浓，饺子所承载的中国特色以及"团圆"的美好寓意却始终未曾褪色。

---

1. 偃月形：半月形。偃月指横卧形的半弦月。

RECIPE 食谱

虾仁猪肉煎饺

1.5 小时 | 4 人份

食材

高筋面粉 / 250 克

清水 / 150 毫升

虾仁 / 120 克

猪肉馅 / 80 克

盐 / 10 克

鸡精 / 2 克

白胡椒粉 / 1 克

香油 / 10 毫升

葱末 / 20 克

姜末 / 10 克

食用油 / 适量

做法

① 将高筋面粉、盐、清水混合成面团，放置 30 分钟。

② 将虾仁、猪肉馅倒入搅拌盆后，加入盐、鸡精、白胡椒粉、香油、葱末、姜末，搅拌均匀备用。

③ 将面团搓成长圆条，切成 10 克左右的小块，擀成圆形面皮。

④ 取适量馅料放入面皮中央，面皮周围蘸取少许清水，捏成饺子形状。

⑤ 平底锅烧热后倒入食用油，将饺子底部朝下放入，小火煎至底部金黄，加入少许水，盖上锅盖，小火焖 10 分钟左右即可。

江户的作风

寿司 / Sushi

	公元前 4 世纪
起源	东南亚
人物	华屋与兵卫

寿司可以说是最能代表日本的美食，也是在世界上影响范围较广的日本美食之一，如今"sushi"已经成为全球通用的专属词。

对于中国人来说，一说到寿司，脑海中浮现的通常都是卷寿司或者握寿司，但其实寿司还有箱寿司、油豆腐寿司、散寿司等多个种类。而最初的寿司，也并非我们现在所看到的样子。作为一个岛国，日本很擅长将外来文化融入本国文化之中，寿司就是融合的产物。

公元前 4 世纪前后，寿司在东南亚地区诞生。那里一年分为旱雨两季，鱼类捕获量的不均衡导致发展出了相应的鱼类保存技术。将鱼类、盐以及煮熟的大米等谷物相混合，乳酸菌在密封条件下进行的乳酸发酵使谷物和鱼类变酸、pH 值下降，起到防腐的效果。这种保存方式于东汉初年北上传入中国。

东汉末年刘熙所著的探求事物名源的《释名》一书中记载道："鲊，滓也，以盐米酿之如菹，熟而食之也"，"菹，阻也，生酿之。遂使阻于寒温之间，不得烂也"，指出了"鲊"及"菹"的含义。而"鲊"这个字，也和"鳍"一起，传入日本后成为日文中代表寿司的汉字。

关于这种保存方式传入日本的时间，目前并没有定论，有日本飞鸟时代（593—710）、弥生时代（公元前 3 世纪—3 世纪中叶），甚至绳文时代（1 万年前—前 4 世纪）等不同说法。而关于其传入日本的路径也存在着各种看法，其中被普遍接受的观点是从中国随稻作一同传入。考虑到其由东南亚传入中国的时间，可以大致推测出应该最早是在弥生时代以后传入日本。

酸味的变迁

寿司从诞生之初就是带有酸味的，中国南部云南省的西双版纳、泰国的东北部、老挝、柬埔寨，以及日本的滋贺县等地区到现在仍保留着传统的制作方式。

在日本，这种古老的寿司被称作"熟れ鮨"（熟成寿司），而"熟れ"也就是发酵成熟

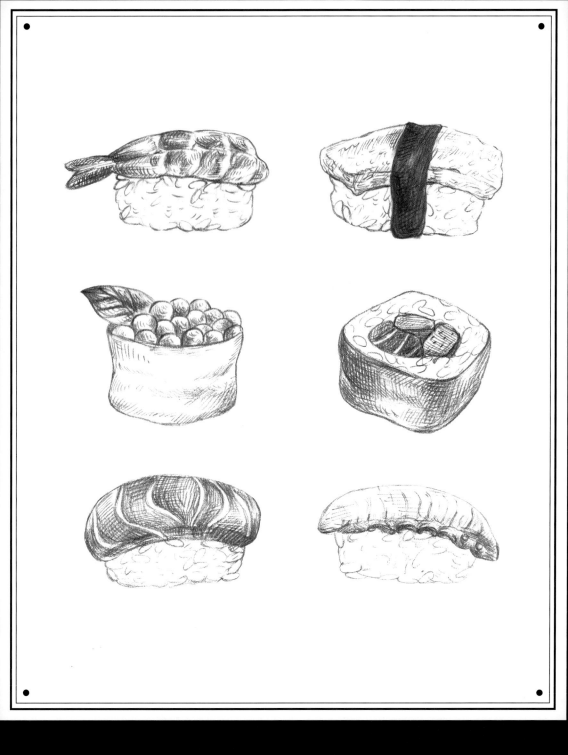

- Sushi -

之意，其发酵过程最短也需要半年的时间，长者可达1~2年。米饭经发酵后产生酸味并变得黏稠，食用时须将其弃去。滋贺县的熟成寿司现在已成为当地知名的乡土料理。

米在古代日本是珍贵之物，这种将米饭弃去的吃法最初也就只有上流阶级能够消受。日本奈良时代，熟成寿司甚至被作为贡品进献给皇室。后来随着大米的增产，平民百姓的餐桌上也逐渐出现了它的身影。不过，无论大米的价格如何变化，节俭惯了的百姓们始终不忍心丢弃粮食。他们开始尝试缩短发酵时间，保留米粒的同时使其不会变成过于黏稠的糊状，酸味也不致过于强烈。这样的寿司被叫作"生熟れ鮨"（新鲜熟成寿司），成形于日本室町时代，而这种做法的诞生，也被称为"寿司的第一次革命"。

经历了这次革命之后，寿司的发酵时间得以缩短，但人们依然想要更快地吃到做好的寿司。于是有人想到了加入发酵促进剂，比如曲种、酒粕和酒，还有蔬菜。各地的很多做法以不同的形式保留至今，比如现在在日本北陆地区还能看到的萝卜寿司、鹿儿岛地区还存在着的酒寿司等。这些寿司，被叫作"改良型熟れ鮨"（改良型熟成寿司）。

将酒引入寿司的制作后，酒精在空气中的醋酸菌的作用下变成醋酸，于是人们受到启发：想要得到酸味，只要在制作之初加醋即可。这种使用醋来制作的寿司诞生于日本江户时代初期，但当时有些人认为这种做法是歪门邪道，无法认可。在1760年日本出版的料理书《献立筌》中，这种寿司还被称为"拟寿司"。不过，因其制作简便快捷的优势，大众还是逐渐接受了，于是在1802年出版的料理书《名饭部类》中便有了这样的记载："以前普遍使用发酵的方法使其产生酸味，现今人们已经不常使用那种麻烦的方式，而大多使用醋了。""拟寿司"被正式更名为"早寿司"，标志着"寿司的第二次革命"完成。随着早寿司的出现，寿司的种类变得越发多样化。

江户前寿司的诞生与发展

日本文政年间（1818—1829），江户的一位名叫华屋与兵卫的押寿司小贩觉得当时的做法有很多不足之处。比如必须将寿司从押箱中取出后再切成小份，在押制的过程中也会导致鱼的脂肪成分流失等，于是他改为直接用手来捏制寿司。这种方法极大地缩短了寿司的制作时间，受到了急性子的江户人的喜爱，迅速发展起来。这种寿司就是现在也被称为"江户前寿司"的"握寿司"。

虽然在当今的日本料理体系中，握寿司是寿司中的奢侈品，但在诞生初期不过是由街头摊贩售卖的便宜食物，不管醋饭上放的是什么，售价都是每个8文钱（1文相当于现在的20日元）。

到了日本昭和二十一年（1946），在太平洋战争中战败的日本为了向美国寻求粮食援助，对饮食业下了禁止令。但寿司店坚称自己做的是帮别人制作寿司的工作，只要客人拿来米就代为加工，属于委托加工业而非饮食业，于是得到了经营许可。

当时只要提供1合米（1合米约150克），就可换取10个加工好的握寿司。以此为契机，握寿司行业发展到了日本各地，而这次的大规模发展也被称为"寿司的第三次革命"。

虽然握寿司在诞生初期是便宜的街边食物，但后来也逐渐出现在了销售高级寿司的寿司店中，一直到第二次世界大战后，日本都保留着高级寿司店与街边寿司摊共存的局面。不过，随着日本食品卫生法（自1947年开始实施）以及道路交通法（自1960年开始实施）等法律的颁布，街边摊贩的生存日益艰难，于是握寿司以高级食物的形式保留至今。当然，1958年在大阪出现的回转寿司中仍然有相对便宜的握寿司供应，人气始终不减。

并非原产于日本的寿司能在日本得到最为长足的发展，和日本的自然环境密不可分。四面环海保证了丰富的渔获，气候又适合水稻的生长，寿司在将此两者结合的日本发展成代表性美食实在是理所应当。

泡沫经济时代过去之后，日本人开始逐渐认识到过去的好，重新重视起传统的饮食文化，很多一度消失的寿司品种也陆续回归到现代人的餐桌上。再加上随时代发展不断诞生的各种创新，可以预见寿司的种类在未来会愈加丰富。

1 油豆腐寿司 |Ocdp
2 寿司所使用食材的范围越来越广，天妇罗也可以和寿司结合起来 | T1NH0 (talk) (CC BY-SA 3.0)
3 歌川广重所画的江户时代的寿司

RECIPE 食谱

鲑鱼散寿司

30 分钟 | 4 人份

食材

大米 / 300 克

烟熏鲑鱼 / 80 克

咸鲑鱼子 / 适量

奶油奶酪 / 30 克

莳萝 / 适量

淡口酱油 / 1 汤匙

白醋 / 2 汤匙

砂糖 / 2 茶匙

做法

① 将大米淘好后，用电饭锅烹煮，煮好之后利用余温焖 10 分钟，之后加入淡口酱油、白醋和砂糖，混合均匀，放凉至室温。

② 将烟熏鲑鱼和奶油奶酪切成易入口的大小。

③ 将饭盛入碗中，放上切好的烟熏鲑鱼、奶油奶酪及咸鲑鱼子，用莳萝做装饰，食用前将其拌匀即可。

西式乱炖方便菜

砂锅菜 / Casserole

	公元前 4 世纪
起源	古希腊
人物	朱勒·古菲

在西方，砂锅菜（casserole）是一道家常菜式，普及程度非常高。"casserole"是一个法语单词，其中"casse"在中世纪拉丁语中的意思是一种容器。到了普罗旺斯语中，"casserole"则具体指代"能让食材熔化的锅"。于是，从其释义便知这道菜可以理解为一种砂锅菜，其名称的由来就像"火锅"一样，以炊具命名，且食材口感基本是软糯的。

发展至现代，虽然这道菜的炊具仍是砂锅，但制作方法改为将砂锅放入烤箱中慢慢烤熟，所以如今也被称作"烤菜"。

做这道菜完全无须经过复杂的步骤或者调味，也不需要昂贵的食材，只需要把所有的菜、肉、调味料都放入锅中，再把锅塞进烤箱中加热即可。因此，如果称它为"家庭式半快餐"也并不为过。

砂锅菜的做法最早可以追溯到古代欧洲，那时的欧洲（约公元前 6000 年）正处于旧石器时代晚期，在村庄中过着群居生活的人类为了尽量高效地维持生计，围绕着"吃"这件事情展开了明确的分工：在一个村庄当中有狩猎者、木材采集者、磨谷者以及制陶者等。除了储存各类食物外，陶器最重要的功能就是用来烹饪。许多人认为，用陶锅炖肉便是砂锅菜最原始的前身。

随着制陶工艺的不断完善，人类社会也迈入了新的文明阶段。在今天的古雅典阿哥拉博物馆（the Museum of the Ancient Agora）中还陈列着公元前 4 世纪古希腊人使用的砂锅炊具，在陶制的砂锅下还有一个与之相配套的陶制烧火炉，用来制作一种希腊语叫作"kritharáki"的食物。据可查到的食谱来看，面饼、肉类（牛肉、鸡肉或者羊肉）、豆类等会放入砂锅中一起炖煮，与现在的砂锅菜有异曲同工之处。

众所周知，古希腊为后来整个欧洲的饮食文化奠定了重要基础，古希腊人的这种炖菜的方式一直被延续到工业时代来临之前，我们可以从 18—19 世纪的砂锅菜食谱中看到当时复杂的明火烹饪方法。

在《烹饪的艺术》一书当中，英国美食作家汉娜·格拉斯详细地写下了兔肉砂锅的做法：先将兔肉分成小块，包裹上面粉后放在黄油或者猪油里煎炸；再把炸好的兔肉放进陶制的砂锅中，同时加入一杯白葡萄酒、一点儿盐和黑胡椒粉，如果喜欢还可以加入一些香草；最后放入一块核桃大小的黄油，盖上锅盖小火炖半小时，取出装盘浇上酱汁即可食用。

直到19世纪中期，英国王室还沿用着复杂传统的烹饪方式。为维多利亚女王做菜的法国著名御厨朱勒·古菲（Jules Gouffé）在他的《英国王室食谱》（The Royal Cookery Book）中记录了一道美味的羊杂碎砂锅菜，烹饪步骤相当繁多。

历史学家认为，工业革命使得人类的生活在过去两个世纪中发生的剧变，是之前五个世纪都无法与之相提并论的。电烤箱的发明，大大提高了炖菜的烹饪效率，使砂锅菜立即成为时兴的方便菜，尤其是在以实用主义著称的美国。将砂锅菜搬到烤箱中炖烤的转变，也许可以作为西方世界开始剧变的一个注脚。

19世纪末期，砂锅菜食谱出现了在美国波士顿烹饪学校的课本中，主题是炖牛肉和米饭，只需要把砂锅中的食材推入烤箱烤制45分钟，配上番茄酱就可以食用。内战结束后，美国经济进入重建时的萧条阶段，将肉、鱼、家禽与剩菜混合烹煮的砂锅菜成为一种十分经济的菜色，方便而又不失美味。

20世纪50年代，经济回暖的美国社会逐渐呈现物质富足的状态，美国人的心态也与战争时期大为不相同。加上罐头食品被大肆宣扬，"八罐砂锅菜"在家家户户的烤箱中流行起来。这道号称用8种不同的罐头食品——罐装鸡肉、浓缩汤膏、炼乳、罐装炒面等——作为主要食材的砂锅菜，成为工业时代美国家庭"现代化"的标志。

RECIPE 食谱

菠菜砂锅饭

1.5 小时 | 1 人份

食材

菠菜 / 250 克

盐 / 少许

黑胡椒粉 / 少许

甜椒 / 半个

香菇 / 50 克

口蘑 / 50 克

培根 / 10 克

鸡蛋 / 300 克（约 6 个）

黄油 / 10 克

面包 / 3 片

洋葱 / 半个

牛奶 / 200 毫升

车打芝士 / 50 克

马苏里拉芝士 / 80 克

做法

① 菠菜焯水后捞出来挤干水分、切碎，洋葱切丁。

② 黄油放入锅内加热至熔化后放入培根煎炒，等到培根略变焦黄色后放入洋葱丁一起翻炒。

③ 等到洋葱丁呈透明状后放入香菇、口蘑和甜椒一起翻炒，待香菇软化后，将菠菜碎放进去略微翻炒，关火。

④ 先用黄油或植物油涂抹砂锅内壁，面包掰成小块，和步骤③的食材混合；拿一个干净的大碗，将鸡蛋、盐、黑胡椒粉、牛奶一起打匀；在牛奶蛋液中将车打芝士和马苏里拉芝士混合，倒入步骤④中已经混合好的面包块、菠菜碎、甜椒等食材中，拌匀后倒入砂锅。

⑤ 烤箱设定 175℃，预热 5 分钟；放入烤盘后，设定 30~35 分钟，待表面烤至金黄色后取出，静置 5~10 分钟至蛋液凝固即可。

形式完备的方便食物

丸子 / Balls

	公元前 3 世纪
起源	古中国、古罗马
人物	秦始皇

如果说哪种食物老少咸宜，并且可以随意搭配食材，适宜煎、炸、炒、蒸、煮、烤任意一种烹饪方式，丸子一定当之无愧。

　　大部分中国稗史将丸子的起源追溯至秦始皇时期（前 259—前 210）。西方人则认为肉丸的制作深受古罗马饮食的影响，常以肉丸蘸酱汁食用。此外，还有不少人认为，中东地区著名的特色丸子"法拉费"[1]（炸豆丸子，英语为"Falafel"），实际上是大概 1 世纪时古埃及基督徒为了在斋戒日也能好好吃饭而发明的素食。

从贵族到民间

因为没有足够的工业化程度做支撑，现在看来，古时人类的饮食都十分简朴，为了省时省力，寻常百姓不会考究地料理一日三餐，填饱肚子才是头等大事。但皇权贵族们的生活就完全不同了，他们不但能利用钱和权力获得更好的食材，还有足够的人力专门从事烹饪，例如华夏历史上第一个完成大一统的秦始皇嬴政。

　　传说大一统实现后，这位性格暴戾、喜爱吃鱼的皇帝不但实行苛政，对厨师的要求也相当苛刻。他想吃鱼却懒得吐刺，只要发现鱼肉中有刺，就会暴怒而起，杀了御厨。新上任的御厨通过用刀背使劲儿砸鱼肉的方式发泄着又恨又怕的心情，鱼肉被剁烂成泥后，鱼刺变得明显，挑起来非常方便。御厨灵机一动，便使用去刺的鱼肉泥团起数个丸子，扔进汤锅中。

　　鱼肉丸得到了秦始皇的赞赏，渐渐地这种做法也流传到了民间，人们称之为"氽鱼丸"。我国南方自古多鱼米之乡，现今福州、温州、潮州、厦门、罗定等地都因地取材，盛产鱼丸[2]。

---

1. 中东特色小吃，又名中东蔬菜球、油炸鹰嘴豆饼，是用鹰嘴豆泥或蚕豆泥加上调味料做成的。关于法拉费的起源一直存在争议，有人说它是由埃及人发明的，随后阿拉伯人把它带入以色列国土；以色列人和巴勒斯坦人则分别认为法拉费来自自己的国家。
2. 福州鱼丸是用鳗鱼、鲛鱼或淡水鱼剁蓉，加甘薯粉（淀粉）搅拌均匀，再包以猪瘦肉或虾等馅料制成的丸状食物；晋江深沪水丸选用鳗鱼、马加鱼、嘉腊鱼、敏鱼和五香肉等，剁碎捣烂与地瓜粉一起搅和千捶而成，形状有圆形、块状、鱼形等，坚韧雪白，质地柔软，并用肉骨清汤、油葱、瘦肉配煮；在罗定，鲮鱼有三种食法，叫"鱼三味"：鱼丸、鱼骨丸（又称酥鱼）、鱼腐。鱼丸是用鱼胶捏成小丸在沸水中滚熟；鱼骨丸是将鱼骨、鱼皮剁碎成蓉，再加调味料捏成小丸炸至酥脆而成；鱼腐是用鱼胶捏成小丸在花生油中炸至淡金黄色而成。

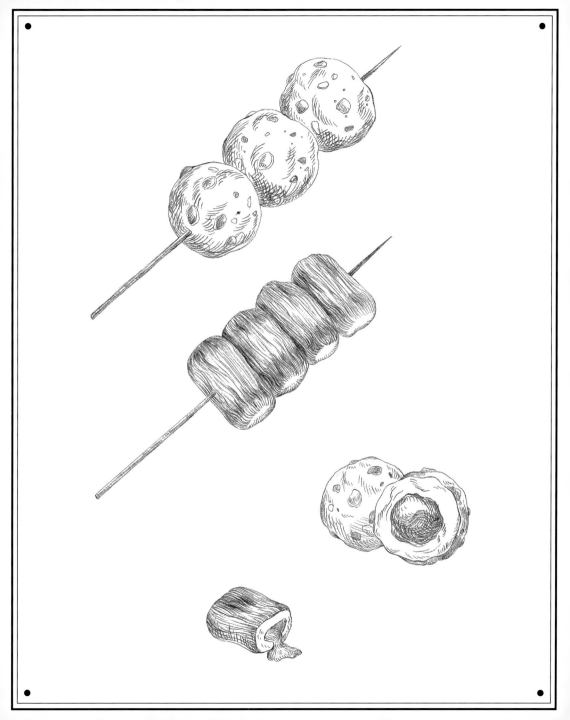

丸子这种食物在聪明的中国人手中，绝不可能仅以鱼为材料。南北朝时期的《齐民要术》中所记载的"跳丸炙"，便是如今淮扬菜中以猪肉为主要食材的"狮子头"（也称作四喜丸子）的原型。据《资治通鉴》记载，隋炀帝杨广乘舟南下时，"所过州县，五百里内皆令献食。多者一州至百舆，极水陆珍奇"。扬州名厨曾指点御厨做出"葵花斩肉"（肉丸），杨广十分欢喜，赐宴群臣，一时间淮扬菜声名大噪。

到了唐朝，"葵花斩肉"在一次官宦权贵们的宴席中得名"狮子头"。当时宾客们在菜品上齐后，借肉丸之色想趁机向郐国公韦陟劝酒："郐国公半生戎马，战功彪炳，应佩狮子帅印。"韦陟举酒杯一饮而尽，赐菜名"狮子头"以纪念此次宴会。

进入清朝鼎盛时期（18世纪），乾隆皇帝下江南偶得"葵花斩肉"，立即命人带回宫廷享用，肉丸便这样从民间进入皇宫。

除了以上这些丸子，还有源自广东的潮汕牛肉丸。广东客家地区多山地，常饲养黄牛、水牛，因此客家人将牛肉作为日常饮食的一部分，牛肉丸也是客家饮食的特色。明清时期，不少客家人会挑着扁担在潮汕府城走街串巷叫卖牛肉丸。后来，潮汕人对牛肉丸的做法进行了改良，先将选好的牛腿肉沿纹理方向切成大块，再手执铁棒顺纹理轮流锤打，最后将肉泥混合调味料后制成球，放入牛骨汤中文火煮熟，经过如此处理后的丸子口感变得更加筋道且多汁。

清朝时还有一种将鲜荸荠配以糖、精肉及其他作料制成的丸子，油炸勾芡后食用。这种丸子是莘县（今属山东省聊城市）的传统名菜，有长达200多年的历史。

从古罗马到整个欧洲

相对于古中国，地球的另一半边，肉丸的做法也随着人类文明的更迭而不断改变。在古罗马，囊括了500多种贵族阶级饮食的食谱书《论烹饪》中记录了肉丸的做法：把孔雀肉、野鸡肉、兔子肉、鸡肉、乳猪肉分别剁碎，按由内至外的顺序包裹成肉饼后，在肉饼层的中心加入花椒、胡椒粉、松子等，用一种网状的脂肪膜衣包裹在最外层，塑形成圆球，放入水中小火炖煮。

公元前3—前2世纪，古罗马开始争夺地中海霸权，并在1世纪前后扩张成为横跨欧亚非的庞大帝国。伴随着土地和资源的掠夺，古罗马的美食也强势输出到了各个地方。如今西班牙人可能在嗜血尼禄统治时期（1世纪）便开始食用碎肉做成的水煮肉丸，且这种肉丸并没有随着罗马帝国的衰落而从西班牙人的生活中消失。

到了12世纪，西班牙的穆斯林与基督教教徒间的战争愈演愈烈，也许是受到穆斯林的影响，油炸食物在西班牙盛行一时，比起在家煮肉丸，人们更倾向于在街边的小吃摊上购买黄油炸制的肉丸。13世纪，摩尔人（当时居住在西班牙的穆斯林）使西班牙人学会将油炸丸子蘸酱吃，酱料的主要成分是油、醋和大蒜。

17世纪，西班牙帝国进入了繁荣末期，人们认为油炸的方式掩盖了肉本来的香味，因此用一种叫"caldo"的肉汤来煮制。皇室的饮食则更加清淡，一种纯素丸子成为西班牙皇室的御用菜品：厨师用面包屑和鸡蛋包裹切碎煮熟的埃布罗河谷的琉璃苣和青菜做成丸子，在鹰嘴豆汤中炖煮。

18世纪，裹着肉桂粉或糖霜的速食油炸肉丸卷土重来。如今，即使在同一条街上，不同的西班牙餐厅出售的肉丸所搭配的酱汁也都风味迥异。

肉丸在欧洲各国的变迁史，也许是整个欧洲文化受古罗马影响的一个缩影，因为如果查看不同国家的肉丸制作方式，不难发现，其差异仅存在于食材的选择上（例如肉的种类或是蔬菜的种类）。

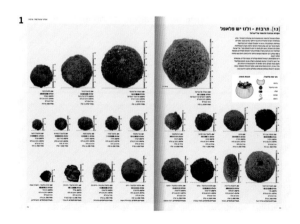

4

1 中东地区著名的特色丸子"法拉费" | תייל ינור (CC BY-SA 3.0)

2 17 世纪的西班牙人用一种叫"caldo"的肉汤来煮丸子

3 荷兰芥末蛋黄酱炸肉丸 | Takeaway (CC BY-SA 3.0)

4 "少爷丸子" 因在日本小说《少爷》中出现过而得名,特点在于用小豆、牛奶、抹茶等天然材料上色 | Jyo81 (ja:User) (CC BY-SA 3.0)

RECIPE 食谱

炸素丸子

1 小时 | 2 人份

食材

胡萝卜 / 4 根

香菜 / 100 克

鸡蛋 / 1 个

面粉 / 150 克

盐 / 5 克

五香粉 / 3 克

姜 / 15 克

做法

① 胡萝卜擦成丝后切碎,香菜切成碎末,姜切末,备用。

② 把胡萝卜丝、香菜末、姜末、鸡蛋和五香粉混合均匀。

③ 加入面粉和盐,混合成面糊,如果不够黏稠可以多加一些面粉。

④ 取 10 克左右的面糊,团成丸子。

⑤ 将油烧至 150℃左右,下入丸子,炸至外表变焦黄即可。

肉食之"鲜"

意式火腿 / Prosciutto

▶	公元前 2 世纪
起源	古罗马
人物	老加图、汉尼拔·巴卡

火腿是一种用猪后腿腌制的肉类美食,以其无比鲜香的味道著称,其中意式火腿更是享誉全球。腌制意式火腿要先抹上海盐,放置两个月;随后去除血水,将海盐洗净,置于黑暗低温的环境中慢慢风干,整个腌制风干的过程需要持续至少两个月。等火腿完全干燥了,重量会减少 1/4 左右,肉质柔软且带有独特的香味。

正如众多西方的佳肴一样,意式火腿的记载最早也出自古罗马。然而发明火腿的却是住在意大利北部的高卢人[1]。

由于宗教原因,高卢人限制文字的使用,并没有把自己的口传历史写成文字。如今靠着关于高卢族、高卢国的希腊文和拉丁文记载,才得以将其神秘面纱稍稍揭开。

高卢一词最早出现在古罗马政治家老加图 (Cato Maior) 的笔下(前 168),指的是从法国入侵意大利北部的高卢族人。老加图还记录了高卢人在公元前 2 世纪将干盐涂抹在猪腿上,用烟熏风干的方式来制作火腿的方法。

罗马人征服高卢前的一个世纪,是高卢文明的鼎盛时代,经济繁荣,文化发达,并不像罗马作家和 19 世纪西方历史学家描述的那般野蛮落后。他们不仅建造出规模宏伟的城堡 (oppidia),还开始使用钱币。高卢人对罗马文化的贡献非常多,在军法和技术方面,罗马人不仅采用了高卢人的许多发明,也借用了不少高卢语的词汇,例如:木桶、剑 (gladius)、锁子甲、肥皂、马车 (carrus) 等。在所有借用的词语中,也包括火腿。

有记载以来最早的关于腌渍火腿的食谱,就出自老加图笔下。老加图不仅在战场上屡建奇功,同时还是一位高产的作家。虽然在他的作品中,只有《农业志》(De Agri Cultura) 完整保留了下来,尽管其中关于大庄园经济下如何"管理"奴隶的一些论述会被现代人诟病,但是它作为一本农作指南却提供了相当丰富的知识,包括如何保存食物,如何

---

1. 高卢 (拉丁语:Gallia) 是指现今西欧的法国、比利时、意大利北部、荷兰南部、瑞士西部和德国莱茵河西岸一带。在英语中,"Gaul"这个词 (法语:Gaule) 也可能是指住在那一带的居民。

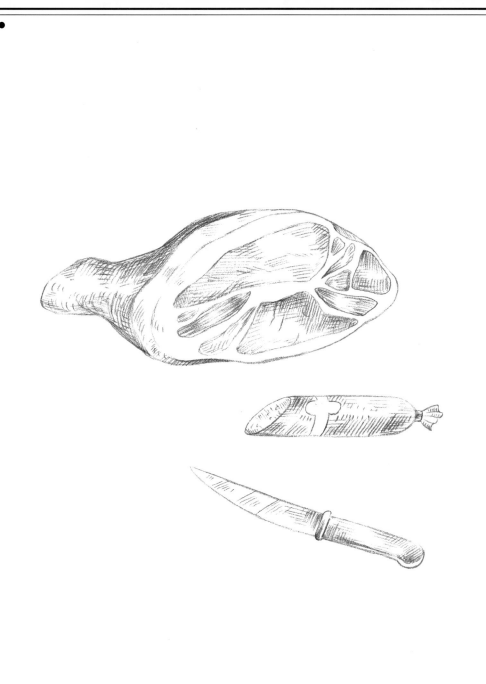

进行腌制和烟熏，以及如何制作火腿等。

传说第二次布匿战争时期（前218—前201），迦太基军事将领汉尼拔·巴卡（Hannibal Barca）[1]曾率军驻扎在意大利帕尔马北部，部队的食物供给包括当地的葡萄酒、面包和帕尔马火腿。

到了中世纪时期，从很多绘画中可以看到，养猪在当时非常普遍。这是由于与需要放牧的牛羊不同，猪可以一直处于半放养状态。但即使如此，肉类仍然是非常金贵的，普通人家一年之中只会杀一头猪。为了便于储存，他们就会用干盐腌制、烟熏猪肉，制成各种香肠、火腿。在制作浓汤时，将火腿和豌豆、菜豆等一同放入，用面包蘸食。

在意大利帕尔马，有一座建于13世纪的大教堂，教堂正门上雕刻着一年之中当地人每个月的生产情况。其中11月是专门杀猪的时节，每家农户养的猪都会在此时被宰杀，这一传统至今仍然被保留着。也是在这一时期，火腿的制作技艺传遍了全欧洲。到了冬天，随着"屠猪节"（Maialata）的到来，欧洲各地开始大吃各色猪肉美食。

在19世纪的意大利，每逢制作火腿的秋季，帕尔马的家家户户都忙于腌制猪腿。火腿被悬挂得到处都是，甚至连卧室的天花板都没能幸免，可以说，直到火腿腌制完毕之前，人们都是与其同呼吸、共命运的。后来，有了专门放置火腿的房子，房内有许多长且窄的窗户，新鲜的空气在其间流通，将火腿风干。

虽然制作火腿的方式是古罗马人流传下来的，但奇怪的是，和其他欧洲国家相比，中世纪意大利人的饮食并没有那么依赖肉类。中世纪晚期，意大利的城里人甚至认为猪肉是庸俗的代名词，吃牛肉、羊肉更能彰显他们的生活品位。

法国人文主义思想家米歇尔·德·蒙田（Michel de Montaigne，1533—1592）从意大利返回法国后，曾在旅行笔记中写道："（意大利）这个国家没有食用大量肉类的习惯……"对于这种评价，意大利文学批评家洛多维科·卡斯特尔维屈罗（Lodovico Castelvetro，1505—1571）认为，意大利人之所以没那么依赖肉类，而更喜欢食用蔬菜和水果，是出于在有限的土地上找到更多不同的食物来养活众多人口

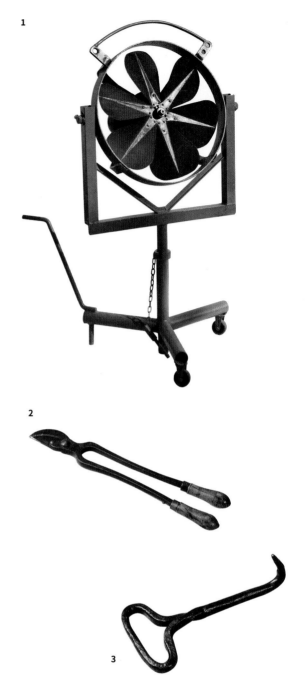

的需要。同时，每年长达九个月的高温天气也让意大利人厌倦了厚重的肉类，这或许也是他们做出既能生吃，又能与水果搭配的火腿的重要原因。

---

1. 汉尼拔·巴卡（Hannibal Barca，前247—前182），北非古国迦太基名将、军事家，是欧洲历史上最伟大的四大军事统帅（亚历山大大帝、汉尼拔·巴卡、恺撒大帝、拿破仑）之一。

4

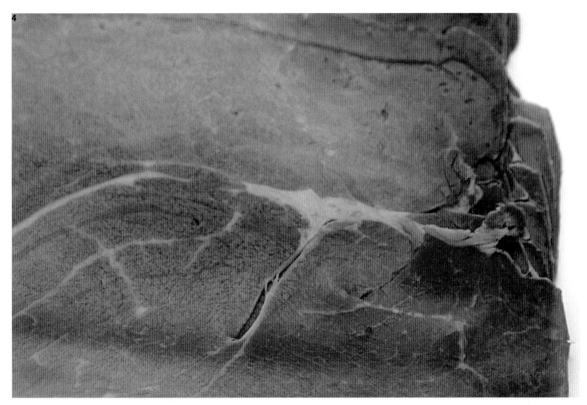

5

1 落地式金属风扇，可调节倾斜度，用于风干火腿，现存于意大利帕尔马火腿博物馆（The Parma Ham Museum）| Italia (CC BY-SA 3.0)
2、3 制作传统意式火腿使用的工具，现存于意大利帕尔马火腿博物馆 | Italia (CC BY-SA 3.0)
4 意式火腿切面 (CC BY-SA 4.0、3.0、2.5、2.0、1.0)
5 火腿的模具，现存于意大利帕尔马火腿博物馆 | Italia (CC BY-SA 3.0)

RECIPE 食谱

蜜瓜火腿
12 分钟 | 1 人份

食材
生火腿 / 3 片
蜜瓜 / 3 块

做法
① 将蜜瓜削皮，只留果肉。
② 取一块削好的蜜瓜和一片生火腿，将生火腿卷在蜜瓜上即可。

"中式奶酪"

豆腐 / Tofu

▶	**公元前 164 年**
起源	中国
人物	淮南王刘安、朱元璋

对于许多亚洲人来说，豆腐是最熟悉的大豆制品。豆腐最初起源于中国，随后传入日本和亚洲其他地区。近年来随着欧美地区植物性蛋白概念的流行，富含丰富蛋白质的豆腐也逐渐在西方国家流行起来，成为公认的全球美食。

豆腐种类丰富，不同的制作方式可呈现出不同的形态和味道。除了普通的白豆腐外，还有豆皮、豆干、臭豆腐等。根据各国饮食文化的不同，豆腐的做法也有很大区别。中国以用辣椒、花椒和豆瓣酱调味的麻婆豆腐为代表，日本有口味清淡的汤豆腐料理，西方国家则主要使用豆腐制作沙拉。

用大豆制作的"中式奶酪"

关于豆腐的起源，流传最广的说法认为豆腐是 2 000 年前由汉高祖刘邦之孙——淮南王刘安[1]发明的。公元前 164 年，刘安在安徽省寿县与淮南交界处的八公山上烧药炼丹，偶然间在用石膏点豆浆时发明了豆腐。

这种说法在宋朝以后的部分文献中得到佐证，五代谢绰在《宋拾遗录》中写道："豆腐之术，三代前后未闻此物，至汉淮南王亦始传其术于世。"宋朝朱熹[2]则作诗云："种豆豆苗稀，力竭心已腐。早知淮南术，安坐获泉布。"[3]他还特意注明"世传豆腐本为淮南王术"。但奇怪的是，在汉朝的书籍中却并未发现任何与豆腐相关的记载，因此这个说法的可靠性仍有待考证。

"豆腐"一词，从字面上看，有"腐败的大豆"之意，但这与豆腐的外形和实际做法并无联系。因此学术界还有一种说法，认为豆腐的制作工艺是从南北朝时期到唐朝，由北方游牧民族传入中原的技术中衍生出来的。在当时，游牧民族擅长制作一种使用牛奶和山羊奶发酵而成，类似于奶酪，名为"乳腐"的食物，具体制法是将牛奶、羊奶等与乳酸发酵物混合，

---

1. 刘安（前 179—前 122），西汉沛郡丰县（今江苏省丰县）人，刘邦之孙，刘长之子，淮南王。招门客一同编写《鸿烈》（后世称《淮南子》）。《汉书》记载，汉武帝时刘安因被告谋反而畏罪自杀。

2. 朱熹（1130—1200），字元晦，一字仲晦，斋号晦庵、考亭，晚称晦翁，又称紫阳先生、紫阳夫子、沧州病叟、云谷老人，行五十二，小字季延，谥文，又称朱文公。南宋江南东路徽州婺源（今江西上饶市婺源县）人，生于福建路尤溪县（今福建三明市尤溪县）。南宋理学家，程朱理学集大成者，被学者尊称为朱子。

3. 诗句出自《朱熹集》卷三，《次刘秀野蔬食十三诗韵》中的《豆腐》篇。

- Tofu -

经反应后形成固体物质。"乳腐"传入中原后，汉人将奶替换成大豆，制成了如今的豆腐。

大唐盛世的空前繁荣使中国与外国的交流日益密切。豆腐在唐朝（日本当时为奈良时代）由遣唐使带入日本，并流传开来。1183年，奈良春日若宫神社的神主中臣佑重在日记中提到一种名为"唐府"的食物，这便是日本关于豆腐最早的文献记载。

豆腐传入日本后，最初只是寺庙僧侣的食物，后来进入贵族和武士家族的餐桌。从镰仓时代末期起，豆腐逐渐流入民间。虽然在德川家康[1]和二代将军秀忠时代，豆腐一度成为禁止百姓食用的奢侈品，但从江户时代中期开始，在各种节日和婚丧嫁娶时吃豆腐的习俗又重新盛行起来。

如今，日本人对豆腐的喜爱和吃豆腐的频率，与中国人相比可谓有过之而无不及。豆腐从中国传入日本后，逐渐发展出具有日式特色的豆腐料理，如涂抹味噌烤制的田乐豆腐和京都汤豆腐料理等。天明二年（1782），日本篆刻家曾谷学川所著的料理书《豆腐百珍》[2]，详细记述了100种豆腐料理的制作方法，在当时出版后极受欢迎。《豆腐百珍》分为前后两篇，前篇主要介绍豆腐的日常做法，后篇则以使用豆腐仿制肉类的做法为主。

进入明清时期后，豆腐在中国民间已是寻常之物。李时珍撰写的《本草纲目》中，详细记录了豆腐的类型和制法："豆腐之法，始于汉淮南王刘安。凡黑豆、黄豆及白豆、泥豆、豌豆、绿豆之类，皆可为之。造法：水浸碎，滤去滓，煎成，以盐卤汁或山矾叶或酸浆、醋淀就釜收之。又有入缸内，以石膏末收者。"

豆腐类菜肴的烹饪方法也在不断丰富，清朝同治年间的学者周询在其著作《芙蓉话旧录》中，介绍了麻婆豆腐的由来："北门外，有陈麻婆者（因陈氏之妻脸上有麻点，故有此称），善治豆腐，连调和物料及烹饪工资一并加入豆腐价内，每碗售钱八文。"如今，

这道菜已成为中国豆腐的代表菜式。

豆腐被传到欧美国家已经是17世纪的事。1665年，西班牙多明我会[3]传教士闵明我到中国传教，并在其书中第一次提到了"teufu"，将其描述为一种使用大豆制作的"中式奶酪"。18世纪，美国政治家本杰明·富兰克林在闵明我的书中读到了这段介绍后，对豆腐产生了极大的兴趣，专门写信给东印度公司职员詹姆斯·弗林特，请教豆腐的制法。弗林特在1770年往来的书信中介绍了豆腐的具体制作方法，这也是后来公认的首部提到豆腐的英文文献。

但由于当时的欧美国家吃惯了奶酪，对使用大豆制作的豆腐接受程度普遍不高，豆腐并未像在亚洲国家那样普及开来。直到20世纪初，随着人们对健康饮食的重视，含大量植物蛋白的豆腐才重新引起西方国家的重视，越来越多的人开始爱上吃豆腐。

明朝皇帝朱元璋与"珍珠翡翠白玉汤"

明清时期，除了老百姓爱吃豆腐，相传豆腐一度成为皇家餐桌上的重要菜肴。明朝皇帝朱元璋早年经历坎坷，在外乞讨时曾吃到一种青菜馅的豆腐，觉得异常美味。成为皇帝后，为劝诫子孙忆苦思甜，他立下规定，要求宫中大小宴会中都必须有这种豆腐，并美其名曰"珍珠翡翠白玉汤"。

这个规定在流传的过程中渐渐变味，清朝吴骞在《拜经楼诗话》中曾提到关于明朝皇家豆腐的故事。当时的翰林院是京城官署中的清水衙门，平时吃饭油水少，经常去讨皇帝吃剩的御膳改善伙食。有一次，一位年轻的翰林去晚了，只剩下一盘豆腐，正当他懊恼不已时，却意外发现这根本不是真的豆腐，而是用几百只鸟的脑髓做成的豆腐状山珍。连区区一盘豆腐都被替换成了如此奢侈的菜式，当时明朝皇族骄奢淫逸风气之盛可想而知，难怪有人专门在诗中写道："来其旧品何时换，鸟脑新蒸玉一盘。"

---

1. 德川家康，日本战国时代到安土桃山时代有名的武将，江户幕府时期第一代征夷大将军。德川秀忠是德川家康的三子，江户幕府的第二代将军。

2. 《豆腐百珍》，详细记录了100种豆腐菜肴的制作方法，作者以"醒狂道人何必醇"自称（后考证其本人应为大阪活跃的篆刻家曾谷学川），因《豆腐百珍》获得巨大人气。次年又陆续出版了《豆腐百珍续编》《豆腐百珍余录》等。

3. 多明我会，亦称"布道兄弟会"。会士均披黑色斗篷，因此被称为"黑衣修士"，以区别于方济各会的"灰衣修士"、加尔默罗会的"白衣修士"。天主教托钵修会的主要派别之一。1215年由西班牙人多明我（Domingo de Guzmán）创立。清朝时期多明我会的一个传教士来到中国，中文名为"闵明我"。

212
213

1 各式各样的豆腐及其他豆制品 | Nikolaj Potanin (CC BY-SA 2.0)
2 日本京都汤豆腐料理 | Michael Maggs (CC BY-SA 3.0)
3 麻婆豆腐 | Toddfast (CC BY-SA 3.0)

RECIPE 食谱

珍珠翡翠白玉汤

15 分钟 | 2 人份

食材

米饭 / 半碗

大白菜 /100 克

菠菜 /100 克

豆腐 /1 块

白胡椒粉 / 适量

香油 / 适量

盐 / 少量

做法

① 将大白菜菜帮、豆腐切丁，大白菜菜叶、菠菜切碎。

② 将米饭、白菜丁放入锅内，加水，大火煮至沸腾，再转小火，加盐。

③ 加入豆腐丁，加盖煮熟，再加入大白菜叶和菠菜，搅拌均匀至煮熟。

④ 根据个人口味加入盐、白胡椒粉和香油调味即可。

珍贵的世界顶级美食

鱼子酱 / Caviar

▛	公元前 30 年
起源	里海
人物	俄国沙皇伊凡四世

作为世界闻名的奢侈美食之一，鱼子酱的"黑色黄金"头衔由来已久，为人津津乐道。从普通的食物演变成餐桌上的昂贵食材，鲟鱼与鱼子酱走过了一段漫长又残酷的旅程。

鲟鱼是一种生长缓慢的古老鱼类，迄今已有两亿多年的繁衍历史。生活在里海海域附近的人们最早开始提取鲟鱼卵，经过轻加工制成鱼子酱，所以当人们提起"鱼子酱"，尤其是昂贵的鱼子酱时，大多指的是鲟鱼鱼子酱。

最优质的鲟鱼生长于世界上最大的咸水湖"里海"（Caspian Sea），虽然大部分的鱼卵也能被做成鱼子酱，但只有产自里海的白鲟（paddlefish）、奥斯特拉鲟（ossetra）和闪光鲟（sevruga）的鱼子制成的鱼子酱被视为世界顶级美味。

完美的鱼子酱呈圆润饱满的颗粒状，富含蛋白质等营养物质，入口咸鲜，回味无穷。这股咸鲜味从里海开始蔓延，经由俄罗斯传到西欧和北美国家，掀起一股奢侈风潮的同时，也将里海及全球的鲟鱼推向濒临灭绝的边缘。

从渔场到餐桌

2 000 多年前，鲟鱼便已经成为里海沿岸的中东、东欧人日常饮食的一部分。人们为了能为长途跋涉多储备一些食物，发明了用盐腌制以延缓腐败速度的方法。鲟鱼体形大且多卵，是一种富含蛋白质和维生素的食物，于是腌制鲟鱼、制作鲟鱼鱼子酱在里海附近的渔民中尤为流行。

很多人可能会认为鱼子酱是原产于俄国的食物，但事实上，最早开始使用腌渍工艺制作鱼子酱的却是古代波斯人。在此基础上，俄国人后来发明了"马洛索"低盐腌渍法[1]，成为把鱼子酱推广至全世界的功臣。

古波斯人把鱼子酱当作药食，用于身体虚弱时补充营养和恢复体力。16 世纪中叶，俄国沙皇伊凡四世带领军队征服了里海北部大片地区，占领了阿斯特拉罕的鲟鱼渔场。此后漫长的岁月里，俄国的版图不断扩张，所占领之地资源丰富，其中就包括里海的鲟鱼。对于俄国

---

1. 马洛索（malossol）在俄文中的意思是"一点点盐"，现代低盐腌制鱼子酱加盐量一般不超过鱼卵分量的 5%。

- Caviar -

渔民和农民来说，鱼子酱就是一种便宜的蛋白质来源，搭配冰伏加特作为日常食物享用。直到 19 世纪中叶，鱼子酱进入俄国贵族阶层的视野后，才渐渐成为地位崇高的奢侈品。

鱼子酱价格昂贵并非由于制作工艺复杂。渔民们捕获鲟鱼之后，会用木棍把上千公斤重的鲟鱼敲至昏迷，然后以最快的速度从活鲟鱼的腹部取下鱼卵，15 分钟内完成清洗、筛选、分类等全套流程，由经验丰富的试味师根据品质判断该放多少盐来腌制。

鲟鱼卵本身并没有什么味道，令其化身为美味的鱼子酱，腌渍工艺功不可没。但是鱼子酱珍贵的主要原因，还是可产卵的成年鲟鱼数量稀少、鱼子酱赏味期短、保存运输较困难等。所以，获得顶级的鱼子酱是一件可遇不可求的幸事。

威廉·莎士比亚曾在其著作《哈姆雷特》里提及鱼子酱，以富有戏剧性的笔法表现出鱼子酱在当时非同寻常的价格及地位。

"黑色黄金"风潮

俄国沙皇对鱼子酱的推崇，使得其他欧洲国家也开始把目光投向鱼子酱。最先造访俄国的人们采用压缩包装的方式，将已破裂的鲟鱼卵收集起来，以重盐腌制后挤压成酱，做成更为扎实的鱼子酱运往欧洲各地售卖。

相较于真正的鱼子酱确保腥味不重的同时保留鲜味的低盐腌渍工艺，重盐腌渍法虽然有利于保存和运输，却令产品无论在口味上还是口感上都和真正的鱼子酱相差甚远。直到 1859 年，俄国伏尔加河与顿河之间的铁路开通，由火车与轮船连接的运输路线贯穿

鲟鱼渔场、里海及地中海一带，大幅缩短了鱼子酱的运输时间，才令真正的俄国鱼子酱全面走向世界，掀起一股"黑色黄金"的风潮。

当欧洲的贵族们在 19 世纪中叶领略到"黑色黄金"的美味后，与里海接壤的国家就开始大量捕捞鲟鱼。例如俄国便在适合鲟鱼生长的水域推行补助政策，鼓励当地渔民积极捕获鲟鱼。此后，许多国家也纷纷做出诸如渔民须提供部分渔获给国家、上缴"鲟鱼税"等关于鲟鱼主权的规定。美国的哈德孙河与德拉瓦河也盛产鲟鱼，据说为了提高获利，美国生产的鱼子酱会先出口到俄国，贴上鱼子酱产地的标签后再运回美国高价售卖。与此同时，还有很多其他国家也陷入了对鲟鱼主权的争夺。鱼子酱的经济价值渐渐超过其食用价值，鲟鱼的命运就此改变。

生长缓慢的鲟鱼需要十几年的时间才能成年并产下鱼卵。在毫无节制的捕捞下，野生鲟鱼数量骤减，濒临灭绝。1917 年俄国十月革命爆发后，当时的苏俄政府立法严禁捕捞野生鲟鱼，才为这一濒危的古老物种保留下最后一丝生机。

为了能够源源不断地提供鱼子酱，19 世纪 30 年代，俄国人开先河，发明了可作为传统活鲟鱼鱼子酱替代品的鲑鱼鱼子酱。19 世纪 70 年代，美国开始大量养殖鲟鱼，捕捞成本的降低让更多人能够以比较亲民的价格买到鱼子酱，也让美国一举成为仅次于俄国的鱼子酱生产国。

如今，野生鲟鱼虽已由养殖鲟鱼所取代，但丝毫无损鱼子酱作为美味与珍贵兼具的世界顶级美食的荣光。

1 俄罗斯于 2005 年发行的鱼子酱主题邮票 | rusmarka.ru
2 珍珠母汤匙与鲟鱼鱼子酱、鲑鱼鱼子酱 | THOR (CC BY-SA 2.0)

RECIPE 食谱

熏鲑鱼鱼子酱三明治
10 分钟 | 2 人份

食材

切片吐司 / 4 片

烟熏鲑鱼片 / 200 克

鱼子酱 / 2 汤匙

蛋黄酱 / 1/2 杯

鲜奶油 / 1/2 杯

柠檬汁 / 1 汤匙

莳萝末 / 3 汤匙

莴苣叶 / 适量

盐 / 少许

黑胡椒粉 / 少许

做法

① 将蛋黄酱、柠檬汁、莳萝末和适量的盐、黑胡椒粉混合均匀，涂抹在一片切片吐司上。

② 接着涂抹适量打发后的鲜奶油，依次放上莴苣叶和烟熏鲑鱼片。

③ 舀上适量鱼子酱，用另一片切片吐司夹好即可。

东方秘制甜品

果脯 / Preserved fruit

	25 — 220 年
起源	中国
人物	马丁·德·拉达

中国饮食历来以选材讲究、制作精良闻名于世。在这样一个拥有悠久历史的国家，饮食文化往往与权力相关。正所谓"惟辟玉食"，即只有君主才能享尽人间美食。

而水果作为天然甜品，在古代中国宫廷得到了御膳房的精雕细琢。御厨们挑选最新鲜饱满的当季水果制成鲜亮滋润、酸甜清新的玲珑甜点，使之成为一年中任何时节都能品尝到的，水果中的极致奢侈。

虽然果脯的制作与食用在中国至少有 1 800 年的历史，但直到明朝才传出宫廷，并以其携带轻巧、便于保存、味道甜美的特点流传于世。而西方传教士的到来，更让世界体会到曼妙浓郁的东方甜蜜。

渍晒水果的悠久传统

早在东汉时期，果脯制作就已显现雏形。赵晔所撰的《吴越春秋》[1]一书中，就有"越以甘蜜丸报吴增封之礼"的记载；《三国志·吴书·三嗣主传》[2]中则记录了蜜渍保存的方法："出西苑，方食生梅，使黄门至中藏，取蜜渍梅……"即为了解决鲜果不耐存放的问题，人们将其浸入蜂蜜中以达到防腐、保鲜的目的。

随着果树种植和养蜂、制糖业的发展，在唐朝形成了"煎、酿、曝、糁"等一整套完整的加工工艺，品种也大为增多，这种特有的食品门类"蜜煎"就是果脯蜜饯的前身。

随着重商政策的推广、市民阶层的崛起和资本主义的萌芽，宋朝出现了我国古代饮食文化发展的一个高潮，很多关于水果的专著在这一时期成书，蔡襄的《荔枝谱》就是一部关于荔枝栽培选种和储藏加工的著作。据书中记载，当时果脯的加工方法是"蜜煎：剥生荔枝，笮去其浆，然后蜜煮之"，即先用盐浸，晾晒至半干后以蜜煮之，可见已经具备了现代果脯制作的主要步骤。

在皇室的推动下，从原料选择、鲜果加工，到糖液煮制和浸泡，直至最后干燥成品，现

---

1. 东汉赵晔撰，是一部记述春秋吴越两国史事为主的史学著作。

2. 《三国志》由西晋史学家陈寿所著，记载三国时期的断代史。

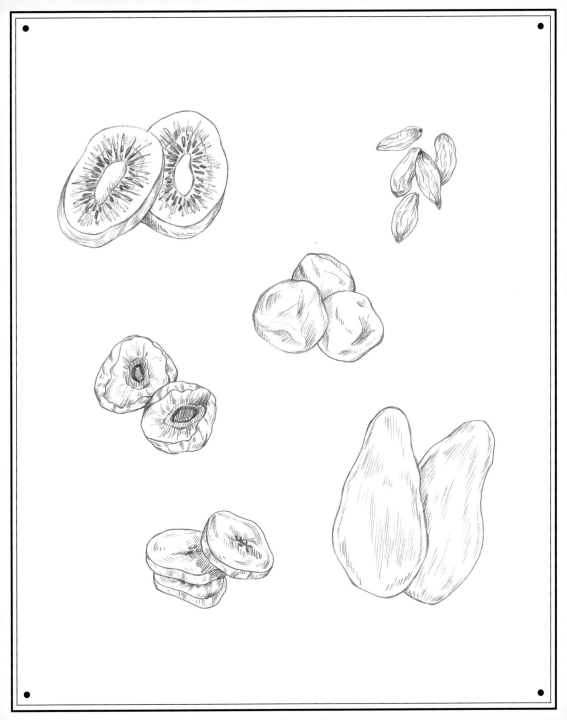

代意义上的果脯制作流程在明朝已经完全成型。

　　1915 年，代表中国风味的果脯在巴拿马万国博览会[1]上获得金质奖章，并开始被称为"蜜饯"。而我们今天所熟知的蜜饯与果脯，其实是加工方法不同的两个种类。用蜜渍的是蜜饯，风干后用糖霜沾染的苹果脯、杏脯、桃脯则都是干态蜜饯。

西班牙传教士眼中的神秘东方果实

果脯能够被西方人认识，最早来到中国传教的西方传教士功不可没。除了众所周知的利玛窦和汤若望之外，还有一位就是西班牙的马丁·德·拉达[2]。

　　1574 年，明朝把总（基层军官官名）王望高追剿"海盗"林凤至菲律宾岛屿，并与西班牙殖民者达成协议，应允回国时带领西班牙使节前往福建商议传教及通商事宜。1575 年 6 月 12 日，西班牙奥斯定会修道士马丁·德·拉达和赫罗尼莫·马林带领米格尔·德·洛尔加（Miguel de Loarca）、佩德罗·萨米恩托（Pedro Sarmiento）两名士兵搭乘王望高的战舰抵达中国。拉达一行在福建滞留了两个月零九天，将其见闻写成《马丁·德·拉达札记》（简称《中国札记》）一书，并在该书第二部分专门提到了果脯——"市民及城里人带他上另一类馆子，有各种果脯、奶制品、水果和杏仁糖，极为丰富"。在马丁·德·拉达的眼中，这种前所未见的食物是物质生活极为发达的象征。他对这种加工方法得以诞生的原因分析道："这个国家各地都有大量的糖，这是糖价奇贱的原因。有丰富的蜜，因为他们喜欢养蜂，产量大到你可以装船，甚至船队。"

　　在当时的西方，蜜和糖都是稀有的物产，制糖更是复杂的工作。拉达认为正是由于中国的蜂蜜和糖料物产极为丰富，制糖业发达，才催生了这一特有的水果加工方式。

　　这部著作成为当时西方了解神秘东方最直接的窗口，更是胡安·冈萨雷斯·德·门多萨（Juan González de Mendoza）撰写《中华大帝国史》时重要的参考资料。而果脯这种小食，也随其他东方物产一起传入西方，使西方人对神秘而古老的中国更增添了一份甜蜜的幻想。

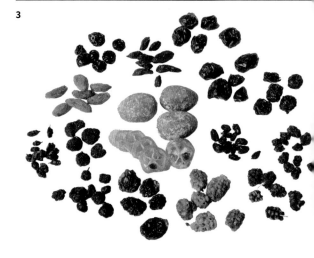

1.1915 年首届巴拿马太平洋万国博览会，简称"巴拿马万国博览会"，也叫"1915 年巴拿马—太平洋国际博览会"(the 1915 Panama Pacific International Exposition)。为了庆祝巴拿马运河开凿而航而举办的一次盛大的庆典活动。

2. 马丁·德·拉达 (Martin de Rada) 1533 年出生于西班牙潘普洛纳，不仅是一位传教士，而且是一位科学家。1565 年他远征菲律宾，进入中国后把中国的基督教化作为奋斗目标。

RECIPE 食谱

果脯萨其马

1 小时 | 2 人份

食材

精制面粉 / 450 克

鸡蛋 / 3 个

防粘用面粉 / 适量

姜汁水 / 一小碗

红糖 / 150 克

黄油 / 一小块

蜂蜜 / 适量

食用油 / 适量

炒熟芝麻、葡萄干、桂圆干、果丹皮 / 各少许

做法

① 将精制面粉与鸡蛋混合，揉成面团，根据面团的软硬程度适量添加水；揉好的面团覆保鲜膜放置 20 分钟左右，使面团软硬均匀；将面团擀成厚薄均匀的大面片，再切成宽窄均匀的细面条，抖开，撒些面粉防粘。

② 油锅加热，将切好的细面条放入油中炸至金黄；出锅沥干油分后，装入大盆备用。

③ 将姜汁水、红糖倒入锅中，待溶解后，加入黄油、蜂蜜，至糖浆熬到可以拉丝后关火。

④ 烤盘内刷油，撒上一层炒熟芝麻、葡萄干、桂圆干和果丹皮；在炸好的细面条上同样铺撒一层后浇上熬好的糖浆，搅拌均匀；将拌好的细面条倒入烤盘里，压平。

⑤ 烤盘里的材料完全冷却后，即可切分食用。

征服世界的冰凉美味

冰激凌 / Ice cream

	1 世纪
起源	古罗马
人物	尼禄、安妮·范肖夫人、撒切尔夫人

对于电冰箱的发明和家用电冰箱的普及，曾有人指出这会令很多腌渍、烟熏等食物的保存和烹饪技巧面临失传的危机，也令人们与食物之间的距离变得越来越远，餐桌上出现的很多食材甚至可能来自地球的另外一端，损害了人与自然之间建立的关系，进而对饮食文化构成了一定的威胁。

但是，对于大多数人而言，人工制冰技术以及电冰箱都是伟大的发明，不仅食物的保鲜水平有了质的飞跃，食材的选择也不再受季节的限制，更重要的是，随之诞生的来自冰激凌的美味体验令全世界为之倾倒。

冰激凌的诞生之路

1 世纪时，古罗马著名的暴君尼禄为了能在观赏基督徒"喂狮秀"时享用一份冰爽的美味，常派奴隶上山取雪，将取得的冰雪搭配牛奶、水果、果汁、蜂蜜及葡萄酒制成沙冰（sorbet），这被认为是冰激凌的雏形。

此后冰激凌的发展，与人类采冰、用冰、存冰技术的发展进程基本同步。1558 年，意大利学者吉安巴蒂斯塔·德拉·波尔塔（Giambattista della Porta）出版了著作《自然的奥妙》，其中不仅公布了通过将装满水的容器放入混有硝石（硝酸钾）的雪中，就可使水结冰的方法，还记录了一道制作葡萄酒沙冰的食谱。对于当时还没有形成食用冰品习惯的人们，他还细心地提示道："喝的时候请用吸的方式，或是稍微歇口气。"17 世纪 20 年代，科学家们经过实验发现用盐代替硝石可以取得更好的制冷效果。随后一家糖果店的店主突发奇想，将这项技术应用到了卡仕达混合物中，想看看冷冻后的蛋奶液会有怎样的效果，冰激凌便这样诞生了。

据目前所知，1665 年安妮·范肖夫人（Lady Anne Fanshawe）手写的冰激凌食谱是目前世界上有记载的第一份冰激凌配方，其中指出制作一份冰激凌需要用到橙花水、龙涎香、肉豆蔻衣等珍贵香料。

虽然据调查显示，香草口味是目前世界上冰激凌爱好者的最爱，但是巧克力冰激凌却比香草冰激凌出现得更早。1692 年，意大利出版的《现代家事管理》（The Modern Steward）中出现了第一份巧克力冰激凌的食谱，用到的热巧克力、肉桂、红辣椒等原料与如今的墨西哥巧克力颇为接近。而直到 18 世纪以前，香草口味都是一种非常边缘化的存在，这并不是因为大家不喜欢这种清新的味道，而是因为在当时香草并没有被大规模种植，因此价格非常昂贵，一般人承受不起。

1686 年，巴黎最古老同时也是世界上第一家出售冰激凌的餐厅普罗科布咖啡馆（Café Procope）开业，出售的冰激凌以牛奶、黄油、奶油以及鸡蛋作为原料，是专属于上流社会的奢侈享受，价格非常昂贵。

随着盐税的废止、大西洋奴隶贸易带来的糖价下跌等，冰激凌的制作成本逐渐降低，但真正令其走下神坛的重大突破来自波士顿实业家弗雷德里克·图多尔（Frederick Tudor），他使冰块的进货、储存、运输等形成了完整的贸易链，不仅获得了巨大的经济收益，更令冰激凌成为一种普罗大众都能够承受得起的消费品。

随后，费城的南希·约翰逊（Nancy Johnson）发明了手摇冰激凌机。在此之前，制作冰激凌的过程非常烦琐复杂，而使用这种全新的冰激凌机可以大大提高搅拌混合物的速度，保证冰激凌有更柔软、润滑的口感，因此它很快便畅销起来，并开启了大规模工业化生产冰激凌的新时代。

几乎与美国同步，英国也出现了冰激凌制造机，并随后开始进行冰激凌的规模化工业生产。而最早出现冰激凌的意大利和法国却始终坚持小规模手工制作，其生产方式遵循代代相传的传统模式。由于人们在这种对传统的坚持下形成了对高品质冰激凌的鉴赏品位，因此工业化产品在这些地区的需求量很低，各种传统手艺和技术得以不断传承和发扬。

丰富多彩的冰激凌王国

随着工业化的规模生产，冰激凌进入黄金时代，各种创意层出不穷。1904 年，美国密苏里州的世界博览会上，从叙利亚来到美国的加布里埃尔·萨卡克尼（Gabriel Sakakeeny）的糖果摊刚好用完了盘子，便与制作华夫饼的小贩合作，于是诞生了世界上第一个蛋筒冰激凌。一年后，萨卡克尼成立了原始糖果公司，专门生产糖果和甜筒冰激凌。如今我们看到的任何一种含有"蛋筒"元素的冰激凌，都是在此基础上衍生出来的。1923 年，美国俄亥俄州的一位制造商为了防止融化的冰激凌粘到手上，向一块巧克力冰砖中插入了一根木棒，"冰棍"便由此诞生了。在申请了发明专利后，这种新产品被取名为"棒棒冰砖"。

随着冰激凌的市场继续扩大，资本家开始投入大量资金开设冰激凌工厂，标准化的冰激凌生产配方也随之诞生，包括脱脂奶粉、全脂或脱脂牛奶、糖类、乳化剂、稳定剂以及各种人造香精。为了降低成本，很多制造商还开始向冰激凌中打入空气，令冰激凌的体积膨胀，在使售价更低的同时，也延长了商品的保质期。因此，判断冰激凌的质量优劣，一方面可以从含脂量入手，含脂量越高则质量越佳，顶级冰激凌的含脂量可达 20%。另外一个重要的指标则是空气膨胀率，空气膨胀率越低则口感越醇厚丝滑。

目前，欧洲仍是世界上最大的冰激凌销售市场，而其中本地小公司生产的冰激凌占据了近 1/3 的份额，手工制作的冰激凌并没有在工业时代的冲击下受到太大影响。

撒切尔夫人发明了圆筒冰激凌？

1983 年 7 月，《新科学家》发表文章称，毕业于牛津大学化学系的撒切尔夫人一度当选为英国皇家学会的成员，并在 1949—1951 年参与冰激凌中乳化剂的开发。2013 年 4 月 8 日撒切尔夫人去世，《华盛顿邮报》专门撰文悼念，其中特别感谢了她为乳化剂的开发与利用及圆筒冰激凌的发明所做出的努力，认为圆筒冰激凌是"撒切尔夫人遗产的一部分"。而这一成就，也在伦敦大主教的悼词里得到了进一步的确认。

很快，英国《卫报》便专门发表文章进行辟谣，声称并没有任何确凿的证据能够证明撒切尔夫人直接参与了乳化剂及圆筒冰激凌的开发。同时文章还指出，早在撒切尔夫人加入研究团队 10 年之前，美国便已经出现软式冰激凌。

但无论事实真相如何，都无损人们享受冰激凌的乐趣。

1 改良型冰激凌制造机 | 大买家 (CC BY-SA 4.0)
2 原始糖果公司使用的铸铝冰激凌蛋筒模具，现存于密苏里历史博物馆
3 1665 年，安妮·范肖里夫人手写的冰激凌食谱 | Wellcome Images (CC BY-SA 4.0)
4 1686 年开业的普罗科布咖啡馆是巴黎最古老同时也是世界上第一家出售冰激凌的餐厅 | ich selbst (CC BY-SA 3.0)

RECIPE 食谱

巧克力冰激凌

1.5 小时 | 2 人份

食材

巧克力 / 100 克

牛奶 / 250 毫升

淡奶油 / 200 毫升

细砂糖 / 适量

做法

① 将巧克力放入 50 毫升牛奶中，隔热水融化。

② 再加入另外 200 毫升牛奶，搅拌均匀后放凉。

③ 在冷却的过程中，向淡奶油中添加细砂糖，打发。

④ 将打发好的淡奶油倒入凉透的巧克力牛奶中，搅拌均匀后放入冷藏室中冷冻即可。

带有春日气息的卷物

春卷 / Spring rolls

	3—5 世纪
起源	中国
人物	郑成功

世界各地大都有一道卷起来食用的美食，如菲律宾的鲁必亚（Lumpia）、中国台湾地区的润饼、越南的春卷等。而这些卷物，其实都是由中国的春卷演变而来的。

春卷，指用面皮裹上馅料油炸而成的一种食物。炸好的春卷金黄酥脆，鲜嫩多汁，深受人们喜爱。其馅可荤可素，可咸可甜。正如其名，这种食物多在立春时节食用，馅料也以春天的时鲜蔬菜为主。中国北方地区多用韭菜与豆芽，南方地区则多用白菜与芹菜。

春卷是一道历史悠久的美食，关于其起源说法不一，现有文献的主流观点认为，春卷最初起源于晋朝的"五辛盘"。晋朝时期，人们在立春时节有食用五辛盘的习俗，即将面粉制成的薄饼摊在盘中，放上葱、蒜、韭菜、油菜、香菜，这五种蔬菜味道强烈，被称为"五辛"，薄饼大如圆盘，称为"盘"，这种铺上五辛蔬菜的薄饼便称为"五辛盘"。春天是流感多发的季节，立春当天，人人食用五辛盘，以驱散体内寒气。同时，"辛"同"新"，食用五辛盘也包含着迎接新春的意头。

从春盘到春卷

春卷的盛行主要是在唐朝以后，这时的五辛盘更名为"春盘"，用于包裹蔬菜的薄饼被称为"春饼"。不同于晋朝的五辛蔬菜，唐人在馅料的选择上做了改进，增加了生菜、萝卜等性味较温和的蔬菜。唐朝《四时宝镜》中记载："立春日食萝蔔、春饼、生菜，号春盘。"

在立春这天，家家户户擀面烙饼，将烙好的饼皮摊在瓷盘上，再铺上新鲜的蔬菜制成"春盘"。由于春盘携带方便，好吃易做，人们在出门踏青游玩时喜欢将其作为野餐食物。

到了宋朝，人们依旧遵循着立春吃春盘的传统。春盘的内容逐渐丰富，越是处于社会上层阶级的人家，制作的春盘就越是讲究。据南宋周密的《武林旧事》中记载，南宋朝廷后苑中的春盘"翠缕红丝，金鸡玉燕，备极精巧，每盘值万钱"。皇帝会在立春之日，将春盘赏赐给百官近臣，以生菜、染色萝卜装饰的春盘被放置在大匣子内，受到赏赐的臣子无不感激涕零，于是民间也逐渐纷纷效仿，将春盘作为礼品互赠亲友。

随着宋朝市肆文化的发展，春饼不再只是立春时的特制食物，而成为一种四时皆有的小食被放在市场上贩卖，记录南宋都城风貌的《梦粱录》一书就对此进行了描述。

及至元朝，已有文献记载油炸春卷的制法。元朝无名氏编著的《居家必用事类全集》中提到一种"卷煎饼"，即"摊薄煎饼。以胡桃仁松仁桃仁榛仁嫩莲肉干柿熟藕银杏熟栗芭榄仁。已上除栗黄片切。外皆细切。用蜜糖霜和。加碎羊肉姜末盐葱调和作馅。卷入煎饼油炸焦"，这是有关炸制春卷最早的记载。另外，"卷煎饼"一称中的"卷"字也对后来春卷的定名有一定的影响。

明清时期，烹调技法有了很大的提升，虽仍以"春饼"为名，但已是以卷状的形态存在，做法也愈加趋向于精致化。清朝《调鼎集》中记载了春卷的多种制法："干面皮加包火腿肉、鸡等物，或四季时菜心，油炸供客。又，咸肉腰、蒜花、黑枣、胡桃仁、洋糖共剁碎，卷春饼切段。单用去皮柿饼捣烂，加熟咸肉、肥条，摊春饼做小卷，切段。单用去皮柿饼切条做卷亦可。"无论是形状、馅心还是制法，都与今日的春卷类似。

清朝时期的炸春卷不仅是民间受欢迎的小吃，更登上皇帝的餐桌，成为宫廷点心。在清朝满汉全席[1]的108道菜中，春卷是九道点心之一。

郑成功与春卷

1652年3月（明末清初），郑成功在一路攻取长泰、平和、诏安和南靖等地之后，围攻漳州，与城内的清军对峙。为了避难，附近的老百姓纷纷躲进漳州城内，紧闭城门。郑成功攻城不下，只好带领20万大军将漳州城围住，一直持续到10月。

据明朝史学家谈迁的《北游录·纪闻下》记载，此次漳州围城，城中饿死70万余人，仅余一二百人。谈迁从29岁开始编写明朝编年史《国榷》，《北游录》一书是他根据自己的真实见闻，为补充《国榷》史料而作。因此，这段史实有较高的可信度。

相传，郑成功在得知漳州城内百姓饥荒后，派人将馒头等粮食通过护城河运往城内，长期未进食的百姓饥饿难忍，抢而食之，不想却是噎死无数。饿死的70万余人，被清军用草席包裹随意掩埋了事。幸存的百姓，以春饼拟作草席裹尸，在清明时节通过吃春饼的方式纪念亡魂。

直至今日，虽然中国南北方大部分地区是在立春这一天食用春卷，但福建漳州的人们还是延续着清明之日吃春卷的习俗。

1

---

1. 满汉全席是汇集满族与汉族特色民族饮食的巨型宴席，起源于清朝，共108道菜。

1 现代春卷的外皮 | Kanga Jpn (CC BY-SA 4.0)
2 刚刚炸制好的春卷 | Douglas Perkins (CC BY-SA 4.0)
3、4 可用于制作春卷馅料的蔬菜 | James Tran

春卷
1 小时 | 4 人份

食材

春卷皮 / 10 张

猪里脊肉 / 50 克

白菜 / 200 克

白砂糖 / 5 克

味精 / 5 克

料酒 / 10 毫克

盐 / 10 克

淀粉 / 10 克

油 / 20 克

做法

① 猪里脊肉洗净、切丝，加入盐、白砂糖、料酒，拌匀，腌制 30 分钟。

② 白菜洗净、切丝，备用。

③ 锅中放油，下入腌好的猪里脊肉丝，待肉丝变色后，放入白菜丝，加适量盐与水。将白菜丝炒熟后，均匀地撒上味精，起锅前加入淀粉勾芡。炒好的白菜肉丝均分成 10 份，备用。

④ 摊开春卷皮，包入白菜肉丝，卷成长方形，蘸适量清水，封口。

⑤ 锅中放油，七成热时下入春卷，炸至金黄色，捞出即可。

家人团聚共贺新春的团圆饭

年夜饭 / Reunion dinner

	约 5 世纪
起源	中国
人物	宗懔

大年三十是属于团聚的时间，一家人围坐在桌旁一边享用丰盛的晚餐，一边分享一年来的收获和喜悦，共同迎接新年的到来。这就是年夜饭的习俗，而这顿饭也常被称作"团圆饭"。

以前人们习惯守在长辈家吃年夜饭，近几年为了方便，订购外卖年菜或外出用餐成为新潮流。

在中国古代农业社会，秋天是收获的季节，如果丰收人们就会举行仪式，感谢神灵赐予他们珍贵的食物，并祈求下一年的好收成。为了慰藉长时间的辛苦劳作，人们会用当年最好的作物来烹制菜肴，享受劳动成果带来的满足，并将多余的作物通过晾晒或腌制的方式储存起来，以待寒冬的到来。这种秋收过后的庆典，虽然没有固定的日期，却是一种在某种意义上和年夜饭很相似的习俗。

相传在夏朝，人们创造了一种根据月亮的圆缺和季节的变化来记录时间的方法，将时间分为日、月和年。人们根据这种历法来安排播种和收获作物的时机，因此也称其为农历。腊月是农历年中的最后一个月，农历年中的最后一天，即"除夕"，适合扫除污秽，家人团聚。

到了南朝时期，宗懔于《荆楚岁时记》中写道："岁暮家家俱肴蔌，诣宿岁之位，以迎新年，相聚酣饮。"描绘的就是到了岁末，家家户户准备丰盛的菜肴，聚在一起守岁迎新年的场景。

被赋予了如此重要意义的年夜饭注定十分丰盛，一般包括冷碟、热炒、汤羹、甜点和主食等，各地根据饮食习惯的不同在菜品上都有不同的偏好，南北方之间的差异更是相当明显。

在中国北方，因为正值冬天，人们常常在饭桌中间设置火锅，也称"围炉"。饺子也是北方人年夜饭中必不可少的食物，其状似金元宝，因此还有富贵吉祥之寓意。

鱼在江南人的年夜饭中扮演着极其重要的角色，由于"鱼"和"余"同音，因此这道菜不能吃完，取其"年年有余"的好彩头。与北方人喜食饺子不同，南方人会以一碗汤圆来作为年夜饭的收尾，将团团圆圆的美好祝愿寄予来年。

除了中国有年夜饭等庆祝新年的习俗外，东亚、东南亚周边国家，例如韩国、越南等因为沿用了类似的历法，也会在相近的时间举行各种庆祝新年的活动，《隋书》和《唐书》中就有新罗的新年庆祝活动的记录。

韩国传统的年夜饭中有一种切片年糕汤。它以牛肉或鸡肉熬制汤底，添加胡椒作为调味料，放入年糕及各种配菜煮沸后食用。人们在新年到来之际食用年糕汤，表示自己又增长了一岁，韩国至今还保留着以"你吃过多少碗年糕汤"来询问年龄的习俗。

日本于明治维新时期改用格里历，旧历新年也随之改换。但是在新历中一年的最后一天，人们仍会沿袭最初的习惯，团聚、扫除、享受丰盛的晚餐。由于人们认为在新年的前三天，在厨房烹饪会有切伤和烧伤的风险，从而导致一年的不幸，因此常常提前准备好足够的冷食。主妇们会将食物烹煮、腌制或者晾干，以保证在常温下也能食用。

这种冷食的料理被称为御节料理，主要包括祝肴（开胃小菜）、煮物（炖菜）、烧物（烧烤）和醋物（腌渍物）四大类。其中不乏一些具有特殊意义的菜肴，例如寓意学业有成的伊达卷，寓意子孙满堂的海带卷，以及喜庆驱邪的红白鱼糕等。承载着人们美好祝愿的御节料理被放置在特制的便当盒中，而多余的菜肴则通常在除夕晚上食用，因此日本的年夜饭多以冷食为主。

在除夕夜里，日本人还喜欢吃一碗新年荞麦面。从800多年前的日本镰仓时代开始，佛教寺庙的僧人们会在新年来临之际，为贫穷的信徒送上荞麦面以驱散寒冷和饥饿。同时，细长的面条还代表着长寿的祝福。这种风俗随后流传到民间，至江户时代，新年荞麦面已经发展成为日本人的固定风俗。另外，在吃荞麦面时，人们坚信咬断面条代表着将所有不美好的事情斩断在过去，从而可以更好地走向新年。

越南继承的更多是年夜饭的团圆和祭祖的传统，白煮鸡和肥猪肉既代表着对先人的尊敬和追思，同时也能彰显富足。猪肉绿豆馅的粽子和圆形的糍粑象征"天圆地方"，和包裹着香菇、海鲜、粉干、生菜等食材的春卷一起构成餐桌上的主食。越南的主妇还会根据自家的情况，多做几道蒸肉团、猪腿烧笋干、红烧鱼等大菜，配以腌青芒或者小葱头来解腻，以"四碗六碟"或者"六碗六碟"等作为一年中最重要的团圆饭。

虽然饮食习惯大不相同，但无论是哪个地区或是国家，年夜饭的每一道菜里饱含着的都是人们对于美好生活的向往，给予人们在新的一年里努力奋斗下去的动力。

RECIPE 食谱

蒸鱼

30 分钟 | 1~2 人份

食材

鱼 / 1 条（650 克左右）

姜 / 20 克

葱 / 20 克

蒜 / 20 克

水 / 100 毫升

盐 / 1.5 茶匙

生抽 / 1.5 汤匙

蚝油 / 1 汤匙

淀粉 / 2 茶匙

食用油 / 适量

香菜 / 适量

做法

① 姜分成 3 份，分别切片、切丝和切碎，葱切成小段，蒜捣成蒜蓉；将鱼去除内脏和鳞片后洗净，适当地在鱼身上切花刀。

② 在鱼身正反面、鱼头、鱼肚上均匀地抹上盐；在鱼肚里、鱼身上铺上姜片，腌制 15 分钟。

③ 锅中盛水，放鱼进去大火蒸 8 分钟，焖 2 分钟。

④ 在蒸鱼的同时，另起一锅放比炒菜稍多点儿的食用油，放入葱段和姜丝后小火煎，制作葱油。

⑤ 煎到葱和姜变焦后用筷子夹出，在剩余的葱油中倒入姜碎和蒜蓉煸炒，炒到姜、蒜呈焦黄色。

⑥ 倒入蚝油和生抽，将淀粉加水调匀后倒入，小火烧至沸腾。

⑦ 鱼蒸熟后取出，将蒸鱼时盘中的水倒掉，放上香菜，浇上煮好的料汁即可。

"甜香料"的崛起与文化史

糖 / Sugar

	约 5 世纪
起源	古印度
人物	季羡林

在"糖"还未出现之前，最古老的甜味剂大概就是蜂蜜了。据史料记载，最早的"糖果"是古罗马的糖衣杏仁，将整颗杏仁以蜂蜜包裹后晒干而成。在中国，最早的一种糖是"饴糖"[1]，也就是我们常说的麦芽糖。

如今，甜食成为现代饮食文化的标志之一，糖的摄取是件轻而易举的事，全世界都抵挡不住它的诱惑。但在整个中世纪，糖的产量都非常稀少，需要集中大量人力手工制作而成，是为贵族所享用的珍贵"香料"和"贡品"。糖从奢侈品演变成日常调味料的过程，横跨了各洲各国，不仅带动了世界经济的发展，还隐含了一部文化交流史。

"甜香料"的崛起

最初，在人类的饮食中几乎是没有糖的，糖的出现可能只是一个偶然。众所周知，糖的主要原料是甘蔗。在人类学会制糖以前，甘蔗被当作一种饲料作物，人们只是偶尔啃食获取甜味。

从库克早期农业遗址（Kuk Early Agricultural Site）[2] 里找到的考古学证据显示，大约 1 万年前，新几内亚就开始种植甘蔗。原始甘蔗通过船舶进入东南亚，随后传向印度、中国、波斯和地中海。

公元前 510 年，波斯皇帝大流士[3] 在侵略印度时发现"芦苇产蜂蜜却没有蜜蜂"，"芦苇"即指甘蔗。不过由于蔗糖的甜味，那个时代的人们还将糖看作有"神力"的药物。1 世纪的希腊医生认为，糖可以很好地溶解在肠胃里，来帮助缓解膀胱和肾脏的疼痛。

5 世纪时，笈多王朝[4] 时期的印度人发明了榨取蔗汁制成结晶糖的方法。早期的精炼方法是先把甘蔗磨碎或捣碎，提取出浑浊的蔗汁，煮沸后晒成结晶，得到看起来像砾石的固体

---

1. 早在中国古代便有关于饴糖的记载，它是以高粱、米、大麦、粟、玉米等粮食为原料制作而成，口味甜而不腻。

2. 库克早期农业遗址是位于巴布亚新几内亚南高地省的一个考古遗址，其中的第二、第三期发现了 7 000 年前的香蕉和甘蔗种植遗迹。

3. 大流士一世（Darius the Great）是波斯帝国君主（前 550—前 486）。

4. 笈多王朝（约 320—约 540）是以恒河流域中下游为基地的大帝国，曾统治印度次大陆中的许多地区，是印度历史上最兴盛的时期，被称为印度的黄金时代，在历史上占有重要地位。

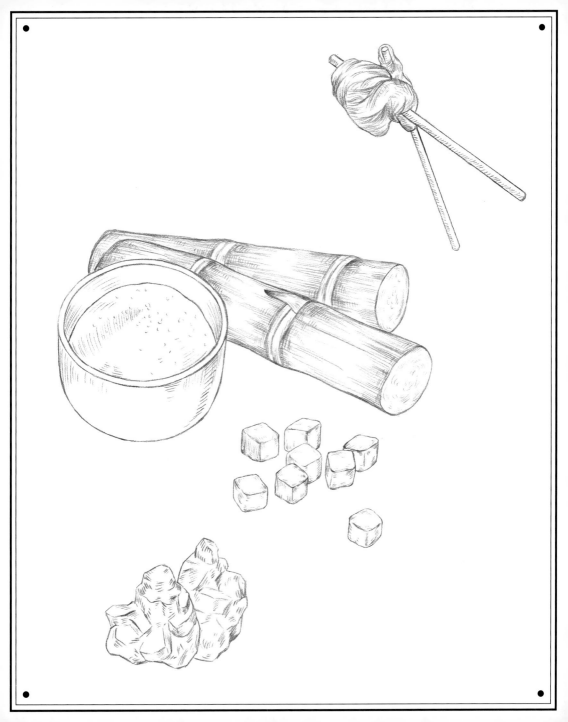

糖。正是凭借这种粗糙的"甜香料"，印度开始了与周边国家的糖贸易，通过海上货船或大篷车将这种"甜香料"运往中东或中国。

此外，无论是唐朝的中国，还是同一时期的地中海沿岸各国，糖均被作为贡品上贡给王公贵族们。从药物到香料再到贡品，为何糖的使用价值与今日大相径庭？说到底，还是物以稀为贵。

欧洲十字军东征[1]运动结束后，士兵们将非常昂贵的"甜香料"带回家乡，开启了糖征服世界的序幕。由于糖的种植和加工需要密集的劳动力，致使糖的价格始终居高不下。据记载，1319 年在伦敦，糖的售价为 2 先令（1 先令约等于 0.7 元人民币）1 磅，相当于今日的每公斤 100 美元。

随着法国和英国在北美各殖民地的糖产量的增加，扩大甘蔗种植面积和使用大量廉价劳动力等用以解决货源和价格问题的手段，直接导致 300 多万名美洲原住民和非洲人被奴役致死。自奴隶贸易开始以来，英属西印度群岛[2]的种植园从非洲非法买卖 400 多万名奴隶，到 1833 年大不列颠帝国（包括殖民地）废除奴隶制，只有 40 余万人幸存。在各地甘蔗种植园中的奴隶们的血泪浇灌下，糖最终成为人人可以食用的大宗商品。

隐含的糖文化史

"糖"看似再平常不过的调味料，却隐含着一部世界文化交流史。

中国和印度是世界上最早种植甘蔗的国家，也是两大蔗糖发源地。古典梵语的"糖"（"sarkarā"），意为"沙砾"或"沙子"。虽然印度发明的精炼糖于长期的传播和生产过程中，在各国形成了不同的拼写和发音，比如英文的"sugar"、德文的"zucker"、法文的"sucre"、俄文的"caxap"等，但这些单词都指向了一个共同的词源："sarkarā"。1930 年，中国著名语言学家季羡林在德国学习梵文时便注意到了这个有趣的现象。

1981 年，一份被法国学者保罗·伯希和从敦煌带走的经卷的残卷，因有不少难解之处，被移交到季老先生手中。敦煌经卷往往记录的是佛经，且这张残卷字数不过几百，却存在各种错字、漏字，其中的关键词"煞割令"更是令人费解。季老口中不断重复着这个音译词，思绪突然回到 40 多年前，这不就是梵文"sarkarā"吗！此谜一破，通篇皆可解释清楚。

季老先生从梵文"sarkarā"中体悟出关于糖的历史脉络，古中国与古印度渊源必然深远，极具研究价值，从此，已经退休的他开始了漫长的资料查阅工作，从十多种语言的作品中一页一页搜寻信息，历时十多年，完成了近 80 万字的辉煌著作——《糖史》。

季老先生为了写《糖史》，有段时间曾每天跑到图书馆阅读大量中外著作。"我拼搏了将近两年，我没做过详细统计，不知道自己究竟翻了多少书，但估计恐怕要有几十万页。"季老先生说。

如今印度的糖叫作"cini"，意为"中国的"，对此《糖史》一书中也做出了详细的解释：中国唐朝时期，唐太宗曾命朝廷官员王玄策前去印度学习制糖法。到了明末，发明出将紫砂糖净化为白糖的"黄泥水淋法"[3]。用这种方法制出来的糖，颜色接近纯白，"色味愈西域远甚"，是当时世界上品质最好的糖。中国一跃成为领先的制糖大国，白砂糖的制作方法传回印度后便有了"cini"的中国词源。

如今，糖的影响力已从印度向世界辐射开来，作为一种非常重要的原料受到各国人民的喜爱。文化技术的交流在很大程度上增进了糖的传播和发展，塑造了我们今日离不开的甜蜜味道。

---

1. 一系列在罗马天主教教皇准许下进行的宗教战争。
2. 西印度群岛中原英国殖民地的总称。
3. 明宋应星的《天工开物》第六卷《甘嗜》篇详细叙述了利用糖膏自身重力来分离糖蜜，取得砂糖的方法。

1 一辆装运甘蔗的火车。随着法国和英国在北美各殖民地的糖产量的增加，扩大甘蔗种植面积和使用大量廉价劳动力成为解决货源和价格问题的主要手段 | Queensland State Archives (CC BY-SA 2.0)
2 糖夹的演变过程 | Egan Mew
3 18 世纪的糖厂
4 凭借以甘蔗制成的"甜香料"，印度开始了与周边国家的糖贸易 | Detroit Publishing Company

RECIPE 食谱

香甜柠檬挞
1 小时 | 4 人份

食材

中筋或低筋面粉 / 1 杯

黄油 / 1/2 杯

糖粉 / 1/4 杯

砂糖 / 1 杯

柠檬皮 / 少许（可选）

柠檬汁 / 2 汤匙

泡打粉 / 1/2 茶匙

盐 / 1/4 茶匙

鸡蛋 / 2 个

做法

① 烤箱预热至 175°C。

② 混合面粉、软化后的黄油、糖粉，将其均匀按压在直径 18 厘米或 23 厘米的圆形挞模中，烤 20 分钟。

③ 用打蛋器快速搅拌砂糖、柠檬皮、柠檬汁、泡打粉、盐和鸡蛋约 3 分钟，直到呈现均匀的蓬松状态。

④ 倒入烤好的挞皮中，烤 25~30 分钟，直到用手轻轻触碰仍然无压痕，放凉后即可。

Tips: 柠檬皮只取黄色表皮部分，白色组织易产生生涩口感。

源于山涧溪流边的灵魂调味料

山葵 / Wasabi

◤	6—7 世纪
起源	日本
人物	德川家康、板垣堪四郎

日式芥末是近几十年间逐渐为国人所熟知的日式调料，在日本料理店中通常搭配刺身和寿司食用。因其独特的辛辣味道非常浓烈，第一次吃日式芥末的人往往会感到不习惯。但也有很多人会逐渐爱上日式芥末，认为其风味有助于去除鱼腥味，并充分发挥出鱼肉的鲜甜。关于日式芥末的看法确实见仁见智，无论是在日本本土还是其他国家，喜爱或接受不了的都大有人在。

市面上我们能买到的被称为"芥末"的调味料其实分为很多种，日语"わさび"（wasabi）一词在日本指的只是其中名为山葵的植物。山葵在日本的寿司料理店中比较常见，我们在超市里买到的则更多的是另一种用"辣根"制成的调味品。本文中介绍的日式芥末主要是指山葵。

山葵的起源

山葵是一种十字花科植物，起源于日本，有较浓烈的辛辣气味和香气。最早记录山葵的古代文献出现在日本飞鸟时代，在奈良县明日香村中出土的木简上记录有"委佐俾三升"的文字（古代日文里的汉字"委佐俾"的发音与如今山葵的日文发音"wasabi"一致）。日本最古老的草药辞典《本草和名》[1] 将其作为一种药材收录入册，并首次出现汉字"山葵"的使用。室町时代，山葵开始被用作调味料。江户时代后，随着寿司店、荞麦面店的发展，山葵逐渐成为寻常的调味品。江户时代之前，人们使用的都是山间采摘的野生山葵，随着山葵需求量的增加，日本静冈县有东木地区的村民开始栽培山葵，并将其作为一种农产品来普及。

因美味而被德川幕府秘藏的山葵

日本江户时代初期，有东木地区将栽培的山葵作为贡品，献给了当时掌管骏府城的德川家康。由于家康公非常喜爱山葵的独特香气，加上山葵的叶子与德川家族的家纹上锦葵的叶子形状相似，于是幕府决定将山葵在德川家族内秘藏，并禁止有东木地区外传栽培技术。

日本延享元年（1744），天城汤岛（现在的伊豆市）的一名护林员板垣堪四郎受命，前

---

1. 日本现存最古老的药物辞典，由醍醐天皇的御医深江辅仁在日本延喜年间（901—923）编写，于日本宽政八年（1796）出版。

往有东木地区接受香菇栽培指导。其间，板垣不断请求有东木的居民传授山葵的栽培方法，并最终成功将山葵苗带回。在板垣的努力下，天城汤岛也开始种植山葵。

此后，山葵的栽培技术开始在日本普及，种类也不断丰富。1958年由于"狩野川"台风，伊豆市很多山葵田被毁，当时日本名为"达摩"的主力山葵品种被台风破坏。由于种苗不足，加上对更高品质山葵的追求，日本人从此改种和歌山县的另一品种"真妻"。目前，"真妻"已成为日本国内等级最高的山葵品种。

江户寿司与荞麦面的重要调味料

日本江户时代，山葵主要用作寿司和荞麦面的调味料。在文政年间，山葵开始被用于制作握寿司，并在江户城百姓中掀起一阵风潮。就寿司而言，人们认为山葵的风味不仅能去除生鱼的腥味，其富含的杀菌成分还能预防食物中毒[1]，可谓一举两得。

除了寿司配山葵这种吃法外，在荞麦面中加入山葵的做法也对风味的改善起到很大作用。最初，荞麦面使用酒和酱油混合后煮开的酱汁调味。进入17世纪后，鲣节[2]被加入酱汁中，使滋味变得鲜甜的同时，也不可避免地带来严重的鱼腥味。当时许多人因为不能忍受这种味道而对酱汁中加入鲣鱼的做法意见很大，甚至一度引发了关于荞麦面的酱汁是否应该为纯素的争论，直到后来人们发现酱汁中加入山葵能有效去除鱼腥味，这种做法才开始普及。1643年出版的《料理物语》[3]中，山葵已经作为荞麦面的常见调味料出现。

山葵与辣根的区别

近几十年间，全世界越来越多的人爱上了日本料理，山葵的需求量随之增长。2009年，英国的一家公司在英国南部多塞特郡引进日本山葵种植技术，并于2012年开始向欧洲餐厅出售山葵，这也是山葵首次在日本本土外被种植，其价格相当昂贵，每100克能卖到30英镑（约合人民币270元）。不仅在国外，日本国内的山葵也是众所周知的高级调味品。那么既然山葵如此昂贵，为什么我们平时在超市看到的却很便宜呢？这是由于我们买到的并不是真正的山葵，而是另一种与山葵气味相似的植物——辣根。

山葵自古生长在山间清澈的溪流旁。好的山葵通常要培育2~3年才能食用，因周期长、产量低，山葵价格通常较高；而起源于东欧的辣根则是一种略大于山葵的白色植物，现主要种植于日本北海道。辣根气味与山葵相似且成本更低，常被加工成粉末状或者膏状在超市出售，作为山葵的替代品。山葵则主要出现在高级日料店，经手工现场磨制后食用。

与辣根相比，山葵的香气更浓郁，虽入口也有辛辣感，但程度较轻，甘甜的风味更明显。所以如果条件允许，请一定去品尝真正的山葵，说不定很多自认为不爱吃芥末的人会对这种食物有全新的认识。

1

---

1. 山葵含有杀菌成分，但预防食物中毒这一说法后来被证明无效。

2. 鲣鱼是一种生活在太平洋的鱼类。鲣鱼在日本被使用特殊工艺煮熟，剔除鱼刺后反复烟熏多次制成鲣节。因烟熏后的鲣节硬如木块，故也被称为"木鱼"或者"柴鱼"，它是日本料理常用的调味品之一。

3. 日本江户时代具有代表性的料理书。以记录仪式料理食谱为主，文字简洁有品位，且涵盖料理的范围很广。

1 起源于东欧的辣根 | Fructibus
2 日本山葵农场航拍照片 | National Land Image Information (Color Aerial Photographs)，Ministry of Land, Infrastructure, Transport and Tourism
3 三种不同的山葵品种，大神种（左）、在来种（中）、真妻种（右）| MIURA, Yuji (CC BY-SA 4.0)
4 山葵通常生长在干净的溪流边，图为日本长野县安云野市大王山葵种植农场 | 663highland (CC BY-SA 3.0)

RECIPE 食谱

梅子味荞麦面

30 分钟 | 2 人份

食材

荞麦面 / 300 克

鲣鱼花 / 50 克

秋葵 / 4 根

茗荷 / 2 个

绿紫苏叶 / 4 枚

小葱 / 2 根

酱油 / 1 汤匙

味啉 / 1 汤匙

水 / 1/4 杯

鲣鱼高汤 / 1/4 茶匙

梅干 / 2 个

山葵泥 / 少许

做法

① 将荞麦面煮熟，放入冰水中冷却后盛入碗中。秋葵焯水后捞出。

② 将秋葵与茗荷切薄片，绿紫苏叶切丝，小葱切成葱花，梅干剁泥。

③ 酱油、味啉、水和鲣鱼高汤倒入锅中，中火煮开，混入梅干泥和山葵泥，制成面条酱汁。

④ 将步骤②剩余食材放在荞麦面上，淋上做好的面条酱汁即可。

符合伊斯兰教教规的美食

伊斯兰美食 / Halal

▸	7 世纪
起源	中东地区
人物	齐亚卜

饮食文化是社会文化的一部分，既受其影响，又可以反映出地区或宗教文化中的偏好和禁忌，伊斯兰饮食便是在伊斯兰教义的影响下所形成的独树一帜的饮食文化。伊斯兰教为世界三大宗教[1]之一，伊斯兰饮食在世界饮食体系的形成过程中也起到了重要作用。

伊斯兰美食是穆斯林所食的美味食物的统称。伊斯兰教对于食物的原料及制作有着严格的要求，经典圣书《古兰经》中规定：腐肉、血液、猪肉、自死物、酒、未在宰杀时诵以安拉之名的动物，都不在可食用的范围内。穆斯林厨师善用香料，烹饪手段丰富，创造出了众多伊斯兰美食。

伊斯兰美食的起源可以追溯到 7 世纪。610 年，穆罕默德在麦加创建了伊斯兰教，真主安拉在《古兰经》中规定了教徒可以食用的食物。

伊斯兰教创建早期，穆斯林以先知穆罕默德的饮食习惯为范本。圣训里记载道，穆罕默德喜欢朴实的乡村烹饪，主要以谷物、肉、牛奶和椰枣等为日常主食，认为肉是"尘世及天园的人类最具贵族气派的食物"。他最爱的面包蘸汤，也是一道经典的伊斯兰美食。

从朴实到奢华

穆罕默德去世后，继任者逐渐扩大伊斯兰政治版图，每一个新接触的族群都给伊斯兰美食带来了新的风味。7 世纪中期，倭马亚王朝的哈里发[2]将都城从沙漠城市麦加迁至大马士革。大马士革农业资源丰富，为穆斯林厨师提供了更加多样的食材。融合拜占庭和波斯元素后，伊斯兰美食形成了独特而奢华的风格。王宫贵族们享用着精美的异域食材和香料，而穷人依旧遵循着先知的饮食习惯。

到了 8 世纪，阿拔斯王朝将都城东移至巴格达。在这里，伊斯兰美食达到了奢华与精致的顶峰，形成了影响深远的伊斯兰高级菜肴。上自统治阶层，下至诗人、学者，都开始着迷于美

---

1. 世界三大宗教包括基督教、伊斯兰教、佛教。

2. 哈里发即在穆罕默德去世后掌权的执政者，被称为正统哈里发的有四位：艾卜·伯克尔、欧麦尔·伊本·哈塔卜、奥斯曼·本·阿凡和阿里·本·阿比·塔利卜。而此处的哈里发应该是指穆阿维叶一世。

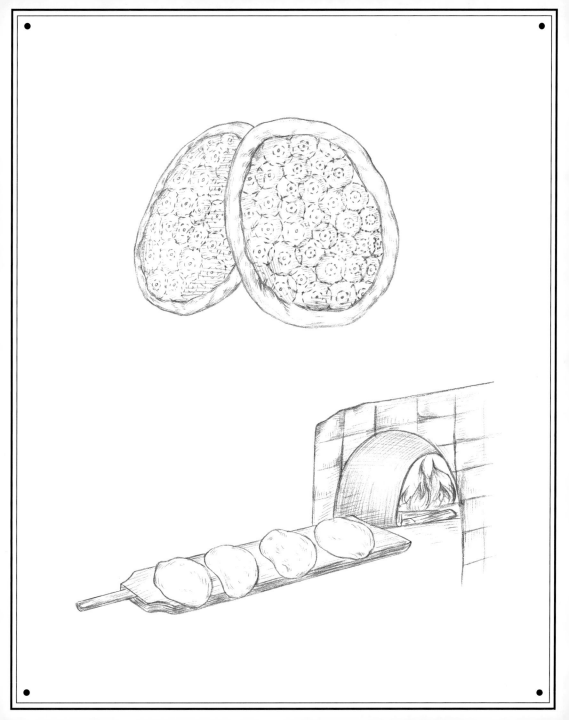

食。他们阅读并写作关于美食的书籍，探讨并钻研食物搭配与就餐礼仪，甚至创作出歌颂美食的"餐桌诗"。阿拉伯历史学家马苏第在《黄金草原》一书中记载道，哈里发在一次宴会中要求每位到场宾客朗诵一首关于菜肴的诗，并让厨师严格按照诗中的描述进行制作，可见当时伊斯兰贵族宴会的精致与奢侈程度。

13 世纪初，由于蒙古军队的入侵，巴格达遭到毁灭性打击，但伊斯兰美食却并未随着巴格达的衰落而没落，反而影响范围仍在继续扩大。蒙古人将伊斯兰饮食文化带回东方后，中国等周边各国的料理中都融入了些许伊斯兰元素。帖木儿帝国及后来的萨非王朝也吸收了伊斯兰饮食文化，并将其带入印度和巴基斯坦。至 17 世纪后期，中东及东南亚大部分地区属于伊斯兰世界，伊斯兰美食也在向世界传播的过程中不断发扬光大。

齐亚卜与伊斯兰美食

西餐中头盘、主菜、甜点的三道菜形式，并非始于西餐的起源地意大利，而是来自伊斯兰世界。

9 世纪初，因音乐才华出众而受到迫害的齐亚卜（Ziryab）从伊斯兰中心城市巴格达逃离，来到了西班牙一座偏远的小城科尔多瓦担任宫廷乐师。齐亚卜不仅精通音乐，在时尚与美食方面也颇有造诣。由于他的到来，科尔多瓦饮食界迅速掀起了一场革命。

当时，科尔多瓦的食材虽然丰富，但人们的烹饪手段单一，用餐时食物很不讲究地堆在桌上，餐具也只有刀具和木勺，与巴格达精致的饮食文化存在着巨大的差异。

齐亚卜到来后，引进了例如莴苣等当地人从未见过的蔬菜、水果，并用水晶器皿代替金属杯盛放饮料。除此之外，他还树立了进餐时要将食物放在皮革餐布上的规范，要求分三次分别上汤、主菜和甜点，这就是经典三道菜形式的原型。

齐亚卜将伊斯兰美食中心巴格达的饮食习惯与菜肴带入了科尔多瓦，不仅使该地饮食走向丰富与优雅，更对西班牙乃至整个欧洲地区的饮食文化造成了深远影响。

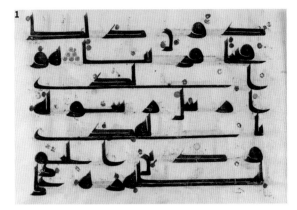

1 8—9 世纪出版的《古兰经》，用古阿拉伯字母撰写
2 巴格达上流阶层精致的饮食、时尚与音乐传到世界各地（13 世纪）

面包蘸汤

40 分钟 | 4 人份

食材

羊肉 / 1 千克

鹰嘴豆 / 250 克

橄榄油 / 1 杯

无盐黄油 / 1 汤匙

洋葱 / 2 个（切碎）

柠檬汁 / 2 茶匙

芹菜 / 适量（切段）

胡萝卜 / 适量（切块）

马铃薯 / 适量（切块）

面包 / 1 个

水 / 2 杯

盐 / 适量

小苏打 / 2 茶匙

蜂蜜 / 2 茶匙

黑胡椒 / 适量

做法

① 将鹰嘴豆放入碗中，加 2 茶匙小苏打和适量的水，浸泡 8 小时后，将鹰嘴豆煮熟。

② 在锅中倒入橄榄油，将洋葱碎炸至金黄，加入黑胡椒和蜂蜜，炒 3~5 分钟。

③ 放入羊肉，以大火煎 3~5 分钟，再用小火煎至肉嫩，可适量加水。

④ 加入煮熟的鹰嘴豆、马铃薯块、胡萝卜块、芹菜段和无盐黄油，煮 5~10 分钟；加 2 杯水，煨 15 分钟至出肉汁；以适量盐调味后盛出，淋上柠檬汁，搭配面包食用。

少女的酥胸

马卡龙 / Macaron

	8 世纪
起源	意大利
人物	谢忠道、凯瑟琳·德·美第奇

马卡龙又称法式小圆饼，其名称源于意大利语单词"macarone"（细致的面团），是一种用蛋白、糖粉、蔗糖、扁桃仁粉以及食用色素制成的以蛋白脆饼为基础的法式甜点。这种甜点表面细腻有光泽感，外层的蛋白脆饼的形状为圆形，底部呈现平面且附带略外突的裙边，在两片蛋白脆饼之间还夹有甘纳许[1]、奶油奶酪或果酱等内馅，口味多样，色泽也各异。

　　马卡龙小巧玲珑且十分酥脆，不宜动刀叉，只禁得起两指适度轻捏，由手的触感到味觉的感受都是细腻的，正如作家谢忠道先生的文章《性感小圆饼》中最广为流传的描述："少女的酥胸。"

马卡龙和修女

马卡龙的原型为意大利的一种没有内馅的扁桃仁饼干。大约在 8 世纪，威尼斯一座修道院的一位修女制作出了一种扁桃仁薄饼，用来为没有荤食的菜单增添风味。这种没有丰富内馅的薄饼类似现在比较简单且口味单一的曲奇，但在当时仍受到了修女们的推崇，成为必不可少的餐后甜点，并逐渐流行到意大利民间。

　　1533 年，佛罗伦萨共和国的凯瑟琳·德·美第奇嫁给了瓦卢瓦王朝国王亨利二世。为帮助凯瑟琳适应陌生的国度，她原本的厨师也一同到了法国，通过制作各种意大利传统甜点来抚慰她的思乡之情，而她喜爱的甜点马卡龙就这样被带到了法国。

　　到了法国大革命时期，传统君主制的阶层观念、贵族以及天主教会统治制度被自由、平等、博爱等新原则推翻，宗教特权受到冲击，各地的修道院都受到革命者的攻击而被迫关闭。有一对修女靠出售用扁桃仁粉、蛋清和糖混合后烘焙而成的马卡龙维持生计，受到战时人们的欢迎，这两位修女也因此被当时的人们称为"马卡龙姐妹"。可以说马卡龙是从修女的手中诞生，并经由修女广泛传播的。

---

1. 即 Ganache，是一种加入了巧克力，用于蛋糕夹心和表面涂层的混合奶油。

马卡龙的不断改进

第一个为马卡龙灌注内馅的是巴黎著名高级甜点店拉杜丽（Ladurée）的创始人的孙子皮埃尔·德斯方丹（Pierre Desfontaines），他创造性地使用甘纳许黏合两片饼干，形成顺滑的内馅，为马卡龙提供了更丰富的口感。因为这款甜点，拉杜丽在巴黎公社起义后于原址重建时，受到人们的热烈追捧。自此以后，夹心的马卡龙逐渐成为主流，并发展出以巧克力、咖啡、焦糖、香草为主的各种口味，引领巴黎的甜品潮流。

被誉为"甜点界毕加索"的皮埃尔·埃尔梅（Pierre Hermé）成为拉杜丽的负责人后，在传统之余又增加了草莓、蓝莓、开心果、覆盆子等多种口味，更加丰富了大众的选择。后来他离开拉杜丽远赴日本，并在1998年于东京创立了与自己同名的甜点品牌"Pierre Hermé"。2001年，皮埃尔·埃尔梅携"Pierre Hermé"重返巴黎，取得了巨大的成功。为了超越过去他在拉杜丽所创的系列作品，"Pierre Hermé"推出了许多令人拍案叫绝的搭配，例如白松露与胡桃、香草与橄榄油、玫瑰与覆盆子、百香果与柠檬、海盐与焦糖等。除了拉杜丽和皮埃尔·埃尔梅以外，杰拉德·缪洛（Gerard Mulot）也是制作马卡龙比较著名的甜点店，独家的南瓜口味别具风味。

法式马卡龙与意式马卡龙之间的区别主要体现在蛋白霜的制作上。法式的蛋白霜主要使用糖和蛋清直接打发而成，而意式则需要在此基础上再加入热糖浆搅拌均匀。相比较而言，意式蛋白霜的结构更稳定，对操作技巧的要求也更高，同时因为添加了糖浆，口味会更甜一些。

MACARON. — Pâtisserie ronde à base d'amandes pilées, de blancs d'œufs et de sucre, cuits à une chaleur modérée. On la désigne dans certaines contrées sous le nom de *massepain*.

Les amandes sont débarrassées de leur enveloppe puis quelquefois très légèrement torréfiées; puis on les pile avec du

Macaron de Nancy.

sucre et on y ajoute un blanc d'œuf par 125 grammes d'amandes environ. On parfume avec diverses essences. La pâte bien travaillée à la spatule et rendue homogène, on la dresse en disques bombés, à la pochette, puis on la fait cuire environ trois quarts d'heure, au four modérément chauffé.

1 最初的马卡龙为朴素的扁桃仁薄饼 |《杂货及相关行业百科全书》（Albert Seigneurie, 1904）
2 多彩的马卡龙 | Michal Osmenda (CC BY-SA 2.0)
3 凯瑟琳公主的容貌一般，却在政治和饮食等方面影响了整个欧洲。油画肖像绘于 1547—1559 年，现存于意大利乌菲齐美术馆（Uffizi Gallery）

面粉版马卡龙

1 小时 | 2~3 人份

食材

低筋面粉 / 35 克

糖粉 / 40 克

细砂糖 / 40 克

鸡蛋（蛋清）/ 1 个

果酱 / 40 克

工具

中号裱花袋（圆口）/ 1 个

硅胶垫（马卡龙专用）/ 1 个

做法

① 将低筋面粉和糖粉依次过筛于同一容器中备用。

② 将蛋清分离出来，加入 20 克细砂糖，用电动打蛋器稍做打发至起微泡。

③ 将剩余的 20 克细砂糖全部倒入，进行高速打发，直到关闭打蛋器后提起时，打蛋器顶端呈现出小小的尖角，即达到干性打发效果。

④ 将糖粉和低筋面粉再次过筛后加入打发后的蛋清中，再过筛一次是为了保证成品表面更细腻。

⑤ 将混合物上下切拌，充分融合至用刮刀舀起面糊后，面糊能够比较顺畅地流下即可。

⑥ 将面粉糊装进圆口中号裱花袋里，依次挤在马卡龙专用硅胶垫上，能做约 14 片；如没有专用硅胶垫，可以事先在油纸上画好直径为 3 厘米的圆，然后将面糊直接挤在油纸上的圆圈内即可。

⑦ 将挤好的面糊放在通风处，至表面微微定型，手指轻轻触摸不会粘手的状态。

⑧ 放入预热至 180 ℃的烤箱中层，烤 5 分钟左右可看到出现裙边，7~8 分钟后，将温度调低至 140℃~150℃，接着烤 10 分钟左右后出炉。

⑨ 放凉后，在每两片饼干之间抹上适量果酱即可。

期货价值仅次于石油的世界饮品

咖啡 / Coffee

	13 世纪
起源	非洲埃塞俄比亚
人物	卡尔迪、加百列·狄·克鲁

说起当今世界三大无酒精饮料，很多人能脱口而出：可可、咖啡、茶。它们除了作为人们日常饮用的饮料之外，还能给国家和地区带来相当大的经济效益，比如其中的咖啡，在全球期货贸易额度中仅次于石油，可见其饮用价值之外重要的经济地位。

咖啡（coffee）指的是将经过烘焙的咖啡豆（咖啡树的种子）研磨成粉后冲泡出来的饮料。咖啡树最早生长于非洲埃塞俄比亚西南部的高原地带，虽然饮用咖啡的具体起源已经无从考据，但留下的一些传说故事至今仍为人们津津乐道。

相传在 805 年，牧羊人卡尔迪（Kaldi）发现他的羊在吃了一种红色果实之后变得异常兴奋活泼，由此他发现了能使人亢奋的植物种子——咖啡豆。但由于对于这个传说的正式记载直到 1671 年的第一篇咖啡专论《健康的饮料》中才出现，所以部分专家怀疑它是杜撰的。除此之外，也有传说称咖啡林中起了场大火，燃烧发出的香气将人们深深吸引，从此，人们开始食用这种植物的种子来提神，还将其混入面粉中制作面包，给勇士们随身携带，帮助他们提高作战勇气。这些缺乏历史证据的故事，都成了日后旅行家们喜欢写进游记的逸事。

阿拉伯世界的咖啡垄断

人们真正开始用水煮咖啡豆来制作饮料是从 13 世纪才开始的。

英文里"coffee"一词出自阿拉伯语"qahwa"，是"植物饮料"的意思。因为伊斯兰教教义禁止教徒饮酒，所以咖啡这种不含酒精的植物饮品迅速得到了伊斯兰国家的青睐，从而流传开来。另外，据 15 世纪初的文献记载，阿拉伯人不仅将咖啡作为提神、醒脑、强身的药物使用，更有僧侣视其为具有身心疗愈功能的灵药，将咖啡的使用方法扩展到宗教仪式中。

直到 16—17 世纪，历史发展至大航海时代，被称作"黑色金子"的咖啡才通过威尼斯商人和掌握海上霸权的荷兰人进入欧洲大陆。

迅速扩张的咖啡版图

一直到17世纪，阿拉伯人都垄断着咖啡树的种植和咖啡的制作，并且相关技术不断精进，使咖啡在欧洲一度成为只有上流社会才能享受到的稀有饮品。不过，人们从没停止过将咖啡带回阿拉伯地区的努力。

比如，曾有一位印度信徒到麦加朝圣，通过吞下咖啡果实的方法将其带回家乡；后来，一位荷兰船长将于也门得到的咖啡苗在当时的荷属东印度，也就是现在的印度尼西亚成功种植；到了18世纪，还有一位驻巴西的西班牙人，从荷属圭亚那的外交官的妻子手中得到了几颗咖啡种子，在巴西非常适宜的气候环境中成功栽种了咖啡树，一举打开南美洲种植咖啡的局面。

18世纪初，荷兰人将一棵健康的咖啡树送给法国政府，当时的法国海军舰长加百列·狄·克鲁受命将其平安带回。一路上，大家小心翼翼地照顾着这棵珍贵的咖啡树苗，分出每日的饮用清水悉心浇灌，终于将其顺利地栽种到了法属马提尼克岛上。

咖啡在东亚的种植和传播始于1884年的中国台湾地区，在1900年的马来西亚、新加坡等东南亚国家已经有不少由中国移民经营的咖啡店。

在中国大陆地区，关于咖啡最早的文字记载出现于林则徐主持翻译的《四洲志》中，不过当时的译名还是"架非豆"和"加非"。上海开埠之后，随着西餐的传入，时髦的上海人也渐渐喜欢上这种苦涩的舶来品，咖啡从而在租界迅速兴起。

令世界狂热的咖啡神教

咖啡通常分为两种：别名为"小果咖啡"的阿拉比卡种和别名"中果咖啡"的罗布斯塔种。阿拉比卡口感细腻、苦涩度低，一般用于直接饮用；而罗布斯塔则由于颗粒较粗且苦味浓，主要作为速溶咖啡的原料。

咖啡在世界范围内广泛流行起来后，各个国家和地区都出现了咖啡的忠实爱好者。土耳其的法律曾有规定，丈夫必须保证妻子每个月饮用咖啡的量，否则女人们可以和丈夫们对簿公堂，打离婚官司。而在英国，妇女们还一度因为男人沉迷咖啡、忽略家庭而以写书面请愿书的方式反对咖啡。

欧洲实在像极了咖啡发展的乐土，而在对咖啡爱得痴狂的欧洲人中，又当属意大利人最为狂热。咖啡在经过千百年的发展后衍生出美式、摩卡、拿铁等丰富的品种，而它们其实都是在意式浓缩咖啡（espresso）的基础上调制出来的。

意式浓缩咖啡发明于20世纪初，以高压将接近沸腾状态的热水冲入咖啡粉，溶解咖啡粉中更多成分的同时产生丰厚的油脂沫，从而比其他方法制作出的咖啡更为香醇浓郁。目前在六大洲拥有超过2万家连锁店的星巴克咖啡，也是以意式浓缩咖啡为基础建立起鲜明的风格，进而发展起来的。

到了20世纪40年代中期，意大利人还发明出世界上第一台意式咖啡机，并成功将其投入商业化生产。除了意式浓缩咖啡外，欧洲第一家街头咖啡馆也诞生在威尼斯。

另外，阿拉伯人在医学上对咖啡的应用也得到了现代科学的证实。有研究表明，咖啡因会对中枢神经系统产生刺激，从而使人情绪激昂、睡意降低，减轻疲劳的同时还有提高基础代谢、抗衰老等功效，因而成年人适度饮用咖啡是有利于身体健康的。这无疑令人们热爱咖啡的心意更加坚定了。

1

1 从一颗咖啡豆长成一株咖啡树苗的过程 | Elkin Fricke (CC BY-SA 3.0)
2 未经烘焙的阿拉比卡咖啡豆 | Fernando Rebêlo (CC BY-SA 3.0)
3 一台意式浓缩咖啡机 | Colin (CC BY-SA 2.0)

RECIPE 食谱

提拉米苏
30 分钟（不包括冷藏时间） | 1 人份

食材

蛋黄 / 1 个
细砂糖 / 60 克
淡奶油 / 150 毫升
奶油奶酪 / 200 克
手指饼干 / 少许
可可粉、糖粉 / 适量
柠檬汁 / 少许
咖啡酒 / 适量

做法

① 将 30 毫升淡奶油倒入碗中，挤入柠檬汁，搅拌至呈固态。
② 将奶油奶酪用搅拌器打软，混入凝固后的淡奶油，混合均匀。
③ 将蛋黄和细砂糖放入碗中，边隔水加热（注意不要煮沸）边搅拌，直至细砂糖溶解且蛋黄颜色发白。
④ 将 120 毫升淡奶油打至七成发，和前面得到的奶油奶酪和蛋黄搅拌均匀，制成馅料。
⑤ 将部分手指饼干在咖啡酒中迅速浸泡后铺到容器底部，在上面倒入一部分馅料。
⑥ 再在馅料上面铺一层手指饼干后，倒满馅料，表面抹平整。
⑦ 冷藏 4 小时以后取出，撒上可可粉即可。

Tips:
① 可用糖粉在表面做装饰。
② 可将速溶咖啡溶解在朗姆酒中以替代咖啡酒。

肉质细腻的珍贵海鱼

鳕鱼 / Cod

	9 世纪
起源	挪威
人物	约翰·卡伯特
	托马斯·亨利·赫胥黎

食物的价值并不仅限于食用，在人类历史的发展中也会扮演重要角色，具有一定的历史意义。比如有一种食物，整个欧洲都曾赖其生存，北美洲因它而发展，战争也因它而起，这种重要的食物就是鳕鱼。

鳕鱼（cod）是一种深海鱼，广义上的种类达 50 多种，但纯正的鳕鱼只有大西洋鳕鱼、太平洋鳕鱼、格陵兰鳕鱼三种，其中以大西洋鳕鱼最为常见。鳕鱼通体呈雪白色，肉质结实鲜嫩，味道清淡，含有丰富的维生素及蛋白质，常被用以提取鱼肝油，具有很高的营养价值。

"cod"一词词源不详，在中世纪的英国词典中，有"包裹种子的外皮"的意思，据学者推测，这可能与雌鳕鱼肚内包含着数百万粒鱼卵有关。在约 1.2 亿年前，鳕鱼就已形成今日的形态，主要分布在北大西洋和北太平洋海域。直到 9 世纪，才为人类所食用，距今已有 1 200 年左右的食用历史。当时，维京人将捕捞到的新鲜鳕鱼悬挂在寒风中，使其脱水风干后制成鱼干保存。待到食用时，将鱼干折起来啃食。风干后的鳕鱼既不失营养，又便于长期保存，对于有航海习惯的维京人来说，是再好不过的食物。他们还在挪威和冰岛建立了干燥鳕鱼的加工厂，将鳕鱼外销至北欧地区。

"黄金时代"的成就和没落

到了 10 世纪，西班牙的巴斯克人发现了法罗群岛附近丰富的鳕鱼群，他们素来有盐渍鱼类的习惯，便在风干鳕鱼前，预先用盐腌制。这样处理过的鳕鱼干保存时间更长，味道也更好。这就使得巴斯克人可以比维京人到达更远的地方，并将鳕鱼买卖进一步扩大为国际贸易。

从中世纪到近代前，欧洲 60% 的食用鱼都是鳕鱼。中世纪的欧洲大多信奉天主教，教规规定在斋戒日不得吃肉。由于一年中有大半年的时间处于斋戒期，再加上肉类价格高昂，这就给营养丰富且价格低廉的鳕鱼带来了巨大的市场。在当时，北大西洋的贸易几乎都围绕鳕鱼展开，垄断了鳕鱼市场的巴斯克人因此获利巨大。

随着大航海时代的到来，欧洲各国开始了大规模的海外探险。15 世纪末，英格兰王

室派遣探险家约翰·卡伯特（John Cabot）去开辟寻找香料的新航线，出海 35 天后，卡伯特虽然没有找到香料，但是到达了一片被充满鳕鱼资源的海域环绕的新土地，并将其命名为"纽芬兰岛"（Newfoundland）。有着丰富鳕鱼资源的纽芬兰岛，随后吸引了欧洲各国纷纷前来捕捞。

至此，巴斯克人对欧洲鳕鱼市场的长期垄断画上了句号，欧洲的鳕鱼经济变得越发繁荣。新大陆的发现直接导致了北美殖民地奴隶贸易的繁荣，便宜又富有营养的鳕鱼，对于奴隶来说是再好不过的主食。因此，殖民地种植园成为欧洲鳕鱼的主要销路。

19 世纪中期的美国废奴运动导致种植园经济解体，鳕鱼销量随之下跌，北美洲鳕鱼渔业遭受重创。再加上随后冷藏技术的发明和不断发展，鳕鱼可长期保存的优势也不复存在。至此，鳕鱼贸易的黄金时代终结。

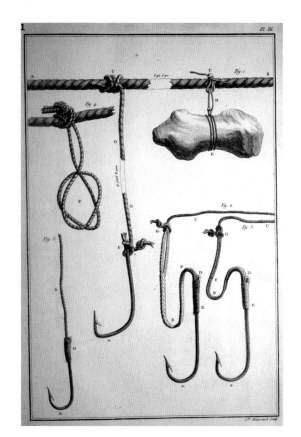

是谁导致了鳕鱼濒临灭绝？

鳕鱼多产而易存活，因此人类一度认为鳕鱼是捕之不尽、食之不竭的。大仲马[1]曾在《大仲马美食词典》一书中写道：如果所有鳕鱼卵都能顺利孵化长大，那人们就可以踩在鳕鱼背上横越大洋了。

无独有偶，19 世纪 80 年代，一场在伦敦举办的渔业展上，信奉达尔文主义[2]的英国博物学家托马斯·亨利·赫胥黎（Thomas Henry Huxley）发表演说，宣称鳕鱼及几乎所有的渔业资源都是取之不尽、用之不竭的。受到这种说法的影响，加上渔船捕捞技术的发展，渔民们加大了对于鳕鱼的捕捞力度。

到了 20 世纪，鳕鱼在欧洲的市场不断扩大，各国开始疯狂捕捞日益减少的鳕鱼。当时，冰岛海域是主要的鳕鱼产地。为了保护国民赖以生存的鳕鱼资源，冰岛不断扩大领海与禁渔界线，此举触犯了有着巨大鳕鱼需求的英国的利益，直接引发了两国在大西洋海域上长达 20 年的"鳕鱼战争"[3]。

鳕鱼卵的存活率极低，只有少数能被孵化。经过人类长期以来的过度捕捞，如今鳕鱼已濒临灭绝。目前已有多个欧洲国家将鳕鱼列为保护对象，禁止捕捞。

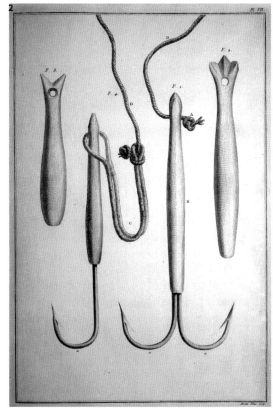

---

1. 大仲马即亚历山大·仲马，是 19 世纪法国浪漫主义作家。
2. 达尔文主义中的现代生物进化理论认为，生物都有过度繁殖的倾向。
3. 鳕鱼战争曾连续爆发三次，从 1958 年开始至 1976 年结束。

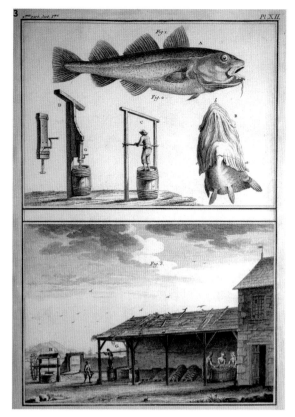

1、2 捕捞鳕鱼的工具 | UBC Library Digitization Centre
3 鳕鱼干的制作过程 | UBC Library Digitization Centre
4 挪威林根（Lyngen）地区晾制鳕鱼干的场景 | Valugi (CC BY-SA 3.0)
5 渔民的背上挂着 1 米多长的鳕鱼

RECIPE 食谱

香煎鳕鱼配马铃薯泥
45 分钟 | 4 人份

食材
鳕鱼片 / 4 片
马铃薯 / 6 个
无盐黄油 / 5 汤匙
牛奶 / 1/4 杯
盐 / 1 茶匙
黑胡椒粉 / 1/2 茶匙

做法
① 将马铃薯洗净，煮 30 分钟至熟透，捞出后去皮。
② 将去皮马铃薯放入碗中，压成泥状，加入 2 汤匙无盐黄油、牛奶、半茶匙盐、1/4 茶匙黑胡椒粉，搅拌均匀。
③ 开中火，平底锅中倒入 3 汤匙无盐黄油，放入鳕鱼片并撒上剩余的盐和黑胡椒粉，每面煎 3 分钟。
④ 将马铃薯泥和香煎鳕鱼装盘即可。

富有嚼劲的古老面食

意大利面 / Pasta

	约 11 世纪
起源	意大利
人物	费迪南多二世

作为西餐的起源地，意大利饮食文化丰富多彩。享誉全球的意大利面，便是经典美食之一。意大利面历史悠久，距今已有 1 000 多年的历史。由于意大利面易于保存和运输的特点，在千年中发展出许多美味的做法，使得这种古老的面食受到全世界的喜爱。

意大利面以硬质小麦面粉为原料，加水和鸡蛋后搓制而成，煮熟后辅以红酱、青酱、白酱等各式酱料食用，可以变化出丰富的口味。意大利面筋度高，有嚼劲，干燥后可于常温下长时间保存；面条形状也有很多种，细长形、扁平形、通心形、蝴蝶形、螺旋形、贝壳形等，有 300 多种。由于意大利面富含蛋白质与复合碳水化合物，所以是理想的主食之一。

关于意大利面的起源说法各异，普遍为学界所接受的观点认为，阿拉伯人在入侵意大利西西里岛的同时，带来了中东地区干燥湿面团的技术：将硬质小麦面粉加水后揉搓制成面条，干燥保存，意大利面就这样诞生了。有考古学证据显示，在距罗马北部 20 千米处的地方，出土了一幅 4 世纪伊特鲁里亚的浮雕画，画面中有一个与意大利面制作工具非常相似的器具。1000 年前后，在当时的一本食谱书中，讲到了意大利面的做法。

用脚踩出来的意大利面

1154 年，地理学家伊德里西（Muhammad al-Idrisi）曾在《罗杰之书》[1]（*Roger's Book*）中写道，在西西里岛一个名为特拉比亚（Trabia）的小镇上有许多磨坊，人们用面粉制作出一种细长条状的食物，产量之高足以供应整个卡拉布里亚（Calabria）地区，包括穆斯林及基督教地区。这是目前发现的关于意大利面最早的文字记载。

伊德里西不仅是一位地理学家，同时也是诗人和作家。当他将意大利面写进作品的同时，这种食物的出口量也开始在普及的过程中逐渐增长。到了 13 世纪，意大利面已经传到了热

1.《罗杰之书》又叫《一个想周游世界者的愉快旅行》(*Nuzhat al-mushtaq fikhtiraq al-afaq*)，由伊德里西撰写，是欧洲中世纪最丰富的地理学百科全书，包括自然地理学、文化地理学、政治地理学和描述地理学等。

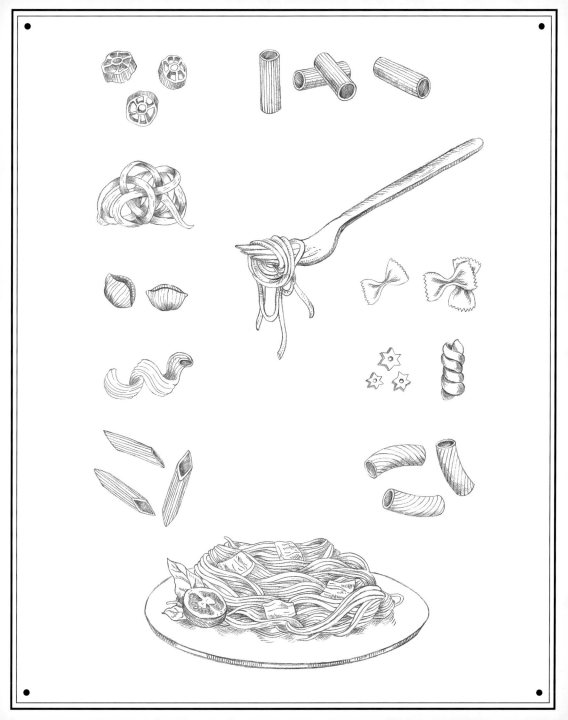

那亚。由于营养丰富且可以长时间保存，意大利面是长期远航的理想储粮，十分受水手欢迎，跟随着热那亚水手的脚步，到达了地中海其他地区。

早期的意大利面制作复杂，与普通小麦不同，硬质小麦碾碎后会呈糖粒般的颗粒状，揉捏需要较长时间。当时男性工人需赤脚在面团上反复踩揉，以增加面团韧性，仅这一过程就要持续一天的时间；面团揉好后，还需再由两名男子或一匹马为压力机提供动力，让面团通过穿孔模具；最后将挤压成的面条切断后挂在竹竿上晾晒，即可制成意大利面。由于需要耗费大量的人力与时间成本，早期的意大利面价格昂贵。意大利热那亚档案馆保存着一封写于 1279 年的士兵遗书，其中写道"要将一篮子意大利面留给亲属"，足以表明意大利面在当时的珍贵。

17 世纪时，意大利面逐渐成为人们日常饮食的一部分。在当时的那不勒斯地区，人口的急速增长导致食品短缺，技术革命又使生产成本大大降低，于是这种面食开始大量生产以供穷人果腹。意大利面在那不勒斯普及起来后，很快传到意大利的其他地区。

19 世纪早期，那不勒斯地区的一名摊贩将番茄、盐和几片罗勒叶混合，熬成番茄酱用于给意大利面调味。番茄酱与意大利面的结合，将意大利面的风味提升到新的高度。在此之前，人们只用汤或是清水煮食，因此这种新鲜的吃法很快就俘获了包括王室贵族在内的意大利人的芳心。另外，番茄酱的出现也使人们吃面的工具发生了改变。在没有酱汁的时代，普通民众大多用手抓面，只有上层阶级才使用叉子。番茄酱的加入使手抓变得难以让人接受，人们开始普遍使用叉子。

意大利面重塑的不仅仅是人们的饮食结构或是餐桌礼仪，更对世界经济的发展起到了举足轻重的作用。因其营养丰富、易保存、能够长期存放的特征，船员

们进行长期远洋航行的计划得以实现，不仅让欧洲人走向了更远的地方，也让生活在地球上不同地区的人们得以认识欧洲。

费迪南多二世与意大利面

在意大利面的整个发展过程中，最为突出的一座里程碑就是干燥技术的应用，而那不勒斯的气候十分适宜干燥意大利面面团——既不会太潮致使面团发霉，也不会令面团干得太快，因此在机器时代到来之前，生产意大利面是那不勒斯重要的地区产业之一。

17 世纪初期诞生了一种原理类似绞肉机的制面机。从机器上方放入面团，经过内部的挤压后，即可制成细长状的意大利面，也就是今天常见的意式细面。随着制面机的普及，意式细面也得以广泛传播。发展至 18 世纪末期，那不勒斯人开始制作各种形状的意大利面。如今我们熟悉的意大利面中的大部分品种诞生于那不勒斯，可以说，那不勒斯是当之无愧的"意大利面生产王国"。

由于原料为粗粒小麦粉，所以最初的意大利面首先需要通过人工脚踩的方式令其达到一定的延展性，才能进行后续的加工。对意大利面十分感兴趣的那不勒斯国王费迪南多二世[1]认为脚踩面团很不卫生，便聘请工程师来改善生产工艺，并发明了一种揉面机代替人工，将揉面工作所需的人力及劳动强度大大降低。

时至今日，意大利面已经发展成为世界美食界的宠儿，在罗马市中心的总统府近旁还有一座专门的面条博物馆，每天都有世界各地的意大利面爱好者慕名前来参观。而在国际空间站的食谱里，也能找到意大利面的身影，意大利面的美味自此从地球飘向了宇宙。

---

1. 费迪南多二世（费迪南多·卡洛，Ferdinando Carlo，1810—1859），两西西里王国第三任国王。

1 制作意大利面的工具，巴托洛米奥·斯嘎皮（Bartolomeo Scappi）绘于 1570 年
2 原理类似绞肉机的制面机 | Paxson Woelber (CC BY-SA 4.0)
3 制作意大利面用的穿孔模具 | Leonard J. DeFrancisci (CC BY-SA 3.0)

RECIPE 食谱

培根奶酪意大利面
30 分钟 | 2 人份

食材

意式细面 / 350 克

培根 / 150 克

鸡蛋 / 4 个

奶酪碎 / 100 克

盐 / 适量

黑胡椒粉 / 适量

做法

① 取一只碗打入鸡蛋，加一小撮盐和部分奶酪碎，搅拌均匀。

② 将培根切成细条；中火加热煎锅，倒入培根，将其煎熟。

③ 将意式细面倒入煮沸的盐水中，煮熟后捞出，沥干，保留部分煮面水。

④ 将意式细面倒入放有培根的煎锅中，拌匀，倒入蛋液和部分煮面水，搅拌几下后关火，利用锅中余温加热 30 秒。

⑤ 撒上剩余的奶酪碎和黑胡椒粉，拌匀后即可装盘。

懒人料理的代表作

果汁 / Juice

▶	约 12 世纪
起源	不明
人物	斯蒂芬·J. 波普拉夫斯基

新鲜水果榨汁而成为果汁，从广义上来讲，果汁也包括由蔬菜榨得的蔬菜汁。因为果汁既美味，又能提供丰富的维生素，很多热爱健康的人每天都会喝一杯混合鲜榨果汁。

家庭榨汁真正被机械化，有了"搅拌""破壁"等概念，已经是 20 世纪之后的事。1922 年，波兰裔美国人斯蒂芬·J. 波普拉夫斯基（Stephen J. Poplawski）设计的搅拌机问世，这是首次将刀头设置在容器下方，用来制作麦乳精奶昔。此外，他推出的一款果蔬榨汁机还获得了专利。1937 年，L. 汉密尔顿（L. Hamilton）、切斯特·比奇（Chester Beach）和弗雷德·奥修斯（Fred Osius）对波普拉夫斯基的设计进行了改良。同年，著名音乐人弗雷德·韦林（Fred Waring）重新设计了榨汁机，解决了刀头和容器之间密封性能差的问题，这也是目前所用榨汁机的基本雏形。

果汁允许出现勾兑吗？

随着工业化程度不断提高，各国的超市货架上都摆满了果汁饮品。加工果汁的常见保存方法包括装罐保存、加热杀菌、冷冻或脱水浓缩和喷雾干燥等，并且一般过滤掉了纤维与果肉。浓缩蔬果汁虽然在加水后可以恢复原来的状态，但是毕竟在口感上有所变化，与新鲜压榨出来的果汁的味道明显不同。

如今"果汁"这个名称并非指的都是 100% 纯水果汁，大多数国家对"果汁"饮品的标准纯度有明确的规定。

在美国和欧洲 2003 年颁布的相关食品规定中，只有在表述 100% 纯果汁产品时，"果汁"才可被合法地用于饮品标签上；与其他成分——如高果糖玉米糖浆混合在一起的果汁，只能被叫作混合果汁或是果汁饮料。如果果汁或水果食品中含有浓缩成分，也必须对其做出说明，例如标签为"水果蛋糕"的产品必须含有 25%～50% 的果汁。

根据美国食品药品监督管理局（FDA）的规定，"水果饮品"的标签意味着这是稀释过的果汁，其中除了水果汁外还可能同时含有水果泥、水、人工甜味剂等成分。

而与欧美国家恰好相反的是，在新西兰、澳大利亚等国家，"果汁"一词代表的是添加过甜味剂的水果汁，而"水果饮品"只能出现在纯水果或蔬菜汁的标签上。

古代也有果汁

在中国，早在宋朝便已出现类似"果汁"的饮品，且在当时风靡一时。孟元老所著的《东京梦华录》[1]中，曾记载"甘草冰雪凉水""荔枝膏水"等饮品，出现在北宋都城开封州桥夜市中。此外，《武林旧事》《事林广记》等笔记中也有对南宋市面上出售的果汁饮品的详细记录，包括"沈香水""杨梅渴水""木瓜渴水""杏酥饮""紫苏饮""漉梨浆""椰子酒""甘蔗汁""木瓜汁"等，种类可达数十种。其中，"渴水"可能是柠檬汁混合其他水果汁而成的果汁饮料。

到了元朝，广东一带制作柠檬汁的方法已经相当成熟，《广东新语》[2]中有记载："元时，于广州荔枝湾作御果园，栽种里木树，大小八百株，以作渴水。里木即宜母子也，一名'梨檬子'。"此外，该书还详细记载了用糖来保存果汁的方法，"香酸经久不变"。

果汁能不能代替新鲜水果？

新鲜果汁的营养成分与水果本身的种类有直接联系。例如，橙汁中含有丰富的维生素 C、叶酸与钾，有抗氧化、降血脂的显著作用；李子汁有益于消化；越橘汁可以防止细菌附着到膀胱。研究人员还证实，充足的果汁摄入量能降低患癌症的风险，并可以在一定程度上预防阿尔茨海默病的发生。于是，果汁被视作方便、快捷的营养来源，在欧洲、澳大利亚、新西兰和美国的市场上整体消费量呈持续增长状态。

然而，在果汁大众化的 20 世纪，人们在关注果汁的营养价值的同时，也开始意识到其存在纤维素缺乏、含糖量过高等问题。实际上，许多果汁的含糖量甚至比有甜味的软饮还要高，例如葡萄汁的含糖量就比可口可乐的还要多 50%。美国儿科学会就不建议给小于六个月的婴儿饮用果汁，并指出对于 1~6 岁的幼儿，每日果汁的摄取量也应小于 4~6 盎司（110~170 毫升），因为儿童饮用过量果汁可能会造成营养不良、腹泻、胀气及蛀牙等问题。另外，常用于调制鸡尾酒的高果糖糖浆会增加 II 型糖尿病的罹患概率，并有研究指出，饮用大量果汁也会导致体重增加。

当然，也有相当一部分研究结果得出了与此相反的结论。例如在一个临床实验中，研究者安排了两组志愿者，规定他们必须每天在固定的时间里分别饮用软饮料和葡萄汁，持续 12 周。结果显示，饮用葡萄汁的志愿者并没有出现体重增加的情形，反倒是饮用软饮料的志愿者体重上升明显。同时，长期饮用软饮料还会造成氧化应激反应，使志愿者体内出现胰岛素抵抗，而饮用果汁不仅不必担心出现此类情况，还可以提高血清中的抗氧化能力，消除因高脂肪及高糖造成的氧化应激及发炎反应。

所以，饮用纯果汁总体上讲还是一个比较健康的选择，可为各类人群提供日常所需的营养素及热量，但一定要注意种类及饮用量。

---

1. 宋朝孟元老的笔记体散文，创作于宋钦宗靖康二年（1127），主要介绍了北宋都城东京开封府城市风俗人情。
2.《广东新语》由清朝屈大均所撰，成书于屈大均晚年，全书共二十八卷，每卷述事物一类，即所谓一"语"。

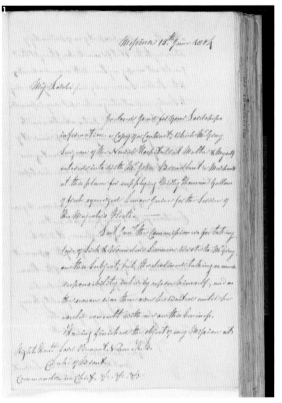

1 1804 年，致勃朗特公爵的一封信，信中讨论了关于榨柠檬汁的内容 | Wellcome Images (CC BY-SA 4.0)
2 1914 年，约翰·埃恩肖正在对仓库中的大批果汁进行检查，果汁已经成为人们生活中必不可少的消费品 | The U.S. Food and Drug Administration
3 早期的家用手动榨汁机，现存于美国佛罗里达国际大学沃尔夫索尼亚博物馆（Wolfsonian-FIU Museum）| Wmpearl

健康思慕雪

10 分钟 | 2 人份

食材

黄瓜 / 30 克

生菜 / 半颗

芹菜 / 20 克

菠菜 / 30 克

香蕉、苹果、梨 / 各 40 克

蜂蜜 / 5 克

水 / 200 毫升

抹茶粉 / 适量

做法

① 蔬菜、水果分别洗净后晾干。

② 把蔬菜、水果、水、蜂蜜、抹茶粉放入榨汁机中，搅拌至顺滑即可（1~2 分钟）。

更受西方人欢迎的中式料理

咕噜肉 / Sweet and sour pork

	约 12 世纪
起源	中国
人物	梁劲

咕噜肉又称古老肉，最初因其卤汁可循环使用而称古卤肉。咕噜肉酱汁的酸甜口味最初来自广东酸果，混合着柠檬汁和番茄汁，水果的气息中和了炸制猪肉的油腻感，同时保留了表层的酥脆口感。

作为粤菜代表菜式，咕噜肉的制作相对方便简单，常出现于各类茶餐厅和快餐店中，并发展出了咕噜鸡球、咕噜虾球、素咕噜肉等料理，更是各国唐人街中深受外国友人欢迎的特色菜肴。

除了粤菜中常有酸甜口味的菜色外，中国各地菜系中也都有以酸甜口味为特色的料理。淮扬菜中的糖醋排骨、糖醋里脊和东北地区的锅包肉都是在炸制肉类上裹蘸酸甜口味酱汁的典型料理，苏帮菜代表松鼠鳜鱼更是因为选料精细、造型美观而成为国宴菜品，深受喜爱。

酸甜口味料理的起源地究竟是珠三角地区、长三角地区抑或东北地区已不可考，但是可以确定的是这种料理历史悠久。在宋朝抗金英雄岳飞的《满江红》一诗中，就有"壮志饥餐胡虏肉，笑谈渴饮匈奴血"，其中的"胡虏肉"也被认为是咕噜肉名称的一种起源。

最初人们为了减轻或者去除肉类的腥膻味，使用水果制作酱汁来腌制或者烹调肉类。到后来为了追求更好的口感，在水果的基础上又加入了糖和醋，制作出酸甜口味的酱汁，形成了酸甜口味料理的雏形。在中国的珠三角一带，当地人最早使用一种被称为"酸果"的植物果实作为调味品。后来酸甜料理逐渐从珠三角地区流传开来，但由于酸果对种植环境的要求较高，种植范围也比较有限，人们开始尝试使用山楂来作为咕噜肉中清甜水果口感的来源。山楂的种植范围相对要广泛些，也更适应人们的口味。这一改动将咕噜肉的流行范围从珠三角地区扩大到了南部沿海，酸甜适宜的开胃料理非常受船工们的喜爱。

海运带来的酸甜料理

唐、宋、元时期，中国的海上航运相当繁盛，当时的中国船工常常被雇佣出海，随渔船前往东南亚地区。长途旅行令船工们非常怀念家乡的料理，当地餐厅为了迎合他们的口味，便用

266
267

菠萝等水果烹制了类似的咕噜肉。这种模仿之作竟意外地同时受到当地人和各国往来商人的欢迎，欧洲的航海船队甚至在互市后将其带回了本地。

中世纪时期，英国的烹饪书中就开始出现酸甜口味的肉类料理，酸甜口味的料理也从商人中流行到了普通民众中。由于口味的差异和食材的限制，这种料理在欧洲的土地上出现了一些变化，人们改用菠萝、甜椒、葱等蔬果来制作西式的酸甜酱。这种酱汁保留了水果的香气，但由于缺少类似中国米醋的调味品，在酸味上略有欠缺，口味偏甜，并且因为没有特色酸果加入而颜色寡淡，但这丝毫没有影响它的受欢迎程度。

唐人街里的咕噜肉

到了清朝末年和民国初年，咕噜肉等粤式料理被殖民者带到了世界各地。各地的唐人街中，都有非常多的粤式快餐店。因为食材的局限性，当时海外的咕噜肉都是使用西式的糖醋酱调配料汁制作，和传统咕噜肉在口味和色泽上都有不小的差距，但还是受到了各国人的欢迎，咕噜肉的名字逐渐被传播开来。

为了更方便地制作咕噜肉，中国香港厨师梁劲舍弃了传统的酸果，采用白醋、盐、红糖、番茄酱和酱油等调配出了一种甜酸的酱汁。用其制作的咕噜肉，酸甜口感中还保留了部分和酸果相似的水果香气，色泽又比原本的西式酸甜酱更加诱人。根据这个配方制作而成的粤式甜酸酱很快成为各种酸甜口味料理的万能基础配方，并因为原料简单而受到人们的追捧，远销海外，掀起了家庭制作咕噜肉的热潮。

但在更多唐人街的餐馆中，使用的是受这种配方启发后，以番茄酱调配成的番茄汁，并用醋和糖来调味。这样制作出的咕噜肉，更符合国外嗜甜的口味。而咕噜肉的制作工序也进行了精简，在用餐高峰时段，餐馆会在提前炸制好的肉片上直接浇汁，大大提高了出菜的速度。因为上菜快且口味适宜，咕噜肉逐渐成为各地粤菜馆的招牌菜品，在西方世界中也大受欢迎。

3

菠萝咕噜肉
30 分钟 | 1 人份

食材
猪里脊肉 / 300 克

菠萝 / 200 克

青椒 / 半个

红椒 / 半个

盐 / 1/2 茶匙

白胡椒粉 / 1 茶匙

白糖 / 1/2 汤匙

料酒 / 2 汤匙

鸡蛋 / 1 个

油 / 适量

淀粉 / 适量

酱汁
水 / 适量

番茄酱 / 4~5 汤匙

白糖 / 1~2 汤匙

白醋 / 1 汤匙

水淀粉 / 适量

做法
① 猪里脊肉切成 2~3 厘米的厚片，用刀背拍松，改刀成小块；切好后放入碗中，加入盐、白胡椒粉、白糖和料酒，搅拌均匀后静置腌制半小时。

② 青椒、红椒切块，菠萝切块后用淡盐水浸泡。

③ 腌制好的里脊肉中加入一个鸡蛋，搅拌均匀；向碗中少量多次地加入淀粉并不断搅拌，直到淀粉浆均匀裹在肉上。

④ 锅中放足量油，中小火加热，当放入筷子能冒泡时，依次放入肉块，注意不要使其粘连。

⑤ 肉块浮起且表皮微黄时捞起，放置一旁冷却。

⑥ 中大火加热锅中油，倒入冷却好的肉块，10~15 秒后炸至金黄即可捞出。

⑦ 锅中放入底油，下青椒块、红椒块炒至八分熟，加入菠萝块继续翻炒片刻，盛出备用。

⑧ 锅中加入番茄酱和水，小火加热至黏稠，加入白糖和白醋，倒入水淀粉。

⑨ 酱汁逐渐变透明后，依次加入炸好的肉块、青椒块、红椒块和菠萝块，翻炒均匀即可。

世界第二大食用菌

香菇 / Shii-take

◤	约 12 世纪
起源	中国
人物	佐藤成裕、何澹、朱元璋

人类从未停止过对食"鲜"的追求。五味中的"鲜"主要来源于氨基酸，食用菌则富含这类物质。在食用菌家族中，香菇一直扮演着重要的角色，学者和科学家们也通过实验不断验证着它的好处。

鸡鸭鱼肉佐以香菇，更显香气浓郁。从鲜味上来讲，每 100 克新鲜香菇的可食用部分中，谷氨酸占氨基酸总量的 12.9%。在人工干燥香菇的过程中，酶的分解作用会使一种鲜味来源——鸟苷酸增加，令干香菇更加鲜美。从营养价值来看，除了多种氨基酸等营养物质外，香菇还富含 β- 葡萄糖苷酶、双链核糖核酸等重要物质。前者在日本医学博士千原吴郎的实验中，屡次被证明可能有辅助抑制肿瘤的作用；后者则是干扰素的诱发剂，可有效对抗病毒。

香菇之美并非近代才被发掘。根据历史文献考证，香菇原产于东亚茂密树林深处，成熟的人工培育方法最早可追溯至中国南宋时期的龙泉县、庆元县交界一带。发展了 600 多年后，人工培育法渐渐传至日本伊豆、韩国济州岛、中国台湾等地。直至 1909 年，英国《植物杂志》（*The Plant Magazine*）刊登了香菇培育方法，香菇才开始走上世界舞台，并逐渐成为世界第二大食用菌。

珍贵的 185 字

20 世纪 90 年代后，香菇的世界总产量一举突破 23 万吨，占整个食用菌家族产量的 23%。人类不断发展栽培技术、提高香菇产量的同时，也没忘记寻找人工栽培的源头。

与抹茶、和果子等食物从中国渐入日本的方式相同，香菇也如此传入日本。日本东京农工大学教授中村克哉认为，香菇的人工栽培方法最早于 1688 年前后传入日本伊豆地区。

目前可查的文字记载中，日本最早关于香菇栽培方法的记录出自《五瑞篇》，这本书是日本著名林学家佐藤成裕以化名温故齐编成的，于 1796 年面世。由于书的内容总结自中国一本地方志《广东通志》中的 185 字"惊蕈"法，因此佐藤成裕在封面署上了"惊蕈录"三个汉字。

"惊蕈"之法实为砍花法，即用斧子将原木砍倒，空气中的菌类孢子会自然附着到斧痕表面萌发，并将菌丝深入树皮内部。通过震动可使菌丝活跃，经过两年多的时间即可培育出

- Shii-take -

香菇。据考证，《广东通志》中描写"惊蕈"法的这段文字摘自明朝史料笔记《菽园杂记》，而《菽园杂记》中的砍花法又出自南宋何澹修撰的《龙泉县志》。

由此可见，这珍贵的185字是在不断地转载和革新过程中流传下来的香菇规模化栽培方法的重要源头。

明太祖钦封的"双刃剑"

在旱荒时期，香菇因其味道鲜美而成为皇帝钦点的贡品。《庆元县志》中就记载了明太祖朱元璋与香菇之间的一段故事。

1368年，农历戊申年，元朝宣告终结，大明开国，朱元璋登基。由于大破大立，明朝刚开始便面临经济破败的局面。是年5月起，国家遭遇严重的瘟疫和旱灾，大量荒地待垦，灾民累累白骨横尸于废墟之上，粮食极度匮乏，更不要提荤食。

因久灾无雨，朱元璋也只得在都城金陵节俭食素，终日"苦无下筷之物"。当时辅佐朱元璋的开国重臣刘基（字伯温）想了一个办法：携香菇面上。朱元璋食罢香菇，大喜其鲜美，命都城每年都准备一些以供食用。

香菇的身份因朱元璋的赞赏而得到了质的提升，浙江龙泉县、庆元县一带的香菇种植从业者数量随之不断壮大。清朝乾隆年间，龙、庆、景三县菇民数量达到15万人，其中仅庆元一县就达6万人，约占全县总人口的67%。

我国食用菌专家张寿橙认为，帝王的钦封虽然在一方面使得香菇种植得以壮大，但是在另一方面也大大限制了自由竞争，加深了种植技术的因循守旧。创新技术的长久缺乏，直接导致了第二次世界大战后日本凭借新技术向中国市场进行的大举倾销。

20世纪90年代日本的"香菇热"

日本是世界上最早实现香菇产业化的国家，曾在香菇栽培史中占据无可替代的地位。历史长河中，国家经济兴衰无常，日本一度意识到发展香菇培育的重要性。

第二次世界大战后，日本经济萧条，1945年国内生产总值仅为1935年的10%。因经济萧条而失业的人遍布社会各个角落，国民无时无刻不处于饥饿状态，每人每天的能量摄取仅为1500卡路里（1卡路里约为4.2焦耳），国家发生了粮食恐慌。这一切都使日本政府不得不废止一切治安法，进行经济机构改革。作为依靠林业的典型林产品——香菇，也在恢复生产的大浪潮中受到重点关注。

为了振兴日本山区的经济，第二次世界大战后日本生产的干香菇主要用于出口。随着生产量的逐渐扩大，国民生活水平不断提高，日本香菇的消费量与产量都有了大幅上升的趋势。1960年日本干香菇的生产量达到3073吨，1975年上升至11356吨，是15年前的近3.7倍。到了1975年，日本产鲜香菇每公斤价格高达3381日元，直到20世纪90年代仍处于高位。

加之日本医学界有研究显示香菇是一种能够对抗病毒、降血糖、降血压的保健食品，20世纪90年代，"香菇热"彻底席卷日本，不但民间成立了香菇研究中心、香菇会馆，"喝香菇茶""洗香菇澡""饮香菇酒"也风靡一时。日本人将松茸誉为"高级香菇"，香菇也相应成为"平价松茸"。有数据表明，1982—1990年，日本鲜香菇总消费量极速增长，其中70%为家庭消费。

1996年《日本经济新闻》报道称，由于日本国内香菇产量减少，而需求量依旧旺盛，东京市场的香菇批发价格涨至每公斤6500~9000日元。当时接受采访的日本业界人士也乐观地估计，香菇销售市场未来依然会保持坚挺。乘此热潮，20世纪90年代，中国不断扩大香菇产量，大量出口，一举超过日本成为世界香菇产量第一的国家。

不过，随着科技、能源的不断发展，香菇也受到一些负面影响。例如2011年，在福岛核电站核泄漏事件的影响下，日本政府曾颁布"禁食令"，直接导致日本近年来香菇出口量急转直下。

1 干香菇 | Maša Sinreih in Valentina Vivod (CC BY-SA 3.0)
2 野生香菇 | Ezonokuma (CC BY-SA 3.0)
3 孩子们在西班牙主要的蘑菇生产商普拉德洪（Pradejón）参观香菇种植 | Pradejoniensis (CC BY-SA 3.0)

RECIPE 食谱

芝士焗香菇
30 分钟 | 2 人份

食材

新鲜香菇 / 9 个（中等大小）

牛肉馅 / 50 克

马苏里拉奶酪 / 30 克

柠檬汁 / 10 毫升

奶油奶酪 / 20 克

盐 / 1 克

黑胡椒粉 / 1 克

干牛至叶 / 1 克

橄榄油 / 10 毫升

蒜 / 1 瓣

鲜奶油 / 15 毫升

做法

① 新鲜香菇洗净，将菌柄去除，用毛刷蘸柠檬汁刷在菌盖上；蒜切成片；将奶油奶酪软化并切碎备用。

② 锅中加热橄榄油，放入蒜片稍翻炒，然后放入牛肉馅翻炒至变色；将奶油奶酪碎、鲜奶油、黑胡椒粉、盐、干牛至叶加入锅中翻炒 1 分钟。

③ 香菇菌盖开口朝上放在烤盘里，将炒好的牛肉馅放在香菇菌盖上，表面撒些马苏里拉奶酪，放入烤箱以 200°C 烤 15 分钟后出炉即可。

乱世中的一屡乡愁

小笼包 / Small steamed bun

▶	12 世纪
起源	中国
人物	黄明贤、杨秉彝

小笼包，又称小笼汤包、小笼馒头，是一种流行于中国江南地区的著名美食。小笼包的外形乍看与缩小版的普通肉包无异，但实际上，两者间最大的区别在于小笼包的面皮是紧酵的，即俗称的"死面"。

使用紧酵面皮的目的在于将汤汁包裹在内部，这也是小笼包区别于其他包子的第二个特点：其内部除了饱满的肉馅以外，还含有鲜美的汤汁。这令品尝小笼包的食客在咀嚼精致猪后腿肉馅的同时，唇齿间还萦绕着鸡汤混合时鲜辅料（如春笋、蟹粉）、肉皮一起熬煮而成的鲜香，在稳定固态和流动液态和谐交融的双重愉悦下达到味觉高潮。

此外，紧酵面皮还可以做到更薄、更轻，令刚出笼的小笼包的馅料若隐若现，显得玲珑剔透，口感也更有嚼劲。

所以，只有同时满足了"皮薄、馅大、汁多、味鲜"这四个标准，才算得上一个合格的小笼包。

通常来说，江南地区的小笼包还可以再分为两大主要流派：一是流行于上海、杭州等地的"海派"小笼包；二是流行于无锡、苏州等地的"苏式"汤包。

"海派"小笼包与"苏式"汤包的最大区别在于：前者的口味以"咸鲜"为主，而后者的口味偏甜；前者的馅料里通常不加或少加酱油，汤汁是较为清爽的"白汤"，而后者的馅料里，往往还加了生抽和老抽，汤汁颜色呈厚重的"酱油色"；此外，"苏式"汤包的馅料里还有"海派"小笼包一般不放的姜丝。

小笼包的前朝旧事

小笼包的具体起源已不可考，虽然传统印象里它是一种江南美食，但目前比较普遍的观点认为北方劳动人民发明的"灌汤包子"（又称"灌浆馒头"）才是小笼包的雏形。这种灌汤包的做法，大致在北宋、南宋之交"靖康之变"以后，随着宋室南迁到达江南地区。

在成书于南宋年间、追忆北宋首都汴京（今开封）城市风貌和社会生活旧事的著作《东京梦华录》中，记录了当时京城知名酒家"玉楼"的招牌美食"山洞梅花包子"。如今开封的百年老店"第一楼"不仅以此宣传自家的灌汤包子不愧为"中州膳食一绝"，更因此成为《舌尖上的中国》第二季中重要的取景地。

后来，忽必烈的大军攻陷临安（今杭州），国破家亡、无处可去的南宋遗民只好隐居山

林，怀念起昔日繁华的都城和有"灌浆、薄皮、蟹黄馅、笋肉馅、羊肉馅"等的"诸色包子"。南宋遗民在梦里回味杭州城的小笼包，恰与北宋遗民回忆开封城里的灌汤包相呼应，在历史上贡献了一出"秦人不暇自哀，而后人哀之"的悲喜剧。

此后的历史典籍中偶有"疑似"小笼包的面点的记录。比如记载明朝饮食的《竹屿山房杂部》里就写道："用面水和为小剂，轴甚薄，置之以馅。细蹙其缘，束其腰而仰露其颠，底下少沃以油。甑中蒸熟，常以水润其缘，不使面生。馅同馄饨制，宜姜醋。"制式与馄饨馅相当，又以姜醋佐食，这已经与今天的小笼包非常相似了。又如清人童岳荐撰的清朝饮馔巨著《调鼎集》里记载的"作馒头如胡桃大，笼蒸熟用之，每箸可夹一双"，无疑就是小笼包了。

小笼包的近现代复兴

咸丰十年（1860），600 年中经历了元、明、清三朝的复兴与繁荣的杭州城再次遭遇战火的摧残，太平天国"忠王"李秀成率领"太平军"攻占杭州。此后，杭州成为清军与太平军反复争夺的战略要地，战乱不断。

在一场被称为"庚申之劫"的兵燹之中，出生于杭州农村的詹大胜成为孤儿。他先是被太平军收养，后随太平军进攻上海而来到南翔；太平军溃退之时，又被当地"日华轩"糕团店的黄姓老板领养，改名黄明贤。

同治十年（1871），黄老板病故，黄明贤继承了"日华轩"。当时，南翔镇上的古漪园是文人墨客钟爱的聚会场所。黄明贤从中看到了商机，经常挑着担子在园中叫卖大肉馒头。后来，效仿商贩的增多使大肉馒头销量下降，黄明贤便另辟蹊径，利用雅士们"追求精致和创意"的心理特点，将肉馒头由大改小、重馅薄皮，首创"南翔小笼馒头"。

根据《上海市地方志》记载，南翔小笼馒头以"皮薄、馅大、汁多、味鲜"著称，"选用精白面粉紧酵为皮，每一两面粉，必须制作十个馒头。选用精猪腿肉为馅，不用味精，用鸡汤煮肉皮成冻，拌入馅内，以取其鲜，并使汁多。馅内还撒了少量研细的芝麻，以取其香"。此外，根据不同季节，馅里还会加入蟹粉、虾仁、春笋等时鲜辅料，令其口味锦上添花。

南翔小笼馒头有一套完整而严格的生产流程：每个小笼馒头"加馅三钱"，并用戥子过秤，以保证质量。每个馒头表面"要捏十四道褶裥"，以显得精致美观。

出笼以后黄明贤还要亲自检验，任取一个小笼馒头，"放在定格的小碟内，用筷子戳破皮子"，倘若"流出来的汤汁不满一碟"，则这批小笼馒头就是报废品，"概不出售"。

经过如此严苛的工序生产出来的南翔小笼馒头，很快便成为食客老饕竞相追捧的美食。后来，黄明贤的妻弟及原"日华轩"的点心师傅，又在老上海豫园城隍庙的九曲桥畔开了分店"长兴楼"，专营南翔小笼馒头。随着南翔小笼馒头的大受欢迎，"海派"小笼包声名远播，成为上海的一张名片。

1972 年，美国总统理查德·米尔豪斯·尼克松（Richard Milhous Nixon）访华，压轴之行选择了上海。在周恩来总理的陪同下，尼克松偕夫人不仅参观了大名鼎鼎的豫园，还在当晚的国宴上品尝了小笼汤包。

同一时期的中国台湾地区正经历着因第一次石油危机爆发而造成的经济衰退。台北市大安区信义路上一家传统油行的老板杨秉彝，面对自家随着近年来罐装食用油的普及而每况愈下的零售生意，决定将油行的店面划出一半，转租给一名退役老兵。这位老兵会做小笼包，于是借杨秉彝的店面做起小笼包买卖。

未曾想到，退役老兵的小笼包生意极佳，每日顾客盈门。杨秉彝从中发现商机，索性关了油行，跟着老兵潜心学做小笼包，专门经营小笼包的生意。一来二去，这家小笼包店的名气越来越响，发展到如今开跨国连锁餐厅、入选《纽约时报》"世界十大餐厅"、荣获"米其林"一星评级的规模。

这家中途转行的油行，叫作"鼎泰丰"。

今天的鼎泰丰小笼包犹如南翔小笼包之于上海，已经成为台北的一张名片。

从北宋汴京的"灌汤包"，到南宋临安的"灌汤馒头"；从清末民初上海的"南翔小笼馒头"，到台北的"鼎泰丰小笼包"，千百年来，小笼包经历了多次演变和改良。而小笼包的几度湮没与复兴，也反映出时代的变迁及大时代背景下小人物的喜怒哀乐。

一位名为克里斯托弗·圣卡维什（Christopher St. Cavish，中文名"沈佳伟"）的美国人探访了上海 52 家小笼包店，用随身携带的剪刀、卡尺、电子秤等工具对每家店里小笼包的"汤汁重量、肉馅重量、面皮厚度"进行了量化测量，并用自己发明的公式计算出评分，整理后于 2015 年出版了《上海小笼包索引》，一时成为公众关注的焦点。

1 鼎泰丰小笼包 | jslander (CC BY-SA 2.0)
2 开封"第一楼"小笼包 | Wind-memories (CC BY-SA 4.0)

鲜肉小笼包

30 分钟 | 1 人份

食材

面粉 / 150 克

猪肉馅 / 100 克

温水 / 100 毫升

盐 / 适量

酱油 / 少许

味精 / 少许

白胡椒粉 / 少许

黄酒 / 少许

高汤 / 少许

香油 / 少许

食用油 / 少许

做法

① 在猪肉馅中根据个人口味加入适量的盐、酱油、味精、白胡椒粉、黄酒、高汤、香油，搅拌均匀后制成馅料备用。

② 在面粉中加入少许食用油，拌匀后慢慢以温水和面，揉成光滑的面团。

③ 将揉好的面团揪成小块，擀成包子皮后将肉馅包于其中，再醒发 10 分钟。

④ 上锅蒸 10 分钟即可。

馅料多样的西式硬皮馅饼

派 / Pie

▬	12 世纪
起源	英国
人物	塔坦姐妹

西点在西方人的饮食生活中占有独特地位，派就是其中重要的一部分。无论大小节日，西方人都要制作各式各样美味的派，家庭聚餐中也永远少不了派的身影。

派是一种主要以水果、蔬菜或肉类为馅，包裹在以面粉制成的派皮内烤制而成的西式馅饼。馅料的填充方式可分为三类：一类是先将派皮铺入烤盘后，再倒入馅料；另一类是将馅料直接倒入烤盘后，再铺上派皮；还有一类是用派皮完整地包裹馅料后再放入烤盘。派的味道与营养成分主要由馅料决定，可咸可甜，可荤可素，也可混搭，种类非常丰富。常见的有苹果派、南瓜派、鸡肉派等。

早期的派根据顶部是否密封可分为两种：密封的一种被称作"coffyns"，意为"盒子""箱子"；另一种顶部裸露的被称作"traps"。这两种派的派皮都是由面粉与水混合后的面糊制成，坚硬且不易食用。当时的派皮通常较厚，底部厚度可达十几厘米，用作烹饪或储存食物的容器。直至 12 世纪，派才开始作为一种食物"pyes"出现。当时的派以派皮为主要部分，只含有较少的派馅。派馅多用家禽肉制成，家禽的腿部留在外侧，作为手柄使用。到了 14 世纪，"pie"一词才首次出现在《牛津英语词典》中。

从英国特产到美国代表甜点

中世纪的英国还没有水果派，只有以牛肉、羊肉、野鸭等为主要馅料的咸味肉派。肉派是贵族宴会中的一道主要菜肴，厨师会在派的上方放置代表肉馅种类的动物模型，既方便区分不同肉馅的派，同时也具有装饰作用。根据食客身份等级的不同，派中肉馅的种类也会有所不同。坐在桌子最前端的客人可以享用以鹿肉等高级肉类为馅制作的派，而桌子尾端的客人只能吃到以鹿的内脏等低级肉类与蔬菜作为馅料的派。

在十字军东征时期，香料的发现使得派在原有肉馅的基础上，增加了葡萄干等干果和香料用以提味，甜味馅料在派中的比例逐渐增加，派开始由咸派向甜派发展。到了 16 世纪，以苹果派为代表的水果派出现。

17世纪早期，英国清教徒将这道家乡美食带到了美洲殖民地，在当地原住民的帮助下，他们开始用浆果和各种水果来制作派。到了18世纪，派已经成了美国人全年食用的一道美食。无论是朋友聚会，还是家庭野餐，甚至在集市上，到处都能见到派的身影。

随着殖民地的扩张，制作派所使用的食材和方法也愈加多样，甜派种类日益丰富。在1796年出版的一本食谱中，还只有寥寥几种甜派。然而到了1947年，《现代烹饪百科全书》（*The Encyclopedia of Modern Cooking*）中仅甜派就列出了60多种。时至今日，派已经发展成为一道传统的美国甜点。

塔坦姐妹与法式翻转苹果派

传统的法式苹果派起源于19世纪。将派皮铺在底层，涂上酱料后整齐地码上苹果切片，撒上糖粉后放入烤箱烘烤，便制成了经典的法式苹果派。与这种传统制法不同，翻转苹果派先将苹果焦糖化，再盖上派皮送入烤箱烘烤，取出后翻转上桌。

这种独特的翻转苹果派最初是由法国的塔坦姐妹发明的。19世纪80年代，塔坦姐妹在法国中部小镇拉莫特-伯夫龙（Lamotte-Beuvron）开了一家塔坦酒店（Hotel Tatin）。姐姐斯提芬妮厨艺精湛，负责大部分菜肴的烹饪，其中苹果派是她最拿手的。一天中午，由于人手不足，她在制作苹果派时忙中出错，将苹果置于糖浆中烘烤时间过长，导致苹果焦化。为了补救，她将苹果糖浆混合物直接倒入烤盘，盖上一层派皮后便送进烤箱烘烤。令她没想到的是，这种颠倒过来的新型苹果派竟大受顾客欢迎，并很快成为酒店的招牌料理。

塔坦姐妹从未将其独特的制作方法外传，然而在她们去世后的20世纪早期，巴黎马克西姆餐厅（Maxim's）却成功复制了这道料理，翻转苹果派被这家餐厅发扬光大，并在全球引起轰动。

据历史学家称，当年翻转苹果派的美名传到巴黎后，马克西姆餐厅的主人就非常想要得到这个美味的食谱。思来想去，他决定让手下的厨师假扮成园丁，前往塔坦姐妹曾经生活过的小镇偷学苹果派的制作方法。几经周折，厨师总算顺利带回了苹果派的食谱，翻转苹果派便从此一直在马克西姆餐厅的菜单里占据重要的地位。

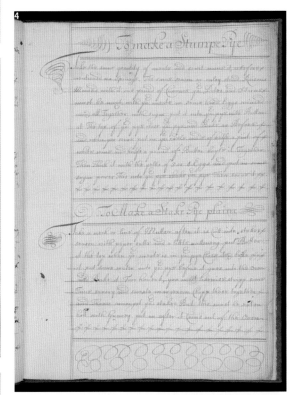

RECIPE 食谱

苹果派

1 小时 | 8 人份

食材

细砂糖 / 1/2 杯

红糖 / 1/2 杯

中筋面粉 / 3 汤匙

肉桂粉 / 1 茶匙

姜粉 / 1/4 茶匙

肉豆蔻 / 1/4 茶匙

苹果切片（削皮）/ 6 杯

柠檬汁 / 1 汤匙

派皮 / 9 英寸（1 英寸等于 2.54 厘米）2 张

黄油 / 1 汤匙

蛋清 / 1 个

细砂糖 / 适量

做法

① 取一小碗，放入细砂糖、红糖、中筋面粉和所有香料，混合均匀；将苹果切片放入另一大碗中，倒入柠檬汁和面粉混合物，制作成馅料。

② 在 9 英寸烤盘上铺上派皮，清理掉边缘多余部分；倒入馅料，交错盖上由另一张派皮剪成的长条，并在表面刷上适量黄油。

③ 打发蛋清至泡沫状，刷在派皮上，撒上适量细砂糖；将铝箔纸覆盖在派上。

④ 烤箱预热至 190°C 烤 25 分钟，拿掉铝箔纸后继续烤 20~25 分钟，直至表皮变金黄色且苹果馅起泡即可取出，在烤架上冷却后享用。

铜锅炭火里滚烫的美味

涮羊肉 / Instant-boiled mutton

	约 13 世纪
起源	中国
人物	乾隆皇帝、忽必烈

说起大家心目中的老北京美食，烤鸭和涮羊肉应该是最先被想到的。羊肉性温，有解毒润肤、防寒抗冻的作用，尤其适合在秋冬季节食用。北京人吃涮羊肉讲究大铜锅、炭火旺。将切成薄片的羊肉下入沸汤中，待不见血色后立即捞出，蘸以香、辣、咸、鲜滋味丰富的作料食用。涮羊肉以羊脖两侧、腰部及后腿的肉为佳，肉质极嫩，味道鲜美。除羊肉外，还有牛百叶、白菜、粉丝、冻豆腐等食材可供选择。

"涮"，本意为洗涤。将羊肉片下入锅中涮，取其"烫"的引申含义。在现有文献中，"涮"这种吃法最早出现于宋朝。南宋林洪在《山家清供》一书中曾记载了被称为"拨霞供"[1]的涮兔肉："向游武夷六曲，访止止师，遇雪天，得一兔，无庖人可制。师云：'山间只有薄枇、酒、酱、椒料沃之，以风炉安座上，用水少半铫，候汤响，一杯后各分以箸，令自夹入汤，摆熟啖之，乃随宜各以汁供。'"描写的就是将兔肉切薄片，浸入酒、酱、椒料之中，待锅中水烧开后下锅煮熟，蘸料食用的方法。这也是最早与涮肉有关的文字记载。

辽朝初期的蒙古族人尤其喜爱吃羊肉。那一时期出土的墓葬壁画中，绘有三个契丹人围一炉火锅席地而坐的场景。他们身旁摆放着盛放大块羊肉的桶与装满蘸料的碗碟，边大口吃肉，边大碗喝酒。

明朝时，《竹屿山房杂部》一书中提到一种被称为"爨羊"的烹饪方式："视横理薄切为牒，用酒、酱、花椒沃片时，投宽猛火汤中速起。"从对羊肉的处理方式及酱料来看，提前将羊肉用调味料腌制再下锅涮的吃法，虽与现在的涮羊肉存在一定差异，但是已经非常相似。

忽必烈发明了涮羊肉？

对于涮羊肉的发明者，目前最广为流传的说法是忽必烈。当年元世祖忽必烈率领众军南下出征，一日人饿马饥，忽必烈无比想念家乡的传统美味"清炖羊肉"，于是命令部下准备宰羊煮食。正在此时，突然敌军来袭，需要立即集合迎战。厨师们不敢让忽必烈空腹上阵，但若等羊肉

---

1. 拨霞供即涮兔肉，因热汤中翻动的肉片色泽宛如云霞而得名。

炖熟又必将延误作战时机。于是急中生智，将大块羊肉切成薄片下入已经烧开的沸水中，羊肉立马就熟了。撒上细盐呈给忽必烈后，忽必烈大为赞赏。作战取得胜利后，忽必烈又想起了这道美食，令厨师添加更多作料再次烹制之后与群臣将领一起分享，并赐名为"涮羊肉"。从此，涮羊肉的吃法便在蒙古军队中流传开来。

虽然民间传说的真实性并不可考，但这个流传已久的故事不仅在中国深入人心，甚至构成了外国人对涮羊肉认识的基础。在英文中，涮羊肉就被译为"蒙古火锅"[1]，足见该传说的影响力之广。

从宫廷菜到民间餐馆

涮羊肉虽然历史悠久，但真正兴盛起来已经是清朝时期的事了。清朝前期，涮羊肉还是宫廷专用的菜肴，普通百姓无法吃到。据清朝御膳档案记载，乾隆皇帝非常爱吃涮羊肉。据说在乾隆皇帝生日时举办的千叟宴[2]上，曾用1 550个火锅替代了所有炒菜，其中就有涮羊肉火锅。直到晚清，皇室逐渐没落，涮羊肉才流入民间。至清末，涮羊肉已成为百姓们非常喜欢的食物，每到寒冷时节，大多数人都要下馆子吃顿涮羊肉以抵御寒冷。

清末学者徐凌霄在《旧都百话》中写道："羊肉锅子，为岁寒时最普通之美味，须于羊肉馆食之。此等吃法，乃北方游牧遗风加以研究进化，而成为特别风味。"市面上也出现了许多由回族人经营的涮羊肉餐馆，每年的秋冬季节，各大清真餐馆也都会增设火锅。清末徐珂所编《清稗类钞》一书中写道："京师冬日，酒家沽饮，案辄有一小釜，沃汤其中，炽火于下，盘置鸡鱼羊豕之肉片，俾客自投之，俟熟而食"，又提到"人民无分教内教外，均以涮羊肉为快"。可见，涮羊肉在当时已经是人人喜爱的冬日美食。

咸丰四年（1854），北京前门外出现第一家由汉族人经营的涮羊肉餐馆"正阳楼"，以切出的羊肉"片薄如纸，无一不完整"而闻名。光绪二十九年（1903），丁德山创立了"东来顺"。东来顺的羊肉颇为讲究，选取来自内蒙古的绵羊，肉片被切成薄到铺在盘中能看到盘底花纹的程度。因味道鲜美且不膻，民间还流传起了"涮肉何处嫩，北京东来顺"的说法。

---

1. 涮羊肉的又一英文名称为"Chinese Mongolian hotpot"。
2. 千叟宴是清朝宫廷的千人大宴，为皇帝祝寿而办。

1 切成薄片的羊肉 | Jungyeon
2 传统铜火锅 | George Shuklin (CC BY-SA 1.0)
3 涮羊肉作料 | Zheng Zhou (CC BY-SA 4.0)

RECIPE 食谱

涮羊肉

20 分钟 | 2 人份

食材

羊肉 / 500 克

料酒 / 30 毫升

盐 / 5 克

酱油 / 20 毫升

葱 / 15 克

姜 / 15 克

麻酱 / 30 克

金针菇、萝卜（切片）、茼蒿等各类蔬菜 / 适量

做法

① 将羊肉切片，金针菇、萝卜片、茼蒿等洗净待用。

② 锅中加水，烧沸，放入料酒、盐、酱油、葱、姜。

③ 将片好的羊肉下入锅中，待肉片变色后捞出，蘸取麻酱小料食用；之后将各类蔬菜也下入锅中，煮熟后蘸料食用。

日本料理的灵魂

日式高汤 / Dashi

72

	约 13 世纪
起源	日本
人物	角屋甚太郎、河村瑞贤

高汤在各国料理中都很常见，但大多用猪肉、鸡肉、牛肉等来制作，而在四面环海的日本，高汤却是由昆布和鲣鱼这两种取自大海的食材炖制成的。在日本料理中，无论是路边的关东煮、餐馆的寿喜烧，还是家常的味噌汤和玉子烧，都会用到出汁（Dashi）来增添鲜味。出汁的做法看似简单，但作为日本料理中常用的作料之一，却是很多煮物炖品的精髓所在。

成为出汁食材之前的昆布和鲣鱼

昆布和鲣鱼首次出现是在日本奈良时代的一些文献中。自古以来，昆布就被当作贡品献给日本朝廷，又因其读音和"喜悦"有相似之处而被视为吉祥之物，日本战国时期将军出征前都会吃昆布来祈祷凯旋。在沿太平洋的陆奥国[1]，昆布还曾作为法定税收品而被征收。虽然没有留下具体烹饪方法的记载，但是征收的昆布通常用来供奉天神，或者作为天皇的御膳。

　　同时期的鲣鱼则留下了不少烹饪方法方面的记载，比如直接将生鱼风干制成坚[2]鱼，或煮后再进行干燥处理等。吃法之一的坚鱼煎汁就是把煮鲣鱼剩下的鱼汤继续加热成浓缩的液体，做法听起来和现代的出汁非常类似。但在当时，坚鱼煎汁被归为酱类调味品，一般用来替代豆类、谷类发酵制成的调料。

　　在进入日本平安时代之前，昆布和鲣鱼渐渐被用进了更加精细、多样化的料理中。据古料理书《厨事类记》[3]记载，过去的日本朝廷有生食鸡肉的习惯，有时也会用鲣鱼代替鸡肉。除此之外，鲣鱼还会被用来泡酒，并将浸得的酒汁浇在腌制过的水母上食用。这种吃法和今天的水母料理相差无几。而昆布则更多被应用到了点心、零食等方面。随着佛教在日本的发展，斋食中也出现了不少用到昆布的料理。

　　在日本室町时代，一种叫作"焙干"的技术风靡鲣鱼的产地。当时日本人大多用围炉里[4]来烧饭，他们将鲣鱼架在火上，煮饭时的炊烟和热气就会把鲣鱼一起熏干。但在潮湿的沿海

---

1. 日本古代的令制国之一，在领域最广的时期大致包含今天的日本福岛县、宫城县、岩手县、青森县、秋田县东北的一部分。
2. 此处的"坚"意为坚硬。
3. 完成于日本镰仓时代初期，日本古老的料理书之一，记载了自平安时期以来日本朝廷的各种膳食。
4. 日本传统住宅中的一种家具，主要用于暖房和烹饪。

地区，这样的鲣鱼干很容易发霉，不利于远程贸易。

这种情况一直到 17 世纪后期才有所改善。出生于日本纪州[1]印南的一名渔夫角屋甚太郎在普通焙干的基础上做了些改动，比如反复日晒、改烧麻栎木柴来熏干等。抱着"以恶制恶"的想法，他还加入了人工生霉这一历史性的步骤。这种方法不仅抑制了野生霉菌的生长，更易于鱼干的保存与流通，还为鲣鱼干增添了别样的风味和鲜美，鲣鱼干在料理急速发展的日本江户时代成为贵族人家的必备调味食材。为了纪念甚太郎为日本料理做出的贡献，日本人把他逝世的 10 月 28 日定为"出汁之日"。

出汁的诞生与普及

最早和出汁有关的记载来自《厨事类记》，其中提到了一种叫作"tashi"的汁水，和味噌混合在一起称为"寒汁"，用来给鲤鱼调味。这个"tashi"很有可能就是出汁的前身。另一本完成于室町时代后期的日本料理流派大草流的书[2]中，有描写制作出汁的详细步骤：准备两条鲣鱼干，削掉表面不好的部分，把剩下的部分放进专用出汁袋中用淘米水煮开，最后加入三杯味噌。不过这种出汁是为天鹅肉料理专门准备的。

到了日本江户时代，随着昆布和鲣鱼的普及，人们发现了这两种食材的相互作用，开始把昆布和鲣鱼按自己的配方放在一起煮。由于当时人们分不清楚鲜味和甜味，炖出来的出汁也叫"甘汤"。据江户最出名的食谱《料理物语》记载，这时也有了用煮过一次的昆布制作二番出汁当作调味料的方法。在这一时期，应用出汁的料理越来越多，从鳕鱼、鹿肉到纳豆、魁蒿，

或作调味，或作汤底。《料理纲目调味抄》[3]一书中明确写道："出汁就是（日本）料理的本质。"

实际上，出汁受到如此欢迎和日本的一段"禁肉时期"不无关系。日本天武天皇[4]曾在 675 年下令禁止食用牛肉、马肉、狗肉、猿肉、鸡肉，加之后来进一步受到佛教的影响，直到明治天皇废除禁肉令为止，日本人除了偶尔食用一些野味外基本上不太吃肉。而为了弥补朴素的蔬菜、谷物所缺乏的鲜美，出汁成为不二之选。以极具风雅的关西京料理为首，出汁在日本传统食文化中占据了极大的比重。

虽然出汁可以称得上日本的国民调味品，但它也有关东、关西之分，其中差异起源于商业迅速发展的江户时代。当时昆布的采集地主要在虾夷地，即今北海道区域，很少运输到经济最发达的江户一带。江户商人河村瑞贤[5]开辟了从虾夷地南方经过京都、大阪，最后到达江户的航线，极大地促进了昆布在日本的流通，这条航线现被称为"昆布之路"。但这条路有一个小问题，途经关西时，质量较好的昆布基本上都被先买走了，等到抵达关东时已经都是剩下的次等品。所以相对关西人喜欢用昆布做出汁来说，关东人更喜欢用出产地更加邻近的鲣鱼花[6]，并且这一习惯延续至今。

不过，19 世纪以前，一条初鲣的价钱差不多相当于一个武士一年的薪俸；普通的鲣鱼花在经过多道工序后价格也相当昂贵；而顶级的昆布基本献给了幕府、天皇，老百姓根本没有机会尝到。直到进入明治时代，这一情况才有所改变，以家常料理为主、针对家庭主妇的食谱越来越多，出汁也作为平常料理的一部分出现在了寻常人家的餐桌上。

---

1. 纪州或纪伊国，是日本古代令制国之一，现为日本和歌山县印南町。
2. 即《大草殿传闻录》（《大草殿より相伝之闻书》）。
3. 啸夕轩宗坚所著，日本江户时代的料理书。
4. 天武天皇（约 631—686），日本第 40 代天皇。
5. 河村瑞贤（1618—1699），日本江户初期商人，开辟了东、西航线，是日本的海运治水功臣。
6. 鲣鱼干刨成的薄片，又称柴鱼花。

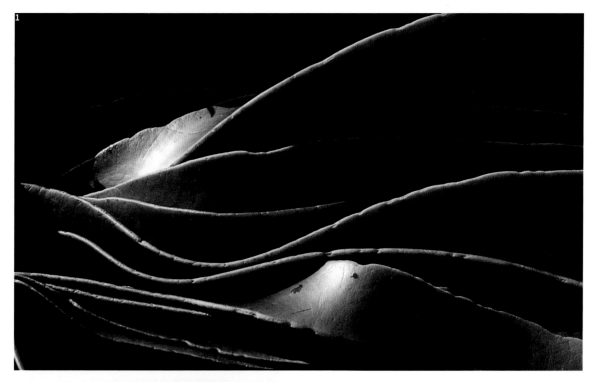

1 昆布 | Bernard Spragg. NZ
2 鲣鱼干和刨成片状的鲣鱼花 | サフィル (CC BY-SA 4.0)

关东煮

30 分钟 | 2 人份

食材

水 / 1.2 升

昆布 / 10 厘米

鲣鱼花 / 15~20 克

鸡蛋、玉米、甜不辣、鱼饼、竹轮、白萝卜、海带卷等各类食材

做法

① 昆布放入水中用中火煮，待其浮上来后加入鲣鱼花。

② 把昆布夹到鲣鱼花的上层来，小火煮 1~2 分钟；关火，这时鲣鱼花会沉下去，静置 1~2 分钟。

③ 将出汁过滤。

④ 将制得的出汁煮沸，放入鸡蛋、鱼饼等各类食材煮熟后即可蘸酱食用。

一直被误解的"爱的苹果"

番茄 / Tomato

	约 14 世纪
起源	南美洲和中美洲
人物	玛格丽特

番茄是水果还是蔬菜？这一直是个充满争议的问题。作为全球料理中常见的食材，番茄常被当作水果生食或拌入沙拉；在一些国家，它又被用来制作酱汁，如墨西哥菜中的莎莎酱、意大利美食中的经典番茄酱等；在中国，番茄则通常直接入菜，做成番茄炒鸡蛋等家常菜。凭借酸甜多汁的独特口感，番茄不仅征服了世界人的味蕾，还以各种形式融入不同国家的饮食文化。但在人们真正将番茄作为可食用的蔬果前，它却背负着"有毒植物"的名声，受到人们长达几个世纪的误解。

番茄产自安第斯山脉，主要集中在今天的秘鲁、智利、玻利维亚、厄瓜多尔一带。700 年前，印加人和阿兹特克人发现了番茄的食用价值，并开始尝试种植它。16 世纪，随着西班牙殖民步伐迈到秘鲁，番茄也随之传进了欧洲。番茄最先落地在意大利和西班牙，随后向北蔓延，进入英、法等国家，但此时它仅仅被作为一种观赏性的植物，并不被人们食用。

17 世纪，番茄率先在菲律宾落户。而在中国，1617 年赵崡的《植品》中首次出现了关于番茄的文字记载，认为番茄是由西洋传教士带到中国来的。直到 1983 年，在成都北郊凤凰山的西汉古墓中出土了番茄种子，才推翻了这种已被普遍接受的观点。但是，虽然番茄在中国种植历史悠久，被人们作为蔬菜食用却是近代的事了。

19 世纪早期，时任英国驻叙利亚领事的约翰·巴克大力推行番茄种植技术，番茄又被介绍到了叙利亚、伊朗等地。

被误解的番茄

从番茄"背井离乡"的那一刻起，关于它的谣言和误解就不曾平息过。1519 年，西班牙人在蒙特祖玛王室的花园里发现了番茄，出于观赏和装饰的考虑，他们将番茄带回了欧洲。当时西班牙人把这种带回来的番茄称为"黄苹果"，因此这个品种的番茄很有可能是黄色的。

到了 16 世纪下半叶，英国的俄罗达里公爵将番茄作为观赏植物从南美洲带回英国，并将其当作礼物献给了伊丽莎白女王，以传递爱慕之情。从此，番茄就在英国流行起来，人们将其作为送给爱人的"爱情果""情人果"种植在庄园里，其目的并不是食用。

无独有偶，到了法国之后的番茄也被法国人称为"爱的苹果"，不过这与英国公爵对女王的爱慕无关，而是源自一个名字的误会。在西班牙，番茄被称为"摩尔的苹果"（apple of the Moors），因其发音与法语中"pomme d'amore"（爱的苹果）相似，因此番茄在传入法国后便成了法国人口中的"爱的苹果"。

番茄遭遇的全部误解远不仅限于名称。1692年，法国植物学家因番茄圆圆的形状及与桃子相似的外形，将其划分为茄属植物。由于茄属植物大多数有毒或者具致幻性，并且番茄与同属茄科、危险度很高的曼陀罗在花和果实上都非常相似，因此也被认为有剧毒。番茄从此背上了象征不祥与危险的污名。

好在并不是所有欧洲人都对番茄抱有误解，例如在欧洲南部的意大利，尽管上流社会的人们对番茄依旧怀有恐惧心理，但它很快成为穷人家餐桌上的常客。其实来自上流社会的恐惧并非毫无根据，因为当时上流社会的人们普遍使用的是铅锡合金制作的餐具，当遇到如番茄这样的酸性食物时，铅就会渗到食物里，导致人们铅中毒。由于穷人们大多只用得起木质餐具，在吃番茄时便不会遇到同样的危险。

而在另外一个广为流传的故事里，敢为天下先、证明番茄无毒的是17世纪的一位法国画家。他实在是喜欢番茄艳丽可爱的模样，已经到了将其多次绘入画作也难以充分表达感情的程度。于是，在经过一番心理斗争后，他终于禁不住番茄的诱惑，小心翼翼地吃了一个。此后一天的时间过去了，等待死神光顾的他依旧好好地活着，唯一发生变化的就是那酸中带甜、甜中透酸的口味更令他对番茄魂牵梦绕。于是他迫不及待地将这个消息告诉了朋友，并且很快一传十、十传百，番茄可以食用的消息震动了欧洲，传遍了世界。

1889年，意大利那不勒斯地区为了庆祝玛格丽特女王的到访，将比萨用意大利国旗的三种颜色装点起来，白色选用的是马苏里拉奶酪，绿色选用的是罗勒叶，红色则选用了番茄，这也是广为世界知晓的比萨——玛格丽特比萨的由来。1897年，金宝汤公司[1]（Campbell Soup Company）推出了番茄浓汤，很快便因其味美价廉、方便快捷流行起来。番茄越来越受到大众的欢迎，并逐渐成为厨房里必备的食材。

水果还是蔬菜？

番茄到底是水果还是蔬菜？这个问题从几百年前一直争论到了今天。比较普遍的说法是，我们常吃的那种个头比较大的番茄是蔬菜，而小小的圣女果则属于水果。植物学家认为，番茄是植物所结的果实，应被视为水果；还有人认为，番茄需要经过烹调才能食用，应当算作蔬菜。由于各方说法都有一定的道理，番茄难题始终难以定夺，甚至一度闹上美国的最高法院。

1877年，美国政府决定对进口蔬菜征收10%的关税，但对水果则没有这样的规定。一个叫约翰·尼克斯的番茄进口商起诉了纽约港海关税收员，称番茄是水果，应该被免除关税。没想到这场官司一打就是16年，并层层上诉到了美国最高法院。1893年，最高法院做出了最终判决："从植物学上讲，番茄和大豆、茄子、黄瓜一样，都是植物的果实，算水果；但按照日常习惯，它们都被当作蔬菜，无论是熟吃还是直接食用，都是与汤或肉类一起摆上了傍晚的餐桌。而水果，则通常以饭后甜点的形式出现。"

显然，被判定为蔬菜的番茄没能逃脱被征税的命运。

---

1. 当今美国首屈一指的罐头汤生产商，主要产品有浓缩罐头汤、浓缩食品、非浓缩汤品、即冲汤粉、肉汁等。

Goldöpffcl.   Poma aurea.

B

RECIPE 食谱

玛格丽特比萨

30 分钟 | 2 人份

食材

比萨面饼 / 1 块（150 克）

马苏里拉奶酪 / 100 克

樱桃番茄（切片）/ 10 个

番茄酱 / 适量

黄油 / 20 克

罗勒叶或干罗勒碎 / 适量

做法

① 比萨盘内均匀地刷上一层预先融化好的黄油。

② 放入比萨面饼，用手抹平。

③ 用叉子在面饼上均匀地扎上小孔。

④ 将面饼放进预热至 250℃的烤箱内烤制 3~5 分钟后取出。

⑤ 在饼坯上均匀地涂上番茄酱，再撒上适量的马苏里拉奶酪。

⑥ 在比萨上均匀地铺上樱桃番茄片，撒上适量的罗勒叶或干罗勒碎。

⑦ 再撒上一层马苏里拉奶酪后，在预热至 200℃的烤箱内烤制 5 分钟。

⑧ 取出后，撒上一层马苏里拉奶酪继续烤制 5 分钟即可。

享誉中外的北京珍味

北京烤鸭 / Peking roast duck

▶	约 14 世纪
起源	中国
人物	朱棣、杨全仁

每个国家的经典美食里都少不了一道烤制肉食，例如美国的烤火鸡、欧洲的烤鹅。然而，并不是每个国家的烤肉都既能在国宴上招待外宾，又能出现在寻常百姓家的餐桌上，中国的北京烤鸭就是这少数之一。

北京烤鸭以优质北京填鸭[1]为原料，将鸭子内脏取出后灌入开水，放进火炉中烘烤而成。经过内煮外烤的北京烤鸭红润饱满，皮层酥脆，肉质肥嫩。由专门的烤鸭技师操刀，趁热切成均匀的鸭片，搭配甜面酱、葱条或黄瓜包裹在荷叶饼中食用。鸭肉自身的油腻感被中和，肥而不腻、瘦而不柴。

北京烤鸭距今已有几百年的历史了，关于其起源说法不一，学界至今没有定论。主流的观点认为，北京烤鸭的起源与南京烤鸭有关。明朝初年，明太祖朱元璋建都于南京，宫内御厨多用当地盛产的湖鸭制作菜肴。为使鸭类菜肴的菜式丰富，御厨想出用焖炉烘烤湖鸭的方法。这道被称为"金陵片皮烤鸭"的菜肴受到了明太祖的喜爱，据文献记载，明太祖"日食烤鸭一只"。

明成祖朱棣迁都于北京后，御厨将烤鸭技术一同带来，不过，食材由南京湖鸭更换为了北京鸭。与体型瘦小的南京湖鸭不同，北京鸭肌肉丰满、肉质细腻，是更适宜制作烤鸭的原料。

北京鸭最初于 10 世纪由辽朝皇帝游猎时偶然捕获，因为全身洁白，被认为是吉祥之物，从此便被放在园林中养殖，饮优质水、食鱼虾，生长得肉质鲜嫩。北京烤鸭虽起源于南京片皮烤鸭，但无论是从口味还是从外形来讲，两者间都存在较大差异，不可一概而论。

从宫廷御膳到民间珍品

烤鸭由明成祖带入北京后，一直是宫廷宴席上的珍味。永乐十四年（1416），烤鸭开始走入民间，北京出现了第一家专卖焖炉烤鸭的"便宜坊"，也就是今日宣武门外的便宜坊烤鸭店。

---

1. 北京烤鸭的唯一原料鸭，使用人工填食的手段以使鸭子增肥。

到了清朝，烤鸭由焖炉制法[1]转变为挂炉制法[2]。在清宫御膳档案中常出现"挂炉鸭子"的记载，由此可知，烤鸭深受历代皇帝的喜爱。据《五台照常膳底档》记载，乾隆皇帝曾在13天内食用烤鸭8次，御膳房甚至因此专门设置了做挂炉烤鸭与挂炉烤猪的包哈局[3]。

在宫廷御膳的引导下，王公贵族与商贾富人也开始对烤鸭趋之若鹜，烤鸭成为人们举办宴会时的必备菜肴，甚至有"无鸭不成席"的说法。

除了自己食用，贵族之间还会将烤鸭作为礼品互相赠送。据清朝史料《竹叶亭杂记》记载："亲戚寿日，必以烧鸭烧豚相馈遗。"清朝《燕京杂记》中亦有记载："京师美馔，莫妙于鸭，而炙者尤佳，其贵至有千余钱一头。""炙"便是烤的意思，可见在当时，烤鸭已是京师头号美食。

杨全仁与全聚德烤鸭

清朝同治三年（1864），本在市井经营鸡鸭生意的杨全仁在北京前门外的肉市胡同开了一家挂炉烤鸭铺，取名为"全聚德"，这便是今日名满天下的全聚德烤鸭。在杨全仁的精心经营下，全聚德的烤鸭生意蒸蒸日上。

精益求精的杨全仁为了提高技术，特以重金聘请了一位原本为清宫专做御膳挂炉烤鸭的孙师傅，二人合力将挂炉技术推向了新高峰。全聚德将挂炉的炉身改造得高大、深广，一炉可同时烤十几只鸭子。他们从原料的选择到制作流程都严格把关，精选肉质鲜美的北京鸭，使用燃烧持久且燃烧过程中无烟产生的果木烘烤。经过孙师傅改良后的鸭子色泽红润，带有果香，外脆里嫩，鲜美酥香。从此，全聚德烤鸭成为北京烤鸭中的精品，人言烤鸭，必称全聚德。

中华人民共和国成立后，周恩来总理曾多次将全聚德烤鸭作为国宴菜肴招待外宾。通常，周总理会在食用烤鸭的同时结合中国的发展历程介绍全聚德，增进外宾对中国的了解。周总理曾以"全而无缺、聚而不散、仁德至上"来向外宾解释全聚德这一招牌名称，这也成为"全聚德"至今最为经典的释义。"烤鸭外交"成功地将全聚德烤鸭带到世界人民的眼前。

如今，无论是在中国，还是世界的各个角落，中餐馆的菜单上大多会有不同版本的北京烤鸭，北京烤鸭已然随着全球化的脚步成为享誉中外的中华料理代表之一。

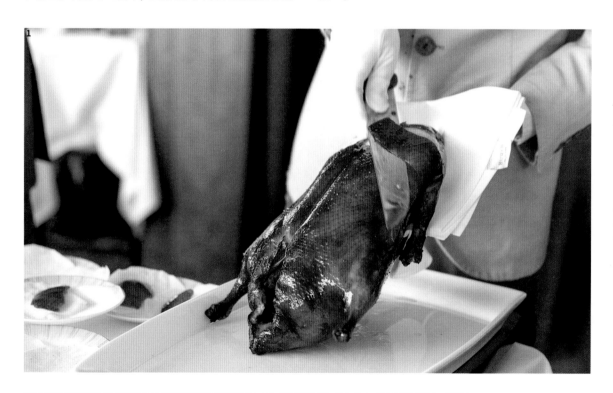

1. 烤制过程中不见明火，以炉壁热力烘烤鸭子。

2. 以果木为燃料明火烤制，可随意将鸭子翻转或移动位置。

3. "包哈"为满语"下酒菜"的意思。

1 烤鸭技师操刀，将烤鸭趁热片成均匀的鸭片 |
City Foodsters (CC BY-SA 2.0)
2 全套的北京烤鸭 | FuReal

RECIPE 食谱

北京烤鸭

13 小时 | 2 人份

食材

北京填鸭 / 1 只

盐 / 10 克

料酒 / 30 毫升

酱油 / 10 毫升

蜂蜜 / 20 克

水 / 30 克

做法

① 从北京填鸭腋下割开 5 厘米小口，扯出内脏；从小口处向内充气，直至皮肉分离，鸭身鼓起。

② 淋上沸水，直到整只鸭的鸭皮呈收缩状态。

③ 混合盐、料酒与酱油，均匀刷在鸭身上，腌制 30 分钟 ~1 小时。

④ 混合蜂蜜与水，均匀刷在鸭身上，30 分钟 ~1 小时后重复一次，风干 10 小时。

⑤ 烤箱预热至 200°C，先以 120°C 烤制 30 分钟；取出鸭子，翻面，再以 200°C 烤制 30 分钟，直至鸭皮呈枣红色即可。

复杂的香味

香草 / Vanilla

▰	约 15 世纪
起源	墨西哥
人物	爱德蒙·阿尔比乌斯
	托马斯·杰斐逊

香草（vanilla）是提取于香荚兰的一种香料，成功授粉的香荚兰会长出充满微小黑色种子的豆荚，"vanilla"这个名字便源于西班牙语"vainilla"，意思是小豆荚。它原产于墨西哥，广泛种植于中美洲。兰花家族的成员多达 25 000 种，香荚兰只是其中普通但不平凡的一员。

天然的香草很昂贵，是世界上价格仅次于藏红花的香料。在绝大多数情况下，我们接触到的香草冰激凌、软饮等，都并不含有真正的香草成分。除了用于食用，香草也有使人镇静、促进睡眠的作用，因而也被广泛应用于医药行业中。

香草的前世

世界上最早发现香草的是主要生活在墨西哥东南沿海一带的古托托纳克人 [1]（Totonac），帕潘特拉（Papantla）既是他们重要的居住地，也是香草的主要生产地。那里气候湿润，生长着茂密的热带森林，自然环境非常适合香荚兰生长。对于当地的土著人而言，香草豆和可可豆都是奉献给神的供物。

1519 年，西班牙军事家、征服者埃尔南·科尔特斯率领一支探险队入侵墨西哥，随后香草和可可被一同带回了欧洲。

欧洲人继承了阿兹特克人在喝热可可的时候加入香草的习惯，上层社会的人们很快就喜欢上了这种饮料，香草也因此成为他们钟爱的调味香料。直到 1602 年，一位药剂师兼糕点主厨向英国女王伊丽莎白一世提出建议，认为香草不应只是热可可的陪衬，还可以有更广阔的应用空间，并制作了几道受到女王喜爱的香草口味的甜点。从此，人们开始不断发掘香草更多的食用方法。

香草的今生

香荚兰对生长环境的要求很严格，花期又短，一旦没有合适的媒介或者错过了短暂的开花时间，就会因为没有授粉而枯萎死亡。所以直到 19 世纪中期，墨西哥都是唯一的香草生产地，

---

1. 墨西哥中东部的印第安人。

但这并不意味着其他地区就完全放弃了种植香荚兰的希望。

19世纪30年代，比利时和法国的植物学家先后成功地对香荚兰进行了人工授粉。19世纪上半叶，法国人将香荚兰的种子运到留尼汪（La Réunion）[1]岛上，希望它能够在岛上生长。然而令人沮丧的是，由于缺少适当的传粉媒介，他们的方法并不适用于留尼汪岛。

法国人最终得以在留尼汪岛大量种植香荚兰，还要归功于一位名叫爱德蒙·阿尔比乌斯（Edmond Albius）的奴隶，虽然他只是个12岁的小男孩，却意外发现了通过用拇指或木棍翻转来为香荚兰进行人工授粉的方法。种植技术的突破令法国成功地将香荚兰的种植陆续扩展到科摩罗、马达加斯加等地区。到1898年，世界上近80%的香草都产自这三座岛。

当时，留尼汪岛被法国波旁王室管辖，因此产自此地的香草又被称作"波旁香草"（Bourbon vanilla），这也是目前世界上食用最普遍的一种香草。

在帮助香草在全球范围内获得追捧的发展道路上，香草冰激凌做出了不可磨灭的贡献。18世纪，美国著名政治家托马斯·杰斐逊来到法国，在品尝到香草冰激凌的美味后，他抄下了食谱并带回美国。据说，这份由他亲手抄写的食谱，至今还保存在美国国会图书馆中。

到了19世纪后半叶，香草冰激凌不仅成为经典口味并受到人们的喜爱，香草也成为很多软饮中必不可少的配方，在美食界开始享有举足轻重的地位，人们对香草的需求量开始不断增长。

然而香荚兰种植不易，在成功授粉后，豆荚还要经过漫长的九个月的时间才能生长成熟。新鲜的香草豆荚是没有香味的，需要经过不断晒晒、揉搓的发酵过程才能够将特殊的香气释放出来。由于香草从采摘到制备过程都复杂而艰辛，是一项耗时的劳动密集型生产，因此无论是过去还是现在，全世界天然香草的总产量在需求面前都只是沧海一粟。

香草的香味是一种由250~500种不同的有机成分构成的复杂而微妙的味道，据说是极为复杂的香味之一。1875年，化学家成功合成了其中发挥主要作用的香兰素（vanillin，又名香草醛），以及使人工香味不那么刺鼻又失真的香豆素。在随后的不断发展中，科学家不仅找到了更为简单直接的合成方法，还发现能够从其他植物，如苜蓿中进行提取。于是，市场价只有真正香草1/20左右的人工合成香兰素在食品、化妆品等不同领域开始大受欢迎。

也许此刻你正在享用的香草冰激凌、香草拿铁、香草华夫饼等，其似真似幻的香草味就是由香兰素和香豆素这对黄金搭档联手创造的，而并非来自真正的香草。

---

1. 留尼汪是法国的一个海外省，位于印度洋西部，近马达加斯加岛和毛里求斯。

1 留尼汪岛上正在晾晒的香草豆荚 | Ekrem Canli (CC BY-SA 3.0)
2 贝尔纳迪诺·德·萨阿贡修士（Fray Bernardino de Sahagún，1499—1590）在西班牙征服墨西哥不久后于 1540—1585 年编写的《新西班牙诸物志》（*Historia general de las cosas de nueva España*），是一部介绍墨西哥中部人文知识的百科全书式作品。图为其中关于香草的记录
3 成功授粉后，豆荚还要经过漫长的九个月才能生长成熟 | H. Zell (CC BY-SA 3.0)
4 一种香草植物 | H. Zell (CC BY-SA 3.0)

RECIPE 食谱

香草冰激凌

3 小时 | 2 人份

食材

淡奶油 / 250 毫升

蛋黄 / 4 个

细砂糖 / 60 克

香草精 /2~3 滴

蛋白 / 半个

奶粉 / 45 克

水 / 110 毫升

做法

① 在蛋黄、蛋白中加入细砂糖和香草精，用打蛋器打至蛋液膨胀且颜色略发白。

② 奶粉加水拌匀，加热至微温。

③ 将温热的牛奶倒入步骤①的蛋液中，搅拌均匀，再用筛子过滤。

④ 将混合蛋奶液倒入奶锅内用最小火加热，同时不断搅拌，至蛋奶液呈略稠的状态（可用平勺取些蛋奶液，用筷子在表面划一道痕，痕迹不立即消失即可），避免过热而导致鸡蛋凝固成小块状；煮好的蛋奶液静置放凉。

⑤ 将淡奶油隔冰水打发至固态。

⑥ 将冷却好的蛋奶液与淡奶油混合均匀，放入冰箱冷冻。

⑦ 隔 1~2 小时取出挖松、搅拌一次，重复 2~3 次，再冰冻成形即可。

发源于淡水湖的西班牙平民料理

西班牙海鲜饭 / Paella

	约 15 世纪
起源	西班牙
人物	维森特·布拉斯科·伊巴涅斯

西班牙海鲜饭（paella）以丰盛的食材、鲜美的味道闻名遐迩，是西班牙最负盛名的料理。虽然当地每家每户的做法不尽相同，但基本上都是将不同种类的鱼类、贝类、软体类、肉类、米饭、蔬菜、藏红花、高汤组合起来，放在专用的扁浅大铁锅中烹煮。

"paella"这个词的来源和砂锅菜（casserole）有异曲同工之妙，都以炊具来命名。在古代卡斯蒂利亚语[1]词典当中，"paella"及与其相似的"tapella"都指代一种煎锅。

不少研究者认为，西班牙语中米饭一词"arroz"由阿拉伯语单词"orez"发展而来，其稻米的源头及西班牙海鲜饭的烹饪方式或许是西方世界宗教冲突的产物，同入侵西班牙的摩尔人（Moors）密不可分。

7 世纪，冲出阿拉伯半岛的穆斯林疯狂扩张，向西穿过北非。8 世纪初，从北非而来的穆斯林——摩尔人穿过直布罗陀海峡后开始了对伊比利亚半岛的征服之路。短短四年内，摩尔人就压制住伊比利亚半岛的基督教徒，并在随后的 200 年内在此将西班牙阿拉伯化。不愿接受伊斯兰教熏陶的原住民退居至北部山区。

极其擅长航海、捕鱼、耕作的摩尔人不仅向西班牙灌输宗教文化，还带来了水稻、甘蔗、橙子等作物的耕种方法，改良了原先罗马人留下的水利灌溉，重塑了饮食文化。由于穆斯林不吃猪肉，当地在摩尔人的统治之下也不见了腌火腿和香肠的踪迹，又因为水稻的种植范围尚且没有扩大，当地西班牙人逐渐尝试并接受了将麦饭与菜共煮。有人认为，基于这样的饮食习惯，摩尔人还带来了特有的平底锅。即便是今天，我们依然能够从阿拉伯传统饮食与西班牙海鲜饭的烹饪方式中找到相似之处。

摩尔人在其统治时期还向西班牙引进了藏红花，这种植物最早由古希腊人在小亚细亚地区种植。15 世纪，藏红花开始在西班牙被大面积种植，并且在西方文艺复兴时期成为重要的调味香料。

做足了烹饪方式和食材方面的前期准备后，海鲜饭在西班牙瓦伦西亚应运而生。

---

1. 卡斯蒂利亚语是卡斯蒂利亚的语言，通常意义上所指的西班牙语即卡斯蒂利亚语。

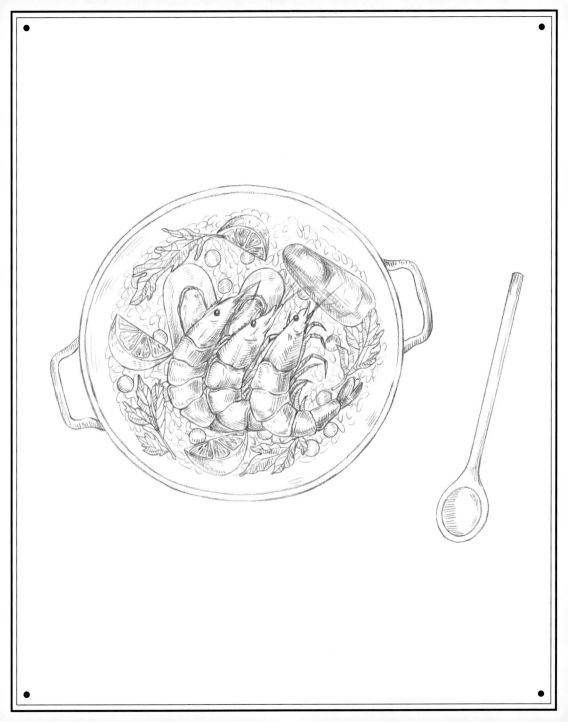

瓦伦西亚位于伊比利亚半岛东部沿海地区，是西班牙通往地中海的门户，加之土壤肥沃、气候温和、变成了具有战略意义的"鱼米之乡"。因此，18世纪前后发源于此地的西班牙海鲜饭，更准确地说应该叫作"瓦伦西亚海鲜饭"（Paella Valenciana）。

相比于正在进行工业革命的英、法两国来说，当时西班牙社会十分落后、贫穷，经济仍然以农业为主，所以海鲜饭并不是瓦伦西亚的家常菜。由于尚没有保鲜技术，无法将海鲜运输到稍远一些的地方，因而其中的荤食也主要以容易获得的肉类为主。

20世纪初，西班牙现实主义小说家维森特·布拉斯科·伊巴涅斯（Vicente Blasco Ibáñez）在故事中描绘了18世纪前后瓦伦西亚阿尔布费拉湖（Albufera lake）边农民的饮食习俗——他们喜欢干完活后，在湖边用平底锅做一种以水䶄（European water vole，一种老鼠）肉为荤食材的杂烩饭，同时放在锅里一起煮的还有鳗鱼、黄油和利马豆。

在目睹了法国大革命，经历了半岛战争等一系列动荡后，西班牙社会进入了一种渴望摆脱精神重压、追求浪漫主义的状态。据记载，19世纪40年代前后，在离地中海稍远的地方，人们喜欢去农村郊游、聚会，并以鸡肉、鸭肉、兔肉、蜗牛等制作海鲜饭。随着这道改良型的海鲜饭开始大受欢迎，1840年，西班牙

当地的一家报纸首次将"paella"这个词用于指代"海鲜饭"，而不是"平底锅"。此时，海鲜饭最完整的配料表为：西班牙短粒米、鸡肉、兔肉、蜗牛、鸭肉、利马豆、红花菜豆、美国白豆、朝鲜蓟、番茄、新鲜迷迭香、甜椒粉、藏红花、大蒜、盐、橄榄油和水。而对于就居住在地中海沿岸的瓦伦西亚人来说，显然各类海鲜更为简便易得，所以他们常常会用带壳的海鲜来代替兔肉、鸡肉等肉类。

随着海鲜饭的名声越来越响，瓦伦西亚以外的西班牙人把肉类和海鲜结合在一起，做成了现代西班牙海鲜饭。不过，在瓦伦西亚人的心中，正宗的西班牙海鲜饭始终只有两种食谱：要么是全海鲜的，要么是纯肉类加了蜗牛的。

1492年，摩尔人结束了在西班牙近800年的统治，在西班牙的土地上留下了他们的文明、技术以及各种文化传统。虽然西班牙海鲜饭如今被视为地道的西班牙美食的代表，在国际上享有盛誉，但是它依然象征着摩尔人对于西班牙文化的影响。

1 西班牙海鲜饭的名字源自其炊具平底煎锅 | Alterfines
2 西班牙海鲜饭的前身：一种用平底锅和荤食材做的杂烩饭 | Jan Harenburg (CC BY-SA 4.0)

RECIPE 食谱

西班牙海鲜饭

1 小时 | 5 人份

食材

西班牙短粒米 / 200 克

藏红花 / 5 克

白葡萄酒 / 200 毫升

高汤 / 1 升

蒜 / 40 克（切末）

橄榄油 / 30 毫升

洋葱 / 80 克（切丁）

盐 / 少许

黑胡椒粉 / 少许

欧芹 / 5 克（切碎）

青口贝 / 8 个

鱿鱼圈 / 60 克

腊肠片 / 10 片

阿根廷红虾 / 50 克（去壳）

鸡胸肉 / 100 克（切丁）

甜红椒 / 80 克（切丁）

甜黄椒 / 80 克（切丁）

甜青椒 / 80 克（切丁）

番茄 / 50 克（切丁）

西班牙烟熏辣椒粉 / 少许

做法

① 平底锅烧热后倒橄榄油，加入蒜末，小火煸炒至出香味。

② 保持小火，加入洋葱丁，略煸炒后加入腊肠片。

③ 阿根廷红虾置于锅内，中火煎出虾油，再正反翻面煎大概 5 分钟后，把虾盛出。

④ 加入欧芹碎，小火煸炒后，加入番茄丁和各色甜椒丁，中火煸炒约 2 分钟。

⑤ 待番茄丁炒至出汁，加入鸡胸肉丁继续煸炒。

⑥ 西班牙短粒米沥干水，加入锅中中火煸炒，倒入白葡萄酒大火煮开后，再加入藏红花、盐、黑胡椒粉，继续翻炒使调料混合均匀。

⑦ 不盖锅盖，中火收汁，其间翻炒几下，使米粒均匀受热。

⑧ 葡萄酒汤汁收汁后，加入高汤（或水）至刚好没过食材的高度，大火煮开后，转小火盖上盖子煮约 10 分钟；加入全部海鲜，继续煮。

⑨ 煮 10~15 分钟至海鲜全熟，待汤汁收干后关火，撒少许西班牙烟熏辣椒粉，并以欧芹碎装饰点缀即可。

炸物的品格

天妇罗 / Tempura

	16 世纪
起源	葡萄牙
人物	德川家康

说起世界性的烹饪方式，油炸绝对算一种。每个国家都会有几道油炸的美食，比如中国传统的油条、麻花、炸肉饼；西方国家的炸薯条、炸鸡翅和洋葱圈等。在大多数国家，油炸食品通常以一种路边美食的形式存在。不过日本却是一个例外，他们的油炸食物，不仅上了米其林一星榜，还吸引着各国人民专程前去品尝。这种奇特的食物就是天妇罗。

天妇罗是指将新鲜的鱼虾和时令蔬菜裹上用面粉、鸡蛋、水和成的面衣后油炸而成的一种食物。在日本东京（古时旧称江户），天妇罗与寿司、鳗鱼饭并称"江户前三大料理"[1]。

天妇罗并不起源于日本，它是 1543 年跟随西方国家的洋枪大炮一起传入长崎的南蛮料理[2]。目前主流的观点认为这是 16 世纪来自葡萄牙的传统做法。最初，日本人对基督教传教士油炸食物的做法感到非常不可思议，后来才逐渐开始尝试用这种做法炸鱼吃。

对于"天妇罗"一词的来源，史学界也没有定论。有观点认为来自葡萄牙语中的"tempora"一词（意为"断食之日"），也有观点认为来自意大利语中代表"寺庙料理"的"templo"一词。日本文献中，"天妇罗"一词最早出现在 1669 年出版的料理书《食道记》中，但在当时该词含义甚广，无论是否裹有面衣，只要是油炸的食物一律被统称为天妇罗。直到 1764 年后，天妇罗才专指裹着面粉油炸的食物。最早的天妇罗出现在长崎的卓袱料理[3]中，与现在不同的是，长崎天妇罗会在面粉中加入酒、砂糖和蛋液，调成面衣，传到江户后，为了突出食材原本的味道，逐渐改变为现在口感清爽的面衣。

---

1. 江户前料理是指使用江户前海域（现在的东京湾）捕获的渔产制作的料理。其中寿司、鳗鱼饭、天妇罗最具代表性，并称为"江户前三大料理"。

2. 南蛮料理是指日本室町时代后期从西班牙、葡萄牙传入日本的异国料理。

3. 卓袱料理是一种将中华料理和西洋料理进行日本本土化的料理形式，发源于日本长崎市。这种料理的特点是用大盘盛装食物后，放在大圆桌上，大家围坐着吃。菜式上融合了和食、中华料理和西洋料理的元素，统称为"和华兰料理"。

从路边摊到高级料理

如今有很多环境幽雅的天妇罗高级专门店。但在过去，天妇罗主要是在日本名为"屋台"的路边摊以炸串形式贩卖的庶民料理。日本江户时期天妇罗的价格为每串4文钱，与当时价格为200文的鳗鱼饭相比，实在算不上高级。

天妇罗在路边摊售卖的时期很长，这与当时天妇罗使用低纯度的劣质芝麻油有很大关系。由于榨油技术不成熟，制出来的油杂质很多，食材下入油锅后会冒出浓烈的白烟且气味刺鼻，在室内制作天妇罗实在不是明智之举。

日本明治时代的东京，大家开始使用油烟较小的椿油[1]炸制天妇罗，并出现提供座位的天妇罗店。客人点单后，天妇罗师傅会用两只大箱子带上所需的全部工具，跟着客人到座位前，油炸结束后再带上工具离开。后来逐渐演变成在客人座位前设置固定操作台，当场油炸的店铺形式。明治维新后，政府取缔了"屋台"形式的路边摊，天妇罗就渐渐只能在店里吃到了。

日本大正12年（1923），关东大地震发生后，很多天妇罗店被毁，重建的天妇罗店环境变得高雅气派。另外由于地震，很多油类供应不足，从清水港运来的大豆油虽纯度不高，却是重要的油类补充，也成为天妇罗的主要用油。如今，炸制天妇罗常用精制高纯度菜籽油和大豆油，有时也会加入部分芝麻油和花生油。至此，天妇罗终于演变为我们现在熟悉的料理形式。

德川家康死于天妇罗？

在日本，关于天妇罗最出名的事件当属德川家康殒命于天妇罗的传闻。该事件在历史上富有争议，至今没有定论。不过可以确定的是，它对天妇罗的发展产生了极大的影响。

传言当时德川政权确立后，德川家康把将军一职让位给儿子德川秀忠，并在骏府城中隐居。某日，家康公带着亲近的随从到野外狩猎，在京都的一家店里吃天妇罗。由于鲷鱼天妇罗靠近他所坐的位置，便不经意间吃了很多。当晚家康公就出现了腹痛难忍等症状，并在3个月后不治去世，从此便有了"德川家康食用鲷鱼天妇罗而亡"一说。

当时的文献中并未记录德川家康的死因，这个说法出现在后来为记录初代到第十代将军生平之事所写的《德川实录》中。从人物上来看，"鲷鱼天妇罗"事件中陪同德川家康用餐的茶屋四郎次郎是京都的政商，作为辅佐家康公的功臣之一与其关系亲密。另外从资料记载来看，在当时的料理书《大草家料理书》（1600年前后出版）和《料理物语》（1643年出版）中，都详细记载了油炸鲷鱼的南蛮料理食谱，德川家康当时食用这道料理是完全有可能的。因此，事件有一定的可信度。

但由于当时德川家康已年满75岁，且从食用天妇罗至离世中间隔了3个月，因而很多人认为此番说法并不准确，并推测他真正的死因为急性肠胃病或胃癌等。不过一切真相都随着德川家康的离世被带入了坟墓，成为真正的无解之谜。

德川家康死后，德川幕府的官员们自然对鲷鱼天妇罗避之不及，导致最初在长崎和京都均被作为上等食物出现在富贵人家餐桌上的天妇罗，却在进入江户后沦为下等庶民的食物。

有趣的是，德川家族的最后一代将军德川庆喜却以喜爱天妇罗闻名于世。当时江户城曾因油炸食物导致的火灾而被下了不允许在城中心炸天妇罗的禁令，但由于百姓听说这是将军喜爱的食物，便还是坚持制作，天妇罗在民间依然非常流行。

---

1. 使用茶花科茶花属的山茶花的种子榨取的油。

1 东京湾的入口（1869 年，Lt James Henry Butt）。作为"江户前三大料理"之一，天妇罗常以在东京湾的渔获为食材

2 天妇罗面衣通常以低筋面粉加入水和鸡蛋制成，为了避免生成面筋，需要保证面衣处于低温状态 | star5112 (CC BY-SA 2.0)

3 19 世纪末日本画师月冈芳年的浮世绘作品，描绘一名日本嘉永年间（1848—1853）的平民女子食用炸虾天妇罗的情景，被收录于《东锦绘》中

RECIPE 食谱

天妇罗

20 分钟 | 4 人份

食材

小麦粉（低筋面粉）/ 100 克

鸡蛋 / 1 个

水 / 200 毫升

南瓜 / 400 克

紫苏叶 / 10 片

活虾 / 10 只

食用油 / 适量

做法

① 将南瓜切片，紫苏叶过水，分别裹上小麦粉。

② 在大碗中将小麦粉、鸡蛋加水搅拌均匀，放入冰箱冷藏，制成天妇罗面衣。

③ 锅中食用油加热至 160℃，将裹上小麦粉的食材完全浸入天妇罗面衣中后，放入油锅中炸，直至天妇罗表面金黄，捞出。

④ 将虾浸入天妇罗面衣中后，迅速放入油锅中炸至金黄，捞出。

⑤ 将所有炸得的天妇罗放到厨房纸上滤油后装盘即可。

刺激而具挑逗性的传统秘鲁国菜

酸橘汁腌鱼 / Ceviche

	16 世纪
起源	秘鲁北部沿海
人物	莫契人、秘鲁的日本侨民（Nikkei）

居住在潮湿的热带的人总是无法抗拒清爽刺激的生冷料理。一如喜爱青木瓜沙拉和凉拌海鲜的中南半岛，热带雨林分布广泛的安第斯山脉也抵挡不了馥郁的柠檬香和鲜甜的腌鱼肉。将太平洋的新鲜鱼肉放置于柠檬汁中腌制超过 4 小时，再拌以辣椒、香菜等香料，配上南美洲盛产的红薯、玉米、鳄梨以中和酸味，足以消解整个夏日的慵懒和闷热，甚至带来一丝振奋人心的挑逗意味。

酸橘汁腌鱼这道刺激汗腺的可口菜肴在秘鲁北部沿海地区的出现，还要得益于其靠山面海的地理位置。虽然渔业资源丰富，但高原山脉的低气压往往令人难以生火烹饪，于是通过腌制来杀菌的菜肴"统治"了印加帝国上千年。

16 世纪，西班牙殖民者踏足新大陆，向秘鲁引进了地中海的柑橘类水果，加入了柠檬汁和青柠汁后的最终版的酸橘汁腌鱼（ceviche），仍然保留着印加文明的印记和精髓。从印加古国流传至今，这道令秘鲁人为之骄傲的国菜已然成为南美洲饮食文化和历史变迁的缩影。

"混血"料理的国际影响

尽管如今普遍认为酸橘汁腌鱼起源于西班牙人的殖民时期，但这道充满热带风情的料理无疑拥有更为神秘的混血基因。

据说在 1 900 多年前，秘鲁北部沿海的莫契文明[1]就已经出现了生鱼料理。擅长捕鱼的莫契人利用一种名为"tumbo"的香蕉百香果[2]汁腌制生鱼。进入印加帝国时期后，人们又学会了利用玉米酒"chicha"[3]和当地辣椒"Aji"加盐制作腌鱼。

---

1. 莫契文明存在于 100—800 年之间，以农业为基础发展起来，主要位于秘鲁北部的沿海。

2. Banana passionfruit，原产于从委内瑞拉到玻利维亚的安第斯山谷。在西班牙殖民西南美洲之前，被南美西部各国驯化和栽培。

3. 在南美洲和中美洲，"chicha"是一种发酵（酒精）或非发酵饮料，原料通常来自谷物、玉米或水果。"chicha"包括被称为"chicha de jora"的玉米啤酒和非酒精饮料，如"chicha morada"。

到了 1542 年，西班牙殖民者在秘鲁利马建立起统领西属南美的总督区首府，秘鲁的饮食文化和生活习惯通过商贸流向拉丁美洲的每个国家。自此之后，厄瓜多尔、塞尔维亚乃至墨西哥都创作了具有当地特色的酸橘汁腌鱼，比如厄瓜多尔的酸橘汁腌鱼会配有玉米和坚果，而墨西哥的则会送上切片烤洋葱和烤玉米饼一起享用。不同的鱼类和贝类也被加入各地的酸橘汁腌鱼食谱中，虾、鱿鱼和章鱼等海鲜也开始出现在这道菜中。

但也有历史学家认为，阿拉伯人更应该成为这道菜肴的开创者。历史学家胡安·何塞·维加（Juan José Vega）坚信"ceviche"一词来自表示酸性食物的阿拉伯词"sibich"。他指出，是欧洲大陆上幸存的摩尔妇女在跟随西班牙士兵来到新大陆后，利用当地的海藻汁、苦橙汁使这道酸辣料理发扬光大。当然，国际上关于"ceviche"的文字游戏还不只如此。无论是英国士兵口中的谐音"sea beach"，还是盖丘亚语[1]中的鲜鱼"siwichi"，无不展示着古代秘鲁与现代欧洲的文化碰撞，以及人们对于这种"混血"美食的好奇。

日本侨民的精致装扮

拉丁美洲独立战争结束之后，脱离奴隶制的秘鲁同样经历了长久的恢复时期。虽然获得了民族解放，但秘鲁这个典型的南美洲国家仍然依赖农业发展而生存。就在这时，远东却看上了这片"天堂般"的热带国土。

明治维新之后的日本面临着人地矛盾，大批日本侨民迁往秘鲁及其他南美洲地区。由于法律和社会身份的限制，被称为"Nikkei"的日本侨民大多从事底层的苦力工作，或者经营小本生意，基本无法真正参与到秘鲁当地的政治当中。但这并不影响日本侨民悄然地改变着秘鲁人的饮食文化和社会结构。于是，秘鲁又一次面临了新世界带来的文化冲击。

初来乍到的日本人会选择经营迎合当地风味的秘鲁餐厅，但他们会将日本风味适当地加入菜品当中。"50 年前，秘鲁没有人吃章鱼，渔民会把它们扔掉。但日本人来到之后，海边沙滩上的章鱼都被日本人做到了菜里面。"就在这时，酸橘汁腌鱼也发生着微妙的变化。利马当地第一家由日本厨师经营的餐厅拉布埃纳穆尔特（La Buena Muert）中，日本厨师将传统的刺身技术加入腌鱼的制作过程中，酸辣的酱汁中也加入了新鲜的生姜和海藻。

等到大批如三菱、丰田等日本大企业带着员工来到秘鲁的时候，无法获取日本食材的厨师开始探索新的烹饪之道，创造出具有日本风味的秘鲁食物。也正是从这时开始，酸橘汁腌鱼不再需要腌制长达 4 个小时，只需要稍微腌制一段时间就可以。

日本侨民带领酸橘汁腌鱼真正走向国际的同时，也将这种经典的秘鲁热带风味带回了日本。随着时代的变化，文化融合的风尚传向世界各国，这种融入了拉丁美洲、中美洲和南美洲等地烹饪风格和热带食材的菜肴继续在国际舞台上散发出独特的异国风情。

---

1. 盖丘亚语（Quechua）是一种美洲土著语系，主要应用于南美洲安第斯山脉一带，它源自一种古老的通用语言 Proto-Quechua。

1 经典的酸橘汁腌鱼 | tomaszd (CC BY-SA 2.0)
2 用来腌制生鱼的名为"tumbo"的香蕉百香果 | Patricio90
(CC BY-SA 4.0)

传统酸橘汁腌鱼

4.5 小时 | 2 人份

食材

新鲜红鲷鱼片 / 900 克	青辣椒 / 2 个
鲜榨青柠汁 / 约 50 毫升	生菜 / 适量
鲜榨柠檬汁 / 约 50 毫升	盐 / 适量
洋葱 / 约 50 克	牛至碎 / 适量
番茄 / 100 克	牛油果 / 1 个
香菜 / 约 20 克	玉米饼或玉米片 / 适量

做法

① 将新鲜红鲷鱼片去骨去皮，切成小块备用。

② 将洋葱、番茄切成块状，青辣椒去籽切块。

③ 在不锈钢碗中放入鱼块、洋葱块、番茄块、青辣椒块、盐、香菜和牛至碎，倒入鲜榨青柠汁和鲜榨柠檬汁将鱼肉淹没；放进冰箱冷藏；大约 4 小时后，待鱼肉从粉红色半透明状变为白色不透明状，则腌制完成；如提前一天腌制，需将鱼肉沥干，否则肉质会过于坚硬。

④ 上菜前，在碟内配上适量的牛油果、玉米片、生菜等摆盘即可。

从战时必备品到日常食物

军队食物 / Food in army

	约 16 世纪
起源	欧美各国
人物	杰伊·霍美尔

说到军队食物，可能很多人首先想到的就是韩式部队锅。韩式部队锅是非常适合在寒冷的冬季和大家一起围坐在桌边分享的美食，除了用于调味的韩式辣酱和泡菜外，午餐肉也是必不可少的风味来源。在热气腾腾的汤中还可以加入方便面和年糕，只要一锅就可以满足对蔬菜、肉和主食的全部需求。

但在实际军队作战中，方便且营养才是对食物最主要的要求，味道反而成了其次，并且在野外煮制部队锅显然也很不现实。因此常见的军队食物主要还是以能够快速充饥的饼干和开盖即食的罐头食品为主，连蔬果都是非常奢侈的奖励品。

战争中的"面包"革命

战争从来都是因资源划分不均而爆发的，从 16 世纪开始，英、法、德这些在航海技术上拥有领先优势的欧洲国家，不断地向亚非地区以及美洲大陆进行殖民扩张。广袤的土地、丰富的资源、廉价的劳动力，无一不是殖民者们疯狂争抢的对象，战火很快从欧洲燃及各个国家。

在战争中，除了先进的武器装备外，充足的军需供应也是重中之重，在长途航海中常出现的食物，也被应用在了战争储备中。为了在长途航行中保持充足的体力，船员们除了直接捕鱼来补充蛋白质，还必须携带主食。面包为当时欧洲人的主食，但不易在潮湿的环境中储存，而在船上现烤不仅非常不方便，还会造成不必要的燃料损耗，于是人们开始制作一种硬面包（hardtack）。这种面包比普通面包要多经过两次烘焙，质地更加坚硬和干燥，食用时需先浸泡在盐水或咖啡中软化。它还可以用普通面包剩下的边角料来制作，非常经济实惠。

"hardtack"从 16 世纪就开始作为军需食品被分配给海军舰队，并随着殖民者的步伐开始进入美洲大陆，因为其双重烘焙的手法而又被称为"饼干"（biscuit）。战争时期饼干的口感粗粝，士兵们通过将其捣烂加入热水制成汤，或通过加入肉和黄油等方法来改善其口感。

现在的饼干是在原有的基础上加入了更多的糖、蛋还有奶油等原料制作而成的，还会含有巧克力、果酱等各种丰富的夹心，与当年因坚硬而难以直接食用的口感有着天壤之别。人们在吃饼干时搭配咖啡、红茶等饮品，也只是一种增添风味的习惯，与最初的目的已是迥然不同。饼干在现代社会已成为一种美味零食的代名词。

- Food in army -

美国战时美食

第一次世界大战结束后，各国面临人口和经济的严重损失，就算是战胜国也遭受了经济的倒退，更何况是面对巨额赔款的战败国，这也为第二次世界大战的爆发埋下了伏笔。1929 年开始的经济大萧条中，工业衰退、农业重创等社会问题不断涌现，这场波及全球的世界性经济衰退成为法西斯国家开展对外侵略的导火索。

大萧条时期，连中产阶级都买不起鲜肉，普通民众则索性放弃了肉类，选用花生酱等更便宜的蛋白质替代品。但是经济相对宽裕的人们始终难以割舍对于肉类美味的强烈需求，于是人们开始研究保鲜肉类的新方法。1937 年 7 月 5 日，美国人杰伊·霍美尔（Jay Hormel）发明了一种名为"Spam"的食品，意为将香料（spices）加入火腿（ham）而制成的罐头食品，也可以解释为"猪肩肉加火腿"（shoulder of pork and ham）。

这种含有糖、盐、水和马铃薯淀粉的猪肩肉块，价格较牛肉和普通猪肉便宜，又属于熟食，打开即可直接食用，以其便宜又方便的绝对优势帮助大多数纽约人渡过了大萧条时期的难关。

在第二次世界大战期间，"Spam"又因其易于储藏和运输的特性被美国战争部大量采购，作为战时肉类供应来源，随美军征战各地且被迅速推广至全球，享有"帮助美国打赢二次大战的食物"的美誉。

20 世纪 50 年代朝鲜战争时期，在汉城（今首尔）近郊的议政府市设置了许多驻韩美军基地。战争结束后，美军撤退后的基地内剩余的香肠、罐装火腿、午餐肉及奶酪等食材，被附近居民拿来搭配韩式甜辣酱煮汤，以缓解物资短缺。

这种将午餐肉和其他军需食物进行简单加工制成的韩式火锅，最初借鉴了 20 世纪 60 年代美国总统的名字而被称为"约翰逊汤"。后来随着在韩国的普及和不断的本土化，成为人们口中的"部队锅"，这里的"部队"指的就是当年的驻韩美军。

时至今日，部队锅在韩国仍很受欢迎，并融入了包括焗豆、培根、奶酪片、拉面、年糕等在内的现代食材，呈现出更为丰富的口味。

1 1948 年，《女性家庭杂志》（*Ladies Home Journal*）上霍美尔的食谱和广告
2 1937 年 7 月 5 日，美国人杰伊·霍美尔发明的名为 "Spam" 的罐头食品 | Budae jjigae (CC BY-SA 4.0)
3 在温特沃斯博物馆展出的美国内战时期保存下来的 "硬面包" | Infrogmation of New Orleans (CC BY-SA 3.0)
4 20 世纪 40 年代罐头食品店一度十分流行 | dok1 / Don O'Brien (CC BY-SA 2.0)
5 20 世纪初的饼干广告，称饼干为 "小麦食物之王"

RECIPE 食谱

部队锅
20 分钟 | 2 人份

食材

泡菜 / 300 克

午餐肉 / 350 克

火腿肠 / 2 根

洋葱 / 1/2 个

茼蒿 / 200 克

大葱 / 1 根

方便面饼 / 1 个

奶酪片 / 2 片

火锅年糕 / 适量

韩式辣酱 / 2 汤匙

蜂蜜 / 适量

酱油 / 3 汤匙

做法

① 泡菜撕成小片，午餐肉和火腿肠切厚片，洋葱和大葱切细圈备用。

② 准备大小合适的锅，最底层铺好洗净的茼蒿，然后码上洋葱圈和泡菜片，浇上泡菜汁。

③ 在蔬菜上码上午餐肉片、火腿肠片和火锅年糕，加入韩式辣酱、蜂蜜和酱油，再加入适量水没过食材，放上奶酪片，开小火煮 5 分钟。

④ 放入方便面饼，撒葱花，盖上锅盖焖 2 分钟，将面和食材搅拌开后再略煮片刻即可。

可塑性极强的英式甜点

查佛蛋糕 / Trifle

	1585 年
起源	英国
人物	托马斯·道森、汉娜·格拉斯

英国作为一个历经千年发展的国家，却有一个让全世界人民诟病的硬伤——食物。说起英国的食物，多数人的第一反应都是炸鱼薯条和各种咸布丁。其实除此之外，英国还是有一些可以称得上美味的国民料理的，其中就包括让甜食爱好者走不动路的查佛蛋糕（trifle）。

查佛蛋糕的制作过程不算复杂，无论是用于犒劳自己还是招待客人，都很适合。将层层叠叠的奶油、绵软湿润的蛋糕、被随性地摆在上面的各色水果或花瓣组合在一起，盛在玻璃碗里既养眼，又能给味蕾带来极大的满足。

从一坨奶油到一杯正经的甜点

现代查佛蛋糕的基本组成是浸满雪利酒的海绵蛋糕、蛋奶冻 [1]、水果和奶油，创新的余地极大，人们还可以按照喜好加入果冻、巧克力屑、咖啡粉等食材，制作自己的独家查佛蛋糕。

但在 16 世纪"查佛"刚刚被用来命名这道甜点时，它完全不会让人联想到分层蛋糕。查佛蛋糕首次出现在 1585 年托马斯·道森（Thomas Dawson）[2] 专为英格兰家庭主妇所撰的一本食谱《好主妇珠宝》（*The Good Housewife's Jewel*）中，是一种将糖、姜、玫瑰水和厚奶油一起搅拌并加热的简单甜点。当时还有另一道把切碎的水果和厚奶油搅拌在一起的甜点，叫作"foole"，在中文里直译为"奶油拌水果"。因为口感和外观相似，很多人并不清楚它们之间的差异，经常把两个名字混着用。

大约 160 年后，现在我们熟悉的查佛蛋糕才成形。1751 年，在美食评论家汉娜·格拉斯的料理书《烹饪的艺术》第四版中，她所撰写的查佛蛋糕食谱被视为现代查佛蛋糕的起源：先在碗的底层铺满那不勒斯饼干 [3]、掰成两半的马卡龙和扁桃仁蛋白饼，再用葡萄酒把这些饼干都浸湿，依次倒入蛋奶冻和乳酒冻 [4]，最后用扁桃仁蛋白饼、醋栗果冻、花或者彩色糖珠来装饰。为了让厨师和仆人都能读懂，汉娜在写作时格外留心使用平易近人的语言。随着《烹

---

1. 鸡蛋与牛奶混合后加热做成的固体酱，也叫作卡仕达酱。
2. 英国的美食评论家，活跃于 1585—1620 年。
3. 一种用玫瑰水调味的饼干，现在非常少见。
4. 即"syllabub"，厚奶油、果汁、糖和酒的混合物，主要流行于 16—19 世纪的英国。

饪的艺术》在英国和美国近一个世纪的畅销，这份查佛蛋糕食谱也传遍了每一个家庭。

关于查佛蛋糕主要的消费人群，美食家们持有不同的观点。一说是以底层劳动人民家庭为主。因为查佛蛋糕是一道可以自由发挥且不容易失败的甜点，而当时又没有储存食材的条件，所以家里有什么吃剩的甚至过期的食材都可以随意放进去，比如风干了的海绵蛋糕或多余的奶油等。

另一种观点则恰恰相反。18 世纪 60 年代前后，英国进入第一次工业革命时期，劳动阶层根本没有时间和条件好好下厨，更不用说准备餐后甜点了，他们更倾向于在街上随便买点儿面包、果酱等来填饱肚子。而资产阶级则有专门的厨师变着花样来做甜点，外形讨人喜欢的查佛蛋糕便是其中之一。

1861 年出版的一本料理书也支持后者的说法。伊莎贝拉·比顿（Isabella Beeton）在她的《比顿夫人的家政管理书》（*Mrs Beeton's Book of Household Management*）中不仅撰写了四种复杂的查佛食谱，还估算出在当时制作这么一份甜点的成本约为 5 先令 6 便士，大约相当于现在的 23 英镑（约合人民币 201 元）。虽然计算上难免存在一定误差，但当时的查佛蛋糕仍算不上平价，确实更像是贵族享用的点心。

19 世纪的英国上流社会特别流行雇用法国厨师，许多美食家认为也正是在这一时期，英国丢失了不少传统料理。不过查佛蛋糕还是凭借着人们对它的喜爱而流传了下来，并衍生出无酒精的、用果冻作基底的、加白兰地的等各种版本。除了好看、好吃这两个显而易见的原因外，可以随个人喜好进行创新也是查佛蛋糕受欢迎的理由之一。

查佛蛋糕的"后代"
意大利有一道叫作"zuppa inglese"的甜点，直译成中文叫作"英国汤"。"英国汤"的做法是把海绵蛋糕或手指饼干铺在碗底，用意大利产玫瑰利口酒或一种特制的草药酒浸湿后，再倒入一层蛋奶冻，最后加上罐装水果、巧克力、奶油等。有传说认为这道甜点来自 16 世纪的意大利宫廷，也有人认为来自一位

家庭主妇，不过从其名字和制作过程来看，很有可能源自查佛蛋糕。

相传意大利费拉拉省[1]的统治者自伊丽莎白时代[2]起就和英国王室来往密切，在一次宴会中对查佛蛋糕一试难忘，便下令让厨师模仿查佛蛋糕的做法制作甜点，并命名为"英国汤"。

"英国汤"在 20 世纪早期曾是许多意大利餐厅的标配，但后来渐渐被另一道全球闻名的类似甜品替代了。同样使用手指饼、利口酒或朗姆酒，发明于 20 世纪 60 年代的提拉米苏作为查佛蛋糕和"英国汤"的衍生甜点获得了空前的成功。如此来看，查佛蛋糕也算是为英国料理扳回一局的功臣。

1. 费拉拉省是意大利艾米利亚 - 罗马涅大区的一个省，位于意大利北部。
2. 英国伊丽莎白一世女王统治英国时期。

1 伊莎贝拉·比顿的《比顿夫人的家政管理书》中关于查佛蛋糕的插画，左下为查佛蛋糕
2 一种现代的查佛蛋糕 | Brooke Raymond（CC BY-SA 2.0）
3 提拉米苏 | jh_tan84（CC BY-SA 2.0）
4 和查佛蛋糕有些相似的意大利甜点"英国汤" | Umberto Rotundo（CC BY-SA 2.0）

RECIPE 食谱

草莓查佛蛋糕

4 小时 | 3~4 人份

食材

海绵蛋糕 / 160 克

雪利酒 / 适量

吉利丁片 / 2~3 克

蛋黄 / 2 个

白砂糖 / 20 克

牛奶 / 100 毫升

鲜奶油 / 200~350 毫升

草莓 / 8~10 个

做法

① 将吉利丁片用冷水泡软。

② 把海绵蛋糕切成块或适合容器底部的大小，铺在玻璃碗底部，倒入适量雪利酒浸湿蛋糕。

③ 将 4~5 个草莓对半切开，沿着碗壁摆放。

④ 在锅中放入蛋黄和白砂糖，搅拌均匀，边搅拌边倒入加热后的牛奶；混合均匀后一边开小火继续加热一边搅拌，当液体浓稠时关火，加入泡软的吉利丁片并再次搅拌；最后加入 200 毫升鲜奶油搅拌均匀，做成蛋奶冻，倒入容器中。

⑤ 根据个人口味加入剩余的鲜奶油；把剩下的草莓摆放在顶部作为装饰，也可以依据喜好撒上糖霜或巧克力粉等。

⑥ 放在冰箱里冷藏 2~3 小时，等蛋奶冻凝固即可。

从奴隶们的食物到庆典美食

黑豆饭 / Feijoada

	16—18 世纪
起源	巴西
人物	佩德罗·阿尔瓦雷斯·卡布拉尔

黑豆饭（feijoada）是一道将黑豆和各种肉类炖煮在一起制成的巴西风味炖菜。其中肉类可以选取动物各个部位的肉，也会添加一些熏制肉。巴西人喜欢用黑豆饭搭配米饭、炒青菜或羽衣甘蓝、橙子片、烤过的木薯粉一起食用。

黑豆饭极好地体现了巴西美食的融合性，通过将土著人的口味与来自欧洲、非洲移民的影响结合起来，形成了一道以保存地区差异为特征的民族美食。黑豆饭与巴西的音乐和文化一样，温暖、丰富，并且充满活力。

在葡萄牙探险者抵达巴西之前，已有数百个不同的美洲土著半游牧部落居住在沿海地区和主要河流的岸边。他们主要靠狩猎、捕鱼、采集和农业为生，饮食结构则以木薯等简单食材为主，并且除了简单的火烤之外，并没有发展出更多、更好的烹饪手段。一些部落中甚至还存在相当数量的食人族。

1500 年 4 月 22 日，在欧洲各国航海浪潮的影响下，葡萄牙航海家佩德罗·阿尔瓦雷斯·卡布拉尔（Pedro Álvares Cabral）抵达此地，随后葡萄牙人陆续定居于此。起初他们主要从事巴西红木的采伐，将其出口到欧洲后用以制作红色的染料。随着葡萄牙人的业务范围扩展到淘金、甘蔗种植等领域，巴西逐步沦为葡萄牙殖民地。

甘蔗的种植和收割都需要劳动力，且大量的甘蔗需要及时被提炼成蔗糖，否则不便储存和运输。从欧洲来的商人们为了提高经营效率，开始奴役巴西土著人来填补劳动力需求，还通过航运输送大量非洲人到美洲大陆，原本被种植于非洲大陆的黑豆也随非洲奴隶一起被带到了美洲。黑豆饭就是在这种美洲土著人、非洲人和欧洲人聚居的情况下诞生的。

在非洲和巴西本土的料理中都没有使用豆类和肉一起炖煮的习惯，而"feijoada"一词也是来自葡萄牙语中的"feijão"（豆类），类似于葡萄牙北部米尼奥省的一种蔬菜炖肉。这是一种传统的地中海食物，最早可以追溯至由罗马士兵带到各国的芸豆炖肉。在西班牙北

- Feijoada -

部的阿斯图里亚斯地区，也有这种类型的美食，将蚕豆、猪耳、猪尾以及其他肉类混合炖在一起。因此，黑豆饭常被认为是由经营甘蔗种植园的欧洲奴隶主发明的。

蔬菜炖肉在巴西遇到了土地贫瘠所导致的食材受限等问题，奴隶们为了迎合主人们的口味制作了因地制宜的炖菜，而他们自己的食物中却只有剩余的下脚料和便宜的黑豆，有时甚至直接用汤汁炖煮木薯粉和黑豆。

除了黑豆饭以外，移民浪潮还带来了许多各地的传统菜肴，人们使用当地物产弥补食材上的不足，在不断与本土融合的过程中，外来菜品逐渐发展成为当地传统饮食结构的一部分。

由于劳动量巨大且缺衣少食，奴隶们大多十分瘦削且生育率极低，加之受到奴隶主轻则随意打骂、重则威胁生命的折磨，人口数量逐年减少。终于，再也不堪忍受的奴隶们开始组织反抗，一次次发起叛乱，并于 1888 年成功将奴隶制度推翻。巴西人民从奴隶制中得到解放，但过去漫长年月里养成的饮食习惯却被保留了下来。

穿越殖民统治和奴隶制度的黑暗时期，如今的黑豆饭已经成为巴西人民举行庆典时也会食用的一种美食。人们会使用其他豆类代替黑豆，肉类也由鲜肉和熏制的香肠等取代了最初的下脚料，口感非常丰富。在巴西的街边有专门制作黑豆饭的餐厅，家庭制作也很常见。在周六晚上慢慢炖煮一锅黑豆饭，在肉和香料混合的汤汁中炖熟的豆类，有着和肉相似的浓郁口感。上桌之前再盖上一层蔬菜，搭配米饭就是一道简单而丰盛的巴西美食。

1 被罗马士兵带到世界各国的芸豆炖肉 | Yusuke Kawasaki (CC BY-SA 2.0)
2 巴西人喜欢用黑豆饭搭配米饭等食用 | raphaelstrada (CC BY-SA 2.0)

黑豆饭

12 小时以上 | 6~8 人份

食材

熏火腿 / 300 克

猪肩肉 / 300 克

猪肚 / 300 克

熏香肠（辣味猪肉香肠）/ 300 克

排骨 / 300 克

猪蹄 / 1 个（可选）

干黑豆 / 400 克

洋葱 / 4 个

大蒜 / 11 瓣

黑胡椒粒 / 1 茶匙

月桂叶 / 3 片

辣椒 / 适量（可选）

熏红椒粉 / 2 茶匙

百里香 / 1 小撮

红酒醋 / 2 茶匙

橄榄油 / 适量

盐 / 适量

做法

① 冷水冲洗掉熏火腿表面杂质，将熏火腿放入锅中，加入黑胡椒粒、1 片月桂叶、1 个洋葱和 2 瓣去皮切碎的大蒜，加适量的水煮沸。

② 小火煨煮约 3 个小时，直至能够将骨头从肉中抽出且保持肉的完整性。

③ 保留炖煮的汤汁，冷却后放入冰箱冷藏过夜；干黑豆提前用冷水浸泡过夜。

④ 将泡好的黑豆与浸泡过黑豆的水一同放入锅里，加入 5 瓣完整的大蒜和适量辣椒，煮至沸腾后炖煮约 1 小时，直到黑豆基本煮熟。

⑤ 猪肩肉、猪肚、熏香肠均切成 2~3 厘米的块状，排骨和猪蹄也剁成块。

⑥ 将足够大的锅加热后倒入适量橄榄油，将⑤中处理好的肉块、香肠、猪蹄等一同煸炒后捞出。

⑦ 加入去皮切碎的 3 个洋葱和 4 瓣蒜，以及百里香和熏红椒粉，充分搅拌均匀后，用中火煮约 10 分钟。

⑧ 将⑥中的肉块和猪蹄放回锅内，取出香肠放在一边备用；倒入大约 500 毫升炖煮火腿时的汤汁，煮至沸腾后盖上锅盖并煨煮 1 小时。

⑨ 将香肠和煮熟的黑豆一起放入锅中，不断搅拌，煮制 1 小时左右，直到猪肉块变软。

⑩ 如果汤汁较稀，可以大火加热几分钟收汁；从火腿上拆肉加入炖肉中，再加入红酒醋，然后依照个人口味以适量盐调味即可。

点心爱好者的必修课

千层酥皮 / Puff pastry

	17 世纪
起源	法国
人物	克劳迪乌斯·格雷、朱莉亚·查尔德

1492 年，哥伦布发现了美洲大陆，从新世界带回来的糖和可可豆直接导致了油酥点心的制作革命。在此之前，蜂蜜是点心师唯一可用的甜味剂，而随着人们对糖的认识和使用，烘焙和点心制作变得更加复杂，不断有新食谱被发明出来。

现代油酥点心艺术起源于中世纪，当时，欧洲的贵族开始雇用专人烘焙和制作油酥点心。后来，法国的面包师和点心师自发组成协会来保护自己的利益，并在 16 世纪建立了学徒制，将手艺传给后辈。今天我们所知道的许多比较基础的油酥点心，最早都出现在 17 世纪和 18 世纪，千层酥皮正是其中之一。

千层酥皮，最主流的说法是 1645 年由法国一位名叫克劳迪乌斯·格雷（Claudius Gele）的点心学徒发明。当时他的父亲因为生病，只能吃包含了水、面粉和黄油的食物，孝顺的格雷便想用这三种原料为父亲制作美味的面包。但是不幸又或者说幸运的是，在将黄油放入面粉之前，他忘了加水。为了补救这个失误，他在放入更多的块状黄油后将面团多次折叠。全程观看了格雷准备过程的主厨警告他不要烤这个面包，因为黄油块会在加热时熔化流出。尽管如此，格雷还是将自己的作品放进了烤箱。当将其从烤箱中取出时，令二人都感到惊喜的是，面包不仅蓬松，还产生了许多薄薄的层次。千层酥皮就此诞生了。

完成学徒生涯后，格雷便动身前往巴黎有名的罗莎密糕点店（Rosabau Patisserie）。在那里，他完善了酥皮的做法并将其命名为"酥皮糕点"（puff pastry），也就是今天我们所说的千层酥皮。格雷靠着酥皮糕点在巴黎名利双收，不久之后他又前往意大利佛罗伦萨，将食谱带到了当地的莫斯卡糕点店（Mosca Pastry Shop），从此意大利面包师也学会了如何制作千层酥皮。

后来，一些面包师将千层酥皮带到了奥地利，随后丹麦的甜点铺也开始雇用奥地利的面包师。大约在 1850 年，千层酥皮被改造成了今天的丹麦酥皮面包（danish pastry）。

事实上，由于丹麦酥皮面包的酥皮在制作过程中加入了酵母，现在普遍认为它并不属于

传统的千层酥皮。同样做法的还有我们熟知的牛角面包（croissants），也是由奥地利的面包师发明，发明时间上稍早于丹麦酥皮面包。

现在被认为由千层酥皮制作的点心包括拿破仑蛋糕（mille-feuille，又名千层酥）、蝴蝶酥（palmier）、葡式蛋挞（pastel de nata）、酥皮派、酥皮盒子（turnover）等。其中，关于拿破仑蛋糕最早的记载出现在 1733 年文森特·拉·查佩尔（Vincent La Chapelle）所写的英文烹饪书中，当时的酥皮之间所夹的还不是奶油，而是果酱。

自 1789 年的法国大革命之后，许多贵族家庭中的面包师和点心师开始做个体经营，努力烘焙出高质量的产品来吸引顾客，于是普通民众也开始能买到优质的油酥点心。那个时期开张的许多店铺至今仍然在营业。到了 19 世纪，烘焙技术得到了发展。

19 世纪也是大人物诞生的时代，点心主厨马利·安东尼·卡雷姆甚至被认为是最早的"名人主厨"[1]。卡雷姆对糖的使用技巧和在油酥点心上的成就为他赢得了巨大的名声，同时他的成功也提升了厨师和点心师的社会地位。他的著作《附图版的糕点师》（Le Patissier Royal Parisien）被认为是第一部系统介绍油酥点心艺术的书。卡雷姆改良了千层酥皮的制作工艺，他发明的五层酥皮制法被沿用至今；他还改善了拿破仑蛋糕的制作，我们今天所见到的构造正是他的杰作。

接下来的百年里，随着交通工具的越发便利以及战争对人口流动和文化融合造成的影响，千层酥皮被传播到了更远的国度。20 世纪初，舶来品蝴蝶酥流入国内较早开放的城市之一——上海，并且被成功本土化，成为经典海派点心。其中以国际饭店西饼屋、凯司令和哈尔滨食品厂三家所生产的最受欢迎，国际饭店西饼屋的蝴蝶酥以酥脆和奶味重为卖点，当时的年销售额超过了人民币 1000 万元。

而在美国，改变了一代人饮食观念的著名女厨师朱莉亚·查尔德（Julia Child）在《掌握法国菜的烹饪艺术》（Mastering the Art of French Cooking）一书中详细介绍了 73 层和 729 层酥皮的做法，酥皮的制作艺术被她带到了美国。

如今，千层酥皮已经为全世界所共享。无论是从发展历史还是制作工艺来看，千层酥皮都让人忍不住想起爱伦·坡的话："无论何种形式的美，以其极致，皆感人泪下。"[2]

---

1. 另一说为文艺复兴时期的巴托洛米奥·斯卡皮 (Bartolomeo Scappi)。

2. 原文为："Beauty of whatever kind, in its supreme development, invariably excites the sensitive soul to tears."

RECIPE 食谱

自制千层酥皮

1 小时 | 2 人份

食材

低筋面粉 / 220 克

高筋面粉 / 30 克

黄油 / 40 克

块状黄油 / 180 克

细砂糖 / 5 克

盐 / 1.5 克

水 / 125 毫升

做法

① 两种面粉与盐、细砂糖混合，将 40 克黄油软化后加入其中，倒入清水揉成面团。

② 将面团放入冰箱冷藏 20 分钟；将块状黄油擀成长方形冷藏。

③ 将面团取出，擀成与黄油片等宽、长度为其 3 倍大小的面片。

④ 面片中间放上黄油片，从两侧往中间折，并将面皮压实，擀出其中的空气。

⑤ 将面片旋转 90 度，然后向四个角的方向再次擀成长方形，对折 2 次，折成原来的 1/4 宽。

⑥ 放入冰箱冷藏 20 分钟，取出后重复步骤⑤ 2 次。

⑦ 将面皮擀成厚度约为 0.3 厘米的长方形放进烤箱烘烤至金黄即可。

Tips:

① 虽然用麦淇淋替代黄油更易操作，但是口感和健康度不如黄油，推荐使用黄油制作。

② 千层酥皮做好后可以在表面撒一层干粉，卷起来放进冰箱冷藏，可以保存一个星期。

③ 烤的过程中如果有许多油脂流出，说明酥皮制作失败。

从农民食物到法国菜的代表

红酒烩鸡 / Coq au vin

▼	**17 世纪**
起源	法国
人物	恺撒大帝、朱莉亚·查尔德

每个国家都有那么几种菜品，做法简单、特色鲜明，因而被长久地流传下来，成为该国的代表菜肴。比如寿司之于日本，炸鱼薯条之于英国，或者红酒烩鸡之于法国。

法国小说家吉尔伯特·赛斯博朗（Gilbert Cesbron）说："法国的徽章是公鸡，而在今天，是红酒烩鸡。"正如它的名字一样，所谓红酒烩鸡就是将带骨的鸡肉在红酒里炖熟，再加上洋葱、黄油、蘑菇、黑胡椒等调味。

红酒烩鸡出现在法国至少已经有几百年，却没人能够准确说出它的具体诞生时间。有说法认为这道菜和恺撒大帝征服高卢有关。当时恺撒大帝包围了高卢当地的阿维尼尔部落，部落首领为了表现出对恺撒的嘲讽和蔑视，送给他一只象征高卢勇士骁勇善战的公鸡。恺撒大帝当时并未立即予以回击，并在回去后向首领发出共进晚餐的邀请。出现在晚宴上的，便是用红酒炖熟的这只公鸡。

还有一种说法认为酒在当时是一种财富的象征，所以当恺撒大帝命令厨师们开发新菜谱时，就有厨师想出了用红酒炖鸡的法子。

然而传说虽然脍炙人口，但终究不能当作史料来参考。在 1907 年，法国著名神经学家约瑟夫·巴宾斯基（Joseph Babinski）以笔名"阿里巴巴"出版了烹饪作品，红酒烩鸡才终于有了正式记载。书中作者不仅明确提出了"红酒烩鸡"的名字，并且介绍了相关做法，只不过和如今的稍有差异。1961 年，美国厨师朱莉亚·查尔德在她的烹饪书《掌握法国菜的烹饪艺术》中收录了红酒烩鸡的食谱，这份食谱不仅篇幅很长，而且内容非常详尽。另外，她还在她主持的电视节目《法国厨师》中展示过两次红酒烩鸡的做法，通过著作与电视节目将这道法国名菜以及法式烹饪技巧一起传到了美国。

法国农民的食物

也有人认为，红酒烩鸡是法国农民在 400 年前发明的菜肴。红酒烩鸡的法语写法是"coq au vin"，"coq"这个单词在法语里意为"公鸡"，可以看出，红酒烩鸡在诞生之初选用的是公鸡肉。农民会养一些公鸡辅助母鸡繁殖后代，等到公鸡年老后失去了繁殖价值，就要想办

法将其卖掉。相比普通鸡肉，公鸡肉因更加绵厚有嚼劲而不受市场欢迎，于是农民只好自己吃掉。

他们将公鸡在酒里浸泡至肉质柔软，再向变得浓稠的酒液中加入公鸡血，制成酱汁。接下来烹饪手法的选择也非常具有农民特色，炖、煮一直因其操作简单、搭配任何菜品都不易出错的特点而备受喜爱。在炖制这锅"血淋淋"的鸡肉时，可以随意添加蔬菜和各种调料，因为公鸡肉绵密的特性，这道菜通常需要炖上很长时间。

总之，卖不出去的公鸡、简单的炖煮、随意的调味，组合在一起便构成了早期红酒烩鸡所具备的典型特色。不过这时候的红酒烩鸡，从严格意义上来讲应该叫白酒炖鸡。前文提到的约瑟夫·巴宾斯基关于这道菜的记载，所谓"红酒"指的其实也是白葡萄酒加公鸡血，而非现在意义上的红葡萄酒。

享有"贤明王亨利"美誉的法国国王亨利四世有一句著名的政治名言：让每个农民的锅里都有一只鸡。后来这句宣言变成了对提升国民福利的承诺，尤其是对农民而言。虽然亨利四世的这个理想最后是否实现，以及其与红酒烩鸡之间究竟有几分联系都不得而知，但是后来鸡肉在法国受到的广泛欢迎总让人想起这句话。

从粗糙到精细

俗话说，"食不厌精，脍不厌细"。当红酒烩鸡成为越来越多法国人餐桌上的佳肴后，他们对待这道菜的态度便不再像当初那般随心所欲了。

首先，在鸡肉的选择上，公鸡肉并不是必需的。人们将食材改为母鸡或者年幼的公鸡后，浸泡和烹饪时长都大大缩短了。

其次是酒。最初用白葡萄酒浸泡鸡肉再加入公鸡血来制作的酱汁似乎过于血腥了，于是既有酒味，又保留调色功能的红酒成了最佳替代品。

由于红酒烩鸡最初诞生的地方与勃艮第地区联系紧密，人们就近取材，使勃艮第红酒成为最常见的也是最传统的选择。但若从价格和用量上考虑，这样做性价比不高。于是，人们开始选用其他红酒来代替。

在辅料的选择上，法国人也是极为讲究。红酒烩鸡这道菜中除了鸡肉外，还有小块的咸猪肉粒。这些名叫"lardon"的咸猪肉粒是将肥猪肉切成小块后再用盐腌制而成的，有点像没有熏制过的腊肉。将咸肉粒在锅里炸至金黄色，溢出的猪油令红酒烩鸡又多了一层肉香味，口感更加丰富。很多法国传统菜肴里都能见到"lardon"的身影，比如勃艮第牛肉、洛林糕等。

400年前，红酒烩鸡诞生于贫穷俭朴的劳动人民手中。在过去的100年里，嫩鸡和红酒代替了曾经的老公鸡和白葡萄酒。它不再是贫苦的象征，而成为法国的国民菜肴。

红酒烩鸡

1.5 小时（不包括腌制时间）| 2 人份

食材

童子鸡 / 1 只

咸猪肉粒 / 100 克

培根 / 100 克

猪油 / 2 汤匙

红酒 / 1 瓶

白兰地酒 / 100 毫升

鲜鸡汤 / 500 毫升

番茄酱 / 1 汤匙

蘑菇 / 500 克

洋葱 / 若干（切丝）

胡萝卜 / 2 个（切块）

芹菜 / 适量（切段）

香草 / 若干

百里香 / 少许

盐 / 适量

1 在美国国立历史博物馆展示的朱莉亚·查尔德的厨房 | RadioFan (CC BY-SA 3.0)

2 制作红酒烩鸡的食材越来越精致和丰富 | Breville USA (CC BY-SA 2.0)

3 红酒烩鸡 | jules (CC BY-SA 2.0)

做法

① 将童子鸡切成 8 块，用盐和香草腌制。

② 在一个大铁锅里加 1 汤匙猪油，放入咸猪肉粒和培根，待咸猪肉粒和培根煎至金黄色后捞出备用。

③ 依次放入洋葱丝、胡萝卜块和芹菜段，炒至全部变软，且洋葱丝呈半透明状态，盛出备用。

④ 在锅里加入蘑菇，煎至金黄色，将锅离火稍微冷却，加入白兰地酒，重新加热令蘑菇充分吸收酒液。

⑤ 把腌好的鸡肉块放在碗里或锅里，配上百里香、咸猪肉粒、培根、洋葱丝、胡萝卜块、芹菜段、蘑菇等，倒上 1 瓶红酒，放入冰箱腌制 4~8 小时。

⑥ 热锅加 1 汤匙猪油，放入腌好的鸡肉块煎至两面变为棕色，再加入 1 汤匙番茄酱，煎大约 1 分钟。

⑦ 将除鸡胸以外的鸡肉放入另一口煮锅中，加入腌料和蔬菜，然后加入鲜鸡汤，盖上锅盖，放入预热至 150℃的烤箱；45 分钟后，将锅从烤箱中取出，放入鸡胸肉。

⑧ 把温度调高至 200℃，令酱汁保持沸腾，直至酱汁剩下一半左右（20~30 分钟）即可。

从屠宰废料变身现代烘焙神器

吉利丁 / Gelatine

	1682 年
起源	欧洲
人物	丹尼斯·帕潘、彼得·库珀

吉利丁又称明胶，一般是以动物皮、骨内的胶原蛋白脱水干燥而成，目前常见的多是片状的吉利丁，呈半透明偏黄褐色。

因为吉利丁本身没有味道，加入后不影响食物味道，同时还能在口腔的温度下很好地融化，所以常被用作软糖、果冻、慕斯等甜品的凝固剂及果汁、酒类的澄清剂。另外，胶囊类药物的外壳也使用了吉利丁，可谓用途广泛。

"吉利丁"一词来源于拉丁语中的"gelatus"，有凝固、凝结的意思。在古埃及时代，就曾使用类似的材料作为胶水来填合法老陵墓的空隙，这也是吉利丁最初的用途。

吉利丁的发现是偶然的。长时间煮沸牛或猪的骨骼和皮，待汤汁冷却后会形成一种凝胶状质地的肉冻，而将其中的残渣去除后，看似透明的汤汁经重新煮沸和冷却处理后仍可以凝固。

这种依靠炖煮的制作方法无疑是相当耗费时间和精力的，因此，在中世纪时期，吉利丁的使用还仅限于拥有许多仆人的富裕阶级。14 世纪开始，凝胶状的吉利丁成为流行的菜品并登上贵族的宴会桌，被称为上天的"恩典"。到了 15—16 世纪，厨师们在澄清后的吉利丁里加入用于调味的香料、玫瑰水、甜奶油或者扁桃仁牛奶等，制作成更富有风味的菜肴。

但这种物质直到 1682 年才第一次有了自己的名字。法国物理学家丹尼斯·帕潘（Denis Papin）在实验中将动物骨头煮沸，并从中提取出能够使汤汁凝固的黏性物质，这种具有水溶性且无色无味的蛋白质被正式命名为"gelatine"。1754 年，第一个生产吉利丁的专利被授予英国一家公司。维多利亚时代后，铜制和铝制的模具被引入生产线，吉利丁的生产逐渐进入标准化阶段。

拿破仑统治法国期间，法国实行全民征兵制度，通过不断发动侵略战争，法国逐渐崛起，称霸欧洲。但是在侵俄战争失败后，法国被英国封锁，畜牧业和农业的长期衰败对法国人民的生存造成了极大的影响。牛羊肉甚至禽类都非常紧缺，人们急需蛋白质的补给，利用屠宰废料制成的吉利丁便成为蛋白质的主要来源。虽然吉利丁热量很低，也基本不含脂肪，但是在战乱年代已经称得上高营养价值的补品了。

1845 年，苏格兰爱丁堡的 J&G 公司发明了一种无味的干吉利丁，命名为"cox"，并出口到美国等各个国家。但是这种经过干燥处理的吉利丁并没有得到很好的普及，人们认为虽然

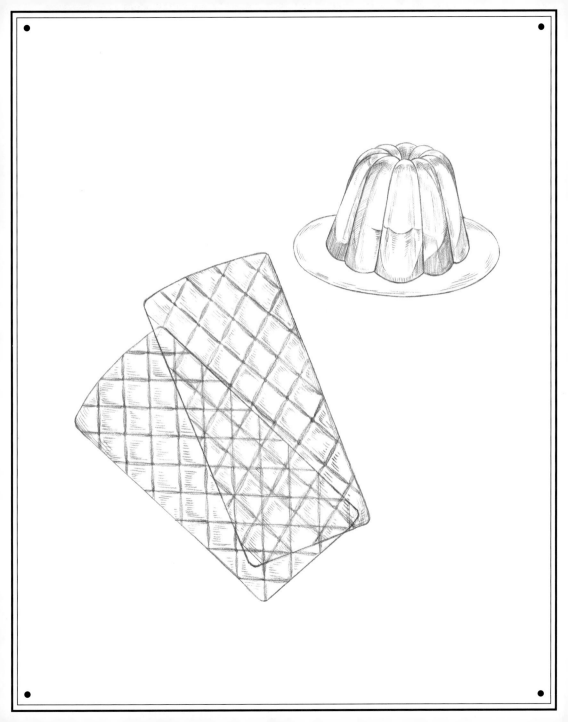

制作方法烦琐，但经过炖煮后得到的原始吉利丁更富有营养。因此在美国企业家、发明家彼得·库珀（Peter Cooper）于1845年发明便携式吉利丁粉时，更看重的是吉利丁的黏结性，并没有想过将其商业化。据说当他将这种加入热水就可以使用的吉利丁粉推荐给厨师时，还遭到了拒绝，因为其样子和味道不够吸引人。

吉利丁粉的专利最终被卖给了一个止咳糖浆的生产商珀尔·韦特（Pearl Wait），他和妻子将草莓、覆盆子、橙子和柠檬等水果加入吉利丁中，制作出一种以其妻子的名字"Jell-O"命名的甜品。这种甜品和现在的果冻非常相似，但可惜的是，由于营销经验的缺乏，甜品始终没有被人们普遍接受，并且其生产专利被出售给了弗兰克·伍德沃德（Frank Woodward）。

显然，作为杰纳西（Genesee）食品公司的创立者，同时还是一位成功演说家的伍德沃德在商品包装和营销方面要高明许多，他在杂志上刊登"Jell-O"的广告，称其是"美国最有名的甜品"，大幅提高了人们对其的认识。随后他在果冻开始受到未成年人欢迎的时候乘胜追击，推出了许多迎合大众需求的新口味。由于冷藏技术的发展和机器包装的出现，"Jell-O"从需要顾客自行加入热水制作的预包装[1]产品，升级为开包即食的果冻类甜点，添加牛奶成分的布丁也开始出现。

20世纪60—80年代，由于快节奏的生活方式和女性就业的增加，"Jell-O"的销售呈现持续下降趋势，人们仅将其视为特殊场合的食物。为了吸引更多的顾客，"Jell-O"打出"果冻永远有余地"的口号，并将产品的形状设计得更有趣，以吸引儿童和女性顾客。在创新意识和成功的营销手段的双重推动下，"Jell-O"逐渐成为美国的"文化偶像"，后续推出的各种口味的果冻、布丁和软糖等风靡至今。

因为吉利丁主要来源于牛、猪、鱼类等动物，素食主义者也常用琼脂作为替代品。这种来源于海藻的凝固剂跟果胶的性质更为相似，相比于吉利丁来说，对温度有着更高的要求，因此吉利丁制品还是具有相当大的优势。

除了经过提纯处理的吉利丁制品外，最传统的肉冻制作方法由于更能保留脂肪和氨基酸、制品更易于被人体吸收而仍被应用于各国的传统美食中。中国小笼包的内馅就多用肉冻和肉馅混合，制造出一种汁水丰盈的口感。

---

1. 早期的"Jell-O"产品包含吉利丁粉末、调味料和模具，需要顾客自行加入热水，将其冷藏后制成可食用的甜品。

1 1914 年，美国烹饪杂志上刊登的"Jell-O"的广告 | Internet Archive Book Images
2 20 世纪中期，各式各样的吉利丁制品已逐渐成为人们餐桌上的常见食物
3、4 用吉利丁制成的各种美食 | star5112 (CC BY-SA 2.0)
5 吉利丁片 | Danielle dk (CC BY-SA 3.0)

巧克力慕斯

2.5 小时 | 5 人份

食材

黑巧克力 / 100 克

淡奶油 / 200 毫升

牛奶 / 200 毫升

细砂糖 / 20 克

吉利丁片 / 4 克

水 / 30 毫升

糖粉 / 30 克

做法

① 将吉利丁片放入水中浸泡 3 分钟，微波高火加热 30 秒至透明；将淡奶油倒入打蛋盆内，加入糖粉用打蛋器搅打至出现硬性纹路。

② 牛奶微波加热 1 分钟，然后加入细砂糖搅拌至糖溶化后冷却。

③ 待牛奶冷却至 50℃ 左右时，加入切碎的黑巧克力，搅拌至巧克力完全融化。

④ 加入吉利丁溶液，搅拌均匀，放入冰箱冷藏 5 分钟左右，至巧克力糊变得较浓稠。

⑤ 将巧克力糊倒入奶油盆中，用橡皮刮刀混合均匀，倒入玻璃杯中，刮平表面。

⑥放入冰箱冷藏 2 小时至慕斯凝固，即可食用。

蛋黄制成的调味甜酱

美乃滋 / Mayonnaise

	18 世纪
起源	法国
人物	黎塞留公爵、马利·安东尼·卡雷姆
	理查德·赫尔曼

决定一道料理成功与否的关键因素有很多，除了食材的味道与烹饪方法外，调味品也是不可忽略的一个重要因素。在欧美国家，美乃滋的地位如同酱油在中国一般，是极受欢迎的调味酱，也是西餐中的基础用料之一。我们熟知的千岛酱、沙拉酱，都是在美乃滋的基础上经加工制成的。

美乃滋（mayonnaise）是将蛋黄和色拉油混合后，用醋、柠檬汁、芥末和其他香料调味，搅拌制成的一种黄色膏状调味酱，清爽香甜，口感醇厚。美乃滋含有大量蛋白质、脂肪和碳水化合物，营养价值较高。另外，每 100 克美乃滋约含 700 大卡，热量极高，不宜过量食用。

"mayonnaise" 一词源于法语"mahonnaise"，意为"于马洪港"（of Mahon），以纪念美乃滋的起源地马洪港（Port Mahon）[1]。关于美乃滋的发明者仍有争议，最普遍的说法认为，美乃滋最初是由法国黎塞留公爵的厨师发明的。

1756 年，在英法两国的七年战争中，黎塞留公爵率领法国军队在马洪港成功围剿英军。公爵的厨师在准备为庆祝胜仗而办的宴席时，发现由于小岛上缺乏奶油，无法制作以鸡蛋与奶油为原料的传统酱料。于是厨师便用橄榄油替代，并将制得的酱料命名为"mahonnaise"，以纪念这场战争取得胜利的地方。这种以橄榄油和鸡蛋为原料的酱料，便是世界上最初的美乃滋。战争结束后，美乃滋被一同带回了法国。

从法国到世界

在美乃滋诞生之后，19 世纪初，法国高级厨师马利·安东尼·卡雷姆改良了其原有配方。他将原料换成了植物油和蛋黄，制成的美乃滋口感更佳。这一美乃滋食谱迅速风靡整个欧洲地区，推动了美乃滋的普及。据相关资料记载，19 世纪早期，美乃滋开始以法国料理的身份出现在德国和英国的烹饪书中。

此后，法国厨师的移民浪潮进一步将美乃滋带到了美国。据史料记载，1838 年，曼哈顿一家餐厅将美乃滋作为搭配龙虾和鸡肉的作料。19 世纪后期，沙拉的流行让作为配料的美乃滋正式在美国本土化。上层社会的精英们着迷于淋上了美乃滋的马铃薯沙拉、番茄沙拉

---

1. 马洪港位于地中海地区的米诺卡岛上，现在属于西班牙。

和华尔道夫沙拉[1]，其香甜醇厚的口感完美地弥补了生食蔬菜在味觉上的不足。也正是因为这一特点，美乃滋还被用于三明治的制作。

随着 20 世纪 20 年代面包切片机的发明，人们开始制作简单便携的三明治当作午餐。作为原料之一的美乃滋，也随着三明治的走红而在全国范围内普及开来，其受欢迎程度之深，以至于美国总统卡尔文·柯立芝（Calvin Coolidge，1872—1933）在 1923 年接受媒体采访时都说："什么美味佳肴都无法与自家姨妈做的丝滑爽口的美乃滋相比。"

总统对姨妈自制的美乃滋的怀念，也反映出美国食品生产体系中工厂生产迅速取代手工制作的趋势。随着美乃滋在美国的流行，制造厂商纷纷加入美乃滋包装成品的生产队列中，工业化生产进一步推动了美乃滋在美国的普及。

1937 年出版的一份行业刊物中写道："曾经被认为是奢侈品的美乃滋，现在不再是富人的独享之物，也是普通工薪阶层人家餐桌上必不可少的食物。"

理查德·赫尔曼与美乃滋

1903 年，理查德·赫尔曼[2]（Richard Hellmann，1876—1971）从德国移居到纽约，并于两年后在纽约开了一家熟食店。原本只是用于给沙拉调味的自制美乃滋意外地大受欢迎，甚至有顾客要求单独购买。赫尔曼便按重量计价，以散装形式出售。之后，赫尔曼不断改进配方，以延长美乃滋的保质期。

1913 年，为了生产更多的美乃滋，赫尔曼在美国建立了一家工厂，将美乃滋以罐装形式大批量生产，并与原来的散装版本同时出售。为对两者进行区分，赫尔曼在罐装版本的包装上装饰了蓝丝带图案，并命名为"Blue Ribbon Mayonnaise"（蓝丝带美乃滋）。自此后的一个世纪以来，罐身上标签的样式发生过许多变化，但蓝丝带图案从未被取代过，成为今天为人所熟知的"赫尔曼牌"（Hellmann's）美乃滋的经典标志。后来，尽管经历了贝斯食品公司（Best Foods Inc.）的收购、联合利华（Unilever）的二次收购，蓝丝带美乃滋始终以"赫尔曼牌"的品牌在出售。现在，"赫尔曼牌"仍处于美国美乃滋制造行业的主导地位。

1

2

---

1. 华尔道夫沙拉是主要以苹果、芹菜、核桃和美乃滋为原料，混合而成的一道经典的美式沙拉。

2. 理查德·赫尔曼是美国著名美乃滋品牌"赫尔曼牌"的创始人。

3

RECIPE 食谱

美乃滋

15 分钟 | 1 人份

食材

鸡蛋（室温下）/ 2 个
鲜榨柠檬汁 / 2 茶匙
色拉油 / 1 杯
海盐 / 适量

做法

① 准备打蛋器和一个高边小碗。

② 分离蛋白与蛋黄，将蛋黄放在碗中；倒入鲜榨柠檬汁，用打蛋器搅拌。

③ 缓慢并分次倒入色拉油，同时不断搅拌；待蛋黄与色拉油完全融合并变稠至糊状后，可更快地倒入色拉油；当色拉油开始聚集时，不再倒入，并快速搅拌，使油与蛋黄完全融合。

④ 若过于浓稠，可加 1 茶匙水，并搅拌至乳化状。

⑤ 用适量海盐调味后，放入冰箱可密封保存 3 天。

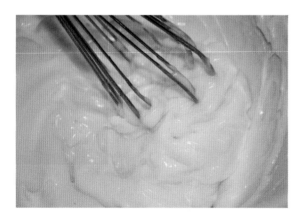

泰式酸辣虾汤

冬阴功汤 / Tom yum goong

	约 18 世纪
起源	泰国中部
人物	郑信王、乔治·索罗斯、李内煊

2011 年，美国有线电视新闻网（CNN）旅游频道刊登了由 35 000 名读者评选出的世界上最美味的 50 种食物。在这份榜单中，泰国以 7 道菜入选（在数量上超过其他国家），冬阴功汤、青木瓜沙拉、马沙文咖喱等泰国美食均名列其中。鉴于诸如英国的炸鱼薯条、美国炸鸡都得以入选该榜单，而中餐只有北京烤鸭和香港法式吐司、港式蛋挞上榜，或许把它解读为"最为世人熟知的 50 道美食"更为恰当。

然而不可否认的是，泰国菜确实以它独特的风格在世界饮食体系中占据了重要位置，而且最近十年泰菜异军突起，在世界范围内大为流行。享誉世界的泰菜主厨 McDang 曾将其特色形容为："复杂；注重细节、层次、色泽和口味；使用有药效的原料增加食物风味，同时兼顾了食物的品相、气味和前后承接。"澳大利亚主厨大卫·汤普森（David Thompson）也认为泰菜"拒绝简单，戏剧性地将独立的元素和谐地结合在一起"。

几百年的酝酿：天时地利人和

"冬阴"泰文为"ต้มยำ"，英文名为"tom yum"，意为酸辣；"功"则指的是虾，所以"冬阴功汤"直译过来就是酸辣虾汤。酸辣的前味来自泰式皱皮柠檬[1]和朝天椒，汤底的浓厚则要归功于椰奶、鱼露、香茅、良姜、青柠叶等的共同作用。这道汤对原料的使用恰如其分地体现了泰菜复杂而注重层次的特质，从而作为泰国菜的代表得到世界美食爱好者的广泛认可。

从地理上看，泰国位于亚洲中南半岛的中南部，是一个临海的热带国家，特定的气候十分适合香茅、良姜、椰树的生长，同时也造就了当地人对酸味和辣味的喜爱。

在 14 世纪以前，素可泰王朝时期的泰国菜比较简单，基本以米和新鲜食材为主；1350 年，大城王朝建立，辣椒等异邦食材流入这片土地；17 世纪时，泰国已经有食用鱼露的记录。

由于大城王朝时期的首都处于陆海贸易的关键枢纽，葡萄牙、中国、印度、波斯的商人在此往来，而从 16 世纪起，泰国又先后遭到葡萄牙、荷兰、英国和法国等殖民主义者的入侵，或多或少地促进了食物烹饪的多样化。渐渐地，泰国菜分化出四个地区菜系：分别是泰中菜[2]、

---

1. 泰式皱皮柠檬原产于印度，个小、味酸、香味浓郁，是泰国菜中重要的调味食材。

2. 曼谷菜被普遍认为是泰中菜的代表，受中国潮州人和葡萄牙人影响比较大。

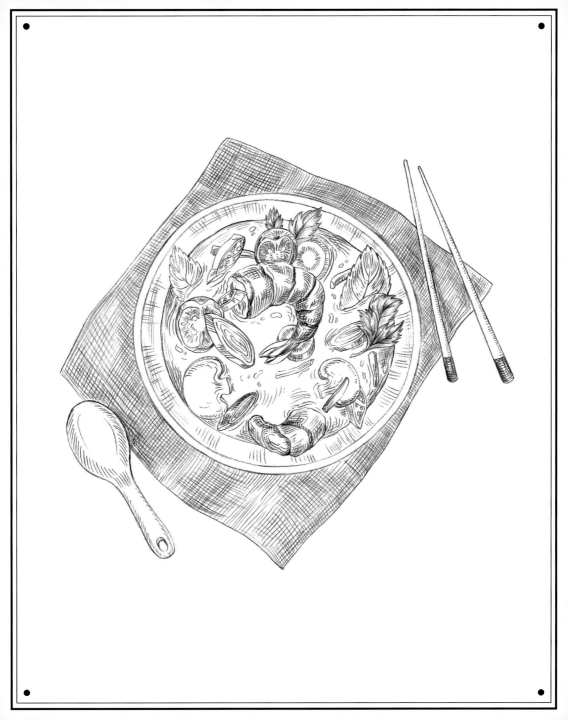

泰东北菜、泰北菜、泰南菜。

　　泰中菜系覆盖的湄南河平原稻田广布，是泰国主要的农业区。这里的人们喜食咖喱，并且在其中加入口感温和的椰浆。冬阴功汤正是泰中菜的代表。

　　相传在 18 世纪，正值华人郑信王当政的吞武里王朝，生病的森运公主没有食欲，郑信王就命御厨做些开胃的汤羹给公主。正所谓食要"当地、在令"，御厨在椰浆咖喱中又加入了香茅、良姜、青柠叶等药用食材，并使用柠檬和朝天椒开胃。喝了这碗汤后，公主感到身体舒畅，病情也减轻了不少。郑信王大喜，将此汤命名为冬阴功汤，并赐其"国汤"的荣誉。

　　今天"冬阴"已经演变成为一种专门的肉汤做法，放入虾是"冬阴功"（tom yum goong），放入海鲜是"冬阴台"（tom yum thale），放入鸡肉则是"冬阴盖"（tom yum kai）。它在泰国如此普遍，以至于 1997 年以乔治·索罗斯 [1]（George Soros）为首的金融大鳄做空泰铢，引发的波及数国的亚洲金融危机也被称为"冬阴功危机"。

方便面口味的半壁江山

20 世纪初，华裔日本人安藤百福发明了速食方便面，并在赢得专利权官司后将专利转让给全世界。1972年，中国台湾地区统一企业集团和泰国协成昌集团（Saha Pathanapibul）联合成立了方便面品牌"Mama"，并占据了泰国速食面近一半的市场，至今泰国民众仍习惯称方便面为"Mama"。除此之外，"Yum Yum"和"Wai Wai"也是很受欢迎的方便面品牌。然而无论何种品牌，泰国民众最喜爱的口味都是冬阴功。

　　自 2002 年开始，美国博主李内熙（Hans Lienesch）创建了个人网站"The ramen rater"（拉面评分员），在上面贴出自己食用方便面的感受和评价，每年 4 月还会定期推出年度盘点。

　　2016 年他评选出了泰国方便面十佳，其中有 6 种是冬阴功口味："Wai Wai"冬阴功方便面（第九）、"小厨师"冬阴功方便面（第八）、"Mama"冬阴功速食米线（第五）、"Yum Yum"奶油冬阴功方便面（第四）、"Mama"奶油冬阴功方便面（第三）和"Mama"鱼丸冬阴功方便面（第二）。而在 2015 年的榜单中，虽然位列年度十佳榜首的是来自马来西亚的"槟城"牌，但仍是冬阴功口味。可见冬阴功不只是泰国人的心头好，更是世界人民的舌尖美味。

---

1. 犹太人，金融投资家，成立量子基金，因货币投机做空英镑、泰铢而广为人知，晚年热衷慈善事业。

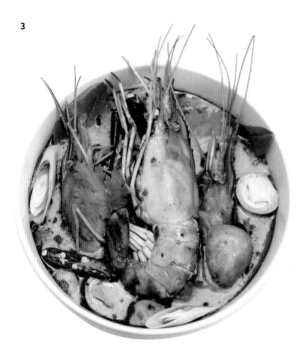

RECIPE 食谱

简单冬阴功汤
30 分钟 | 2 人份

食材

鲜虾 / 10~12 只
柠檬汁 / 1/2 汤匙
泰国朝天椒 / 6 个
良姜 / 3 个
泰式皱皮柠檬叶 / 6 片
泰国辣椒膏 / 2 汤匙
鱼露 / 3 汤匙
香茅 / 1 根
平菇 / 6 个

做法

① 处理食材：将鲜虾去虾肠，剥出虾肉，保留虾头和虾壳；良姜切片；泰国朝天椒捣碎；香茅斜切成 5 厘米左右的段。

② 在锅中加入适量清水，放入虾头和虾壳，煮开做成高汤。

③ 滤除虾头和虾壳，加入平菇和除柠檬汁、鱼露外的配料，煮开。

④ 加入虾肉和鱼露。

⑤ 最后加入柠檬汁，虾肉熟透后即可出锅。

美国集体记忆的一部分

花生酱和果酱三明治 / PB&J

	约 19 世纪
起源	美国
人物	桑德维奇伯爵、安布罗斯·W. 施特劳布
	乔治·华盛顿·卡佛

虽然包含肉和蔬菜的三明治营养相对全面些，但是花生酱和果酱三明治，仍然是受到美国人疯狂追捧的食物。花生酱和果酱三明治的名称"PB&J"是"peanut butter and jelly"的简称，这种充满了花生酱和果酱饱满滋味的夹心三明治，虽然不含任何肉类，却能为人们提供足够的能量。

花生并不是美国本土物种，三明治也同样不是美国传统食物，但是两者的融合，再加上果酱，就构成了当代美国人童年的集体回忆。

殖民者带来的饮食习惯

早在 18 世纪之前，欧洲各地就已出现某种面包或类似面包的食物，被用来放置在其他食物之下（或之上），用来舀食或包裹其他类型的食物，这种开放式的食物最初被简单地称为"面包和肉"或者"面包和奶酪"。一位英国的贵族桑德维奇（Sandwich）伯爵喜欢玩牌到了废寝忘食的程度，为了在填饱肚子的同时不弄脏手，常常命令仆人制作这种食物。久而久之，他的同伴在点菜时就说"和桑德维奇一样"，而伯爵本人更在一次玩到兴之所至的时候，以自己的爵位名称"sandwich"（三明治）为这种食物命名。

随着欧洲对美洲大陆的殖民，大批欧洲人的常驻带来了不同的文化和饮食习惯，欧式三明治也开始在美洲大陆的居民中流传开来。1776 年美国《独立宣言》发表后，英国本土对于美国的控制不再，但是来自欧洲的殖民者们却已经和原住民融合在了一起，三明治也在美国流行起来。但是和欧洲人常将其作为佐酒的快餐不同，这种面包、肉和奶酪的组合最初在美国是一种精心烹制的晚餐。

百搭的花生酱

为了得到更好的三明治口感，除了注重面包本身的新鲜度外，人们还常常在面包表面涂抹黄油。而为了丰富黄油的口味，还会在其中混合磨碎的坚果。花生作为一种豆科植物的种子，

虽然口感和营养价值和很多坚果相类似，但在当时并未受到人们的重视。

最开始将花生研磨并制成糊状物的是圣路易斯的安布罗斯·W. 施特劳布（Ambrose W. Straub）医生，1880 年，他为了保证一位有严重牙齿问题的老年患者的基本营养需求，将花生粉末配合其他营养物质调和出了一种糊状物，这便是最初的花生酱。随后他将这种糊状物申请了专利，并交给一家食品公司作为营养蛋白替代品开始商业化生产。改良后的花生酱在 1904 年圣路易斯世界博览会上首次展出，成功赢得了人们的关注，从此开启了食用花生酱的热潮。

这种花生和黄油的混合物适合搭配各种食物，迅速征服了美国人的味蕾。为了满足当时人们的大量需求，美国街头到处都是小贩在叫卖盛放在大木盆中的花生酱。20 世纪前后，使用花生酱代替黄油填充制作的三明治作为招待客人的食物大量出现在高档事务所和茶室中。

艰难时期的美式三明治

最开始和花生酱一同出现在三明治中的搭档是多香果，这种组合也流行于当时的咖啡厅和茶室。花生酱和果酱的结合也早就被人们熟知，却只是众多组合中的一种，并未受到特别的偏爱。人们还是更多地将花生酱作为点缀品，帮助提升肉和奶酪的口感。

直到第二次世界大战爆发，全球性食物匮乏的情况出现，即使是作战士兵的配给食物中也缺少肉类，但体力的大量消耗让他们迫切需要能代替肉类以补充能量的食物。当时的配给品中恰好有花生酱，他们就在面包上厚厚地涂好几层，并经常将配给的果酱也一同加入以创造更丰富的口味。

这种三明治不仅方便美味，更重要的是能在一定程度上满足人们对蛋白质的需求，因此在士兵中迅速流行开来。战争结束后，食物的缺乏并没有很快得到缓解，于是退伍的士兵带动亲友一起制作这种三明治，一度引发花生酱和果酱的销量攀升。

在美国的经济大萧条时期，为了改变因为长期种植棉花而变得贫瘠的土地，以乔治·华盛顿·卡佛（George Washington Carver）为首的植物学家们鼓励人们种植一些豆类作为棉花种植间隙的补充作物，以提高土地的氮含量，利于下一年的种植。于是越来越多的农场以花生代替棉花，许多的棉花油厂也转型为花生油厂，花生的价格开始大幅下降，销量也逐渐走高。

1916 年，卡佛还发表了《如何种植花生和为人类消费做好准备的 105 种方法》研究公报，他鼓励主妇们用花生作为配给稀少且价格昂贵的新鲜肉类和油类的代替品，以拯救美国的经济。于是主妇们早上制作好花生酱和果酱三明治，让孩子们带去上学作为午餐，并将其称为"PB&J"（花生酱和果酱三明治）。

当家长没有时间做饭时，孩子们自己也可以制作"PB&J"。因为价格低廉，营养成分又高，"PB&J"还常被家长们默许为孩子们放学后的加餐。据统计，美国人在高中毕业前，包括正餐和加餐平均要吃掉1 500 份"PB&J"，可谓百吃不厌。

如今"PB&J"仍旧是美国的流行食品，其滋味从困苦的时代一直存续至今。

1 花生酱和面包的组合在 20 世纪初期很快流行到各个国家，照片中一名以色列儿童正手持花生酱和果酱三明治看着一张花生酱海报 | 匈牙利—以色列摄影师佐尔坦·克鲁格（Zoltan Kluger）（1896—1977）
2 美国经济大萧条时期，随着花生的广泛种植，其价格不断下降的同时销量也在持续走高。照片中为白宫外售卖花生的小贩
3 花生酱和果酱三明治构成了现代美国人共同的童年回忆 | The U.S. Food and Drug Administration

RECIPE 食谱

花生酱和果酱三明治
5 分钟 | 2 人份

食材

切片面包 / 4 片

花生酱 / 4~6 汤匙

莓果酱 / 2~3 汤匙

做法

① 先将所有切片面包的一面均匀地抹上花生酱，防止面包软塌。

② 取其中两片面包，在其涂有花生酱的一面均匀地抹一层莓果酱，然后取另一片面包盖上。

③ 可以直接食用，或者切片后用铝箔纸和保鲜膜包好，作为便当。

混搭性极强的平民饮品

软饮 / Soft drink

	18 世纪
起源	英国
人物	J. 约瑟夫·普里斯特利
	约翰·斯蒂斯·彭伯顿、乔治·克莱霍恩

把零钱投入自动售货机，选取并确认，只要不到半分钟就可以得到一瓶软饮，还可以根据天气选择不同的种类和温度。无论是在便利店还是电影院，软饮都是一种简单快捷的饮品选择，与方便食品或爆米花相得益彰。而在休闲餐厅和酒吧，又能摇身一变，成为浪漫的"雪顶"饮料或诱人的鸡尾酒。

软饮的出现是为了解决不会喝酒的人群的困扰，为了和普通的酒精饮料区别开，将酒精含量低于总量 0.5% 的饮料统称为"软"饮，与其本身的质感或外包装并无关系。

现在快餐店里依然可见的软饮机，是最早的商业化制作软饮的机器，但因现场制作软饮既需要人力，制品又不易储存，数量也在逐渐减少，目前常见的软饮包装以罐装、塑料瓶装及盒装为主。除此之外，还有以波子汽水和北冰洋汽水为代表的玻璃瓶装，与其他包装形式相比多了几分复古怀旧气息。

最初人们为了方便携带，并提高碳酸气体的密封效果，曾用软木塞作为软饮的瓶塞，但逐渐因其价格较为高昂而作罢。目前这种方法被应用在大多数红酒中，而啤酒瓶常见的皇冠形瓶盖也被用于软饮的密封。

从治病的药物变成消遣的饮料

软饮诞生于新鲜果汁到果味饮料的发展过程中。在英国的都铎王朝时期，就出现了一种含有酒石奶油的柠檬味甜饮料，被称为"皇室水"（imperial water），但其中并没有现代软饮中常见的碳酸成分。

碳酸水的出现和古代欧洲人对于温泉水能够治愈疾病的迷信有关。因为相信温泉水适合饮用或沐浴治病，大型工业经常在温泉周围兴起，如英国的巴斯温泉或日本的许多温泉。然而天然温泉稀少且不易开发，于是科学家开始尝试模仿其起泡特性，制作人工矿泉水。

1769 年，英国人 J. 约瑟夫·普里斯特利（J.Joseph Priestley）在模拟矿泉水的实验中发现了向水中注入二氧化碳来制造碳酸水的方法。他在英格兰利兹当地的一家酿酒厂里将蒸馏水悬挂在啤酒发酵罐上方，通过收集发酵罐中产生的气体制成了含有碳酸的水。这种碳酸水（也被称为苏打水）是大多数软饮料的主要组成部分，因此普里斯特利被誉为"软饮料行业之父"。

他发现用这种方式处理的水有一种令人愉悦的味道，便经常拿来作为清爽的饮料款待朋

友，却并没想过对其商业潜力进行开发。直到后人改进了他的设备并大量生产，这种人工矿泉水才开始在药店中出售。

软饮很快就成为一种价格便宜、被广泛饮用的饮料。瑞典化学家约恩斯·雅各布·贝尔塞柳斯（Jöns Jacob Berzelius）在18世纪晚期开始为碳酸水添加口味，比如向其中加入香料、果汁和酒进行调和。从1820年起至19世纪30年代，矿物盐、香料、生姜、柠檬被陆续加入苏打水中。到了19世纪40年代，软饮的生产规模不断扩张，全球生产商的数量也随之大增。

1886年，在美国佐治亚州亚特兰市，药剂师约翰·斯蒂斯·彭伯顿（John Stith Pemberton）从古柯酒中得到灵感，本想调制出一种可以治疗吗啡成瘾的药剂并申请专利，却在无意中发明了带动软饮热潮的可口可乐[1]。风靡至今的可口可乐目前在全球超过200个国家均有销售，这一数量甚至超过了联合国成员国的数量。

大英帝国的秘密武器

17世纪，英国建立东印度公司后，将碳酸水和酒文化通过商业贸易带入印度等地区，并逐渐将这种文化介入演变成了殖民文化。当时热带地区的蚊媒传染病，如疟疾等是致命的威胁，削弱了武器的力量。而土著居民则在与疟疾长久的斗争过程中，总结出剥落金鸡纳树的树皮用于治疗疟疾的办法。

直到18世纪，苏格兰医生乔治·克莱霍恩（George Cleghorn）研究发现，金鸡纳树树皮中的成分奎宁是一种有效的药物，不但能够治疗疟疾，还能预防此类蚊媒传染病。由于奎宁能够溶解于碳酸水中，驻印度的英国官员便把苏打粉和糖粉混合起来，和奎宁一起加入水中，制成奎宁水饮用。

奎宁水虽然携带方便，但其中奎宁粉自带的苦味仍然不可忽略，为了使其更加美味，驻扎在印度的英国军官又向其中添加了杜松子酒。

1857年，由于印度军队和平民发生大反抗，在英国议会的监督下，东印度公司被判定为在此事上不作为，被迫退出在印度的经营。随着英国在印度将近一个世纪的统治的终结，奎宁水的功用也因需求的改变而发生了变化。奎宁成分不断减少的同时，甜味剂不断增多，奎宁水更多地被用来为鸡尾酒增添风味，并于1858年商业化。

直到现在，仍有罐装的奎宁水作为鸡尾酒的辅料出售，又被称为"汤力水"。

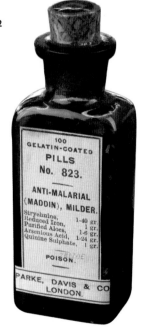

1. 可乐最初由来自可乐果的咖啡因和来自古柯叶的非可卡因衍生物的成分制成，用香草和其他成分调味，现在大多数可乐使用其他和咖啡因具有相似味道的成分来调味。

1 1929 年发行的可口可乐公司股票 | Unbekannte Autoren und Grafiker; Scan vom EDHAC e.V.

2 19 世纪英国生产的以奎宁为主要有效成分的抗疟疾药片 | Wellcome Images (CC BY-SA 4.0)

3 约瑟夫·普里斯特利制得医用人工矿泉水所用的化学仪器图样 | Wellcome Images (CC BY-SA 4.0)

4 1872 年，英国软饮生产商海勒姆·科德设计生产的科德瓶，现在逐渐被改良成为波子汽水瓶 | 奥克兰战争纪念博物馆 (CC BY-SA 4.0)

5 最初人们为了方便携带、提高碳酸气体的密封效果，尝试过不同的瓶盖 | Quim Gil

6 美国得克萨斯州胡椒博士博物馆（Dr Pepper Museum）展出的软饮制造设备 | Michael Barera (CC BY-SA 4.0)

RECIPE 食谱

奎宁杜松子酒

5 分钟 | 1 人份

食材

冰块 / 4 块

杜松子酒 / 60 毫升

奎宁水（汤力水）/ 120 毫升

鲜榨青柠汁 / 1 汤匙

青柠 / 1 角

做法

① 把青柠放进杯子里。

② 加入冰块、杜松子酒、奎宁水和鲜榨青柠汁。

③ 用长的汤匙搅拌均匀即可饮用。

保质期超过 99.9% 的爱情

罐头食品 / Canning food

	约 19 世纪初
起源	法国
人物	尼古拉·阿佩尔

在人类文明漫长的进化史中，除了烹饪方法的演变、传播、融合外，食材的保存也一直是人类苦苦探索的命题。

康熙二十一年（1682），康熙在《奏太皇太后书》中写道："臣自山海关至盛京，水土皆佳，兽多鱼鲜，每当食顷，辄念不能驰奉太皇太后圣祖母、甚歉于怀。到盛京后，身亲网获鲢鱼鲫鱼，设法成段，浸以羊脂者一种、盐腌者一种，星驰递送。心期奉到之日，倘得味仍鲜美，庶可稍见微诚。山中野烧，自落榛实及山核桃。朝鲜所进柿饼、松子、白果、栗子，附候安奏启同往。伏乞俯赐一笑。不胜欣幸。"[1]

讲述的是为了让太皇太后尝到新鲜的鲢鱼和鲫鱼，康熙帝将鱼切成段后分别以油浸、盐腌的方式处理，命人快马加鞭以求俯赐一笑的一段历史故事。这里的油浸和盐腌便是古时保存食物常见的方法。

事实上，在 19 世纪罐头发明以前，保存食物无外乎晒干或者风干、烟熏、盐腌、用醋或油脂浸没、发酵等从生活经验中总结得到的方法，其中的原理并不为人所知，也不适合大批量操作。

战争的爆发促进了科技的发展。1803 年，拿破仑战争爆发，由于部队军需大量增加，食物的供给成为制约夏秋季节军队作战能力的重要因素，为此法国政府悬赏 12 000 法郎来征集价廉且高效的食物保存方法。而其实早在 1795 年，巴黎的一名糖果商和主厨尼古拉·阿佩尔（Nicolas Appert）就开始试验用气密法保存食物：他们将食材放在玻璃罐中，加入开水，然后用软木塞和蜡密封。

1806 年，阿佩尔在法国工业博览会[2]上展示了一系列用气密法制作的罐装水果和蔬菜，但在当时并未赢得任何奖励。到了 1810 年 1 月，法国工业设计部给了阿佩尔 12 000 法郎来

1.《奏太皇太后书》为康熙写给孝庄太后的一系列奏折，引文为康熙二十一年（1682）三月初八于盛京出游时所写。

2.1798 年，拿破仑为了与讲究"艺学日新"的英国竞争，在巴黎设立工业博览会，1806 年的为第四届博览会。

表彰他的成果，阿佩尔接受了奖金并随后出版了《动物和蔬菜食物的保存艺术》[1] 一书。与此同时，由于法军开始研究为士兵配备罐装食物，阿佩尔便在家乡建立起世界上首个罐装食品工厂。

然而法国的马口铁质量并不好，所以直到 1814 年阿佩尔的工厂遭到盟军破坏时，罐头食品使用的都是玻璃瓶，加工缓慢、运输不便等问题始终存在。

有趣的是，虽然制作罐头时向密封容器加入热水处理食材是阿佩尔在反复尝试后找到的有效方式，但他并不清楚其中的原理。直到 50 年后，法国化学家巴斯德在研究葡萄酒变酸的过程中发现了加热可以杀死细菌，才为阿佩尔的罐头制作方法提供了科学依据。事实上，现今罐头的制作除了无菌条件更严格外，基本上沿用了阿佩尔的方法。

罐头的发展得益于马口铁制造工艺的改进。1810 年，身处伦敦的法国工程师菲利普·德·吉拉德（Philippe de Girard）采用了阿佩尔的方法，用马口铁来制作罐头，并申请了专利。次年他将专利转让给当地商人布莱恩·唐金（Bryan Donkin），后者在伯孟塞开设了罐头工厂，优化了食物罐装的流程，并将产品出售给英国陆军和皇家海军。由于该时期马口铁罐头主要依靠手工制作，平均每个工人 1 小时只能制造出 6 个，普通人基本是消费不起的。

与此同时，罐头制作工艺也传入了美国。1812 年，罗伯特·艾尔斯（Robert Ayars）在纽约创立了美国第一个罐头工厂；1846 年，美国机械师亨利·埃文斯（Henry Evans）发明了制罐机，一个工人操作机器一天能制造 500 多个罐头，大大提高了罐头的生产效率，同时也极大地降低了人力成本。随着世界范围内城镇居民人口的增加，罐头的消费量也不断增多。在欧洲，罐头作为一种新鲜事物已然变成中产阶级身份的象征。

19 世纪后半叶到 20 世纪中期是战争频发的 100 年，无论是欧洲的克里米亚战争、普法战争和美国内战，还是 20 世纪的两次世界大战，军队士兵的需求、工人阶级对便宜又多样化的食物的需要都导致罐头的消费量飞速增长。同时，美国的罐头厂商还通过新奇的食材、花里胡哨的商标和更低的价格来抢夺市场。

值得一提的是，在罐头诞生约半个世纪后，才有了开罐器。起初罐头外壁十分厚重，士兵们必须用锤子将其打开。随着马口铁罐制造工艺的提高，罐体变薄，才有了发明开罐器的必要。

1858 年，美国人埃兹拉·沃纳（Ezra Warner）发明了一种开罐器，后供美国内战期间士兵使用；1866 年，J. 奥斯特豪德（J. Osterhoudt）研制出了适用于沙丁鱼罐头的钥匙拉环。但是这些早期的开罐器实用性并不高，在经过了多代更迭后，今天我们最常见的是 1959 年厄尔默·C. 弗莱兹（Ermal C. Fraze）发明的易拉环。

纵观整个罐头食品的进化史，也许我们能够从中嗅出一丝人生哲理的味道，即最好的、最适合的总会脱颖而出。如果它还没出现，那就请再耐心等等。

1

1. 原书名为法文，写作 L'Art de conserver les substances animales et végétales，有英译本。

1 1866 年，J. 奥斯特豪德研制的适用于沙丁鱼罐头的钥匙拉环 | University of Washington
2 现在常见的沙丁鱼罐头 | Rl (CC BY-SA 2.5、2.0、1.0)
3 19 世纪后半叶到 20 世纪中期战争频发，令罐头的消费量迅速增长，照片为供应部队需求的罐头的生产 | 美国国家档案和记录管理局
4 各种各样的易拉环 | Greg Goebel (CC BY-SA 2.0)
5 阿佩尔发明的罐头，食材盛放于玻璃罐中 | Jpbarbier Jean-Paul Barbier (CC BY-SA 3.0、2.5、2.0、1.0); 02-2

RECIPE

金枪鱼迷你汉堡
20 分钟 | 2 人份

食材

金枪鱼罐头 / 1 个

蛋黄酱 / 1/4 杯

煮熟的鸡蛋 / 1 个

西芹 / 1 根

红洋葱 / 30 克

酸橙汁 / 适量

盐 / 3 克

黑胡椒粉 / 1.5 克

番茄 / 2 个

生菜 / 适量

芝麻菜 / 适量

切片吐司 / 2 片

做法

① 煮熟的鸡蛋对半切开，西芹切碎，红洋葱切碎，番茄切片，生菜和芝麻菜洗净。

② 打开金枪鱼罐头，将金枪鱼肉、蛋黄酱、鸡蛋、西芹碎、红洋葱碎和酸橙汁混合。

③ 撒入盐和黑胡椒粉调味，搅拌均匀。

④ 在一片吐司上依次放上生菜、芝麻菜、番茄片和混合好的金枪鱼肉，盖上另一片吐司即可。

英国的国民食物

炸鱼薯条 / Fish & Chips

	19 世纪 60 年代
起源	英国兰开夏郡、伦敦
人物	约翰·李斯、约瑟夫·马林
	温斯顿·丘吉尔

谈到英国特色，可以滔滔不绝地说上很久，比如女王、柯基、莎士比亚、福尔摩斯、披头士或者英式足球等。但若谈及英国特色食物，却发现似乎掰着手指就能数完，并且在竖起第一根手指的瞬间，多数人脑海里出现的是炸鱼薯条。

英国是世界上最早开始工业革命的国家。1825 年，工程师斯蒂芬森发明了第一辆客运火车，在斯托克顿至达灵顿的铁路上试车成功，这是世界上第一条铁路。随后，英国各地开始大兴土木建设铁路，一批新兴的工业城市如曼彻斯特、利物浦、伯明翰、利兹、普莱斯顿等发展起来，吸引了大批人口涌入。

为了满足激增的工人阶级对食物的需求，沿海渔业也得到了发展，蒸汽拖网渔船的发明帮助英国人在北大西洋的渔场捕获了大量的鱼，通过铁路网快速运送到新兴的工业城市。据称，前一天在格里姆斯比 [1] 捕获的鱼，第二天一早便能出现在离它最远的城市。

在将炸鱼和薯条一起出售之前，英国劳动人民就有油炸鱼和马铃薯的习惯。炸鱼最早出现在 19 世纪初的伦敦，西班牙的犹太人由于受到迫害，逃亡至英国的同时也将自己烹饪鱼的方法带到了当地：将裹上面粉的比目鱼在色拉油中炸至熟透，然后在西敏寺的市场出售——这个场景也被狄更斯写进了《雾都孤儿》[2] 中。

而薯条的真正起源历史上并无定论，最广为流传的版本是 1680 年前后，比利时默兹河流域的一位家庭主妇为解决冬天河流结冰吃不到鱼的问题，将马铃薯切成了鱼的形状炸熟食用。到了 19 世纪早期，英国西北部开始出现售卖炸薯条的生意人，据称英国最早的薯条门店出现在现今奥尔德姆的托米菲尔德市场。

伦敦人喜食炸鱼，西北部城镇的居民则偏爱薯条，炸鱼和薯条是在何时结合在一起的同样没有定论。兰开夏郡人声称最早的炸鱼薯条由当地一位名为约翰·李斯的人发明，他于 1863 年开始在莫斯利市场的小木屋里出售炸鱼和薯条。现如今李斯的店铺上仍然标示着"世

1.Grimsby，位于英国东部亨伯河口的港口，是东北林肯郡 1996 年成立后的行政中心，目前仍是英国较大的港口之一。

2. 具体出自《雾都孤儿》第 26 章。

LEES'S

CHIP POTATO RESTAURANT

OLDEST ESTD. IN THE WORLD

界最古老的炸鱼薯条店铺"。

另一种说法是 1860 年，一名 13 岁的犹太男孩约瑟夫·马林在伦敦东部街头叫卖炸鱼和薯条。马林的家人都是地毯编织工人，为了提高收入而开始在楼下的小房间炸制薯条。马林卖的炸鱼来自附近的一家炸鱼店铺。开始时他在脖子上挂着托盘沿街叫卖，后来干脆在克利夫兰街开了一家自己的店铺。

虽然对于炸鱼薯条真正的起源两地人各执一词，但是炸鱼和薯条结合起来的时间基本可以确定是在 19 世纪 60 年代。

到了 20 世纪初，炸鱼和薯条已经成为整个英国的标志性食物，鲜有地方看不到它的身影。从 1888 年到 1906 年，伦敦的炸鱼薯条店铺从 250 家增长到 1 050 多家。到了 1910 年，整个英国有 25 000 家炸鱼薯条店铺，其中最密集的要数奥尔德姆和利兹地区，平均不到 400 米就有一家店铺。

在 20 世纪 30 年代早期，整个英国北部和中部的炸鱼薯条生意超过第一次世界大战前的水平并达到巅峰，但在接下来的 10 年里则出现了一定程度的衰退。同时期的南部大城市仍然保持增长，只有曼彻斯特、赫尔城、雷丁呈现了停滞或负增长的趋势。

第二次世界大战期间，由于海上补给遭到德军袭击，2/3 的食物依赖进口的英国面临粮食短缺，不得不实行食物配给制度。但时任粮食部长的伍尔顿仍然未将炸鱼薯条限制在配给清单里，为此英国政府特设了火车班次来保证整个国家的鱼肉供给。就连丘吉尔都特别指出，炸鱼薯条是人民的"好伙伴"，可以保证国内民众高昂的精神，有利于取得战争的胜利。

与冰岛的鳕鱼战争

炸鱼薯条主要使用鳕鱼，欧洲鳕鱼最主要的产区位于冰岛海域，第二次世界大战之前英国在冰岛海域的捕鱼量是其他地区的 2 倍多。1944 年，冰岛成立共和国，

为了保护鳕鱼资源和本国渔民的利益，冰岛政府先后多次调整领海区域，不断将范围扩大，并于 1958 年宣布距海岸 12 海里范围内均属于冰岛领海。

然而英国自恃军力强势而无视冰岛的警告，派遣了 37 艘舰艇和 7 000 多名士兵支持英国渔民继续捕捞。忍无可忍的冰岛人果断开炮驱逐英国渔船，"鳕鱼战争"的炮火就此燃起。后来双方经过谈判，1961 年，英国不得不承认冰岛扩展后的 12 海里领海线。然而在 1971 年和 1974 年，冰岛又先后两次将禁渔界线扩大到 50 海里和 200 海里，英国自然无法接受这种得寸进尺的行为，两国由此爆发了第二次和第三次"鳕鱼战争"。

战火持续燃烧到了 1976 年，迫于北约和欧共体的压力，英国最终不得不再次做出让步，承认冰岛的 200 海里领海区域。

如今，英国每年的炸鱼薯条有超过 6.5 亿英镑的营业额，接近 6 万吨的鱼肉和 50 万吨的马铃薯被用于制作这一"国民食物"，英国人对炸鱼薯条的执着在百余年的时间里始终不减。1913 年，"英国炸鱼联合会"成立。1988 年，英国设立了"国家炸鱼薯条奖"（The National Fish & Chip Awards）。从 2017 年 5 月开始，组织者经过四个多月的时间从英国各地的名单中选出 20 强店铺，依次角逐出十强和前三名。在 2018 年 1 月 25 日的决赛中，北约克郡的米勒斯炸鱼薯条店（Millers Fish & Chips）赢得桂冠。

时代在飞速变化，但食物带给人的共鸣和慰藉不会改变。在很多英国人看来，将炸鱼薯条作为国民食物其实是件颇令人尴尬的事情，但倘若某天踏入异乡为异客，一份简单的炸鱼薯条足以唤起万千感慨。正如莎翁的《理查二世》中波林波洛克在遭到放逐时所说的："这将令我欣慰，此处温暖你的太阳也将照耀在我身上。"[1]

---

1. 原文为 "This must my comfort be, the sun warms you here shall shine on me"。

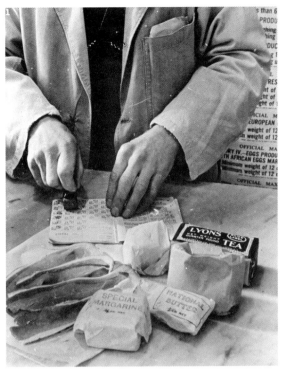

1 食物配给手册，图中英国店铺主人在一名家庭主妇的配给手册上盖章 | 美国国会图书馆
2 炸鱼薯条使用的主要材料是鳕鱼 | 美国大都会艺术博物馆
3 炸鱼薯条店（The Cod's Scallops）获得了 2014 年的英国"国家炸鱼薯条奖" | ClemRutter (CC BY-SA 4.0)

RECIPE 食谱

炸鱼薯条
30 分钟 | 4 人份

食材

植物油 / 2 升

马铃薯 / 950 克

面粉 / 1 杯

啤酒 / 1 杯

蛋白 / 2 个

盐 / 适量

鳕鱼 / 250 克

做法

① 马铃薯去皮，切成条状；鳕鱼去骨，切成片状。

② 将植物油倒入炸锅，加热至 160℃，倒入薯条炸制 4 分钟左右，至薯条变软但未变色时捞出，沥干油分。

③ 混合面粉、啤酒、盐和蛋白，制成面糊，待油温升至 180℃，取鳕鱼片蘸取面糊，与薯条一同入锅炸至金黄即可。

见证全球化的世界快餐代表

汉堡 / Hamburger

	19 世纪
起源	美国
人物	成吉思汗、卡尔·德莱斯

对于经历过 20 世纪 90 年代的中国内地人来说，有一种活在记忆中的"洋气"食品——汉堡。1990 年前后，麦当劳、肯德基相继登陆中国内地市场，很多人能清楚地回忆起路过这两家快餐店时闻到的典型的"快餐香味"，汉堡成为当时很多家长对孩子考试成绩优异的奖励。

汉堡有多火？1990 年 1 月，莫斯科迎来苏联第一家麦当劳[1]，开业第一天，不畏严寒来吃两片面包夹碎牛肉饼的苏联人将麦当劳围得水泄不通。2014 年，随着胡志明市麦当劳的开业，越南成为麦当劳全球化进程中的第 120 个国家。1920 年起，美国的某餐饮联盟甚至以汉堡的购买力为标准，来比较各国的国民消费水平，充分体现出快餐文化的全球化。

汉堡的形式其实很老套？

汉堡主要由牛肉饼、两片面包、一些蔬菜构成。美国人骄傲地相信自己是汉堡的发明者，但也有不少人认为，这种利用面包来夹碎肉的饮食方式实际上在各种文化中都存在。在大众中普遍流传的很多起源故事，彼此间往往是相互矛盾的。

古罗马美食家阿皮基乌斯在他那本著名的食谱《论烹饪》中记下了一种烤肉饼（isicia omentata）的制作方法：将碎牛肉和松仁、葡萄酒、黑胡椒、绿胡椒混合在一起，捏成肉饼煎烤。这可能就是汉堡中的肉饼的前身。

此外，他还记录了一种被称为"hamburgh sausage"的香肠碎肉配面包的吃法。香肠是用剁碎的肉和肉豆蔻、丁香、黑胡椒、大蒜、盐混合制成的，通常配以吐司一起食用。这种碎肉配面包的吃法像极了现在的西式早餐。

12 世纪时，蒙古军队中也出现了一种肉饼食物，被称为"鞑靼牛排"。成吉思汗在率

1.1940 年，麦当劳在美国加州开设第一家店。菜单上只有普通汉堡、芝士汉堡和薯条，饮料只有咖啡、牛奶、可乐、沙士、橙汁和冰激凌奶昔。从 1976 年起，麦当劳为了进入苏联市场，同苏联进行了长达 13 年的谈判，直到 1989 年才达成协议。

- Hamburger -

军攻打今俄罗斯、乌克兰、哈萨克斯坦等地区期间，组成了一个叫"黄金部落"的骑兵队伍。由于军队行进速度过快，骑兵们根本来不及停下好好吃饭，于是就想办法将切好的肉片（一般以马肉、牛肉、羊肉为主）包好塞在马鞍下面。肉片在不断的撞击、压力下变成碎肉，又因不停地摩擦而受热，这种战争时的饮食习惯一直被保留到蒙古帝国瓦解。

后来鞑靼牛排被成吉思汗的孙子忽必烈和他的军队带到了今俄罗斯（1215），又在17世纪时搭俄罗斯的船进入德国汉堡港口。由于"汉萨同盟"[1]的影响，汉堡是当时世界上极为繁忙的港口之一，同时也成为日后欧洲移民将文化带入美洲的一座重要桥梁。

到了1848年，欧洲掀起革命狂潮[2]，一些从事航运、商贸的欧洲人逃到了美国，纽约成了从德国汉堡出发的船只最常去的目的地。纽约各餐馆为了吸引移民，开始提供源自德国汉堡的碎肉牛排，这便是很多人认为汉堡起源于德国的原因。直到今天，这道肉饼仍是德国人喜爱的食物。为改良口味，他们还会在其中添加辣椒、洋葱、鱼子酱等。

20世纪的意大利也出现了碎肉食物，1930年，威尼斯"哈利的酒吧"发明了薄切生肉（carpaccio）的做法。和欧洲大部分地区一样，他们会用这道菜来搭配面包。

直到21世纪，西方国家在逐步了解中国饮食文化的过程中，发现了一种名为"肉夹馍"的中国西北特色食物。《赫芬顿邮报》（The Huffington Post）在2015年的一篇饮食栏目报道中写道："世界上第一个汉堡根本不是美国发明的，也不是德国，而是中国。"作者还指出，中国肉夹馍与汉堡有着异曲同工的做法，并且肉夹馍的发明时间可以一直追溯到公元前221—前207年（秦朝）。

绞肉机与牛肉产量增加

虽然关于汉堡的起源有如此多的说法，但不可否认，是美国人使汉堡成为快餐文化的代表。著名厨师兼作家朱莉亚·查尔德就曾表示："美国人将绞牛肉加冕为汉堡肉，并将其一举推向全世界，甚至连挑剔的法国人都接受了这样的说法。"

18世纪初，德国工程师卡尔·德莱斯（Karl Drais）发明了世界上第一台绞肉机器，能够大量打碎肉块，碎肉的市场价格因此暴跌。1845年起，美国出现了许多改良型绞肉机，并且都获得了专利。在此之前，手工剁碎肉块是一种密集型的体力劳动，严重限制着碎肉的产量。

到了19世纪后期，美国越来越多的土地被用于养牛，牛仔越来越多，美国成为世界上较大的牛肉生产国和消费国之一。19世纪80年代是美国的"牛肉黄金时代"，在此期间，大量的牛肉通过铁路实现了从农村向城市的运输。为了能尽可能长时间保存牛肉，腌牛肉、冷冻牛肉等产品出现在市场上，芝加哥与其他东海岸城市相继建立起大规模的牛肉加工厂。

此时，牛肉价格再创新低，工人阶级能毫不费力地负担起牛肉食品。专门供应碎肉牛排的餐馆数量明显增加，准确抓住了工人在短暂的休息时间里的进餐需求，汉堡在美国的迅速崛起也是美式创业精神的一个重要体现。

---

1. 汉萨同盟是13世纪德意志北部城市之间形成的商业、政治联盟。
2. 1848年欧洲革命，也称"民族之春"，是在1848年欧洲各国爆发的一系列武装革命。

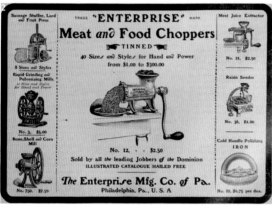

RECIPE 食谱

牛肉汉堡

40 分钟 | 6 人份

食材

牛肉糜 / 400 克

车打奶酪 / 15 克

酸黄瓜 / 20 克

洋葱 / 200 克

黄芥末酱 / 10 克

番茄酱 / 10 克

蛋黄酱 / 10 克

黄油 / 5 克

黑胡椒粉 / 少许

盐 / 少许

鸡蛋 / 1 个

汉堡面包 / 12 片

做法

① 牛肉糜中加盐、黑胡椒粉、鸡蛋，混合均匀；将洋葱切碎后加入其中，搅拌均匀。

② 将上述肉糜混合物分成均匀大小的 6 份，揉成球，再在手中压成饼状。

③ 先将黄油抹在锅底，调至中火，放入肉饼，将两面煎熟。

④ 将番茄酱、黄芥末酱、蛋黄酱以 1：2：5 的比例拌匀，一次可多准备一些放在小盒子里备用。

⑤ 每片汉堡面包上放 3 片酸黄瓜、1 块肉饼、半汤匙步骤④中的酱料、1 片车打奶酪，盖上另一片汉堡面包。

Tips： 如果预先将汉堡面包用平底锅或烤箱煎烤一下会更好吃。

红遍全球的中华平民主食

拉面 / Lamian noodles

	约 1908 年
起源	中国
人物	马保子

"拉面"在中国通常指的是一种手工制面的方法——将揉好的面团拉长、折叠，经数次重复后，最终得到又细又长的面条。但这一概念被用得更多的情况，则是泛指以这种制面方法配合各种汤和浇头做出的面食，例如兰州牛肉面、敦煌驴肉黄面等。面条经过揉、拉、弹的手工制作工序后会更筋道、更有弹性，因而"拉面"在中国逐渐成为饮食界的一块金字招牌。

拉面可能是世界上极为考验制作技巧的主食之一，需要在不断拉长面条的同时保证其不断裂，一位拉面师傅需要花费近 10 年的工夫练就独立开店所需要的技能。世界顶级主厨戈登·拉姆齐（Gordon Ramsay）曾在一档电视节目中拜访开在英国的一家中式拉面店，学习古老的制作技巧。厨艺获得过英国女王授勋的戈登数次尝试竟都以面条断裂的失败而告终，他只得无奈叹息："（拉面）没有那么简单，太让人惊讶了。"

拉面诞生于人们不断寻找更筋道的面团的过程，这还要从小麦、石磨开始讲起。小麦拥有独特的麸质，是地球上唯一一种能用于做出手工拉面的谷物。公元前 1300 年前后，小麦从中东地区传入中国，曾因粒食口感差而一度被边缘化。在此之前，古代中国人很可能已经学会了如何做面[1]，但作为材料的稷（小米）和黍（黄米）即使被磨成了粉，也无法拉长。

最初通过将面团拉伸后过水煮制而成的饼，或许是拉面的雏形。东汉时期刘熙曾在《释名》中记录了几种饼的名称，其中"汤饼"指的就是在"汤"中煮熟的面饼。但早期的磨坊以水为动力，在水资源稀缺的中国北方无法得到普及。到了魏晋时期，出现了一种扁似韭菜叶一样的面片，被称为"水引"，这种食物被记录在《齐民要术》当中。

唐朝已出现与拉面更相似的主食，其中以《猗觉寮杂记》中唐人生日所食的"长命面"最为相近，被学者认为是陕西臊子面的起源。与此同时，中国西北敦煌一带已经开始将面粉分为"白面""粗面""麸面""麸子"等不同等级。元朝，一种名叫"水滑面"的做法被

1.2002 年，考古学家在中国青海省喇家遗址处挖掘出古代面条，此遗址随后被测定为距今 4 000 年，由此推断，中国人掌握制作面条的技艺至少是在 4 000 年前。但在考古学界，这样的说法也存在较大争议。葛威、刘莉、陈星灿等考古专家在《南方文物》上发表文章认为，所谓"面条"，可能是碗内封闭环境下生成的某种菌类。

记录在《易牙遗意》中，具体为："用十分白面揉搜成剂，一斤作十数块，放在水中，候其面性发得十分满足，逐块抽拽（拉伸成薄条），下汤煮熟。抽拽得阔薄乃好。"元朝的另一本名为《居家必用事类全集》的书中则收录了向面粉中加入盐水和油，揉制过程中不断用拳头击打以使"水滑面"更具韧性的方法。

除了小麦，制作拉面的另一个必要条件是"碱"，例如面食之乡山西的淡水水质本来就是碱性的。在中国的干旱地区和半干旱地区存在着大面积的盐碱地，这些地区几乎都位于中国北方。明清时期，面食发展得更为多种多样，出现了押面、拉面、刀削面、担担面、伊府面、炸酱面、热干面等。做法上也出现了以"碱"令面团更具弹性、延展性的记录，如晚清翰林院侍读学士薛宝辰[1]的《素食说略》中写道："其以水和面，入盐、碱、清油揉匀，覆以湿布，俟其融和，扯为细条。"书中还形容此法做出的面条虽然"其薄等于韭菜，其细比于挂面"，但"久煮不断"，且"以陕西朝邑、同州为最佳"。

然而使用普通碱水、盐水的小麦粉面团还无法做出真正的超长"拉面"，最多是一种"扯面""拉条子"。直到 1908 年（清末），拉面才有了"质"的飞跃。在河南省西峡县，回族厨子马保子在揉面团做拉条子时，一不小心将面团掉到了蓬灰[2]里。令他意外的是，在蓬灰的作用下，面团的韧劲竟不可思议地提高了。当他再去拉扯面团的时候，发现面条可以变得又细又长，拉面就这样诞生了。

虽然拉面的制作技巧很难掌握，但拉面是中国北方极为寻常的主食之一。近年来拉面馆开遍了全国的大街小巷，成为我国的国民快餐之一。单在甘肃兰州，已经有超过 1 000 家牛肉面店，每天仅早餐就要卖掉超过 100 万碗牛肉面。

1 在太阳下晾晒手工制作好的拉面。照片由英国摄影师、作家、服装设计师塞尔西·比顿（Cecil Beaton）拍摄于 1939—1945 年，现存于英国帝国战争博物馆（Imperial War Museums）
2 辽宁省大连市一位拉面师傅在制作拉面 | CEphoto, Uwe Aranas (CC BY-SA 4.0)

---

1. 薛宝辰（1850—1916），原名秉辰，陕西长安（今杜曲街道办寺坡村）人，他晚年笃信佛教，崇尚素食，《素食说略》为他所著的最后一本书。
2. 蓬蓬草作为一种碱，生长在中国的甘肃、陕西、内蒙古、新疆、青海、宁夏、山西等地，一直被这些地区的人用来制皂，用于清洁。直到 21 世纪，这些地区的人还会在秋天时烧制蓬蓬草，得到蓬灰（一种碱）。

自制兰州牛肉面

6 小时 | 2 人份

食材

高筋面粉 / 300 克

水、蓬灰水 / 适量

盐 / 少许

萝卜 / 100 克

干姜片 / 10 克

花椒 / 10 克

小茴香 / 10 克

草果 / 10 克

桂皮 / 10 克

胡椒 / 10 克

沙姜 / 10 克

肉蔻 / 10 克

香茅 / 10 克

荜拨 / 10 克

香叶 / 10 克

八角 / 10 克

鲜椒 / 10 克

尖椒 / 10 克

干椒 / 10 克

朝天椒 / 10 克

生姜蓉 / 10 克

蒜蓉 / 10 克

菜籽油 / 少许

牛大骨 / 200 克

牛脊椎骨 / 200 克

牛肉 / 200 克

葱、姜 / 适量

做法

① 将高筋面粉铺在案板上，在面粉中间推出一个凹槽，使其中间低，周边高；用手在面粉四周捶几下，使其不易跑水；在凹处倒适量水，加少许盐，然后利用手劲把面粉、水和盐拌匀。

② 多次加水，从底下往上翻，把面团和到一起；在此过程中，用手把部分面推出去，再抓回来，反复多次。

③ 面团揉好后，倒入适量的蓬灰水（蓬灰占面粉重量的0.4%），把水揉进面里；然后倒入少量菜籽油，继续把面揉成一个均匀的长麻花形，把面往两边拉一下再继续，重复两次；把面团推平，叠起，再推平，再叠起来，再加一点儿蓬灰水，三叠两包将其揉进面里，然后醒面约30分钟。

④ 把面团对叠，圆弧的一端放在面板上，用两手握住两端，将面团拉得远一点儿，抬起在面板上用力摔打，如此反复。

做面剂子：将面团搓到成人胳膊粗细，长度为4~5厘米，然后醒面几分钟；

抻面：给面团均匀地抹上面粉，搓到擀面杖细，开始抻，先抻1米长，然后蘸面粉，再抻，反复多次。

⑤ 把萝卜切片、撒盐，沥水后用清水清洗，开水焯熟备用。

⑥ 将牛大骨和牛脊椎骨放入锅内，大火烧开转小火熬制3~4小时，其间撇出浮上来的牛油，待牛油凝固后加适量在肉汤中，增加肉汤的鲜味和香味。

处理牛肉：把牛肉放冷水里，将血水挤出后浸泡1小时；把牛肉放进汤里，加入香料包（干姜片、花椒、小茴香、草果、桂皮、胡椒、沙姜、肉蔻、香茅、荜拨），煮好后沥干水分。

⑦ 煮锅内倒入步骤⑥中的汤、水、盐、牛油（之前撇出来的）、香料包（干姜片、花椒、胡椒、草果、桂皮打磨成粉，装入纱布包），搅拌均匀，煮开；用滤网过滤肉汤，放入适量的萝卜片，煮熟备用。

⑧ 油泼辣子：倒入菜籽油，油热后放入葱、姜炸香，倒入草果、小茴香、桂皮、香叶、八角，炸香后捞出；待油稍凉，取一大容器，放入研磨好的鲜椒、尖椒、干椒、朝天椒以及生姜蓉和蒜蓉，把热油一勺一勺均匀浇于其上，每浇一勺搅拌一次。

⑨ 煮面：水滚后下面，同时用筷子翻搅。

⑩面条沥水放入碗中，加入油泼辣子，最后均匀浇汤，加入煮好的牛肉即可。

广为流传的印度美食

唐杜里 / Tandoori

	20 世纪
起源	旁遮普地区
人物	昆丹·拉尔·古吉拉尔
	贾瓦哈拉尔·尼赫鲁

唐杜里是一种印度风味的料理，最初来自旁遮普地区，唐杜里鸡是其中流行得最为广泛的一种。传统的唐杜里鸡需要用酸奶进行腌制，以一种预先调好的香辛混合料葛拉姆马萨拉（garam masala）调味后，放到当地的土炉中在高温下烹饪。唐杜里鸡因为腌料中的红辣椒粉而呈现出暗红的色泽，外层香味浓郁，内部软嫩多汁，还带有特殊的奶香气，常常和米饭以及炖豆子搭配食用。

烤箱的普及使唐杜里料理在制作时可以更好地调控温度，因此随着开遍世界各地的印度餐厅逐渐流行起来，以唐杜里鸡为基础的黄油鸡和咖喱鸡也受到人们的欢迎。

用土炉制作的料理

唐杜里作为印度特色料理而闻名世界，但究其本质却是古印度文明中旁遮普文化的结晶。从石器时代便有人居住的旁遮普地区，是人类文明较早的发祥地之一，辉煌的印度河文明亦是由此发展起来的。古时人们主要依靠农业为生，农耕的生活方式影响着人们的饮食文化，由于主要作物为大米、小麦，主食也以米饭和薄饼为主。为了烹制食物，人们用黏土制作出可以用于烘烤食物的容器。

从中世纪开始，不同种姓和宗教在这里交会，众多伊斯兰教信徒扎根于此，使当地的食物渐渐衍生出以禽肉和素食为主的品类，并且开始食用奶制品。文化和饮食的交融使得旁遮普菜逐渐形成以黄油风味的素食和肉类菜肴为主要特色的体系。

从莫卧儿时期开始，当地人们常使用被称为"tandoor"的土炉烤制面包或薄饼。"tandoor"通常搭建在人们居住的房屋附近，主要材料是黏土和砖瓦，形状一般呈圆筒状，能够让热量始终在其中环绕，在利用回流的空气将食物焖烧熟的同时，增添炭烤的风味。

20 世纪前期，一位名叫昆丹·拉尔·古吉拉尔（Kundan Lal Gujral）的男子在白沙瓦经营一家名为莫蒂·马哈尔（Moti Mahal）的餐馆，为了吸引更多顾客，他开始尝试新的食谱。古吉拉尔发现"tandoor"因为密封效果好，内部可以达到极高的温度，能将更厚的食物烤熟，于是他开始用其烧烤肉类。

因为当地以鸡肉为食的人数更多，古吉拉尔首先尝试烤制鸡肉。他将鸡肉用铁钎串起来，放入土炉中烤制，这样烤得的鸡肉虽然外皮焦脆、肉质鲜嫩多汁，但缺乏更丰富的滋味。于是他向腌制鸡肉的调料中增加了辣椒粉，使得烤制后的鸡肉色泽更加鲜亮。此后酸奶也被加入腌料中，并因为减少了烹饪过程中的水分流失，而使鸡肉口感更加柔嫩。

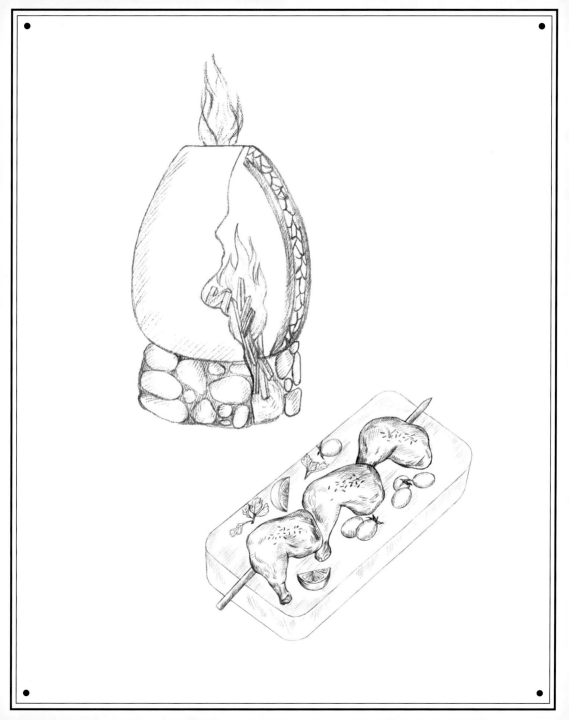

这种鸡肉料理一经推出就受到当地人的欢迎，古吉拉尔利用传统的命名方式将这种料理称作唐杜里鸡。唐杜里鸡原料易得、工艺简单，又符合当地众多伊斯兰教徒的口味，因此很快便流行起来，并且对人们制作其他肉类料理产生了深刻的影响。此后，用这种土炉制作出来的料理被统称为唐杜里（Tandoori）。

由印度走向世界

1947 年，由于印度教和伊斯兰教之间的宗教对立日益激化，大英帝国统治下的英属印度解体，诞生了印度和巴基斯坦两个新的国家，旁遮普地区也随之分裂。居住在印度教地区的伊斯兰教徒逃亡至伊斯兰教地区，伊斯兰教地区的印度教徒和锡克教徒则逃往印度教地区，其中不少人因被强制迁移而沦为难民。伴随着这场浩大的人口迁徙，旁遮普地区的饮食文化扩散到了中亚和南亚的各个地区，并和当地的饮食文化融为一体。

在分裂之后，白沙瓦成为巴基斯坦的一部分，古吉拉尔也成为众多迁徙的难民之一，为了逃离动乱，他来到了印度定居。随着他的餐厅在德里（Delhi）的达雅加尼（Daryaganj）落户，唐杜里鸡也成为印度特色料理之一。

印度第一任总理贾瓦哈拉尔·尼赫鲁（Jawaharlal Nehru）在首次尝试后，对唐杜里鸡印象深刻，并将其定为印度国宴菜品。包括美国前总统理查德·米尔豪斯·尼克松和约翰·菲茨杰拉德·肯尼迪（John Fitzgerald Kennedy）、苏联领导人尼古拉·亚历山德罗维奇·布尔加宁（Nikolai Alexandrovich Bulganin）和尼基塔·谢尔盖耶维奇·赫鲁晓夫（Nikita Sergeyevich Khrushchev）、尼泊尔国王和伊朗国王等在内的各国政要都对其口味大加赞赏，唐杜里鸡就此走出印度国门，流行于世界各地。

到了 20 世纪 60 年代，当时的报道称美国第一夫人杰奎琳·肯尼迪（Jacqueline Kennedy）在从罗马飞往孟买的航班上吃了唐杜里鸡，表明唐杜里鸡已经成为一道会出现在飞机餐中的基本料理。1963 年，《洛杉矶时报》刊登了一份题为《寻找新鲜派对晚餐的女主人》的唐杜里鸡菜谱。第二年，还是《洛杉矶时报》，又刊登了类似的菜谱，并将其和来自其他国家的鸡肉菜肴做比较，足见唐杜里鸡在美国的流行程度。

如今，随着烤箱的普及，很容易在世界各地的印度餐馆菜单中看到唐杜里鸡的身影，它也是家庭制作中比较受欢迎的印度料理。

1 由唐杜里鸡衍生出来的印度料理"takki"鸡 | Michael Hays (CC BY-SA 2.0)

2 用于制作唐杜里鸡的香辛混合料葛拉姆马萨拉 | Kamava1971 (CC BY-SA 4.0)

3 唐杜里鸡可以用来搭配米饭和炖豆子 | Lebensmittelfotos

RECIPE 食谱

唐杜里鸡

7 小时 | 2 人份

食材

鸡腿 / 2 个

唐杜里酱 / 适量

甜椒粉 / 5 克

香菜籽粉 / 5 克

姜粉 / 5 克

大蒜粉 / 5 克

盐 / 5 克

辣椒粉 / 10~15 克

小茴香 / 5 克

姜黄粉 / 5 克

红曲粉 / 5 克

孜然粉 / 5 克

咖喱粉（garam masala）/ 5~10 克

橄榄油 / 10 毫升

酸奶 / 120 克

柠檬汁 / 30 毫升

做法

① 将准备好的各种香料、盐、橄榄油、酸奶、柠檬汁和唐杜里酱混合在一起，放入搅拌机中搅打均匀，制成腌料。

② 在鸡腿表面用叉子戳几个孔，方便腌料浸入，将适量腌料涂抹在鸡腿表面，腌制至少 6 个小时。

③ 烤箱预热至 190℃，放入鸡腿烤制 25~30 分钟，取出即可食用。

④ 烤制时渗出的汁水也可以用于拌饭或者保存起来制作咖喱。

不只是"吃草"

凯撒沙拉 / Caesar salad

	约 1924 年
起源	墨西哥
人物	凯撒·卡迪尼

沙拉一词源于拉丁语中的"salata",最早出现在 14 世纪,当时的罗马人非常喜欢一种使用盐水或者盐、油、食醋腌制的蔬菜。这种调味蔬菜的方式延续至今,并随着时代的更迭不断发生变化,逐渐形成了现在的沙拉,并在追求健康饮食的潮流下风靡全球各地。

沙拉并不只是一堆冷冰冰的蔬菜,还可以包括各种高蛋白的肉类,以及面包丁、通心粉等主食。凯撒沙拉就是其中著名的一种,传统风味中除了蔬菜、肉类和奶酪外,还配有煎烤过的面包丁以提供饱腹感。它的酱汁独具风味,在超市中常有售卖。除了这些传统配料外,家庭制作中还会根据个人喜好随意加入各种食材,这类使用凯撒沙拉酱制作的沙拉通常被统称为"凯撒沙拉"。

自由的沙拉

沙拉是古罗马人和古希腊人最喜欢的混合蔬菜,但是最初传播的范围并不广泛。在文艺复兴时期,古罗马和古希腊的大量古书籍流入意大利,这些文献对于当时欧洲人的思想、文化和行为模式都产生了非常深远的影响。沙拉也作为拜占庭料理中的主要代表被争相模仿,逐渐流行于整个欧洲。

在有取舍地复兴传统文化的同时,意大利的商业革命也渐次展开,贸易带动了物资的丰富,饮食习惯也随之不断变化创新。人们开始在沙拉中增加高蛋白的食物,例如去除多余脂肪和皮的烤鸡肉、煮熟并切碎的鸡蛋等。这种鸡肉沙拉在英国和德国等欧洲国家非常流行,并随着移民潮被带到美洲大陆,同样受到人们的追捧。

随着人们对肉类沙拉的热衷,简单的油醋汁已经难以满足人们对沙拉的调味需求。19 世纪初,沙拉的调味汁出现了巨大的变革,一种向生蛋黄中加入油并用力搅拌后制成的酱料开始流行。这种酱汁因制备简单、质地稳定(不容易变质)而深受人们的喜爱,很快便被投入商业化生产中。

蛋黄酱的出现使得更多原本味道平淡的食物能够融入沙拉之中，也常常作为其他酱汁的基础。到了20世纪，随着进步自由的思想更加深入人心，沙拉中的食材种类也不断丰富壮大，酱汁的内容不断被扩充，而凯撒沙拉就是在这种氛围下由于一次即兴创作而产生的。

传统凯撒沙拉的争执

大多数历史学家认为，凯撒沙拉是在墨西哥经营餐馆的意大利移民凯撒·卡迪尼（Caesar Cardini）发明的。据说，凯撒·卡迪尼于1924年7月4日在墨西哥蒂华纳（Tijuana）发明了它。当时餐厅的食材储备不够充足，于是他发挥创造力，利用厨房里的剩余食材制作了一款沙拉，送给来餐厅用餐的顾客。

凯撒沙拉的原始配方包括罗马生菜、大蒜、面包、帕玛森奶酪、鸡蛋、橄榄油和伍斯特郡酱[1]。面包切成块用蒜泥调味后煎制，与磨碎的帕玛森奶酪一起放到整片生菜上，以便直接用手取食，最后将煮制1分钟后的鸡蛋、橄榄油和伍斯特郡酱浇在上面调味。这道创意性的沙拉料理，因为独具风味的油煎面包块和酱汁而受到客人的欢迎，逐渐成为餐厅的主打菜品。

约1926年，凯撒的兄弟亚历克斯·卡迪尼（Alex Cardini）从空军基地回来休假，到凯撒的餐厅做助手，后来出现的一种含有凤尾鱼切片的凯撒沙拉就是他创作的。这种新版本随着他返回基地而逐渐在飞行员中流行起来，并被称为"飞行员沙拉"，也有不少人常常将此版本视为传统的凯撒沙拉。

据凯撒的女儿在接受记者采访时回忆，她的父亲最初制作的沙拉原料中并没有凤尾鱼，沙拉中类似凤尾鱼的味道是酱汁中自带的。她的父亲认为大量加入凤尾鱼会使得鱼的辛辣气味对整体的口味造成影响，因此坚决不肯加入。

因为创造出了风味独特的沙拉，凯撒·卡迪尼在1951年的巴黎国际美食会议中被称为"美国美食配方的最大奉献者"。随后，凯撒沙拉出现在大大小小的餐厅中，被美国人所熟知。

后来，凯撒沙拉渐渐地从直接手抓变成使用刀叉切碎分食，也从粗犷的酒馆食物变成了深受贵妇欢迎的精致料理，并从美国流行到欧洲乃至世界。凯撒的女儿在父亲逝世后继承了食谱专利和食品公司，并结合蛋黄酱的制作方法，将鸡蛋、橄榄油和伍斯特郡酱等制成可稳定储存的凯撒酱，灌装后进行商业化生产。现在我们已经能够方便地在超市购买到凯撒酱，并运用自己的创意在沙拉中增添原料，制作属于自己的凯撒沙拉。

1. 也常被称作辣酱油、英国黑醋等，是一种英国调味料，味道酸甜微辣，色泽黑褐。

1 伍斯特郡酱是 20 世纪开始流行的一种英国调味汁 |
Leaperrins
2 使用凯撒沙拉酱制作的沙拉通常被统称为"凯撒沙拉" | Lauren Toyota (CC BY-SA 3.0)
3 蛋黄酱可以帮助马铃薯等食材融入沙拉中，也常被作为其他酱汁的基础 | kartynas

凯撒沙拉

30 分钟 | 3 人份

食材

培根 / 100 克

吐司 / 100 克

白煮蛋 / 50 克

生菜 / 200 克

芦笋 / 150 克

帕玛森奶酪粉 / 80 克

黑胡椒粉 / 少许

蛋黄酱 / 200 克

黄芥末酱 / 200 克

伍斯特郡酱 / 5 克

柠檬汁 / 30 毫升

大蒜 / 20 克

食用油 / 适量

做法

① 将大蒜压成蓉，留出 1/4 的量待用，其余用油煸香；吐司去边切成方丁，与煸香后的蒜蓉拌匀后放入平底锅中，用小火烘烤至吐司丁呈金黄色。

② 将培根切成小片入锅煸香；生菜撕成片状；芦笋切段后焯水；白煮蛋分割成 4 块；帕玛森奶酪擦丝备用。

③ 在蛋黄酱中加入黄芥末酱、伍斯特郡酱，用留出的蒜茸及柠檬汁调匀，即可制得凯撒沙拉的酱汁。

④ 将生菜片、芦笋段、吐司丁和培根片混合放在盘底，再放上奶酪丝和熟鸡蛋，撒上黑胡椒粉，淋上沙拉酱即可上桌。

渐渐消退的时代记忆

电视餐 / TV dinner

	20 世纪 50 年代
起源	美国
人物	斯旺森父子

作为 20 世纪 50 年代开始和方便面一同出现的方便食品，电视餐曾经因为简单的烹制过程、齐全的配餐和低廉的价格而深受美国双职工家庭的青睐。然而随着人们生活水平的不断提高，这种需要重新加热的食物还是逐渐失去了竞争力。一天的工作结束后，人们更倾向于在外就餐或者在家烹饪美食，就算忙碌，也只需要一个电话，外卖就能准时到达。

　　电视餐虽然在逐渐淡出人们的生活，但是这种事先搭配好的套餐模式还是继续留存了下来。在飞机、火车和轮船等长途旅行中供应的盒饭、便利店中售卖的简单便当，都沿用了电视餐的套餐模式。

和电视一同兴起的消遣食品

在第二次世界大战期间，大量的男性被征兵，但后勤物资的供应同样需要足够的劳动力，因此妇女们也开始走上工作岗位。战争结束后百废待兴，无论是工业、农业还是商业都需要大量的人力，于是刚从战争的阴影中解放出来的人们又紧锣密鼓地投入工作当中。在美国双职工家庭不断涌现的同时婴儿潮也随之而来，面对繁重的工作和下班后也不能停止的家务，女性们开始寻求解放自己的方式。

　　电视餐最初的概念是在冷冻食品的热潮中催生出来的，当时有好几个小型公司都有类似的企划，但是只有"斯旺森父子食品加工公司"（C.A.Swanson and Sons）将其成功实现。公司最初主要经营一种烤火鸡馅饼，需要经过烤箱加热后食用。

　　但是这种馅饼并不受人们的欢迎，甚至造成了一定程度的库存堆积，于是斯旺森父子开始尝试改变售卖模式。他们探访了很多制作冷冻食品的公司来寻求成功的经验，在参观了一家专门为航空公司制作食物的公司后，当时的执行官格里·托马斯建议模仿这种主食加配餐的模式，并制作拥有三个分格的铝箔托盘来更好地分装食材。

　　这个创意很快得到了认同并被投入生产，最开始推出的主要是积压的烤火鸡肉以及两个配餐，数量也只有 5 000 套。然而这种新颖的冷冻套餐要比预想中更加受到人们的欢迎，仅一年内便售出了至少 1 000 万套。

一年后，为了将这种套餐推向更广阔的市场，斯旺森公司开发了新的广告宣传策略。他们根据铝箔盘的造型，将其命名为"电视餐"（TV dinner），将主菜比作电视的屏幕，而两个配餐则是扬声器和控制器，为了加强象征意味，他们还在包装盒的盖子上贴上电视的标志。

除了包装盒的创意，斯旺森公司还提出了"下班后一边看电视一边吃电视餐"的口号，并在广告中强调："如何轻松准备好晚餐？如何及时赶上脱口秀？斯旺森电视餐，只要送进烤箱就能食用的家常菜。"这正好迎合了希望从家务中解脱出来的职业女性的心理，又在一定程度上照顾到儿童们的营养需求，于是电视餐很快便成为新的流行风尚，人们视其为传统烹饪的替代品，并和电视节目一起作为工作后的消遣。

从兴盛到衰退

电视餐的流行不但带动了斯旺森公司的营业额不断增长，也对当时的冷冻食品行业产生了一定影响。人们意识到冷冻食品不只是需要长时间解冻的生食，也可以是这样经过快速冷冻、保留着自然品质的食品。冷冻食品行业开始崛起，顺便也解决了一部分社会人员的就业问题。

20 世纪 60 年代，一种利用微波来加热食物的微波炉开始普及。这种微波炉形状小巧，非常适合家庭购置。而其使用时无须预热，只要设定时间、调节好档位即可操作，也更符合电视餐受众群体的需求，因而很快取代烤箱占据了市场。在家用冰箱和微波炉普及后，电视餐的包装也随之从铝箔盘转换成可供微波加热的塑料盒。

通过液氮速冻制作的电视餐虽然能够基本保持食物的口感，但是需要添加更多的调味品，为了储存更长时间，还需要在许可范围内加入一些防腐剂。出于健康和美味的需求，人们开始选择餐厅作为家庭料理的替代品。而网络的不断发展也使电视不再是人们主要的消遣手段，电视餐开始变得名不副实。虽然斯旺森公司早在 20 世纪 60 年代早期就意识到了这个问题，认为"电视餐"的字眼会误导消费者以为这种配餐只能在看电视的时候食用，因此取消了包装盒上"电视餐"的字眼。但是，产品本身所代表的食物及其理念已经深入人心，名称上的调整并不能扭转局面，只能凭借低廉的价格留住一部分经济上比较拮据但又嫌方便面缺乏营养的上班族。

形式多样的套餐

除了具有象征意义的电视餐外，使用盒装并分隔各种菜品的方便食物，现在多被称为盒饭，即"lunch box"。盒饭中的分格根据套餐的种类有不同的数量和形状，其中的食物种类也非常繁多，各个国家都有比较大众的几种口味。

这种套餐模式也和常见的点餐区别开，日式料理中将其命名为定食，一般为米饭、味噌汤、肉菜和 1~3 种副菜的组合；而怀石料理则是一种更加奢华的套餐形式，从八寸[1]到水物[2]，传统形式可以有近 14 组料理，将套餐变成一种精致的享受。

---

1. 怀石料理中在开胃菜之前所上的一道料理，以季节为主题，通常为一种寿司与几道较小份的菜的组合。
2. 怀石料理中作为收尾的餐后甜点，一般为蜜瓜、葡萄、桃等甜美多汁的水果，也可以是传统的日式甜品。

1 主食加配餐的模式是电视餐的雏形 | SAS Scandinavian Airlines
2 1952 年，在布里斯班市政厅举行的快速冷冻食品展上，烹饪专家向人们展示冷冻食品 | Telegraph (Brisbane, Qld.)
3 日本餐馆的定食便当，除了米饭和肉，还有蔬菜、水果和味噌汤 | Blue Lotus (CC BY-SA 2.0)

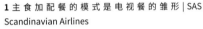

RECIPE 食谱

牛肉盖饭定食食谱

25 分钟 | 1 人份

食材

肥牛片 / 200 克

洋葱 / 1/2 个

可生食鸡蛋 / 1 个

味啉 / 4 汤匙

生抽 / 2 汤匙

清酒 / 2 汤匙

味噌 / 4 汤匙

葱 / 少许

泡菜 / 适量

清水 / 适量

米饭 / 适量

裙带菜 / 适量

做法

① 将鸡蛋从冰箱取出回温，小锅中加入可没过鸡蛋的清水，水烧开后加入 1/10 量的冷水，放入鸡蛋焖 12 分钟左右。

② 洋葱切细丝，葱切成葱花；取小碗加入生抽、味啉、清酒和 2 汤匙清水调匀，制成调料汁。

③ 烧一锅水，放入肥牛片焯至八成熟，取出备用。

④ 倒掉开水后，加入步骤②中的调料汁加热，放入洋葱丝，中火煮开后，放入肥牛片再煮 3 分钟，即可盛出浇在米饭上。

⑤ 锅中放入清水，煮开后放入味噌和切成小片的裙带菜，再次煮开后盛出，撒上葱花即可。

⑥ 将冷却后的鸡蛋打在小碗里，再取适量泡菜佐餐即可。

世界为之倾倒的比利时美食之光

贻贝薯条 / Moules-frites

▸	1958 年
起源	比利时
人物	默兹河谷居民、弗拉芒人

冒着倾盆大雨冲进一家小酒馆，最是一锅鲜甜的热汤酣畅人心，再喝上几口啤酒，配几根炸薯条，足以洗涤所有的疲惫与潮湿。在比利时，这便是可以在任何小酒馆品尝到的"雨后套餐"。

作为欧洲美食圣地的比利时，每一样创造都让全球人民食指大动。巧克力、华夫饼、薯条和啤酒等现代人无法割舍的美味，全部诞生于这片仅有 3 万多平方千米的土地。

更重要的是，地处北海南部、拥有欧洲的关键港口——安特卫普港——的比利时还欢迎所有"海鲜胃"的光临。安特卫普港为比利时供应了大部分海鲜，钟爱贝类的比利时人将贻贝与炒熟的芹菜、菠菜一起蒸熟，鲜美的海鲜原味立马显现。

当然，一起上桌的还少不了比利时的"法国薯条"。在比利时，薯条与贻贝是无可替代的最佳搭配。多汁微咸的贻贝、香脆的薯条及搭配食用的蛋黄酱，共同创造出层次丰富的口感。

源于"痛苦"的比利时炸薯条

尽管如今贻贝炸薯条已经是比利时的名片之一，炸薯条也名正言顺地成为比利时"特产"，但回顾过往，这道菜的身世其实伴随着相当痛苦的记忆。

作为较早接触马铃薯的国家之一，比利时人坚信自己才是薯条的发明者。根据 1781 年的一本佛兰德斯[1]家庭手稿中的记载，居住在默兹河[2]谷的居民主要靠捕捞小鱼为生。冬季河流结冰，难以维持生计的村民们便将马铃薯切成鱼的形状，以制作鱼的方式进行油炸，作为赖以度过寒冷冬季的主要食物。后来，这种食用马铃薯的方式渐渐在欧洲流传开来。

经历过寒冬的折磨后，比利时炸薯条继而又被战争的阴影笼罩。历史上的每一次重大战役和变革，比利时似乎都难以幸免，而炸薯条正是在第一次世界大战期间走上世界舞台的。

1914 年，德国破坏维持比利时作为中立国的条约，企图通过比利时入侵法国。第一次世界大战正式爆发后，驻比利时的美国士兵第一次尝到这种经过双重油炸[3]的充饥食物。由

---

1. 比利时西部的一个地区，人口主要是弗拉芒人，当地服装业十分发达。
2. 发源于法国朗格勒高原的普伊，经比利时和荷兰注入北海。上游称为默兹河，主要流经比利时。
3. 比利时人炸薯条时要炸两遍，第一遍用低温油炸，一般温度控制在 120℃~150℃；隔一段时间再炸第二遍，这时候油温要升到 180℃，把马铃薯表面炸脆。

于当时比利时军队的官方语言是法语，"法式炸薯条"（French fries）的绰号就此诞生。等人们意识到这其中存在的误会时，一切已成定局。

贻贝一口，文化下酒

随着炸薯条的闻名，比利时大街小巷中的炸马铃薯店（Friteries）的数量猛增。而贻贝作为比利时人的另一种偏爱，自然与炸薯条一起上桌，组合成了一道恰到好处的下酒菜。摒弃刀叉的礼节，一群食客津津有味地分享着一锅贻贝和一盘炸薯条，是比利时最真诚的社交方式。

虽然这样的吃法在民间流传已久，但直到1958年，第二次世界大战结束后的新一届世博会在布鲁塞尔举行，贻贝薯条才真正成为比利时美食的一张名片。

如今，作为欧洲最大的贻贝出口国，比利时每年可以消耗超过6万吨的贻贝。虽然贻贝曾经被认为是穷人的食物，也在第二次世界大战期间代替红肉作为战时供给，但在时过境迁的今天，昂贵珍稀的贻贝甚至被称为"黑金"，贻贝薯条也被制作得更为精致而具有风味。

厨师们从食材上严格把握菜肴的品质。他们选择来自斯海尔德河[1]的贻贝、高淀粉含量的马铃薯品种"宾利"（Bintje），以及酸度令人愉悦的干白葡萄酒"米勒-图高"（Muller-Thurgau）为菜肴增添香味和光泽。90%以上的比利时人每年至少会光临一次布鲁塞尔交易所附近的贻贝薯条店"Fritland"，从牵着狗的老太太到喜欢坐在角落里的大学生都是这里的常客，更别说从全球各地慕名而来的食客了。

1 作为如今欧洲最大的贻贝出口国，比利时每年可消耗超过6万吨的贻贝 | PIERRE ANDRE LECLERCQ (CC BY-SA 4.0)
2 贻贝薯条 | Archangel12 (CC BY-SA 2.0)
3 比利时布鲁塞尔随处可见炸薯条店 | La Fessée (CC BY-SA 2.0)

---

1. 一条连接西比利时和荷兰的浅水河。

贻贝薯条
30 分钟 | 1 人份

食材

新鲜贻贝 / 1 千克

大葱 / 3 根

胡萝卜 / 1 根

大蒜 / 2 瓣

鲜红辣椒 / 1 个

百里香 / 1 束

欧芹 / 适量

橄榄油 / 100 毫升

干白葡萄酒 / 约 150 毫升

法国绿茴香酒 / 1 茶匙

奶油 / 2 汤匙

薯条

大马铃薯 / 2 个

橄榄油 / 适量

蛋黄酱

蛋黄 / 2 个

橄榄油 / 150 毫升

白葡萄酒醋 / 1 茶匙

做法

① 在烹饪贻贝之前先制作蛋黄酱（将所需食材混合均匀即可）并切好薯条。

② 将新鲜贻贝放入一大碗冷水中，去除已经打开的贻贝，然后进行筛选（新鲜的贻贝看起来黑而有光泽，绝大多数应该紧闭。避免选择有腥味、过于干燥或已经打开的贻贝）。

③ 胡萝卜、大葱和大蒜切薄片，鲜红辣椒去籽并切碎；挑选小枝百里香，从茎上摘下欧芹叶。

④ 在灶台上放置一个炒锅（带盖子）并加热，温度升高后倒入橄榄油，然后立即放入所有蔬菜、鲜红辣椒碎和百里香；烹饪约 1.5 分钟，搅拌蔬菜至熟；在温度仍然很高时加入贻贝搅匀，盖上盖子再煮 1~2 分钟，搅拌一到两次。

⑤ 揭开锅盖，倒入干白葡萄酒和法国绿茴香酒；搅拌并再煮半分钟，至葡萄酒减少一半后盖上盖子，再煮 1 分钟后关火；将一个大号滤网放在碗上，将贻贝和蔬菜倒入，挑出仍然闭口的贻贝。

⑥ 将过滤后的汤汁倒入锅中，重新加热，加入奶油和欧芹叶；将贻贝和蔬菜放回锅中，加热搅拌后即可出锅。

⑦ 锅中倒入橄榄油加热，倒入薯条炸至金黄捞出。

⑧ 将薯条和蛋黄酱分别放于两个碟子中即可。

人工制冰带来的甜品革命

沙冰 / Sorbet

	20 世纪 60 年代
起源	美国
人物	威廉·卡伦、詹姆斯·哈里森

随着制冰工艺的不断发展，冰制品不再局限于特定的时间或地点供应。人们不仅可以在酷热难当的夏天吃冰缓解暑热，还能够在寒风凛冽的冬日惬意地在暖气房里一边吃冰一边欣赏窗外的雪景。

除了冰棍之外，用冰制作的甜品或冷饮还有非常多的类别，例如冰激凌、奶昔、沙冰等。仅沙冰一类发展至今便各具特色，如中式刨冰、韩式刨冰和日式刨冰等，欧美式的沙冰则加入更多果汁，注重营养的搭配，质地也要更稀一些。

从天赐到人工制冰

季节性收藏雪和冰是一种古老的习俗，早在公元前 1000 年，中国最早的诗集《诗经》中就有"二之日凿冰冲冲，三之日纳于凌阴，四之日其蚤，献羔祭韭"的诗句。远在周朝时，人们于腊月采冰，正月往冰窖存冰，二月取来冰镇羊羔肉和韭菜以上供祭神。那时人们敬畏各种自然现象，认为冰是上天的恩赐。

古代冰的获取和储存均十分不易，基本用来供应皇族，普通人只能做采冰的工匠，而没有享受冰的权利。唐朝时杨贵妃最爱的妃子笑荔枝，在运输时就使用了冰，每到一个驿站就更换新的冰和马匹，一路快马加鞭从南方送到北方，这种保鲜手段在当时可以说十分奢侈。清朝的慈禧太后在颐和园消暑时，曾因为在室内放置冰盆并食用各式各样的冰品，一度用完了当地的存冰，以致需要从 400 多里（200 多千米）之外调取，可见冰的稀缺。直到进入民国才开始出现民营冰窖，开放了普通人获取冰的渠道，但也只有富人承受得起高额的开销。

1748 年，苏格兰教授威廉·卡伦（William Cullen）设计了一台小型制冷机，开始了人工制冷的历史。科学家们使用乙醚和乙醇等的蒸汽作为制冷的原料，通过制作闭环实现长期且高效的制冰。1851 年第一个蒸汽压缩制冷系统由詹姆斯·哈里森（James Harrison）制造，制冰技术开始走入商业化，冰和冰冻制品终于不再是奢侈品。

20 世纪初期，家用冰箱问世，人们在家就可以制作冰块供应自身需求。氟利昂的引进使得 20 世纪 20 年代冰箱进一步普及，冰冻品变得简单易得。随后冷藏的新功能出现，进一步使得冰箱不再只单纯被用于制冰和冷冻，还可以用于储藏批量购买的食物，保证食物的新鲜。

甜品的变革

冰最早是被作为天然冰箱，用于保持各类甜品的凉爽口感的，因整块冰在口腔融化需要一定时间，所以很少被直接用于制作甜品。直到制冰技术和冰箱的出现，人们可以得到果汁、牛奶等饮料直接冻成的冰块，才出现各种冰制品。早期的冰制甜品因为技术的限制，大多是将各种口味的冰块人工刨成片后制得，非常费时费力。

在销售碳酸饮料时，"冰雪皇后"（Dairy Queen）的老板奥玛·肯迪克（Omar Knedlik）无意中发现，冰镇后的饮料远没有冰冻后的汽水受欢迎。他在亲自尝试后发现，虽然冰冻后的汽水确实更加凉爽，但是更重要的是其细碎如沙子般的口感令人欲罢不能。在意识到是碳酸使得汽水在冰冻后出现这种特殊现象后，他开始联系工厂设计开发直接冷冻碳酸汽水以制作沙冰的机器。

1959 年，这种直接将糖浆和碳酸水冷冻成沙冰的机器正式出产，1965 年被美国"7-11"（7-ELEVEN）购买并垄断，成为其代表性的产品。"7-11"根据使用吸管时发出的类似"slurpee"的声音，将这种产品命名为"思乐冰"。思乐冰的口味因原料汽水的变化而多样，包装设计也有奇趣：吸管的末端有扁平的凸起可以用作汤匙，杯盖略大于一般瓶盖，方便舀食取用。新颖的设计同时满足了人们吸食和舀食的两种需求，一时风靡全美。人们争相尝试不同的口味，并收集不同颜色的思乐冰吸管。到了 2002 年，美国"7-11"开始在每年的 7 月 11 日向来店消费的顾客提供一杯免费的招牌思乐冰。

这种沙冰质感的饮料一直风行到电动搅拌机的出现，人们不再满足于汽水口味的沙冰，也不再依靠碳酸让冰分散，于是果汁逐渐成为制作沙冰的原料。到了 20 世纪 30 年代，人们追求健康的意识越来越强烈，商人们通过在沙冰中添加水果和蔬菜来提高膳食纤维含量，并减少人们食用甜品的负罪感。这种改良后的沙冰被称为"smoothie"，也就是我们常说的思慕雪。

越来越多的商店开始销售沙冰，商人们为迎合市场需求不断改变着配方，如加入乳制品提高润滑感、加入坚果提高颗粒感、加入糖浆调和口味等，维生素和蛋白粉也被加入其中，以提高营养价值。到了 20 世纪 90 年代，思慕雪的配方逐渐成熟并投入工业化生产，瓶装思慕雪出现在各大商场中任顾客挑选。思慕雪相比冰激凌和奶昔含有更少的奶成分，能量也较低，因而更受对冰品有需求又追求健康的人群的欢迎。除了购买市售的思慕雪之外，人们也常在家中自制，使用绿色蔬菜等健康食材，用天然水果等取代工业甜味剂，制作出更健康的饮品。

1

TYNDALE & MITCHELL CO.
1217 Chestnut Street, Philadelphia,
ARE SOLE AGENTS FOR

McCray Refrigerators

The McCray patent system of refrigeration insures a dry, clean, sanitary refrigerator.

McCRAY REFRIGERATORS

Are Lined with Porcelain Tile, Opal Glass or Odorless Wood

For Residences, Clubs, Hotels, Hospitals, Grocers, Markets, Florists, etc., and are so absolutely dry that you can keep salt or matches in them without becoming damp. You can leave a box of matches in a McCray

BUILT TO ORDER FOR
DR. CHARLES W. RICHARDSON,
WASHINGTON, D. C.

Refrigerator for days and then light them on the inside walls. Try this on the inside of your refrigerator.

McCray Refrigerators are also Built to Order, of all Sizes and for all Uses. Catalogues and estimates free.

Catalogue No. 80 for residences, No. 46 for hotels, public institutions, clubs, etc., No. 57 for meat markets, No. 64 for grocers, No. 70 for florists. Mention the Blue Book and we will send you free a valuable book, "How to use a Refrigerator."

McCRAY REFRIGERATOR CO., 366 Mill St., Kendallville, Ind.
SEE THE MANY SAMPLES AT
TYNDALE & MITCHELL CO., 1217 Chestnut St., Philadelphia.
A FULL LINE OF REGULAR SIZES IN STOCK.

1 1905 年，"McCray" 冰箱公司的广告 | McCray Refrigerator Company (Advertisement); Centpacrr (Digital image)
2 青铜冰鉴（战国时期），1978 年出土于中国湖北随县 | Cangminzho (CC BY-SA 4.0)
3 1895 年的沙冰碗，现存于库珀·休伊特国立设计博物馆（Cooper Hewitt, Smithsonian Design Museum）
4 思慕雪 | Easy Healthy Smoothie (CC BY-SA 4.0)

思慕雪碗
10 分钟 | 1 人份

食材
酸奶 / 200 克
蓝莓 / 250 克
草莓 / 150 克
燕麦片 / 适量
枸杞 / 适量
蓝莓干 / 适量

做法
① 提前将蓝莓、草莓和酸奶放入冰箱，冷冻至少 1 个小时。
② 将冷冻过的蓝莓、草莓和酸奶放入搅拌机内，搅拌 1 分钟左右。
③ 准备一个大小合适的碗，倒入搅拌好的思慕雪，撒上准备好的燕麦片、蓝莓干和枸杞，搅拌均匀即可。

方便食品的代表

太空食物 / Space food

	20 世纪 60 年代
起源	苏联和美国
人物	尤里·阿列克谢耶维奇·加加林
	霍华德·鲍曼博士

近些年来，空运已经成为一种常见的交通方式，虽然还是会在一定程度上受到天气影响，但是相较于火车和汽车这些地面交通，依然具有不可超越的速度优势。随着飞机上餐饮的多样化，飞机餐也不再是难吃的代表。

而航空飞行的发展，也让人们将目光投向了兴起中的载人航天技术。从第一个宇航员飞出地球至今已过去近 60 年的时间，其间在科研工作者的不懈努力下，航天技术从学术及公用领域进入民间，载人航天也开始迈向商业化。可以想象在不久的将来，星际旅行将不再只是电影或小说中的情节，人们或将可以自由地在宇宙中享用美食。

被"拖垮"的苏联

第二次世界大战结束后，各个国家都在整顿由于战争所造成的工农商业衰退，逐渐恢复民生。这时候苏联和美国两个在各个领域均处于超前地位的大国仍然互不相让，继续在经济和军事力量上互相竞争，兴起中的航天技术无疑成为两国比拼的重要项目之一。

1961 年，苏联宇航员尤里·阿列克谢耶维奇·加加林（Yuri Alekseyevich Gagarin）成为第一个进入太空的人，苏、美两国军备竞赛的序幕由此拉开。第二年，美国的约翰·赫歇尔·格伦（John Herschel Glenn Jr.）紧随其后，作为美国宇航员的代表在太空的失重环境中完成环绕地球的飞行。随着宇航员们在太空中需要停留的时间逐渐增加，科学家们除了解决航天技术的硬性问题外，也需要投入一定精力在制备太空食品上。

从一开始牙膏管状的挤压类膏状食物，到冻干的固体食物，再到可以挤食的果味饮料"tang"，每一个看似简单的变化背后实际上都是大量资金的投入。在这种短期内无法得到收益的太空项目的竞争中，苏联的过分投入使得第二次世界大战后遗留的经济问题日益凸显，经济上的崩溃直接动摇了政治体制，民族矛盾不断激化，因第二次世界大战时集体对外而被忽略的问题接踵而至。最终，苏联在成立 69 年后解体。

人人哄抢的太空食物棒

宇航员在食用太空食物的过程中，由于口味的问题出现了排斥食物甚至呕吐的情况，因此除了满足高蛋白、高能量且营养均衡的要求外，美国宇航局的技术人员投入了极大的时间和精力在优化太空食物的口味上。很快，一种营养均衡的棒状非冷冻能量点心应运而生。它的创造者——霍华德·鲍曼博士的团队，也曾经制作出第一种能够在太空中食用的固体食物。

鲍曼博士所在的皮尔斯伯里公司（Pillsbury）始终致力于开发更营养和美味的太空食物，例如食用时不易产生碎屑的蛋糕、可以被制成薄片的调味品、无须冷藏也可以长时间储存的肉类等，都是当时的主要研究方向。

1970年皮尔斯伯里公司正式为这种点心申请了商标，将其命名为"太空能量棒"。太空能量棒的出现正好切合当时美国宇航局努力创造安全、健康和营养的太空食物的主题。因此，在正式投入生产后的两年内，这种能量棒的改良版本就随着宇航员一起登上太空，并作为一种测试食品被食用。

商人们也抓住商机，在添加了焦糖、巧克力、麦芽、薄荷、橙子和广受欢迎的花生酱后将其投放到市场上。

生产商使用特殊的金属箔包裹能量棒，赋予其外观以更强的太空时代感，并配合一定的宣传手段。很快人们就开始哄抢这种专供宇航员的食物，并以购买到能量棒作为炫耀的资本。

但是这种高能量且甜腻的零食，其实并不适合人们在日常生活中长期食用，于是在能源缺乏的大背景下，随着科学家们探索宇宙步伐的减慢，太空能量棒也在20世纪80年代末逐渐消失在各大超市的货架上。直到21世纪初，简化版的能量棒重新复兴，失去了太空食物的神秘光芒后变成一种运动中常见的能量食品。而曾经作为神秘的太空食物被人们争相购买的各种方便食品，例如速溶饮料、可吸果冻和真空肉干等，最后也都以平常的姿态融入日常生活中。

科学技术高速发展至今日，太空食品也已经在种类和类型上与地面膳食相差无几，从最初的十几种壮大到100余种丰富的口味，并且在各国还有根据本国饮食特色而被专门研制出来的太空食品，其中尤以中式太空食品最具特色，在色香味上均胜过西餐一筹。

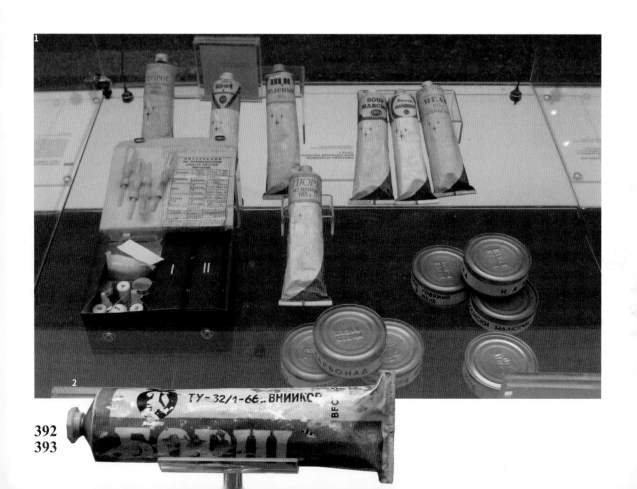

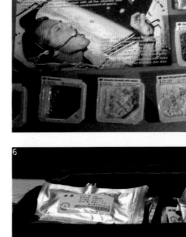

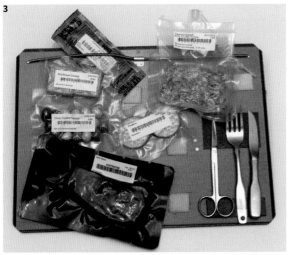

1 苏联太空食品 | de:Benutzer:HPH on "Russia in Space" exhibition (CC BY-SA 3.0)
2 牙膏管状的挤压类膏状太空食品 | Aliazimi (CC BY-SA 3.0)
3 太空餐的种类越发丰富起来 | NASA
4 NASA 出品的太空冻干冰激凌 | Evan-Amos
5 堪培拉深空通信综合博物馆（Canberra Deep Space Communication Complex Museum）展出的兼具营养和美味的丰盛太空餐 | Maksym Kozlenko（CC BY-SA 4.0）
6 中国宇航局监制的各种太空食物 | Johnson Lau (CC BY-SA 3.0)

RECIPE 食谱

坚果能量棒
1 小时 | 3~4 人份

食材

花生 / 200 克

核桃仁 / 50 克

扁桃仁 / 50 克

黄油 / 100 克

黄糖 / 80 克

蜂蜜 / 6~8 茶匙

做法

① 烤箱预热至 160°C，将核桃仁、扁桃仁和花生均匀地铺在烤盘上，入烤箱烘烤 10 分钟。

② 将烤好的果仁放凉，用刀切碎后放入一个大碗里，拌匀待用。

③ 在小锅里放黄油、黄糖和蜂蜜，中火加热 3~5 分钟至黄油和黄糖都熔化。

④ 将黄油糖浆倒入混合果仁中，搅拌至完全均匀，转移到铺了烘焙纸的方形模具中，用刮刀抹平。

⑤ 再铺一张烘焙纸在上面用手压实，放入预热至 160°C 的烤箱烤 25~30 分钟，取出放凉即可。

"浓缩的都是精华！"

能量棒 / Energy bars

▶	20 世纪 60—80 年代
起源	美国加利福尼亚州
人物	霍华德·鲍曼博士、布莱恩·马克斯韦尔
	格雷格·莱蒙德

1997 年上映的《辛普森一家》第九季中，因为肥胖而运动能力欠佳的霍默（Homer）在夺旗游戏中让儿子巴特（Bart）丢了脸，因此他决定健身减肥来改变这一切。他不再买大桶迷你派冰激凌，并且在快易店（Kwik-E-Mart）超市发现了一款"能量源"（Powersource）牌的苹果能量棒，包装上写着这是一款终极的运动能量产品。信以为真的霍默在健身之余，逐渐用能量棒取代了自己的一日三餐。他相信没有能量棒他就会失去力量。接下来信心爆满的霍默参加了"能量源"赞助的登山活动，行至半程却被告知那些能量棒只是些"苹果核和中国的旧报纸"[1]。

太空竞赛的辉煌与落寞

虽然在动画片中能量棒的营养成分遭到了某种程度的讽刺，但是现实中的能量棒远非如此。

　　第二次世界大战结束后，苏联和美国为了争夺航天实力的最高地位而展开太空竞赛，能量棒的原型便是这一时期为宇航员设计的食物。20 世纪 60 年代末期，美国明尼苏达州的皮尔斯伯里公司察觉到"月球狂热"有利于公司产品销量的增加，便由霍华德·鲍曼博士带头设计了一款太空食物棒。其小巧的长条形便于被塞进宇航员的头盔里，并且能够提供人体所需的各种营养。

　　这时，"能量棒"一词尚未诞生，皮尔斯伯里公司将这款新产品形容为"包含了平衡的碳水化合物、脂肪和蛋白质营养的非冷冻棒状能量零食"，推出了焦糖、巧克力、薄荷和花生酱等多种口味，并且与 NASA 合作，让 1973 年天空实验室 3 号[2]中的宇航员首先尝试了它的改良版本。到了 20 世纪 70 年代中期，随着太空竞争落下帷幕，包装上的"太空"一词被抹去，这款零食也逐渐被人们遗忘在超市的货架上。

释放无限能量的运动营养食物

1983 年，加拿大马拉松选手布莱恩·马克斯韦尔（Brian Maxwell）突发奇想，想要发

---

1. 具体出自《辛普森一家》第九季第 23 集。
2.Skylab3，是美国天空实验室计划的第二次载人航天飞行，于 1973 年 7 月 28 日发射，三名宇航员共计飞行 59 天 11 小时 9 分钟并进行了各种试验。

明一种可以解决长跑运动员体内糖原耗尽问题的食物。到了1986年，布莱恩与他的营养学家女友珍妮弗·比达尔夫（Jennifer Biddulph）在加利福尼亚的自家厨房创立了"PowerBar"公司，同名产品"PowerBar"正是历史上第一款能量棒，起初它只有巧克力和麦芽糖坚果两种口味。虽然"PowerBar"的定位是为运动员快速补充能量的运动营养食物，但是不久它便进入了大众零食领域。

据布莱恩的好友回忆，继世界级自行车手格雷格·莱蒙德[1]在环法夺冠的比赛途中食用"PowerBar"后，几乎所有的运动员都会在口袋里塞上几块"PowerBar"；后来歌手珍妮·杰克逊在巡演过程中食用"PowerBar"，又使其在歌手中也同样流行起来。"PowerBar"变得像一支在每个电台都会播放的歌曲，无处不在，尽人皆知。

虽然当时的配方已经无从知晓，但是可以肯定的是"PowerBar"从来不使用太多的大豆蛋白。在2006年可以买到的一款燕麦片葡萄干能量棒中，用量最多的几种原料分别是高果糖玉米糖浆、浓缩葡萄汁与梨汁、麦芽糊精、葡萄干和乳清蛋白。

布莱恩专注于通过产品提升运动员的表现，"PowerBar"也逐渐成长为年营业额1.5亿美元的食品公司巨头。2000年，布莱恩以3.75亿美元将"PowerBar"卖给了雀巢公司，专心陪伴家人。

"PowerBar"发明后的10年里，"Clif Bar"、"Balance Bar"和"Muscle Milk"等美国食品公司先后杀入能量棒市场力求分一杯羹。从20世纪末到21世纪初，能量棒已经发展得品类繁多，不仅渗透到日常饮食中，还开始出现了针对性别群体的细分。比如"Clif Bar"和"Quest Nutrition"推出了适用于男性健身时补充营养的能量棒，"thinkThin"则推出了针对女性减肥的能量棒。同时，厂家的大力推广也培养了一些能量棒的拥趸，像极了《辛普森一家》中的霍默："不好意思，我只吃棒状食物。如果你将食物浓缩起来，你就会释放出其中的无限能量。"

然而毕竟从过去到现在，能量棒的唯一作用都只是快速补充能量，于是有营养师提醒道："一些蛋白质能量棒对节食是很好的补充，但并不是所有的都同样有效，有一些只是加入了维生素的糖果，所以你应当对此留心，并且记得仔细阅读成分表。"

能量棒的分类

从诞生之日起，能量棒就缺乏统一的定义，发展至今虽然种类繁多，但是大致可以根据所含营养成分的比例和口感分为以下几类：

❶ 代餐类能量棒：它们可以提供完整的一顿早餐或午餐的能量，适用于节食期和减重期。"Nutribars"和"Balance bars"是代餐类能量棒的代表。其中每种都有一定比例的碳水化合物、蛋白质和脂肪，来给饥饿的人们补充能量。

❷ 蛋白质能量棒：帮助健身人群在紧张的锻炼后摄入更多蛋白质。大部分"Met-Rx"的能量棒属于这一类。

❸ 耐力能量棒：专为健身前而设计，通常有较高比例的碳水化合物来补充长时间消耗的能量。著名的"PowerBar"和"Honey Stinger Bar"都属于这一类。

❹ 运动能量棒：与耐力能量棒类似，但更倾向于提供全天户外活动所需的能量，所以它同时具有代餐类和耐力类两种能量棒的特点。代表有"Clif Bar"，通常采用有机食材，含有更多燕麦，口感也更脆。

❺ 有机能量棒：是一种新的潮流，尽可能采用天然成分并拒绝人工甜味剂和合成蛋白质。代表产品是"Larabar"。

❻ 特殊能量棒：雄鹰能量棒（Eagle Energy）是一种吸入式咖啡因能量棒，主要成分为咖啡因、西洋参、牛磺酸，据称比功能性饮料见效更快。通过蒸汽来高效地将纯植物提取物吸入，从而达到对自身能量的补充。

❼ 军用能量棒：美军在1996年研制出一款军用能量棒，取名"Hooah"，它可以在士兵野外作战时提供必需的能量。同样，我国解放军装备研究所与康比特合作，于2006年成功研发了M9通用能量棒，用于替代压缩饼干。据悉一天只要三根M9通用能量棒便可满足身体所需。

❽ 玛仁糖：又称切糕。选用核桃仁、玉米饴、葡萄干、葡萄汁、芝麻、扁桃仁、枣等原料熬制而成，可以迅速为身体补充能量，并能补充人体所需的多种营养元素。

---

1. 美国自行车运动员，职业生涯中5次夺得环法自行车赛冠军。

1

2

3

RECIPE 食谱

果仁谷物能量棒

40 分钟 | 1 人份

食材

核桃仁碎 / 80 克

南瓜子仁 / 70 克

葵花子仁 / 70 克

葡萄干 / 110 克

蔓越莓干 / 70 克

蜂蜜 / 140 克

牛奶 / 50 毫升

鸡蛋 / 2 个

快熟燕麦 / 300 克

做法

① 将核桃仁碎、南瓜子仁、葵花子仁放入烤箱，烤箱预热至 150℃烤 10 分钟。

② 将牛奶与蜂蜜搅拌均匀，将鸡蛋搅匀并与牛奶蜂蜜混合，然后加入葡萄干和蔓越莓干。

③ 加入烤好的核桃仁、南瓜子仁、葵花子仁和快熟燕麦，搅拌后倒入模具，将表面压平。

④ 将烤箱上、下火调至 180℃，烤制 20 分钟后取出切块即可。

科学与美食的跨界组合

分子料理 / Molecular gastronomy

	20 世纪 70 年代
起源	英国
人物	伊丽莎白·考尔德里·托马斯

究竟什么是烹饪？正如第二次世界大战前马塞尔·杜尚（Marcel Duchamp）用一个小便池颠覆了"艺术"这个词的意义那样，身为美食爱好者的物理学家和化学家一旦进入烹饪行业，便以前所未有的科学手法改写了人们从传统意义上对烹饪的理解。

"我认为这是对我们的文明的悲哀反思，虽然我们有能力确切测量金星的温度，却不知道蛋奶酥里面发生了什么。"1969 年，英国一档黑白电视美食节目《厨房里的物理学家》（*The Physicist in the Kitchen*）片头如是说。此时距第二次世界大战结束已经 24 年，说这句话的是曾在第二次世界大战时参与曼哈顿计划的匈牙利物理学家尼古拉斯·柯蒂（Nicholas Kurti）。他从此做起了美食行当，成为"分子料理"（Molecular gastronomy）这门学科的创始人之一。

"分子料理"作为一门学科，通过物理学、化学的系统方法研究食物的烹饪过程，并且能够根据研究结果来进行改进，甚至创造出更美味的佳肴。

"分子料理"的思维方式并非凭空而来。公元前 2 世纪，一位佚名英国厨师在食谱中记录了发酵肉要比新鲜肉更轻的结论。1 世纪，古罗马美食家阿皮基乌斯就在《论烹饪》中探讨过如何通过提前处理令肉类更美味。法国大革命以后，著名的化学家安托万 - 洛朗·德·拉瓦锡（Antoine-Laurent de Lavoisier）通过测量密度来研究烹饪备菜的过程。后来，英国物理学家本杰明·汤普森（Benjamin Thompson）运用了一系列科学原理改良了咖啡壶。直到 19 世纪，法国名厨卡雷姆首次提出关于肉汤的烹饪方法：必须令其非常缓慢地沸腾，否则蛋白会凝结、变硬，没有时间让水渗透入肉中，阻止了肉的香味物质溢出。

然而对于数千年来习惯了通过偶然发现来创造美食的人类来说，接受以严谨的科学思维来创造美食和生活的观念相当困难。在传统厨师的眼中，分子料理学家的所作所为简直就是在抹杀"偶然性"带来的成就感；而对于传统的科学家来说，分子料理又像是物理学和化学界"小题大做""杀鸡焉用牛刀"的笑话。

1992 年，一场前所未有的美食研讨会在意大利西西里岛召开。这场研讨会的与众不同之处在于，它是历史上第一次将科学家与厨师们聚集在一起，共同讨论烹饪过程背后的科学原理的会议。

值得注意的是，发起这场研讨会的厨师伊丽莎白·考尔德里·托马斯（Elizabeth Cawdry Thomas）的第一任丈夫就是一名物理学家，在陪同他参加各项科学会议时，伊丽莎白结识了许多物理学家。

伊丽莎白绝不是一名普通的厨师，她认为"烹饪"应该真正作为一门科学来被研究。1988 年 12 月，在陪同丈夫前往西西里岛的埃托雷·马约拉纳科学文化中心 (the Ettore Majorana Center for Scientific Culture) 参加一场学术会议时，一位来自博洛尼亚大学（University of Bologna）的教授对她试图以科学的方法解释烹饪的学问的观点表示赞赏，并鼓励她组织研讨会。中心主任、物理学家安东尼诺·齐基基（Antonino Zichichi）同样对她的想法很感兴趣，建议她找一位科学家担任研讨会的召集人。

1990 年夏天，英国牛津大学物理学教授尼古拉斯·柯蒂正式成为研讨会召集人。虽然他当时已经 80 多岁，但仍对此充满热情和兴趣，并且丝毫不觉得将烹饪与科学联系在一起是一个"轻浮"的想法。

经历了几次研讨会，人们逐渐接受并开始尝试分子美食。20 世纪 90 年代末，媒体将其称为"结构主义"，并进行了大篇幅报道。至此，分子料理正式作为一种烹饪风格被运用到普通餐厅中。

1 戈达德天体生物学实验室在利用液氮制作饼干和奶油冰激凌 | NASA Goddard Space Flight Center

2 低温容器中的液氮，常在分子料理中被用于制作冷冻食物 | Molekular24 (CC BY-SA 3.0)

3 一种用可乐做的鱼子酱 | Pipeqklon (CC BY-SA 3.0)

3

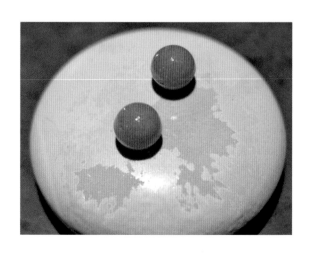

爆浆杜果酸奶冻

30 分钟 | 1 人份

食材

海藻酸钠 / 4 克

乳酸钙 / 1/2 茶匙

水 / 500 毫升

牛奶 / 80 毫升

原味酸奶 / 100 毫升

杜果 / 1 个

做法

① 取一个干净的容器，放入海藻酸钠和水，用电动打蛋器中高速搅打至海藻酸钠全部溶解在水中，放入冰箱中冷藏 15 分钟，去除泡沫。

② 在另一干净容器中将乳酸钙溶解于牛奶中，待其全部溶解后加入原味酸奶并搅拌均匀。

③ 将杜果榨汁，倒入步骤②搅拌好的酸奶凝胶中，搅拌均匀。

④ 取少量杜果酸奶凝胶液倒入海藻酸钠溶液中。

⑤ 对酸奶球进行适当的整形，然后静置 3 分钟。

⑥ 轻轻用小漏勺将呈小球形的杜果酸奶冻取出，浸入清水中即可。

Ⅰ：书籍

[01] 斯瑞·欧文.稻米全书 [M].王莉莉,译.新北：远足文化出版社,2011.

[02] 约翰·S.戈登.资本的冒险 [M].钱士强,译.北京：中信出版集团,2005.

[03] 索尔·汉森.种子的胜利 [M].杨婷婷,译.北京：中信出版集团,2017.

[04] 茂吕美耶.战国日本 [M].桂林：广西师范大学出版社,2010.

[05] 《中国烹饪》编辑部汇编.烹饪史话 [M].北京：中国商业出版社,1986.12.

[06] 晖峻众三编著.日本农业 150 年 [M].胡浩,译.北京：中国农业大学出版社,2011.

[07] 中村克哉.香菇栽培史的研究 [M].东京：东宣出版社,1983.

[08] L.S.斯塔夫里阿诺斯.全球通史 [M].吴象婴,梁赤民,董书慧,王昶,译.北京：北京大学出版社,2006.

[09] 王星光.中国农史与环境史研究 [M].郑州：大象出版社,2012.

[10] 徐文苑.中国饮食文化概论 [M].北京：清华大学出版社,北京交通大学出版,2005.

[11] 《大中国上下五千年》编委会.大中国上下五千年：中国茶文化 [M].北京：外文出版社,2010.

[12] 瑞秋·劳丹.帝国与料理 [M].冯奕达,译.新北：八旗文化,2017.

[13] 北大路鲁山人.料理王国 [M].王文萱,译.新北：一起来出版,2014.

[14] 里见真三.寿司之神 [M].吕灵芝,译.北京：新星出版社,2015.

[15] 稻保幸.鸡尾酒 315 种 [M].崔柳,译.北京：中国轻工业出版社,2010.

[16] 徐兴海.中国酒文化概论 [M].崔柳,译.北京：中国轻工业出版社,2010.

[17] 曹恒.辞旧迎新——除夕 [M].吉林：吉林出版集团有限责任公司,2011.

[18] 赵荣光.中国饮食文化史 [M].上海：上海人民出版社,2014.

[19] 王学泰.中国饮食文化史 [M].桂林：广西师范大学出版社,2006.

[20] 万建中,李明晨.中国饮食文化史：京津地区卷 [M].北京：中国轻工业出版

社,2013.

[21] 姚伟钧,刘朴兵.中国饮食文化史：黄河中游地区卷 [M].北京：中国轻工业出版社,2013.

[22] 姚伟钧,李汉昌,吴昊.中国饮食文化史：黄河下游地区卷 [M].北京：中国轻工业出版社,2013.

[23] 徐日辉.中国饮食文化史：西北地区卷 [M].北京：中国轻工业出版社,2013.

[24] 李常友.陕西名优小吃 [M].西安：陕西科学技术出版社,2001.

[25] 崔贞焕.韩国的民俗与文化 [M].台北：台湾商务印书馆,2006.

[26] 布尔努瓦.丝绸之路 [M].耿昇,译.济南：山东画报出版社,2001.

[27] F.-B.于格,E.于格.海市蜃楼中的帝国——丝绸之路上的人、神与神话 [M].耿昇,译.喀什：喀什维吾尔文出版社,2004.

[28] 赵荣光.中国饮食文化概论 [M].2 版.北京：高等教育出版社,2008.

[29] 程安琪.妈妈的菜：傅培梅家传幸福的滋味 [M].香港：万里机构·得利书局,2014.

[30] 百味来协会.我爱意大利面 [M].北京：电子工业出版社,2016.

[31] 吉川敏明.意大利餐 [M].于春佳,译.福州：福建科学技术出版社,2016.

[32] 汤姆·斯坦迪奇.舌尖上的历史：食物、世界大事件与人类文明的发展 [M].杨雅婷,译.北京：中信出版集团,2014.

[33] 余秋雨.行者无疆 [M].北京：华艺出版社,2001.

[34] 顾克敏.食缘 [M].北京：中国文联出版社,2004.

[35] 保罗·弗里德曼.食物：味道的历史 [M].董舒琪,译.杭州：浙江大学出版社,2015.

[36] 路基·韦尔.食材 [M].王晨晖,译.沈阳：辽宁科学技术出版社,2011.

[37] 劳拉·罗.食物信息图：看得见味道的食物百科 [M].王尔笙,译.北京：北京联合出版公司,2017.

[38] 法国保罗·博古斯厨艺学院.博古斯学院法式西餐烹饪宝典 [M].施悦,译.北京：

中国轻工业出版社,2017.

[39] 迈克尔·鲁尔曼.厨艺的常识：理论、方法与实践 [M].潘昱均,译.南昌：江西人民出版社,2017.

[40] 栗原晴美.最知日本味 [M].纪鑫,译.青岛：青岛出版社,2016.

[41] 新井一二三.东京时味记 [M].北京：译林出版社,2016.

[42] 谷口宪治.香菇的经济学 [M].东京：农林统计协会,1989.

[43] Hannah Glasse. The Art of Cookery, made Plain and Easy[M]. Alexandria: Cottom and Stewart, 1805.

[44] Julia Child, Simone Beck. Mastering the Art of French Cooking[M]. New York: Knopf Group, 1970.

[45] Wayne Gisslen. Professional Baking[M]. New York: John Wiley & Sons, Inc.,2016.

[46] Redcliffe N. Salaman. The History and Social Influence of the Potato[M].London: Cambridge University Press, 1985.

[47] Paul M.Harris. The Potato Crop[M]. London: Chapman & Hall, 1992.

[48] Constance L.Kirker, Mary Newman. Edible Flowers: A Global History[M]. London: Reaktion Books Ltd., 2016.

[49] Michael Krondl. Sweet Invention: A History of Dessert[M]. Chicago: Chicago Review Press, 2011.

[50] William Shurtleff, Akiko Aoyaqi. History of Modern Soy Protein Ingredients-Isolates, Concentrates, and Textured Soy Protein Products (1911—2016) [M].New York: Soyinfo Center, 2016.

[51] Deborah Madison. Vegetarian Cooking for Everyone[M]. New York: Random House Inc., 2013.

[52] Kurlansky, Mark. Cod: A Biography of the Fish That Changed the World[M]. New York: Walker & Co., 1997.

[53] Jennifer 8. Lee. The Fortune Cookie Chronicles: Adventures in the World of Chinese Food[M]. New York: Grand Central Publishing, 2008.

[54] Giacosa, Ilaria Gozzini. A Taste of Ancient Rome[M]. Chicago: University of Chicago Press, 1994.

[55] Davidson, Alan. The Oxford Companion to Food[M]. London: Oxford University Press, 1999.

[56] Toussaint-Samat, Maguelonne. A History of Food[M]. New York: Blackwell Publishing Professional, 1994.

[57] Burtan Anderson. Treasures of the Italian Table[M]. New York: William Morrow and Company, 1994.

[58] Fine Cooking Magazine. Fine Cooking in Season: Your Guide to Choosing and Preparing the Season's Best[M].New York: Taunton Press, 2011.

[59] Kurlansky, Mark. Salt: A World History[M]. New York: Walker & Co., 2002.

[60] Tim Richardson. Sweets: A History of Candy[M]. London: Bloomsbury, 2002.

[61] Fuchsia Dunlop. Land of Plenty: A Treasury of Authentic Sichuan Cooking[M]. New York: W.W. Norton& Company, 2003.

[62] M.W. Adamson. Regional Cuisines of Medieval Europe: A Book of Essays[M]. London: Taylor & Francis Group, 2013.

[63] Habibah Yahaya, Fadillah Yakin. Cuisine of the premiers[M]. Kuala Lumpur: Institut Terjemahan Negara, 2009.

[64] Paul Freedman. Food : The History of Taste[M]. California: University of California Press, 2007.

[65] Mary Lou Heiss, Robert J. Heiss. The Story of Tea: A Cultural History and Drinking Guide[M]. New York: Random House, 2011.

[66] Wasserman Miller, Norma. Soups of Italy: Cooking over 130 Soups the Italian Way[M]. New York: William Morrow, 1998.

[67] Andrew Watson. Agricultural innovation in the early Islamic world[M]. London: Cambridge University Press, 1983.

[68] Silvano Serventi, Francoise Sabban. Pasta: The story of a Universal Food[M]. New York: Columbia University Press, 2000.

[69] Alberto Capatti, Massimo Montanari. Italian Cuisine: A Cultural History[M]. New York: Columbia University Press, 2013.

[70] Kawash, Samira. Candy: A Century of Panic and Pleasure[M]. London: Faber & Faber, 2013.

[71] McWilliams, Margaret. Nutrition and Dietetics' 2007 Edition[M]. Philippines: Rex Bookstore, Inc., 2007.

[72] Pliny the Elder. Natural History[M]. Boston: Harvard University Press, 1938.

[73] Kerns, Virginia. Journeys West: Jane and Julian Steward and Their Guides[M]. Lincoln: University of Nebraska Press, 2010.

[74] Ecott, Tim. Vanilla: Travels in Search of the Ice Cream Orchid[M]. New York: Grove Press, 2005.

[75] Ronald Meller, Amanda H. Podany. The World in Ancient Times[M]. London: Oxford University Press, 2005.

[76] Andrew Smith. The Oxford Companion to American Food and Drink[M]. London: Oxford University Press, 1999.

[77] John Ayto. An A–Z of Food & Drink[M]. London: Oxford University Press, 2002.

[78] Daniel Zohary, Maria Hopf, Ehud Weiss. Domestication of Plants in the Old World[M]. London: Oxford University Press, 2012.

[79] Chantrell, Glynnis, ed. The Oxford Dictionary of Word Histories[M]. London: Oxford University Press, 2002.

[80] Harris, Marvin. Good to Eat: Riddles of Food and Culture[M]. Boston: Waveland Pr Inc., 1998.

[81] Achaya. A Historical Dictionary of Indian Food[M]. London: Oxford University Press, 1998.

[82] Macdonald, Nathan. What Did the Ancient Israelites Eat ? [M]. London: William B. Eerdmans, 2008.

[83] Toussaint-Samat, Maguelonne. A Food History[M]. 2nd. New York: Wiley-Blackwell, 2009.

[84] Lizzie Collingham. Curry: a Tale of Cooks and Conquerors[M]. London: Oxford University Press, 2007.

[85] René Redzepe. A Work in Progress: Notes on Food, Cooking and Creativity[M]. London: Phaidon Press Ltd., 2013.

[86] Daniel Young. Where to Eat Pizza[M]. London: Phaidon Press Ltd., 2016.

[87] Kei Lum Chan. China: The Cookbook[M]. London: Phaidon Press Ltd., 2016.

[88] James Hoffmann. The World Atlas of Coffee[M]. London: Mitchell Beazley, 2014.10.

[89] Mimi Thorisson. A Kitchen in France[M]. New York: Clarkson Potter, 2014.

[90] Karen MacNeil. The Wine Bible[M]. New York: Workman Publishing, 2015.

[91] Michel Roux Jr. Cooking with the Master Chef: Food for Your Family and Friends[M]. New York: Phoenix, 2012.

[92] John Scharffenberger, Robert Steinberg. The Essence of Chocolate: Recipes for Baking and Cooking with Fine Chocolate[M]. New York: Hyperion, 2006.

[93] Kenji Lopez-Alt. The Food Lab: Better Home Cooking Through Science[M]. New York: W. W. Norton & Company, 2015.

[94] Jeff Alworth. The Beer Bible[M]. New York: Workman, 2015.

[95] Daniel Clement Dennett. Darwin's Dangerous Idea: Evolution and the Meanings of Life[M]. New York: Simon & Schuster, 1996.

[96] Pierre Herme, Laurent Fau. Pierre Herme Macaron: The Ultimate Recipes from the Master Patissier[M]. New York: Harry N. Abrams, 2015.

[97] Anthony Warner. The Angry Chef: Bad Science and the Truth about Healthy Eating[M]. London: Oneworld Publications, 2018.

[98] Juliet Harbutt. World Cheese Book[M]. London: DK, 2015.

[99] Kate MacDonald. The Anne of Green Gables Cookbook: Charming Recipes from Anne and Her Friends in Avonlea[M]. New York: Race Point Publishing, 2017.

[100] Eric Kayser. Maison Kayser's French Pastry Workshop[M]. New York: Black Dog & Leventhal Publishers Inc., 2017.

[101] Emma Stokes. The Periodic Table of Cocktails[M].New York: Random House, 2015.

[102] Michael Greger, M.D.FACLM, Gene Stone. The How Not to Die Cookbook[M]. London: Flatiron Books, 2017.

[103] Madeline Puckette, Justin Hammack. Wine Folly[M]. New York: Avery Publishing Group, 2015.

[104] Chad Robertson. Tartine Bread[M]. San Francisco: Chronicle Books, 2010.

[105] Gabrielle Chavez. The Raw Food Gourmet[M]. New York: Random House, 2005.

[106] Carla Bardi, Claire Pietersen. The Golden Book of Chocolate[M]. New York: B.E.S. Publishing. 2006.

[107] Christy Beaver, Morgan Greenseth. Mini Pies[M]. New York: Ulysses Press, 2011.

[108] Nancy Goor. Eater's Choice[M]. Boston: Houghton Mifflin Harcourt, 1999.

[109] James Beard. James Beard's American Cookery[M].Paris: Hachette, 2010.

Ⅱ：期刊 & 报告

[01]Xuehui Huang, Nori Kurata, Xinghua Wei, Zi-Xuan Wang, Ahong Wang, Qiang Zhao, Yan Zhao, Kunyan Liu. A map of rice genome variation reveals the origin of cultivated rice[J]. Nature, 2012, 490(7421):497-501.

[02] Hart J. P.. Maize Agriculture Evolution in the Eastern Woodlands of North America: A Darwinian Perspective[J]. Journal of Archaeological Method & Theory, 1999, 6(2):137-180.

[03] P. J. Lyon. Lost Crops of the Incas: Little-known Plants of the Andes with Promise for Worldwide Cultivation[J]. Latin American Anthropology Review, 1992, 4(1).

[04] G. Schlick , D.L. Bubenheim. Quinoa: An Emerging "New" Crop With Potential for CELSS[J]. NASA Ames Research Center, 1993(3422):6.

[05] G. Schlick , D.L. Bubenheim. Quinoa: candidate crop for NASA's controlled ecological life support systems[J]. NASA Ames Research Center, 1996(36):632-640.

[06] Edward J. Weber. The Inca's ancient answer to food shortage[J]. Nature, 1978, 272(5653):486.

[07] K. Skarbø. From Lost Crop to Lucrative Commodity:Conservation Implications of the Quinoa Renaissance[J]. Human Organization, 2015(74):86-99.

[08] Grain Yields. Quinoa: Lost Grain of the Incas[J]. Warm Earth, 2012.01.

[09] S. Palmer. Quinoa, Nutritious Mother Grain of the Incas[J]. Environmental Nutrition, 2010(90):2541-2547.

[10] M. Sugiyama, A. C. Tang, Y. Wakaki. Glycemic Index of Single and Mixed Meal Foods among Common Japanese Foods with White Rice as a Reference Food[J]. European Journal of

Clinical Nutrition, 2003(6):743–752.

[11] Hayden, Erika Check. Synthetic-biology firms shift focus[J]. Nature, 2014(7485):598.

[12] A. A. Franke , R. V. Cooney , S. M. Henning , et al. Bioavailability and Antioxidant Effects of Orange Juice Components in Humans[J]. Journal of Agricultural and Food Chemistry, 2005, 53(13):5170-5178.

[13] C. E. O' Neil, T. A. Nicklas , R. Kleinman. Relationship Between 100% Juice Consumption and Nutrient Intake and Weight of Adolescents[J]. American Journal of Health Promotion, 2010, 24(4):231-237.

[14] J. H. Hollis , J. A. Houchins , J. B. Blumberg , et al. Effects of Concord Grape Juice on Appetite, Diet, Body Weight, Lipid Profile, and Antioxidant Status of Adults[J]. Journal of the American College of Nutrition, 2009, 28(5):574-582.

[15] A. M. Sanigorski , A. C. Bell , B. A. Swinburn. Association of Key Foods and Beverages with Obesity in Australian Schoolchildren[J]. Public Health Nutrition, 2007, 10(02):152-157.

[16] Chen Gong. The History and Development of Chinese Pickles[J]. Food and Fermentation Technology, 2010(3).

[17] 宋后楣 . 中国马画的符号与诉说 [J]. 东方早报，2014.01.

[18] 林仲凡 . 有关鹿及养鹿业的历史考证 [J]. 中国农史，1986(4):68-75.

[19] 莫善文 . 世界阿月浑子生产现状与发展前景 [J]. 农业研究与应用，1993(2):15-17.

[20] 魏来 . 舌尖上的海藻——我国沿海的常见可食用藻类 [J]. 博物，2013(8):40-43.

[21] 王赛时 . 山东海带的历史演变与当代烹饪 [J]. 美食研究，2014, 31(4):1-4.

[22] SELENA HOY. 探访美食之旅——昆布 之 路 [J]. Highlighting JAPAN, 2015(8):53.

[23] 周玉新，小野直达，数纳朗 . 日本香菇产业的市场结构 [J]. 现代日本经济，2005(4).

[24] 张树庭 . 亚洲香菇生产的过去与现在 [J]. 食药用菌，2010(5):32-35.

[25] 刘英，王超 . 简述甘蓝类植物的起源及分类 [J]. 北方园艺，2006(4):57.

[26] 杨连君 . 西蓝花小档案 [J]. 饮食科学，2003(10):26.

[27] 李文萍，林俊城，黄科 . 全球花椰菜生产与贸易现状分析 [J]. 中国蔬菜，2014, 1(9):5-10.

[28] 张德纯 . 蔬菜史话·芹菜 [J]. 中国蔬菜，2010, 1(1):15.

[29] 罗婧，闫冰华 . "米粉"称谓的历史探源 [J]. 广西师范大学学报 (哲学社会科学版)，2015(2):155-158.

[30] 陈忠明，陶翔，潘雅燕 . 线状米粉与粉状米粉起源及制作工艺探美 [J]. 四川旅游学院学报，2012(1):27-29.

[31] 苑洪斌 . 清代皇帝吃饺子 [J]. 紫禁城，1989(4):30-31.

[32] 周星 . 饺子：民俗食品、礼仪食品与 "国民食品" [J]. 民间文化论坛，2007(1):88-103.

[33] 高琼 . 春到湖北卷异香 [J]. 今日湖北，2004(Z1).

[34] 李长寿 . 卤法琐谈 [J]. 烹调知识，1998(7):4.

[35] 袁国桢 . 糟·糟油·糟卤 [J]. 美食，2004(6):23.

[36] 邓蓉，王伟 . 中国牛肉美食与牛肉饮食文化 [J]. 中国牛业科学，2017, 43(5):51-56.

[37] 董晓君 . 老北京涮羊肉，真的是北京的吗？ [J]. 今日民族，2016(6):38-40.

[38] 艾广富 . 我知道的 "老北京涮羊肉" [J].中国食品，2016(1):76-79.

[39] Hanson, Wendy. Date palm seed from Masada is the oldest to germinate[J]. Los Angeles Times, 2008(2).

[40] Sally Errico. Olive Oil's Dark Side[J]. The New Yorker, 2012(1).

[41] Wilson Popenoe, G. A. Zentmyer. Early History of the Avocado. California Avocado Society Yearbook, 1997(8).

[42] 日本农林水产省 . 农林水产物贸易报告 [R]. 1999-2003.

[43] 日本农林水产省林野厅 . 特用林产物市况报告 [R]. 1952-2002.

[44] 林树中 .《海外读画录》之二：狩猎图 [J]. 艺苑 (美术版)，1996(3):54-55.

[45] 李清 . 日本渔业的现状及其发展历史 [J]. 中国水产，2012(12):42-44.

[46] M. S. Faith , B. A. Dennison, L. S. Edmunds , et al. Fruit Juice Intake Predicts Increased Adiposity Gain in Children From Low-Income Families: Weight Status-by-Environment Interaction[J]. Pediatrics, 2006, 118(5):2066-2075.

[47] NOUT, M. J. Robert . Traditional Fermented Products from Africa, Latin America and Asia[J]. Yeasts in Food, 2003:451-473.

[48] M. J. R. Nout . Rich Nutrition from the Poorest – Cereal Fermentations in Africa and Asia[J]. Food Microbiology, 2009, 26(7):685-692.

[49] V. R. Young. Soy Protein in Relation to Human Protein and Amino Acid Nutrition[J]. American Journal of Clinical Nutrition, 2003, 22(3).

[50] Kline, L, Sugihara, T. F. Microorganisms of the San Francisco Sour Dough Bread Process. II . Isolation and

Characterization of Undescribed Bacterial Species Responsible for the Souring Activity[J]. Apple Microbio, 1971, 21(3):459-465.

[51] E. Hallén, Şenol İbanoğlu, P. Ainsworth. Effect of Fermented/Germinated Cowpea Flour Addition on the Rheological and Baking Properties of Wheat Flour[J]. Journal of Food Engineering, 2004, 63(2):177-184.

[52] J. Rajiv, C. Soumya . Chemical, Rheological and Nutritional Qualities of Sugar Snap Cookies as Influenced by the Addition of Multigrains[J]. Journal of Food Measurement and Characterization, 2015, 9(2):135-142.

[53] Y. Zhang , Q. Zhang , Z. He, et al. Solvent Retention Capacities as Indirect Selection Criteria for Sugar Snap Cookie Quality in Chinese Soft Wheats[J]. Australian Journal of Agricultural Research, 2008, 59.

[54] E. S. Ober , M. L. Bloa , C. J. A Clark., et al. Evaluation of Physiological Traits as Indirect Selection Criteria for Drought Tolerance in Sugar Beet[J]. Field Crops Research, 2005, 91(2-3):0-249.

[55] P. Jackson , M. Robertson , M. Cooper , et al. The Role of Physiological Understanding in Plant Breeding, from a Breeding Perspective[J]. Field Crops Research, 1996, 49(1):0-37.

[56] M. Roffet-Salque, et al. Widespread Exploitation of the Honeybee by Early Neolithic Farmers[J]. Nature, 2015, 534(7607).

[57] Jacobs, R.D. Fare of the Country; English Trifle: Serious Dessert [N]. New York: The New York Times, 1988.03.

WHERE TO BUY

WEBSITE · 网站

当当网 / 京东 / 文轩网
博库网 / 亚马逊

TMALL · 天猫

中信出版社官方旗舰店
博文图书专营店
墨轩文阁图书专营店 / 唐人图书专营店
新经典一力图书专营店
新视角图书专营店 / 新华文轩网络书店

BEIJING · 北京

三联书店 / Page One / 单向空间
时尚廊 / 字里行间 / 中信书店
万圣书园 / 王府井书店 / 西单图书大厦
中关村图书大厦 / 亚运村图书大厦

SHANGHAI · 上海

上海书城福州路店 / 上海书城五角场店
上海书城东方店 / 上海书城长宁店
上海新华连锁书店港汇店
季风书园上海图书馆店
"物心"K11店（新天地店）
MUJI BOOKS上海店

GUANGZHOU · 广州

广州方所书店 / 广东联合书店
广州购书中心 / 广东学而优书店
新华书店北京路店

SHENZHEN · 深圳

深圳西西弗书店 / 深圳中心书城
深圳罗湖书城 / 深圳南山书城

JIANGSU · 江苏

苏州诚品书店 / 南京大众书局
南京先锋书店 / 南京市新华书店
凤凰国际书城 / 常州半山书局

ZHEJIANG · 浙江

杭州晓风书屋 / 杭州庆春路购书中心
杭州解放路购书中心 / 宁波市新华书店

HENAN · 河南

三联书店郑州分销店 / 郑州市新华书店
郑州市图书城五环书店
郑州市英典文化书社

GUANGXI · 广西

南宁西西弗书店 / 南宁书城新华大厦
南宁新华书店五象书城

FUJIAN · 福建

厦门外图书城 / 福州安泰书城

SHANDONG · 山东

青岛书城 / 青岛方所书店
济南泉城新华书店

SHANXI · 山西

山西尔雅书店
山西新华现代连锁有限公司图书大厦

SHAANXI · 陕西

曲江书城

HUBEI · 湖北

武汉光谷书城 / 文华书城汉街店

HUNAN · 湖南

长沙弘道书店

TIANJIN · 天津

天津图书大厦

ANHUI · 安徽

安徽图书城

JIANGXI · 江西

南昌青苑书店

HONGKONG · 香港

香港绿野仙踪书店

YUNNAN GUIZHOU 云贵川渝
SICHUAN CHONGQING

成都方所书店 / 重庆方所书店
贵州西西弗书店 / 重庆西西弗书店
成都西西弗书店 / 文轩成都购书中心
文轩西南书城 / 重庆书城
重庆精典书店 / 云南新华大厦
云南昆明书城
云南昆明新知图书百汇店

THE NORTHEAST · 东北地区

大连市新华购书中心
沈阳市新华购书中心
长春市联合图书城 / 长春市学人书店
新华书店北方图书城
长春市新华书店 / 哈尔滨学府书店
哈尔滨中央书店 / 黑龙江省新华书城

THE NORTHWEST · 西北地区

甘肃兰州新华书店西北书城
甘肃兰州纸中城邦书城
宁夏银川市新华书店
新疆乌鲁木齐新华书店
新疆新华书店国际图书城

AIRPORT · 机场书店

北京首都国际机场T3航站楼中信书店
杭州萧山国际机场中信书店
福州长乐国际机场中信书店
西安咸阳国际机场T1航站楼中信书店
福建厦门高崎国际机场中信书店